"十二五"职业教育国家规划教材
经全国职业教育教材审定委员会审定　　**高职高专教材**

中国石油和化学工业优秀出版物奖（教材类）一等奖

化工单元过程及操作

第二版

○ 吴红　主编　　○ 周立雪　主审

化学工业出版社

·北京·

本书主要内容包括化工单元操作的基本概念、原理、工艺计算和操作技术。其特色是以工作任务为主线，按照认知规律和工作程序把单元操作的原理、设备、工艺计算、操作分析融合起来，重点介绍了流体流动与输送、传热、蒸馏、蒸发、吸收、干燥等单元操作。此外，还对吸附、萃取、混合、膜分离技术、超临界流体萃取等单元操作在化工生产中的应用进行了简单介绍。各单元操作一般采用日常生活能够接触到的实际案例引入，辅之以典型生产案例，便于学生理解和掌握。

本书可作为高职高专化工类及相关专业教材，也可供化工企业技术人员参考。

图书在版编目（CIP）数据

化工单元过程及操作/吴红主编． —2 版．—北京：化学工业出版社，2015.7（2025.2重印）
"十二五"职业教育国家规划教材 中国石油和化学工业优秀出版物奖（教材奖）一等奖
ISBN 978-7-122-24055-2

Ⅰ.①化… Ⅱ.①吴… Ⅲ.①化工单元操作-职业教育-教材 Ⅳ.①TQ02

中国版本图书馆 CIP 数据核字（2015）第 106593 号

责任编辑：窦　臻　旷英姿　　　　　　装帧设计：刘剑宁
责任校对：边　涛

出版发行：化学工业出版社（北京市东城区青年湖南街 13 号　邮政编码 100011）
印　　装：北京虎彩文化传播有限公司
787mm×1092mm　1/16　印张 22½　字数 588 千字　2025 年 2 月北京第 2 版第 6 次印刷

购书咨询：010-64518888　　　　　　售后服务：010-64518899
网　　址：http://www.cip.com.cn
凡购买本书，如有缺损质量问题，本社销售中心负责调换。

定　　价：45.00 元　　　　　　　　　　　　　　　　　　　版权所有　违者必究

前　言

　　化工原理是化工类及相关专业一门重要的专业基础课，旨在通过对该门课程的学习，使学生能够运用单元操作的原理、分析方法处理工程实际问题，进行装置操作。

　　本教材第一版自出版以来，受到了广大师生的好评，被教育部评审为"十二五"职业教育国家规划教材，荣获 2010 年度中国石油和化学工业优秀出版物奖（教材奖）一等奖，2009 年江苏省高等学校精品教材。本教材作者力求在吸取同类教材优点的基础上编出一本符合高等职业教育特点，遵循学生的认知规律，趣味性强并与生产实际结合密切的教材。与第一版相比，本版对流体输送一章进行了简化处理，弱化了理论分析，加强了理论、公式的实际应用指导，精简了习题，传热、非均相物系的分离两章案例进一步进行了优化。教材具有以下特点：

　　1. 案例贯穿于各单元操作的始终。为便于学生的理解，各单元操作一般采用日常生活能够接触到的实际例子引入，辅之以典型生产案例。本教材以工作任务为主线，按照认知规律和工作程序把单元操作的原理、设备、有关计算、操作分析融合起来，更加符合培养生产一线技术应用型人才的需要。

　　2. 努力培养学生的工程观点。除典型案例来自于生产实际外，例题的选取和有关问题的分析也皆来自于生产实际，使学生通过这些例题了解有关原理、概念、公式的实际应用，做到学以致用。此外，各章之后也增加了一些需要学生查找资料或实地调查才能解决的习题，培养学生解决实际问题的能力。

　　3. 图文结合，直观生动。教材中插有丰富的实物和设备内部、外观图，增强直观生动性和趣味性，引领学生自主学习。

　　4. 加强专业英文词汇的学习。各章重要的专业词汇第一次出现时均有对应的英文翻译，使学生在学习单元操作知识的同时，也学习了相应的英文词汇。

　　本教材与教育部高等学校高职高专化工技术类专业教学指导委员会精品课程"化工单元操作"网站相配套，网址 http:// jpkc. xzcit. cn/chemical/，使用本教材的读者可以登录该网站使用与本教材配套的教学资源。

　　本教材由吴红主编，参加编写的人员有：吴红、李忠军（第三、四、六章）、徐忠娟、王卫霞（第一章）、田华（第二章）、刘郁（第五、七章），张旭光（第八章），全书由吴红统稿。教材的编写得到企业专家李毅、王家俊提供的部分案例支持，主审周立雪教授对教材的编写给予了大力支持与指导，在此向他们表示深深的谢意。

　　本教材是化工原理教材建设的有益尝试，因编者水平有限，不足之处在所难免，敬期指正。

编者

2015 年 2 月

目 录

第一章 流体输送 …………………………………………………………………………… 1
第一节 概述 ……………………………… 1
第二节 流体输送管路基本组成及其安装 …… 3
一、化工管路基本构件的选择 …………… 3
二、化工管路的标准 …………………… 12
三、管路直径的确定 …………………… 13
四、化工管路的工程安装 ……………… 16
第三节 流体输送方式的选择 ……………… 19
一、生产案例 …………………………… 19
二、稳定流动与不稳定流动 …………… 19
三、流体稳定流动时流速的变化规律——
连续性方程 …………………………… 20
四、流体稳定流动时能量的变化规律——
柏努利方程 …………………………… 21
五、常见流体输送问题的分析与处理——柏努
利方程的应用 …………………………… 28
第四节 流体流动参数的测量 ……………… 46
一、压力测量 …………………………… 46
二、液位测量 …………………………… 49
三、流量测量 …………………………… 50
第五节 流体输送机械的选择、安装及
操作 ……………………………………… 55
一、液体输送机械 ……………………… 55
二、气体输送机械 ……………………… 78
本章注意点 …………………………………… 85
本章主要符号说明 …………………………… 86
思考题 ………………………………………… 86
习题 …………………………………………… 88

第二章 传热 …………………………………………………………………………………… 91
第一节 概述 ……………………………… 91
一、传热案例 …………………………… 91
二、传热概述 …………………………… 92
第二节 工业中的换热设备 ………………… 93
一、换热器的分类 ……………………… 93
二、间壁式换热器的结构型式 ………… 94
第三节 工业保温 …………………………… 99
一、保温材料的确定 …………………… 99
二、保温层厚度的确定 ………………… 101
第四节 工业换热 ………………………… 103
一、生产任务的确定 …………………… 103
二、载热体的确定 ……………………… 106
三、换热面积的确定 …………………… 107
第五节 换热器的操作与选用 …………… 113
一、换热器的操作 ……………………… 113
二、换热器的选用 ……………………… 116
本章注意点 …………………………………… 121
本章主要符号说明 …………………………… 122
思考题 ………………………………………… 122
习题 …………………………………………… 123

第三章 蒸馏 ………………………………………………………………………………… 124
第一节 概述 ……………………………… 124
一、蒸馏案例 …………………………… 125
二、蒸馏概述 …………………………… 126
第二节 蒸馏设备 ………………………… 126
一、精馏流程 …………………………… 126
二、精馏设备 …………………………… 129
三、其他蒸馏方式 ……………………… 132
第三节 精馏过程分析 …………………… 135
一、进入精馏塔原料量和精馏塔塔径的
确定 …………………………………… 135
二、再沸器内加热蒸汽消耗量的确定 … 141
三、塔板数的确定 ……………………… 142
四、进料热状态的影响及适宜加料位置的
确定 …………………………………… 145

五、回流比的影响及适宜回流比的
　　　　确定 …………………………… 148
　　六、进料组成和流量的影响 ………… 149
　　七、操作温度和操作压力的影响 …… 150
　第四节　精馏塔的操作 ………………… 151
　　一、精馏塔的开、停车 ………………… 151
　　二、精馏塔的运行调节 ………………… 152
　　三、精馏操作中不正常现象及处理
　　　　方法 …………………………… 154
　本章注意点 ……………………………… 155
　本章主要符号说明 ……………………… 155
　思考题 …………………………………… 156
　习题 ……………………………………… 156

第四章　吸收 ……………………………… 158

　第一节　概述 …………………………… 158
　　一、吸收案例 …………………………… 158
　　二、吸收概述 …………………………… 161
　第二节　吸收设备 ……………………… 162
　　一、吸收流程 …………………………… 162
　　二、吸收设备 …………………………… 163
　　三、其他吸收方式 ……………………… 168
　第三节　吸收过程分析 ………………… 170
　　一、吸收过程的限度 …………………… 170
　　二、吸收剂用量的确定 ………………… 174
　　三、吸收速率 …………………………… 177
　　四、塔径的确定 ………………………… 181
　　五、填料层高度的确定 ………………… 181
　第四节　吸收塔的操作 ………………… 183
　　一、填料吸收塔的开、停车 …………… 184
　　二、吸收操作的调节 …………………… 184
　　三、吸收操作不正常现象及处理方法 … 185
　本章注意点 ……………………………… 186
　本章主要符号说明 ……………………… 186
　思考题 …………………………………… 186
　习题 ……………………………………… 187

第五章　非均相物系的分离 ……………… 189

　第一节　概述 …………………………… 189
　　一、非均相物系分离案例 ……………… 189
　　二、常见非均相物系的分离方法 ……… 192
　第二节　沉降 …………………………… 192
　　一、重力沉降设备及计算 ……………… 192
　　二、离心沉降设备及计算 ……………… 200
　第三节　过滤 …………………………… 207
　　一、过滤设备 …………………………… 207
　　二、过滤的基本知识 …………………… 211
　第四节　气体的其他净制方法与非均相物系
　　　　分离方法的选择 ………………… 214
　　一、气体的其他分离方法与设备 ……… 214
　　二、非均相物系分离方法的选择 ……… 217
　第五节　转筒真空过滤机的操作 ……… 217
　　一、开、停车 …………………………… 217
　　二、正常操作 …………………………… 218
　　三、转鼓真空过滤机操作常见异常现象与
　　　　处理 ……………………………… 218
　　四、转鼓真空过滤机的使用与维护 …… 219
　本章注意点 ……………………………… 219
　本章主要符号说明 ……………………… 219
　思考题 …………………………………… 219
　习题 ……………………………………… 220

第六章　固体干燥 ………………………… 221

　第一节　概述 …………………………… 221
　　一、固体物料的去湿方法 ……………… 221
　　二、干燥案例 …………………………… 222
　　三、干燥方法 …………………………… 224
　第二节　干燥设备 ……………………… 224
　　一、干燥流程 …………………………… 224
　　二、干燥设备 …………………………… 225
　第三节　湿空气的性质及湿物料中水分的
　　　　性质 ……………………………… 229
　　一、湿空气的性质 ……………………… 229
　　二、湿物料中水分的性质 ……………… 234
　第四节　干燥过程分析 ………………… 236
　　一、空气消耗量的确定 ………………… 236
　　二、干燥速率 …………………………… 238
　第五节　干燥操作 ……………………… 241
　　一、干燥操作条件分析 ………………… 241

二、常用干燥设备的使用与维护 …… 242	思考题 …… 245
本章注意点 …… 245	习题 …… 245
本章主要符号说明 …… 245	

第七章 蒸发 …… 247

第一节 概述 …… 247	二、蒸发器的生产强度 …… 262
第二节 蒸发设备 …… 249	三、蒸发器的经济分析 …… 263
一、蒸发特点 …… 249	四、提高蒸发器生产能力的措施 …… 266
二、蒸发操作的分类 …… 249	第四节 蒸发操作 …… 267
三、蒸发流程 …… 250	一、开、停车 …… 267
四、常用的蒸发设备及适用的范围 …… 251	二、工艺条件对蒸发操作的影响 …… 269
五、蒸发器的性能比较 …… 256	三、蒸发操作异常现象及处理 …… 270
六、蒸发器的改进与研究 …… 256	本章注意点 …… 270
七、蒸发器的辅助设备 …… 256	本章主要符号说明 …… 271
第三节 蒸发计算 …… 257	思考题 …… 271
一、单效蒸发的计算 …… 257	习题 …… 271

第八章 其他单元操作简介 …… 273

第一节 吸附 …… 273	四、膜分离设备的类型 …… 297
一、应用案例 …… 273	五、超滤、反渗透的工艺流程 …… 300
二、吸附分离的基本原理 …… 273	第四节 混合、乳化 …… 301
三、吸附剂 …… 275	一、混合 …… 302
四、吸附分离工艺 …… 278	二、乳化 …… 308
第二节 液-液萃取 …… 285	第五节 破碎、筛分 …… 314
一、应用案例 …… 285	一、破碎 …… 314
二、液-液萃取的基本原理 …… 286	二、筛分 …… 317
三、萃取剂的选择 …… 289	第六节 超临界流体萃取简介 …… 319
四、液-液萃取设备 …… 289	一、超临界流体的性质 …… 319
五、萃取塔的操作 …… 292	二、超临界流体萃取过程的特点 …… 320
第三节 膜分离技术 …… 294	三、超临界流体萃取的工艺流程 …… 321
一、应用案例 …… 294	本章主要符号说明 …… 322
二、膜分离技术概述 …… 295	思考题 …… 322
三、分离用膜 …… 297	

附录 …… 324

一、单位换算系数 …… 324	八、水在不同温度下的黏度 …… 329
二、常用化学元素的相对原子质量 …… 324	九、固体材料的热导率 …… 329
三、饱和水的物理性质 …… 325	十、某些液体的热导率 …… 330
四、饱和水蒸气表（按温度排列） …… 326	十一、某些无机物水溶液的表面张力 /(dyn/cm) …… 330
五、饱和水蒸气表（按压力排列） …… 327	
六、干空气的热物理性质（$p=1.01325\times 10^5$ Pa） …… 328	十二、某些有机液体的相对密度（液体密度与4℃水的密度之比） …… 331
七、液体饱和蒸汽压 $p°$ 的 Antoine（安托因）常数 …… 328	十三、有机液体的表面张力共线图 …… 333
	十四、液体黏度共线图 …… 335

十五、液体的比热容 …………………… 337
十六、蒸发潜热（汽化热）…………… 339
十七、气体黏度共线图（常压下用）…… 341
十八、101.3kPa压力下气体的比热容 …… 343
十九、某些液体的热导率 ………………… 344
二十、管子规格 ………………………… 345
二十一、IS型单级单吸离心泵规格
　　　　（摘录）………………………… 346
二十二、某些二元物系在101.3kPa（绝压）
　　　　下的汽液平衡组成 ……………… 348

参考文献 ………………………………………………………………………………… 350

第一章 流体输送

学习目标

1. 了解：流体流动规律和流体输送操作在化工生产中的重要性；实际生产中常见流体输送方式及其应用的场合；计量泵、螺杆泵、鼓风机、真空泵等输送机械的工作原理、特性及应用范围。

2. 理解：连续性方程、柏努利方程、静力学基本方程的物理意义；流体阻力产生的原因和确定方法，流体的流动类型及判断依据，流体流动中边界层的概念，管内流体速度的分布规律；各种流量计工作原理、基本结构、性能和流量计算方法及选用原则；往复泵的结构、工作原理、性能参数、特性曲线、操作要点及应用，离心通风机的工作原理，性能参数及使用注意事项。

3. 掌握：管路布置的原则、管道直径的确定方法；连续性方程、柏努利方程、静力学基本方程式及其应用；流体输送方式选择的原则及其有关的计算；离心泵的结构、工作原理、性能参数及其影响因素、安装高度的计算方法、安装和操作要点、选型步骤；往复式压缩机的工作原理、基本计算及使用操作要点。

第一节 概 述

化工生产过程所处理的物料，包括原料、中间体和产品，绝大多数是流体（气体和液体），或者是包括流体在内的非均相混合物。按照化工生产工艺要求，物料通常要从一个地方输送到另一个地方，从上一道工序转移到下一道工序，从一个设备送往另一个设备，逐步完成各种物理变化和化学变化，才能得到所需要的化工产品。因此，要完成化工生产过程，必须要解决流体输送（transportation of fluid）问题。另一方面，化工生产中的传热、传质及化学反应过程多数是在流体流动状况下进行的，流体的流动状况对这些过程的操作费用和设备费用有着很大的影响，关系到化工产品的生产成本和经济效益。因此，流体流动规律是本课程的重要基础，流体输送问题是化工生产必须解决的基本问题。

化工生产中要解决的流体输送问题主要有三大类：一是将流体从低位送到高位；二是将流体从低压设备送往高压设备；三是从一个地方送到很远的另一个地方，最常见的还是这几类输送问题的综合。为了完成工艺要求的流体输送任务，可从生产实际出发采取不同的输送方式。流体的输送方式有以下四种。

1. 高位槽送料（位差输送）

高位槽（header tank）送料就是利用容器、设备之间存在的位差，将高位设备的流体直接用管道连接送到低位设备。在工程上当需要稳定流量时，常常是先将流体加到高位槽（精细化工生产中用得较多的是高位计量槽），再由高位槽向反应釜等设备加料。例如：图1-1

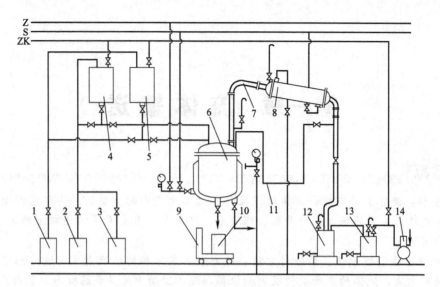

图 1-1 酚醛树脂生产的工艺流程图

1—熔酚罐；2—甲醛罐；3—碱液罐；4,5—高位计量罐；6—反应釜；7—导气管；8—冷凝器；9—磅秤；
10—树脂桶；11—U 形回流管；12,13—贮水罐；14—真空泵；Z—蒸汽管；S—水管；ZK—真空管

是酚醛树脂生产的工艺流程图，图中，反应釜 6 的加料就是利用高位原料计量罐 4、5 来维持的。这里要解决的问题是：高位槽与反应釜之间的垂直位差为多大时才能保证所需的稳定流量？

2. 真空抽料

真空抽料就是通过真空系统造成的负压来实现将流体从一个常压设备送到另一个负压设备的操作目的，如图 1-1 中，熔酚罐 1、甲醛罐 2、碱液罐 3 中的原料就是用真空抽吸的方法送入高位槽 4 和 5 中的。

真空抽料是精细化工生产中常用的一种流体输送方法，结构简单，操作方便，没有运动部件，但需要真空系统，流量调节不方便且不能输送易挥发性的液体。在连续真空抽料时，下游设备的真空度必须满足输送任务的流量要求，还要符合工艺生产对压力的要求。这里要解决的问题是：下游设备的真空度为多大才能既完成输送任务又满足工艺要求？下游设备的真空度是如何建立的？建立真空系统又需要哪些设备？

3. 压缩空气送料

在生产车间，对有些腐蚀性强的液体作近距离输送时，往往采用压缩空气或惰性气体来压料。如图 1-2 所示，要将低位酸贮槽中的硫酸送到高位的目标设备。通常是在压力容器酸贮槽液面上方，通入压缩空气（或氮气），在压力的作用下，将酸输送至目标设备。

压缩空气送料结构简单，无运动部件，不但可以间歇输送腐蚀性液体，利用压缩氮气还可输送易燃易爆的流体。缺点是，流量小、不易调节且只能间歇输送流体。这种送料方式要解决的首要问题是空气的压力多大才能满足输送任务对升扬高度的要求？压缩空气又是如何获得的？

4. 流体输送机械送料

流体输送机械送料是化工厂中最常见的流体输送方式，它是借助流体输送机械对流体做功，实现流体输送的目的。图 1-3 所示是某厂合成气净化车间脱硫工序中的吸收剂栲胶溶液输送示意图，地面上的常压循环槽中吸收剂栲胶溶液（贫液）是借助离心泵输送到高位的脱硫塔顶的。这里的离心泵是典型的液体输送机械。

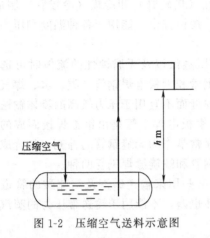

图 1-2　压缩空气送料示意图　　图 1-3　流体输送机械送料示意图

流体输送机械的类型很多，每一种类型的输送机械又有不同的型号。实际生产中我们到底选用哪种类型、哪种型号的输送机械来完成输送任务？如何来选择？这也是工程技术人员要解决的问题。

显然要利用上述四种方法很好地完成有关流体输送任务，操作人员必须掌握作为流体输送系统基本构成的管路的有关知识，掌握流体流动的基本规律，掌握流体输送时有关参数的测量和控制方法，掌握各种类型输送机械的基本原理、特点和操作要点。

第二节　流体输送管路基本组成及其安装

在图 1-1 酚醛树脂生产工艺流程图中，除了熔酚罐、甲醛罐、碱液罐、贮水罐、高位计量罐等各种容器、冷凝器、反应釜和真空泵外，还有导气管、蒸汽管、水管、真空管和 U 形回流管等各种管道，它们有的是用来沟通生产中的各种设备，如贮槽、高位槽、换热器和反应器；有的是用来输送加热蒸汽和冷却水、压缩气体、废气或连接真空系统等的，此外，在管道中还有用来控制物料流向和流量大小的各种阀门。

在化工厂中只有管路畅通，阀门调节适当，才能保证整个化工厂、各个车间及各个工段的正常生产。因此，管路在化工生产中起着极其重要的作用。

一、化工管路基本构件的选择

化工管路通常是由管子、管件、阀门与设备几部分连接而成的。一个合理的满足工艺要求的管路系统首先必须保证管子、管件和阀门的选择正确。

1. 管子的选择

化工厂中所用的管子种类繁多，若依制作材料可分为金属材料和非金属材料两大类。管子的选择主要是从耐压和耐腐蚀性两个方面考虑，有时还要结合耐高温的要求。

(1) 化工厂内输送有压流体时，一般选用金属材料制作的管子，而对于低压或接近于常压的流体输送则可选用普通级的薄壁金属管或非金属材料制作的管子。

对于金属材料制作的管子，根据金属材料的不同又可分为：钢管、铸铁管和有色金属管。

① 当需要输送有毒、易燃易爆、强腐蚀性流体或用于制作高温换热器、蒸发器、裂解炉等化工设备内部的管子时，可选用无缝钢管。无缝钢管是由普通碳钢、优质碳钢、合金

钢、不锈钢等材料制作的,是用棒料钢材经穿孔热轧(热轧管)和冷拔(冷拔管)制成的,管子没有接缝,其特点是质地均匀、强度高、壁厚、规格齐全,能用于各种温度和压力下流体的输送。

② 当需要输送水、煤气、暖气、压缩空气、低压蒸汽以及无腐蚀性的流体时可选用由低碳钢焊接而成的有缝钢管。有缝钢管分水、煤气钢管和钢板电焊钢管二类。水、煤气钢管的主要特点是易于加工制造、价格低廉,但因为有焊缝而不宜用于压力较高的流体输送,其工作温度不超过175℃,工作压力不超过1569kPa。钢板电焊钢管是由钢板焊接而成的,一般在直径相对较大、壁厚相对较薄的情况下使用,通常是作为无缝钢管的补充,如合成氨生产企业的低压煤气管道。钢板电焊钢管有直缝电焊钢管和螺旋缝焊钢管两种。

③ 化工厂内的给水总管、煤气管及污水管等,某些用来输送碱液及浓硫酸的管道可使用铸铁管。铸铁管价廉而耐腐蚀,但强度低,紧密性也差,不能用于输送带压力的蒸汽、爆炸性及有毒性气体。

④ 对于输送稀硫酸、稀盐酸、60%以下的氢氟酸、80%以下的醋酸及干或湿的二氧化硫气体的管路,可选用铅管来输送。铅管的优点是成本低,缺点是机械强度差、笨重且性软,其工作温度不能高于140℃。不可用于浓盐酸、硝酸、次氯酸、高锰酸盐类等介质的输送。

⑤ 对于浓硝酸、浓硫酸、甲酸、醋酸、硫化氢及二氧化碳等酸性介质的输送管路,可以选择铝管。铝制造的管子,由于其导热能力强,质量轻,有较好的耐酸性,也可用于制作换热器的列管;小直径铝管可代替铜管传送有压流体。注意:铝管不能耐碱,不可用于输送盐酸、碱液及其他含氯离子的化合物;当温度超过160℃时,不宜在较高压力下使用,最高使用温度为200℃。

⑥ 化工厂内的油压系统、润滑系统、仪表的取压管线、深冷装置管路通常选用铜管或黄铜管。因为铜伸展性好,易弯曲成型,此外由于铜的导热性好,适用于制造换热器的管子。

(2) 对于压力低于196kPa和温度低于150℃腐蚀性流体的输送,还可选用陶瓷管。但是应该注意其性脆,机械强度低,不耐压且不耐温度剧变,不能用于氢氟酸的输送。

(3) 对于临时性管路连接及一些管路的挠性连接,可选用橡胶管。橡胶管按结构分为纯胶小口径管、橡胶帆布挠性管和橡胶螺旋钢丝挠性管等;按用途分为抽吸管、压力管和蒸汽管。其特点是耐酸碱,但不耐硝酸、有机酸和石油产品。

(4) 对于低温低压的某些管道也可以选用塑料管。塑料管的材料有酚醛树脂、聚氯乙烯、聚甲基丙烯酸甲酯、增强塑料(玻璃钢)、聚乙烯及聚四氟乙烯等。塑料管的共同优点是抗蚀好、质轻、加工容易,其中热塑性塑料可任意弯曲或延伸以制成各种形状;缺点是耐热性差,强度低和不耐压。不同质地的塑料管又有各自的优点,其中有些专项性能优于金属管,具体选用时可根据用途,参阅有关资料合理选择。

2. 管件的选择

将管子连接成管路时,需要依靠各种构件,使管路能够连接、拐弯和分叉,这些构件如短管、弯头、三通、异径管等,通常称为管路附件,简称管件。各种管件的名称如图1-4所示。

(1) 当改变管路方向时,可选用图1-4中的90°肘管或弯头、长颈肘管、45°肘管或弯头、回弯头。

(2) 当需要连接管路支管时,可选用图1-4中双曲肘管、偏面四通管、四通管、三通管、Y形管。

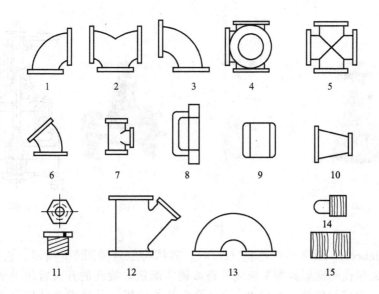

图 1-4 管件

1—90°肘管或弯头；2—双曲肘管；3—长颈肘管；4—偏面四通管；5—四通管；
6—45°肘管或弯头；7—三通管；8—管帽；9—束节或内牙管；10—缩小连接管；
11—内外牙管；12—Y 形管；13—回弯头；14—管塞或丝堵；15—外牙管

（3）当需要将直径不同的管道连接在一起时，可选用图 1-4 中的缩小连接管、内外牙管、Y 形管。

（4）当管路不用需要堵塞时，可使用图 1-4 中的管帽和管塞或丝堵。

（5）当需要连接直径相同的两管时，可使用图 1-4 中的束节或内牙管及外牙管。

除上述各种管件外，还有其他多种样式，详细内容可查有关手册。

3．阀门的选择

阀门（valve）是在管路中用作流量调节、切断或切换管路以及对管路起安全、控制作用的部件。根据阀门在管路中的作用不同，可分为切断阀、调节阀、节流阀、止回阀、安全阀等。又可根据阀门的结构形式不同而分为闸阀、截止阀、旋塞（常称考克）、球阀、蝶阀、隔膜阀、衬里阀等。此外，根据制作阀门材料的不同，又有不锈钢阀、铸铁阀、塑料阀、陶瓷阀等。各种阀门的选用和规格可从有关手册和样本中查到。下面仅对化工厂中最常见情况下的阀门选用作介绍。

（1）在输送管路中，用于截断或接通介质流体时可选用截断阀类，包括闸阀、截止阀、球阀、旋塞、蝶阀、隔膜阀等。

① 对于大型管路的开关可选用闸阀。闸阀（gate valve）有时也叫闸板阀，其结构原理可用图 1-5 表示。它是利用阀体内闸门的升降以开关管路的。根据密封元件的闸门形式，常常把闸阀分成几种不同的类型，如：楔式闸阀、平行式闸阀、平行双闸板闸阀、楔式双闸板闸等。最常用的形式是楔式闸阀和平行式闸阀。图 1-5 中所示为几种常用的楔形闸阀。其中(a) 为利用螺纹与管道连接的闸阀，(b)、(c) 为利用短颈和长颈法兰与管道连接的闸阀；(d) 为 (b) 的剖面图，(d) 中闸门位置表示管道完全关闭情况。转动手轮时，闸门上升而使流体流过。闸阀形体较大，造价较高，但当全开时，流体阻力小，只能用作清洁流体的大型输送管路的开关，不能用于有悬浮物液体管路上及控制流量的大小。

② 对于小型管路的开关可选用旋塞或球阀。

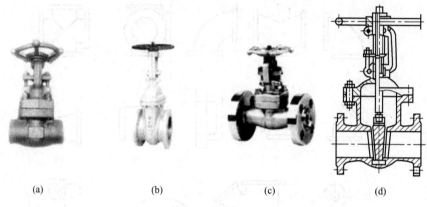

图 1-5　闸阀

a. 旋塞（faucet）　旋塞也叫考克（cock），其结构原理如图 1-6 所示。它是利用阀体内插入的一个中央穿孔的锥形旋塞来启闭管路或调节流量，旋塞的开关常用手柄而不用手轮。图 1-6（a）表示全关的位置，旋转 90°后就是全开的位置，其优点为结构简单，开关迅速，流体阻力小，可用于有悬浮物的液体，但不适用于调节流量，亦不宜用于压力较高、温度较高的管路和蒸汽管路中。

(a) 美标法兰卡套式旋塞　　(b) 二通法兰式旋塞　　(c) 旋塞剖面

图 1-6　旋塞

b. 球阀（ball valve）　球阀是球心阀的简称，如图 1-7 所示。它是利用一个中间开孔的球体作阀芯，依靠球体的旋转来控制阀门的开关。它和旋塞相仿，但比旋塞的密封面小，只需要旋转 90°的操作和很小的转动力矩就能关闭严密。阀体内腔为介质提供了阻力很小、直通的流道。球阀的主要特点是本身结构紧凑，易于操作和维修，适用于水、溶剂、酸和天然气等一般工作介质，而且还适用于工作条件恶劣的介质，如氧气、过氧化氢、甲烷和乙烯等。球阀阀体可以是整体的，也可以是组合式的。

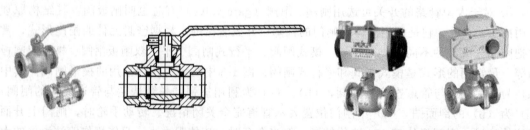

(a) GU系列真空球阀　　(b) 球阀结构示意图　　(c) GUQ系列气动真空球阀　　(d) GUD系列电动真空球阀

图 1-7　球阀

图 1-7 中 (a) 为手动带法兰的球阀实物图，(b) 为螺纹连接球阀的剖视图，(c)、(d) 均为自动控制的球阀的实物图，其中 (c) 为气动控制的球阀，(d) 为电动控制的球阀。

(2) 在输送管路中，需要对介质的流量、压力大小进行调节时可选用调节阀（throttling valve）。在生产过程中，为了使介质的压力、流量等参数符合工艺流程的要求，需要安装调节机构对上述参数进行调节。调节机构的主要核心是各种调节阀。调节阀的工作原理是靠改变阀门阀瓣与阀座间的流通面积，达到调节上述参数的目的。

调节阀主要有截止阀、节流阀、减压阀等。

① 截止阀（break valve） 截止阀的结构原理可用图 1-8 表示。截止阀的阀杆轴线与阀座密封面垂直，它是利用圆形阀盘在阀杆的升降时，改变其与阀座间的距离，以开关管路和调节流量。图中阀盘位置表示全关的情况。截止阀一旦处于开启状态，它的阀座和阀瓣密封面之间就不再有接触，因而它的密封面机械磨损较小，由于大部分截止阀的阀座和阀瓣比较容易修理，或更换密封元件时无需把整个阀门从管线上拆下来，这对于阀门和管线焊接成一体的场合是很适用的。截止阀调节流量比较严密可靠，但对流体的阻力比闸阀要大得多，不适用于有悬浮物的流体管路。截止阀一般用于大型管路的流量调节，安装时要注意流体的流动方向应该是从下向上通过阀座（俗称低进高出）。图 1-8 中，(a) 为利用螺纹与管道连接的截止阀，(b) 为利用法兰与管道连接的截止阀；(c) 为 (b) 的剖面图。当然截止阀也可用作管路介质的切断或接通阀。

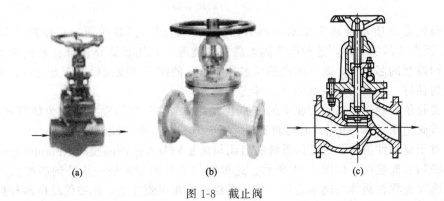

图 1-8 截止阀

② 节流阀 节流阀属于截止阀的一种，如图 1-9 所示，其中 (b) 为 (a) 的剖面图。它的结构和截止阀相似，所不同的是阀座口径小，同时用一个圆锥或流线型的阀头代替图 1-8 中的圆形阀盘，可以较好地控制、调节流体的流量，或进行节流调压等。该阀制作精度要求较高，密封性能好。主要用于仪表、控制以及取样等管路中，不宜用于黏度大和含固体颗粒介质的管路中。节流阀和截止阀一样，安装时也要注意流体的流动方向应该是低进高出通过阀座。

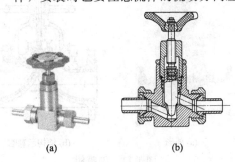

图 1-9 节流阀

③ 减压阀　广泛应用于气体、液体及蒸汽介质减压稳压或泄压稳压的自动控制。图 1-10 (a) 为工厂常用的 ZZY 型自力式压力调节阀。

根据调节阀中改变阀门阀瓣与阀座间的流通面积的原理不同，我们可将调节阀分为手动调节阀和自动调节阀两类。

图 1-8 中的截止阀、图 1-9 中的节流阀均是手动调节阀。

图 1-10 是自动调节阀，又称自动控制阀。自动控制阀可分为自驱式控制阀和他驱式控制阀两类。

(a) 自力式压力调节阀　　(b) 气动调节截止阀　　(c) 电动调节截止阀

图 1-10　自动调节阀

一类是依靠介质本身动力驱动的称为自驱式控制阀，如减压阀、稳压阀［如图 1-10 (a)］及后面介绍的安全阀，这种调节阀无需外加能源，利用被调介质自身能量为动力源引入执行机构控制阀芯位置，改变两端的压差和流量，使阀前（或阀后）压力稳定，具有动作灵敏，密封性好，压力设定点波动力小等优点。

另一类是依靠领先上来动力驱动的（如电力、压缩空气和液动力）称为他驱式控制阀，如气动调节阀［图 1-10 (b)］、电动调节阀［图 1-10 (c)］和液动调节阀等。

(3) 对于腐蚀性流体输送管路系统的启闭与流量调节可选用隔膜阀（diaphragm valve）。常见的隔膜阀有胶膜阀，如图 1-11 所示。这种阀门的启闭密封是一块特制的橡胶膜片，一个弹性的膜片夹置在阀体与阀盖之间，并用螺栓连接在压缩件上，压缩件是由阀杆操作而上下移动的，当压缩件上升时，膜片就高举，而造成通路；当压缩件下降时，膜片就压在阀体堰上（假使为堰式阀）或压在轮廓的底部（假使为直通式），达到密封。在管线中，此阀的操作机构，不暴露在被输送流体中，故不具污染性，也不需要填料，阀杆填料部也不可能泄

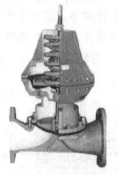 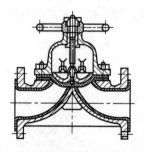

(a) 外形　　　　　(b) 结构示意图

图 1-11　隔膜阀

漏。因此，特别适用于输送有腐蚀性、有黏性的流体，例如泥浆、食品、药品、纤维性黏合液等。此外这种阀门结构简单，密封可靠，便于检修，流体阻力小。因此，一般在输送酸性介质的管路中作开关及调节流量之用，但不宜在较高压力的管路中使用。

（4）对于介质超压时的安全保护作用，可选用安全阀。安全阀（safety valve）是用来防止管路中的压力超过规定指标的装置。当工作压力超过规定值时，阀门可自动开启，以排除多余的流体达到泄压目的，当压力复原后，又自动关闭，用以保证化工生产的安全。安全阀可分为弹簧式和重锤式两种类型。弹簧式安全阀如图1-12，主要依靠弹簧的作用力达到密封。当管内压力超过弹簧的弹力时，阀门被介质顶开，管内流体排出，使压力降低。一旦管内压力降到与弹簧压力平衡时，阀门则重新关闭。而重锤杠杆式安全阀如图1-13，主要靠杠杆上重锤的作用力来达到密封，其作用过程同于弹簧式安全阀，不再赘述。

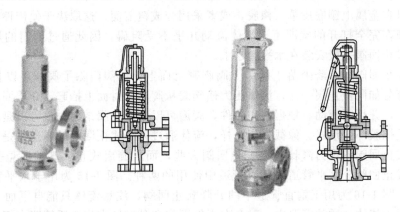

(a) 弹簧封闭全启式安全阀　　(b) 弹簧封闭带扳手全启式安全阀

图1-12　弹簧式安全阀

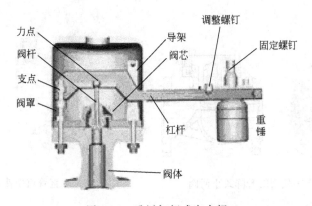

图1-13　重锤杠杆式安全阀

（5）当管路系统中必须阻止介质倒流时，应设置止回阀。止回阀（check valve）又称单向阀，其作用是只允许介质向一个方向流动，而且阻止反方向流动。通常这种阀门是自动工作的，在一个方向流动的流体压力作用下，阀瓣打开；流体反方向流动时，由流体压力和阀瓣的自重合阀瓣作用于阀座，从而切断流动。止回阀按结构不同，分为旋启式和升降式两类。旋启式止回阀有一个铰链机构，还有一个像门一样的阀瓣自由地靠在倾斜的阀座表面上（如图1-14所示）。为了确保阀瓣每次都能到达阀座面的合适位置，阀瓣设计铰链机构，以便阀瓣具有足够有旋启空间，并使阀瓣真正地、全面地与阀座接触。阀瓣可以全部用金属制

 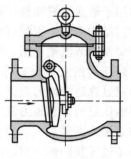

(a) 外形　　　　　　　　　　(b) 结构示意图

图 1-14　旋启式止回阀

成,也可以在金属上镶嵌皮革、橡胶,或者采用合成覆盖面,这取决于使用性能的要求。旋启式止回阀在完全打开的状况下,流体流动几乎不受阻碍,因此通过阀门的压力降相对较小,旋启式止回阀一般安装在水平管道上。

升降式止回阀的阀瓣坐落于阀体上阀座密封面上。此阀门除了阀瓣可以自由地升降之外,其余部分如同截止阀一样,流体压力使阀瓣从阀座密封面上抬起,介质回流导致阀瓣回落到阀座上,并切断流动。根据使用条件,阀瓣可以是全金属结构,也可以是在阀瓣架上镶嵌橡胶垫或橡胶环的形式。像截止阀一样,流体通过升降式止回阀的通道也是狭窄的,因此通过升降式止回阀的压力降比旋启式止回阀大些,而且旋启式止回阀的流量受到的限制很少。升降式止回阀分水平管道和垂直管道中使用的两种。图 1-15 为用于水平管道中的升降式止回阀,图 1-16 为用于垂直管道中的升降式止回阀,注意流体只能自下而上流动。止回阀一般适用于清洁介质的管路中,对含有固体颗粒和黏度较大的介质管路中不宜采用。

 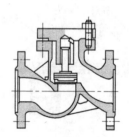 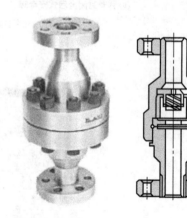

图 1-15　水平管道中使用的升降式止回阀　　　　图 1-16　垂直管道中使用的升降式止回阀

(6) 用于分离、分配混合介质时,可选用分流阀,如疏水阀。疏水阀 (drain valve) 又称冷凝水排除阀,俗名疏水器。用于蒸汽管路中专门排放冷凝水,而阻止蒸汽泄漏。疏水阀的种类很多,目前广泛使用的是浮球式和热动力式两类。

自由浮球式蒸汽疏水阀[见图 1-17 (a)]是目前国内最先进的蒸汽疏水阀之一,其结构简单,内部只有一个精细研磨的不锈钢空心浮球,既是浮子又是启闭件,无易损零件,使用寿命很长。装置刚启动时,管道内出现空气和低温冷凝水,手动排空气阀能迅速排除不凝结气体,疏水阀开始进入工作状态,低温冷凝水流进疏水阀,凝结水的液位上升,浮球上升,阀门开启。装置很快提升温度,管道内温度上升至饱和温度之前,自动排空气阀已经关闭;

装置进入正常运行状况，凝结水减少，液位下降，浮球随液位升降调节阀孔流量；当凝结水停止进入时，浮球随介质流向逼近阀座，关闭阀门。自由浮球式蒸汽疏水阀的阀座位于液位以下，形成水封，无蒸汽泄漏。

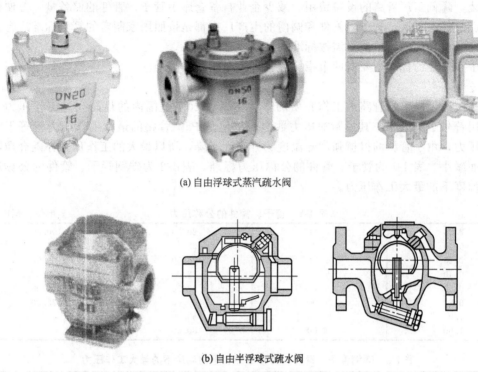

图 1-17　浮球式疏水阀

热动力式疏水阀，如图 1-18 所示，温度较低的冷凝水在加热蒸汽压力的推动下流入图（a）中的通道 1，将阀门顶开，由排水孔 2 流出。当冷凝水将要排尽时，排出液中则夹带较多的蒸汽，于是温度升高，促使阀片上方的背后压升高。同时蒸汽流过阀片与底座之间的环隙中造成减压，阀片则因自身重量及上下压差作用的结果使阀片下落，于是切断了进出口之间的通道。经过片刻后，由于疏水阀向四周围环境散热，则使阀片上背压室内的蒸汽部分冷凝，而使背压下降，于是阀片又重新开启，实现周期性排水。如此循环排水阻汽。

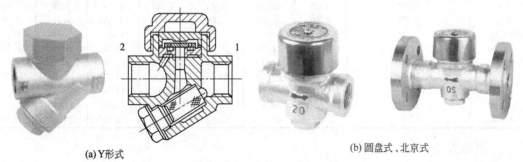

图 1-18　热动力式疏水阀

化工生产装置中的阀门类型很多，这里不可能全部介绍，其他类型的阀门如果需要，请查有关资料。

二、化工管路的标准

前面介绍的各种管件、阀门在与管子连接时必须规格相当。工程上,为了便于管路的设计和安装,降低工厂管路的设备费用、减少企业自备仓库中管子、管件的储备量,方便损坏的管子、管件的更换,管子、管件和阀门的生产厂家都是按照国家制定的管路标准进行大批量生产的,设计和使用单位只需按标准去选用。

管子和管径的标准主要有两个指标:公称压力和公称直径。

1. 公称压力

公称压力一般是指管路内工作介质的温度在 $0\sim120℃$ 范围内的最高允许工作压力。公称压力用符号 PN 表示,其后附加压力数值,单位是 Pa。管路的最大工作压力应等于或小于公称压力,由于管材的机械强度随温度的升高而下降,所以最大的工作压力亦随介质温度的升高而减小。表 1-1 为管子、管件的公称压力标准。表 1-2 为碳钢管子、管件的公称压力和不同温度下的最大工作压力。

表 1-1 管子、管件的公称压力   单位:MPa

0.05	2.00	20.00	100.00
0.10	2.50	25.00	125.00
0.25	4.00	28.00	160.00
0.40	5.00	32.00	200.00
0.60	6.30	42.00	250.00
0.80	10.00	50.00	335.00
1.00	15.00	63.00	
1.60	16.00	80.00	

表 1-2 碳钢管子、管件的公称压力和不同温度下的最大工作压力

公称压力 /MPa	试验压力 (用低于 100℃ 的水) /MPa	介质工作温度/℃						
		至 200	250	300	350	400	425	450
		最大工作压力/MPa						
		P20	P25	P30	P35	P40	P42	P45
0.10	0.20	0.10	0.10	0.10	0.07	0.06	0.06	0.05
0.25	0.40	0.25	0.23	0.20	0.18	0.16	0.14	0.11
0.40	0.60	0.40	0.37	0.33	0.29	0.26	0.23	0.18
0.60	0.90	0.60	0.55	0.50	0.44	0.38	0.35	0.27
1.00	1.50	1.00	0.92	0.82	0.73	0.64	0.58	0.45
1.60	2.40	1.60	1.50	1.30	1.20	1.00	0.90	0.70
2.50	3.80	2.50	2.30	2.00	1.80	1.60	1.40	1.10
4.00	6.00	4.00	3.70	3.30	3.00	2.80	2.30	1.80
6.40	9.60	6.40	5.90	5.20	4.70	4.10	3.70	2.90
10.00	15.00	10.00	—	8.20	7.20	6.40	5.80	4.50
16.00	24.00	16.00	14.70	13.10	11.70	10.20	9.30	7.20
20.00	30.00	20.00	18.40	16.40	14.60	12.80	11.60	9.00
25.00	35.00	25.00	23.00	20.50	18.20	16.00	14.50	11.20
32.00	43.00	32.00	29.40	26.20	23.40	20.50	18.50	14.40
40.00	52.00	40.00	36.80	32.80	29.20	25.60	23.20	18.00
500	62.50	50.00	46.00	41.00	36.50	32.00	29.00	22.50

2. 公称直径

公称直径用字母 DN 表示,其后附加公称直径的尺寸,单位是 mm。例如公称直径为 300mm 的管子,用 $DN300$ 表示。

管子规格可以以管子的外径为标准,也可以以管子的内径为标准。以外径为标准的管子规格中,其外径一定,管子的内径随管壁的厚度不同而略有差异,如外径为 57mm 壁厚度

为 3.5mm 和外径为 57mm 壁厚度为 5mm 的无缝钢管，我们都称它为公称直径为 50mm 的钢管，但它们的内径分别为 50mm 和 47mm。由于管子的公称直径既不是管子的外径，也不是管子的内径，其数值只是接近于管子的内径或外径的整数（见表 1-3）。

表 1-3　管子、管件的公称直径 DN　　　　　　　　　　单位：mm

1	32	250	1100	2800
2	40	300	1200	3000
3	50	350	1300	3200
4	65	400	1400	3400
5	80	450	1500	3600
6	100	500	1600	3800
8	125	600	1800	4000
10	150	700	2000	
16	175	800	2200	
20	200	900	2400	
25	225	1000	2600	

水、煤气钢管（有缝钢管）的管子规格是以外径为标准，一般用公称直径表示（注明是普通级还是加强级）。例如：DN100mm 水煤气管（普通级），表示是公称直径为 100mm，其外径为 114mm，壁厚为 4mm 的水、煤气管，该管在工程图纸上的尺寸标注为 ϕ114mm×4mm；DN100mm 水煤气管（加强级），表示是公称直径为 100mm，外径是 114mm，壁厚则为 5mm 的水、煤气管，该管在工程图纸上的尺寸标注则为 ϕ114mm×5mm。

无缝钢管、铜管和黄铜管的管子规格也是以外径为标准，通常是以"ϕ外径×壁厚"的形式表示。热轧无缝钢管的外径范围 32～600mm，壁厚在 3.5～50mm 之间，管长 4～12.5m；冷拔无缝钢管的外径范围是 4～150mm，壁厚在 1.0～12mm 之间，管长 1.5～7m。由上述可见，同一公称直径的钢管、铜管具有相同的外径，内径随壁厚不同而不同。

铅管、铸铁管和水泥管的管子规格则以内径为标准，它们的尺寸标注方法为以"ϕ内径×壁厚"的形式表示。例如公称直径为 100mm 的低压铸铁管，可标注为 ϕ100mm×9mm。

管路的各种附件和阀门的公称直径，一般都等于它们的实际内径。

工程上的化工管路必须根据所输送流体的性质、温度及压力来选择管子的类型和管子的材料，根据流体的输送量大小来确定管路的规格尺寸。根据生产工艺的控制要求来选择安装合适的阀门。根据工艺流程布置的要求选择必要的管件；遵照安全、方便、美观的原则进行工程连接安装。

三、管路直径的确定

化工厂的流体输送管道大多为圆形管道，其管子的粗细主要是管子直径的不同即管子规格的不同。管子直径的确定是我们选择管子规格的基础。

输送管路的直径 d 与流量 V_s 和流速 u 有关。管子直径的求取公式为：

$$d=\sqrt{\frac{4V_s}{\pi u}} \tag{1-1}$$

式中　V_s——被输送流体的体积流量，m³/s；
　　　u——流体的平均流速，m/s。

1. 体积流量

流体的体积流量（flow rate of volume）是单位时间内流经管道任一截面的流体体积，是由生产任务决定的。在实际生产中，当生产任务一定时被输送流体的体积流量 V_s 就一定。但工厂下达生产任务时可能最初不是体积流量，而是其他形式的流量，如：质量流量 W_s, kg/s; W_h, kg/h、t/h；摩尔流量, kmol/h 等。此时，应作必要的换算，常见的换算公式为：

$$V_s = \frac{W_s}{\rho} = \frac{W_h/3600}{\rho} \tag{1-2}$$

式中　V_s——单位时间内输送的流体的体积流量，m^3/s；

　　　W_s——单位时间内输送的流体的质量，简称质量流量，kg/s；

　　　W_h——质量流量，kg/h；

　　　ρ——被输送流体的密度，kg/m^3。

流体的密度是一个重要的物性参数，作为化工工艺技术人员必须掌握密度数据的确定方法及影响因素。

(1) 对于**液体**　液体的密度随温度的变化较明显，随压力的变化较小，可以忽略不计。温度升高，绝大多数液体的密度是减小的。纯组分液体密度 ρ 可根据输送时的操作温度查物性手册；对于混合液体，若由各纯组分混合成混合物时混合前后无体积变化，其混合液体的密度可由各纯组分的密度按以下公式计算：

$$\frac{1}{\rho_m} = \frac{x_{w1}}{\rho_1} + \frac{x_{w2}}{\rho_2} + \frac{x_{w3}}{\rho_3} + \cdots + \frac{x_{wn}}{\rho_n} = \sum_{i=1}^{n} \frac{x_{wi}}{\rho_i} \tag{1-3}$$

式中　ρ_m——混合液的平均密度；

　　　ρ_i——纯 i 组分在输送温度下的密度；

　　　x_{wi}——混合液中 i 组分的质量分数。

(2) 对于**气体**　由于气体是可压缩性流体，密度不仅与温度有关，还与压力有关。密度可由以下公式计算：

$$\rho = \frac{pM}{RT} = \frac{M}{22.4} \frac{T^{\ominus}}{T} \frac{p}{p^{\ominus}} \tag{1-3a}$$

式中　p——气体的绝对压力，kPa 或 kN/m^2；

　　　T——气体的温度，K；

　　　M——气体的千摩尔质量，kg/kmol；

　　　R——通用气体常数，$R=8.314 kJ/(kmol \cdot K)$；

　　　$T^{\ominus}$——标准状态的温度，$T^{\ominus}=273K$；

　　　$p^{\ominus}$——标准状态的压力，$p^{\ominus}=101.3kPa$。

如果是气体混合物，式中的 M 用气体混合物的平均摩尔质量 M_m 代替，平均摩尔质量可由下式计算：

$$M_m = M_1 y_1 + M_2 y_2 + M_3 y_3 + \cdots + M_n y_n = \sum_{i=1}^{n} M_i y_i \tag{1-4}$$

式中　$M_1, M_2, \cdots, M_n$——构成气体混合物的各纯组分的摩尔质量，kg/kmol；

　　　$y_1, y_2, \cdots, y_n$——气体混合物中各组分的摩尔分数或体积分数。

2. 流速

流速 (velocity of flow) 是单位时间内，流体在流动方向上流经的距离。流体的流速有三种表示方法。

(1) 点流速　指流体质点在流动方向上流经的距离。实验证明，由于流体具有黏性，流体流经管道任一截面上各点的速度沿半径而变化。工程上为计算方便，通常用整个管截面上各点的平均流速来表示流体在管道中的流速。

(2) 平均流速 (average folw velocity)　是所有流体质点在单位时间内、在流动方向上流经的平均距离，其数值为单位时间内流经管道单位截面积的流体体积，用符号 u 表示，单位为 $m^3/(m^2 \cdot s)=m/s$。

$$u=\frac{V_s}{A} \tag{1-5}$$

式中　u——流体的平均流速，m/s；
　　　A——管道的截面积，m^2。

（3）质量流速（mass velocity）　单位时间内流经管道单位截面积的流体质量，称为质量流速，以符号 G 表示，单位为 $kg/(m^2 \cdot s)$。

由于气体的体积流量随压力和温度的变化而变化，其平均流速亦将随之变化，但流体的质量流量和质量流速是不变的，可见，采用质量流速计算较为方便。

质量流速与质量流量及流速之间的关系为

$$G=W_s/A=V_s\rho/A=u\rho \tag{1-6}$$

3. 管子直径的影响因素分析及确定

（1）讨论　当生产任务一定时，即被输送流体的体积流量 V_s 一定时，流速 u 增加，管道直径 d 减小，管路安装的设备投资减小，这是有利的一面。但流速 u 增加会导致管路系统中流体流动阻力增加，输送流体所需的动力消耗增加，操作费用增加。为什么？原因将在以后分析中得出。

适宜流速是指使管路系统的操作费用和设备折旧费用之和为最小时的流速。工程上的最适宜流速通常是根据经济核算后决定的。

设计时通常可根据适宜流速范围的经验数据选用。例如水及低黏度液体的适宜流速范围为 1.5~3.0m/s，一般常用气体流速为 10~20m/s，而饱和水蒸气流速为 20~40m/s 等。某些液体在管道中的常用流速范围，可参阅有关手册。

（2）管道直径的确定步骤

① 根据流体的种类、性质、压力等在适宜流速范围内，选取一个流速。
② 将所选取的流速代入公式（1-1）计算管道直径 d；
③ 由计算出的 d，根据管子规格，将管子圆整成标准管径。

【例 1-1】　某车间要求安装一根输水量为 $20m^3/h$ 的管道，试选择合适的管径。

解　依题意根据公式（1-1），$d=\sqrt{\dfrac{4V_s}{\pi u}}$

取水在管内的流速 $u=2m/s$

则

$$d=\sqrt{\frac{4V_s}{\pi u}}=\sqrt{\frac{4\times 20/3600}{3.14\times 2.0}}=0.059(m)=59(mm)$$

查取有关手册，管子规格表确定选用 $\phi 65mm \times 3mm$（即管外径为 65mm，壁厚为 3mm）的冷拔无缝钢管，其内径为 $d=65-2\times 3=59(mm)=0.059$（m）

水在管内的实际流速为：$u'=\dfrac{V_s}{A}=\dfrac{20/3600}{0.785\times 0.059^2}=2.0$ (m/s)

水的实际流速在适宜流速范围之内，说明所选无缝钢管合适。

【例 1-2】　某工厂要求安装一根输气量为 840kg/h 的空气输送管道，已知输送压力为 202.6kPa（绝对），温度为 100℃，已决定采用无缝钢管，试选择合适的管径。

解　实际操作状态下空气的密度为：

$$\rho=\frac{29}{22.4}\times\frac{273}{273+100}\times\frac{202.6}{101.3}=1.895 \text{（kg/}m^3\text{）}$$

或

$$\rho = \frac{pM}{RT} = \frac{202.6 \times 29}{8.314 \times (273+100)} = 1.895 \ (kg/m^3)$$

空气的质量流量：

$$W_s = \frac{840}{3600} = 0.233 \ (kg/s)$$

空气的体积流量：

$$V_s = \frac{0.233}{1.895} = 0.123 \ (m^3/s)$$

取空气在钢管内的流速 $u = 15 m/s$

则

$$d = \sqrt{\frac{4V_s}{\pi u}} = \sqrt{\frac{4 \times 0.123}{3.14 \times 15}} = 0.102 (m) \approx 100 mm$$

根据附录二十管子规格表确定选用 $\phi 108 \times 4$（即管外径为 108mm，壁厚为 4mm）的无缝钢管，其内径为：$d = 108 - 2 \times 4 = 100 (mm) = 0.1m$

校核空气在管内的实际流速：$u' = \frac{V_s}{A} = \frac{0.123}{0.785 \times 0.1^2} = 15.7 \ (m/s)$

实际流速在空气的适宜流速范围之内，说明所选无缝钢管合适。

四、化工管路的工程安装

对于管路系统而言，必须有适宜的管子、管件及阀门类型，合适的管子和阀门规格必须有正确连接方式。只有正确的安装方案和措施，才能使其正常安全地发挥作用。

1. 管路的连接方式

管路的连接包括管子与管子、管子与各种管件、阀门及设备接口等处的连接，目前比较普遍采用的方式有承插式连接、螺纹连接、法兰连接及焊接。

(1) 承插式连接　铸铁管、耐酸陶瓷管、水泥管常用承插式连接。管子的一头扩大成钟形，使一根管子的平头可以插入。环隙内通常先填塞麻丝或棉绳，然后塞入水泥、沥青等胶合剂，如图 1-19 所示。它的优点是安装方便，允许两管中心线有较大的偏差，缺点是难于拆除，高压时不可靠。

(2) 螺纹连接（screw joint）　小直径的水管、压缩空气管路、煤气管路及低压蒸汽管路管段与管段之间常用螺纹连接。螺纹连接是利用内螺纹管接头-管箍、外螺纹管接头-外牙管或活络管接头，依靠螺纹将被连接的两根管子连接起来。首先在被连接的管端制作螺纹：用管箍连接时，在管端制作外螺纹；用外牙管连接时，在管端制作内螺纹（见图 1-20）；用活络管接头连接时制作长内螺纹和短的外螺纹，如图 1-21 所示。为了保证连接处的密封，安装时常在螺纹上涂上胶黏剂或包上填料。

图 1-19　承插式连接

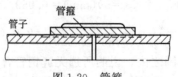

图 1-20　管箍

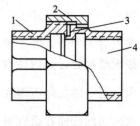

图 1-21　活络管接头
1,4—带内螺纹的管节；2—活套节；
3—垫片

(3) 法兰连接（flange joint）　当两根管子需要连接，但又要经常拆开时且管子较粗时，最常用的连接方法是法兰连接，如图 1-22 所示。铸铁管法兰是与管身同时铸成。钢管的法兰可用焊接法固定在钢管上，也可以用螺纹连接在钢管上，当然最方便是焊接法固定。图1-23表示普通钢管的搭接式法兰与对焊法兰两种型式。工程安装时，在两法兰间放置垫圈，起密封作用。垫圈的材料有石棉板、橡胶、软金属等，随介质的温度压力而定。对于压力$p \leqslant 392 kPa$（表压）、温度不超过120℃的水和无腐蚀的气体和液体，可用大麻和浸过油的厚纸板作垫圈材料；对于温度450℃以下和4900kPa（表压）以下的水蒸气管可用石棉橡胶板作垫圈材料；高压管道的密封则用金属垫圈，常用的有铝、铜、不锈钢等。法兰连接优点是装拆方便，密封可靠，适用的压力、温度与管径范围很大；缺点是费用较高。

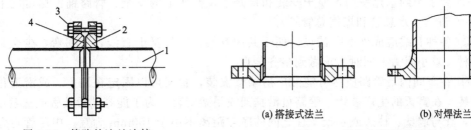

图1-22 管路的法兰连接　　　　　　图1-23 法兰与管道的固定
1—管子；2—法兰盘；3—螺栓螺母；4—垫片　　(a)搭接式法兰　(b)对焊法兰

（4）焊接连接（jointing）　对于不需要拆卸的长管路，管子与管子之间的连接一般采用焊接法连接。焊接连接较上述任何连接法都严密且经济方便。无论是钢管、有色金属管、聚氯乙烯等塑料管均可焊接，故焊接连接管路在化工厂中已被广泛采用，且特别适宜于长管路。但对经常拆除的管路和对焊缝有腐蚀性的物料管路，以及不允许动火的车间中安装管路时，不得使用焊接。焊接管路中仅在与阀件连接处要使用法兰连接。

2. 管路的热补偿

管路两端固定，当温度变化较大时，就会因热胀冷缩而产生拉伸或压缩变形，严重时可使管子弯曲、断裂或接头松脱。因此，承受温度变化较大的管路，要采用热膨胀补偿装置。一般温度变化在32℃以上，要考虑热补偿（thermal compensation）。化工厂中常用的补偿器有凸面补偿器和回折管补偿器两种。

（1）凸面补偿器　凸面补偿器可以用钢、铜、铝等韧性金属薄板制成。图1-24表示两种简单的形式。管路伸、缩时，凸出部分发生变形而进行补偿。此种补偿器只适用于低压的气体管路（由真空到表压为196kPa）。

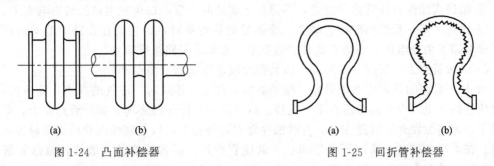

图1-24 凸面补偿器　　　　　　图1-25 回折管补偿器

（2）回折管补偿器　回折管补偿器的形状如图1-25所示。此种补偿器制造简便，补偿能力大，在化工厂中应用最广。回折管可以是外表光滑的如图1-25（a）所示，也可以是有折皱的如图1-25（b）所示，前者用于管径小于250mm的管路，后者用于直径大于250mm的管路。回折管与直管之间可以用法兰连接，也可以用焊接方式连接。

由于管路转弯处有自动补偿的能力，只要两固定点间两臂长度足够，便可不用补偿器。

3. 管路布置与安装的原则

在管路布置及安装时，首先必须考虑工艺要求，如生产的特点、设备的布置、物料特性及建筑物结构等因素，其次必须考虑尽可能减少基建费用和操作费用，最后必须考虑安装、检修、操作的方便和操作安全。因此，布置和安装管路应遵守以下原则。

① 布置管路时，应对车间所有管路（生产系统管路，辅助系统管路，电缆、照明、仪表管路、采暖通风管路等）全盘规划，各安其位。

② 为了节约基建费用，便于安装和检修以及操作上的安全，管路铺设尽可能采取明线（除下水道、上水总管和煤气总管外）。

③ 各种管线应成列平行铺设，便于共用管架；要尽量走直线，少拐弯，少交叉，以节约管材，减小阻力，同时力求做到整齐美观。

④ 在车间内，管路应尽可能沿厂房墙壁安装，管架可以固定在墙上，或沿天花板及平台安装。在露天的生产装置，管路可沿挂架或吊架安装。为了能容纳活接管或法兰以及便于检修，管与墙壁、柱边或管架支柱之间的净空距离不小于100mm为宜。中压管与管之间的距离保持在40～60mm，高压管与管之间的距离保持在70～90mm。

⑤ 为了便于安装、操作、巡查和检修，并列管路上的管件和阀门位置应错开安装。并列管路上安装手轮操作的阀门时，手轮间距约100mm。

⑥ 为了防止滴漏，对于不需拆修的管路连接，通常都用焊接；在需要拆卸的管路中，适当配置一些法兰和活接管。

⑦ 管路应集中铺设，当穿过墙壁时，墙壁上应开预留孔，过墙时，管外最好加套管，套管与管子之间的环隙内应充满填料；管路穿过楼板时最好也是这样。

⑧ 管路离地的高度，以便于检修为准，但通过人行道时，最低离地点不得小于2m；通过公路时，不得小于4.5m；与铁轨面净距离不得小于6m；通过工厂主要交通干线，一般高度为5m。

⑨ 长管路要有支承，以免弯曲存液及受振动，跨距应按设计规范或计算决定。管路的倾斜度，对气体和易流动的液体为（3/1000）～（5/1000），对含固体结晶或粒度较大的物料为1%或大于1%。

⑩ 一般上下水管及废水管适宜埋地铺设，埋地管路的安装深度，在冬季结冰地区，应在当地冰冻线以下。

⑪ 输送腐蚀性流体管路的法兰，不得位于通道的上空，以免发生滴漏时影响安全。

⑫ 输送易爆、易燃如醇类、醚类、液体烃类等物料时，因它们在管路中流动而产生静电，使管路变为导电体。为防止这种静电积聚，必须将管路可靠接地。

⑬ 蒸汽管路上，每隔一定距离，应装置冷凝水排除器（疏水器）。

⑭ 平行管路的排列应考虑管路互相的影响。在垂直排列时，输气的在上，输液的在下；热介质管路在上，冷介质管路在下，这样，减少热管对冷管的影响。高压管在上，低压管在下；无腐蚀性介质管路在上，有腐蚀性介质管路在下，以免腐蚀性介质滴漏时影响其他管路。在水平排列时，高压管靠近墙柱，低压管在外；不常检修的靠墙柱，检修频繁的在外；振动大的要靠管架支柱或墙。

⑮ 管路安装完毕后，应按规定进行强度和气密性试验。未经试验合格，焊缝及连接处不得涂漆及保温。管路在开工前须用压缩空气或惰性气体进行吹扫。

⑯ 对于各种非金属管路及特殊介质管路的布置和安装，还应考虑一些特殊性问题，如聚氯乙烯管应避开热的管路，氧气管路在安装前应进行脱油处理等。

第三节 流体输送方式的选择

前已述及管路安装时首先必须考虑的是生产工艺要求,包括生产特点、设备之间相对位置及其布置。显然对于一给定的输送生产任务,工艺要求和条件不同,设备之间的相对位置及布置不同,采用的输送方式不同,管件和阀门的类型及数量也不同。因此,只有明确了输送方式和输送设备才能彻底解决流体输送问题。对于一个给定的输送任务究竟采用哪一种输送方式?在每一种输送方式中,有关参数又该如何确定是我们化学工程与工艺技术人员必须解决的问题。

一个合理的满足工艺要求的输送管路系统,不但要管子、管件和阀门的类型、大小选择正确,而且要保证输送方式选择合理,输送的有关参数确定正确,工程安装合理,操作方便,成本低。

一、生产案例

案例1:某化工厂需要将20℃的苯,从地下贮罐送到高位槽,高位槽最高液位处比地下贮槽最低液位处高8m,要求输送量为300L/min,试问:

(1) 若间歇操作可用何种方式完成此输送任务?
(2) 若为连续操作该用何种方式输送?
(3) 若高位槽最低液位处比贮槽最高液位处高10m,又该如何输送?

案例2:某化工厂要将地面贮槽中的水送到20m高处的CO_2水洗塔顶内,送水量为$15m^3/h$。已知贮槽水面压力为$300kN/m^2$。水洗塔内的绝对压力为$2100kN/m^2$。设备之间的相对位置如附图所示。试问:采用何种方式才能完成此输送任务?

分析:同学们从高中物理的学习中都知道,水会自动地从山上流到山下,这是因为水在山上的机械能比山下的机械能高,流体在管道中流动时也只能由机械能高处向机械能低处流动。要实现流体从一处向另一处的流动,只有设法增加起点处的机械能或减小终点处的机械能,抑或在两处之间利用外功向流体输入机械能。这也是工厂里流体各种输送方式的理论依据。

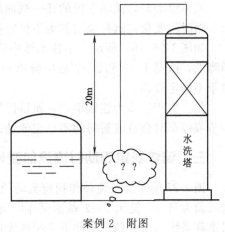

案例2 附图

那么什么时候该利用增加起点处的机械能的方式,什么时候该利用减小终点处的机械能方式,什么时候利用外功向流体输入机械能?如何增加起点处的机械能,如何减小终点处的机械能以及如何利用外功向流体输入机械能?这是进行化工流体输送操作的技术人员必须会判断选择的。

要解决以上流体输送方式的选择问题,我们首先要掌握流体流动时的流速和能量的变化规律。

二、稳定流动与不稳定流动

在介绍流体流动规律之前,首先掌握稳定流动与不稳定流动的概念。

1. 稳定流动

流体在管道中流动时，任一截面处的流速、流量和压力等有关物理参数仅随位置改变，均不随时间而改变，这种流动称为稳定流动（stationary flow）。

如图 1-26（a）所示为一贮水槽，进水管 2 中不断有水进入贮水槽，若将底部管道上的阀门 A 和 B 均打开，水便不断从槽内流出。当进水量超过流出的水量时，溢流管有水溢出时，槽中水位可保持恒定。此时在流动系统中任意取两个截面 1—1′ 和 2—2′，经测定可知两截面上的流速和压力虽不相等，即 $u_1 \neq u_2$，$p_1 \neq p_2$，但每一截面上的流速和压力均不随时间变化，即各物理参数只与空间位置有关，与时间无关，这种情况属稳定流动。稳定流动时系统内没有质量的积累。

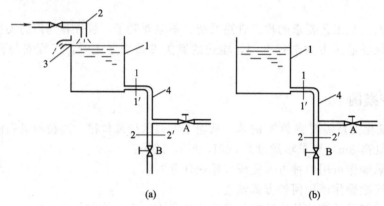

图 1-26　稳定流动（a）与不稳定流动（b）
1—贮水槽；2—进水管；3—溢流管；4—排水管

2. 不稳定流动

流体流动时，流动系统的任一截面处的流速、流量和压力等物理参数不仅随位置变化，而且随时间变化，这种流动称为不稳定流动（unstable flow）。

如图 1-26（b）所示，不往水槽中进水，A、B 阀门打开后水不断流出，槽中的水位逐渐降低，截面 1—1′ 和 2—2′ 处的流速和压力等物理参数也随之愈来愈小，这种流动情况即属于不稳定流动。

化工生产中多为连续生产，所以流体的流动多属稳定流动。应该指出的是在设备开车、调节或停车时会造成暂时的不稳定流动。本节着重讨论稳定流动问题。

三、流体稳定流动时流速的变化规律——连续性方程

图 1-27 所示为一流体作稳定流动的管路，流体充满整个管道，流入 1—1′ 截面流体的质量流量为 W_{s1}，流出 2—2′ 截面流体的质量流量为 W_{s2}，以 1—1′ 和 2—2′ 截面间的管段为物料衡算系统。由于稳定条件下系统内无质量的积累，则输入的质量应等于输出的质量。

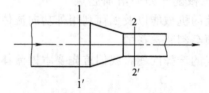

图 1-27　流体流动的连续性

据质量守恒定律，列出物料衡算式为：
$$W_{s1} = W_{s2} \tag{1-7}$$

$$\rho_1 A_1 u_1 = \rho_2 A_2 u_2 \tag{1-8}$$

若将上式推广到管道的任一截面，即

$$\rho_1 A_1 u_1 = \rho_2 A_2 u_2 = \cdots = \rho_i A_i u_i = 常数 \tag{1-9}$$

式（1-7）和式（1-8）都称为流体在管道中作稳定流动的连续性方程式（continuity equation）。该方程式表示在稳定流动系统中，流体流经管道各截面的质量流量恒为常量，但各截面的流体流速则随管道截面积 A 的不同和流体密度 ρ 的不同而变化，故该方程式反映了管道截面上流速的变化规律。

对于不可压缩性流体（如液体），因流体的密度 ρ＝常数，连续性方程式可写为

$$A_1 u_1 = A_2 u_2 = \cdots = A_i u_i = V_s = 常数 \tag{1-10}$$

式（1-10）说明：不可压缩性流体流经各截面的质量流量相等，体积流量亦相等，即流体流速与管道的截面积成反比，截面积愈小，流速愈大，反之，截面积愈大，流速愈小。

对于圆形管道，因 $A_1 = \frac{\pi}{4} d_1^2$ 及 $A_2 = \frac{\pi}{4} d_2^2$（$d_1$ 及 d_2 分别为 1—1′截面和 2—2′截面处的管内径），式（1-10）可写成：$\frac{\pi}{4} d_1^2 u_1 = \frac{\pi}{4} d_2^2 u_2 = 常数$

由此得：

$$\frac{u_1}{u_2} = \left(\frac{d_2}{d_1}\right)^2 \tag{1-11}$$

由式（1-11）可见：不可压缩性流体体积流量一定时，圆形管道中的流速与管道内径的平方成反比。

思考题1

在稳定流动系统中，水连续地由粗圆管流入细圆管，粗管内径为细管内径的两倍，请问细管内的流速是粗管内的几倍？

【例 1-3】 如本题附图所示的串联管路，大管为 $\phi 89\text{mm} \times 4\text{mm}$，小管为 $\phi 57\text{mm} \times 3.5\text{mm}$。已知小管中水的流速为 $u_1 = 2.8\text{m/s}$，试求大管中水的流速。

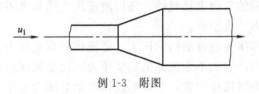

例 1-3　附图

解 依题意，已知 $d_1 = 57 - 2 \times 3.5 = 50\text{mm}$；$d_2 = 89 - 2 \times 4 = 81\text{mm}$；$u_1 = 2.8\text{m/s}$

利用不可压缩性流体的连续性方程

由式（1-11）得：$u_2 = u_1 \left(\frac{d_1}{d_2}\right)^2 = 2.8 \times \left(\frac{50}{81}\right)^2 = 1.07$（m/s）

四、流体稳定流动时能量的变化规律——柏努利方程

当流体在流动系统中作稳定流动时，根据能量守恒定律，对任一段管路内流动流体作能量衡算，我们可以得到表示流体流动时能量变化规律的柏努利方程。

1. 流体的机械能

流体流动时的机械能与固体运动时的机械能不同，除了固体具有的动能和位能外，流体

因为有压力,还具有静压能,流体的静压能与流体具有的压力大小有关。

(1) 流体的位能 位能（potential energy）是流体在重力作用下,因高出某基准面而具有的能量,相当于将质量为 m kg 的流体自基准水平面 $0—0'$ 升举到 z 高度为克服重力所做的功,即位能 $=mgz$,位能的单位：$J=N\cdot m$。

1kg 流体的位能为 $\frac{mgz}{m}=gz$,其单位为 J/kg。位能是个相对值,依所选的基准水平面位置而定。基准水平面上流体的位能为零,在基准水平面以上的位能为正值,以下的为负值。

(2) 流体的动能 动能（kinetic energy）是流体因具有一定的流速而具有的能量,m kg 流体以速度 u 流动时,其动能为：$\frac{1}{2}mu^2$,动能的单位：$J=N\cdot m$。

1kg 流体以速度 u 流动时的动能为：$\frac{1}{2}u^2$,其单位为 J/kg。

(3) 流体的压力与静压能

① 流体的压力。指垂直作用于流体单位面积上的力,习惯上称为压力（pressure）（本书中的压力均指压强）,以符号 p 表示。

在国际单位制中,压力单位是 Pa（帕斯卡 Pascal,中文符号为帕）。物理学（cgs 制）中,压力常用以下四种单位：绝对大气压（atm）、毫米汞柱（mmHg）、米水柱（mH$_2$O）、达因/厘米^2（dyn/cm^2）。绝对大气压、毫米汞柱、米水柱这些单位因概念直观清楚而目前在科技上仍然使用。工程单位制中,压力的单位常采用公斤（力）/厘米^2（kgf/cm^2）。技术上习惯用的如 8 公斤蒸汽,即指 8kgf/cm^2 的饱和蒸汽；反应釜有 5 公斤压力,即指反应釜中有 5kgf/cm^2（表压）的压力。

虽然我国统一实行法定计量单位,推行国际单位制,但由于目前这几种计量单位制在工程上仍然同时并用,因此正确掌握它们之间的换算关系十分重要：

$$1\text{atm}=1.033\text{kgf/cm}^2=760\text{mmHg}=10.33\text{mH}_2\text{O}=1.0133\text{bar}=1.0133\times10^5\text{Pa}$$

$$1\text{kgf/cm}^2=0.9678\text{atm}=735.6\text{mmHg}=10\text{mH}_2\text{O}=0.9807\text{bar}=9.807\times10^4\text{Pa}$$

流体的压力除用不同的单位来计量外,还因测定压力的基准不同,流体压力有三种表示方法：绝对压力、表压力、真空度。

绝对压力是以绝对零压为基准测得的压力,是流体的真实压力；表压力或真空度是以大气压力为基准测得的压力,它们不是流体的真实压力,而是测压仪表的读数值。当被测流体的绝对压力大于大气压力时用压力表,当被测流体的绝对压力小于大气压力时用真空表。表压力或真空度与绝对压力、大气压力的关系如图 1-28 所示。

$$\text{表压力}=\text{绝对压力}-\text{大气压力}, p_{\text{表}}=p_{\text{绝}}-p_{\text{大气}} \tag{1-12}$$

$$\text{真空度}=\text{大气压力}-\text{绝对压力}, p_{\text{真}}=p_{\text{大气}}-p_{\text{绝}} \tag{1-13}$$

值得注意的是大气压和各地海拔高度有关,相同地区的大气压又是和温度、湿度有关,所以表压力或真空度相同,其绝对压力未必相等,必须通过当地、当时的大气压计算出绝对压力。由图 1-28 可看出,表压力只要设备能够承受,理论上限是无穷大；但是真空度是有限制的,其最大值在数值上小于最多等于当时当地的大气压。

【例 1-4】 有一设备,其进口真空表读数为 0.02MPa,出口压力表读数为 0.092MPa。当地大气压为 101.33kPa,试求：(1) 设备进口和出口的绝对压力分别为多少 kPa？(2) 出口与进口之间的压力差是多少？

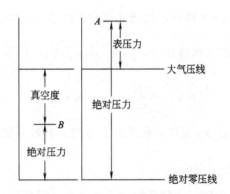

图 1-28 绝对压力、表压力与真空度的关系
A 表示某一设备或装置中的某一部位；B 表示另一设备内或装置中的另一部位

解 （1）进口　　真空度 $p_真$＝大气压力 $p_大$－绝对压力 $p_绝$
已知真空度 $p_真$＝0.02MPa＝20kPa，当地大气压 $p_大$＝101.33kPa
所以进口绝对压力

$$p_{进绝}＝p_{大气压}－p_{进口真空度}＝101.33－20＝81.33\ (kPa)$$

出口　　表压力 $p_表$＝绝对压力 $p_绝$－大气压力 $p_大$
已知 $p_表$＝0.092MPa＝92kPa，当地大气压 $p_大$＝101.33kPa
所以出口绝对压力

$$p_{出绝}＝p_{大气压}＋p_{出口表压}＝101.33＋92＝193.33\ (kPa)$$

（2）出口与进口之间的压力差：

$$\Delta p＝p_{出绝}－p_{进绝}＝193.33－81.33＝112\ (kPa)$$

或者：

$$\Delta p＝p_{出绝}－p_{进绝}＝(p_{大气压}＋p_{出口表压})－(p_{大气压}－p_{进口真空度})$$
$$＝p_{出口表压}＋p_{进口真空度}＝92＋20＝112\ (Pa)$$

答：（1）进口绝对压力为 81.33kPa；出口绝对压力为 193.33kPa。
（2）出口与进口之间的压力差是 112kPa。

② 流体的静压能（static energy）。实验现象：如果在一内部有液体流动的管子管壁上开一小孔，并在小孔处装一根垂直的细玻璃管，液体便在玻璃管内上升一定的高度，如图 1-29 所示。

分析：管壁处流动的液体能在细玻璃管内上升一定的高度，说明液体本身必须具备一种能量以克服势能的增加，流体的这种能量称为静压能。这一液柱的高度便是管壁处运动着的液体在该截面处的静压能大小的表现，而此液柱高度即表示管内流动液体在该截面处的静压力值 p_1。

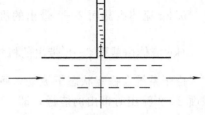

图 1-29　流体存在静压能的示意图

生活中静压能的表现：动物的皮肤划破了血会向外渗出，如果是动脉破了会喷血如柱。

对于图 1-30 所示的流动系统，当流体通过截面 1—1′ 时，因为该截面处流体具有压力 p_1，外来流体需要克服压力而对原有流体做功，所以外来流体必须带有与此功相当的能量才能进入系统。

设流体的密度为 ρ，m kg 流体的体积为 V_1 m³，则 $V＝m/\rho$，m kg 液体通过 1—1′ 截面时，将其压入系统的作用力为 $F_1＝p_1A_1$，所经的距离为 $S＝V_1/A_1$，液体通过截面 1—1′ 时外力对其所做的功为 $W=F_1 \cdot S$ 液体，故与此功相当的静压能为：

$$输入的静压能 = p_1 A_1 \frac{V_1}{A_1} = p_1 V_1 = \frac{p_1 m}{\rho}$$

静压能的单位：　　　　$[p_1 V_1] = \frac{N}{m^2} \cdot m^3 = N \cdot m = J$

由此可见：密度为 ρ 的 m kg 流体，在压力为 p 时，其静压能表示为：$E_P = \frac{pm}{\rho}$，J

当 $m=1$ kg 时，$E_P = \frac{p}{\rho}$，J/kg

由此可见，流体密度一定时，流体的绝对压力越大，其静压能越高。

2. 理想流体的机械能守恒

理想流体是指无压缩性，无黏性，在流动过程中不因摩擦产生能量损失的假想流体。现讨论理想流体在管内作稳定流动时各种机械能之间的转换关系。

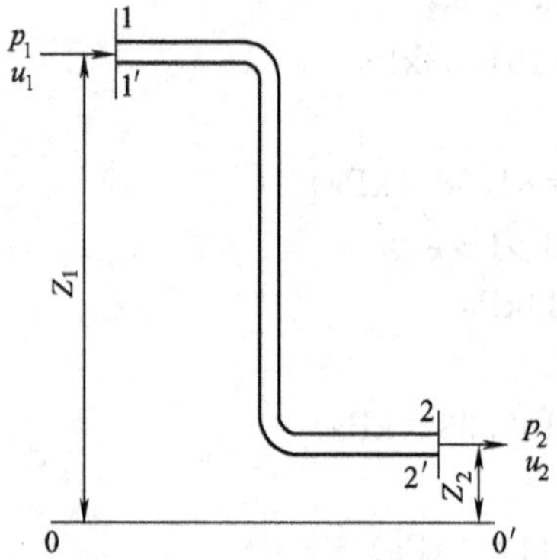

在图 1-30 所示的管路中，有质量为 m kg 的流体从截面 1—1′流入，从截面 2—2′流出。

衡算范围：1—1′与 2—2′截面与管内壁之间的封闭范围。

基准水平面：0—0′水平面（可任意选定）

设：u_1、u_2 为流体分别在 1—1′与 2—2′截面上的流速（平均流速），m/s；p_1、p_2 为流体分别在 1—1′与 2—2′截面上的压力（平均压力），Pa；Z_1、Z_2 为 1—1′与 2—2′截面中心至基准水平面的垂直距离，m；A_1、A_2 为 1—1′与 2—2′截面的面积，m²；v_1、v_2 为 1—1′与 2—2′截面上流体的比容，m³/kg。

图 1-30　柏努利方程推导示意图

m kg 流体带入 1—1′截面的三项机械能为：$mgZ_1 + m\frac{1}{2}u_1^2 + p_1 V_1$

1kg 流体带入 1—1′截面的机械能为：$gZ_1 + \frac{1}{2}u_1^2 + \frac{p_1}{\rho_1}$

m kg 流体由截面 2—2′带出的机械能为：$mgZ_2 + m\frac{1}{2}u_2^2 + p_2 V_2$

1kg 流体由截面 2—2′带出的机械能为：$gZ_2 + \frac{1}{2}u_2^2 + \frac{p_2}{\rho_2}$

由于系统在稳定状态下流动，所以 m kg 流体从截面 1—1′流入时带入的能量应等于从截面 2—2′流出时带出的能量，即

$$mgZ_1 + m\frac{1}{2}u_1^2 + p_1 V_1 = mgZ_2 + m\frac{1}{2}u_2^2 + p_2 V_2 \quad J \qquad (1-14)$$

将上式各项均除以 m，即为 1kg 流体的能量衡算式：

$$gZ_1 + \frac{1}{2}u_1^2 + \frac{p_1}{\rho_1} = gZ_2 + \frac{1}{2}u_2^2 + \frac{p_2}{\rho_2} \quad J/kg \qquad (1-14a)$$

对于不可压缩性流体，ρ 为常数，式（1-14a）又可写成：

$$gZ_1 + \frac{1}{2}u_1^2 + \frac{p_1}{\rho} = gZ_2 + \frac{1}{2}u_2^2 + \frac{p_2}{\rho} = E = 常数 \tag{1-15}$$

式（1-15）即为著名的柏努利方程式。

根据柏努利方程式的推导过程可知，式（1-15）仅适用于以下情况：

① 不可压缩的理想流体作稳定流动；

② 流体在流动过程中，系统（两截面范围内）与外界无能量交换。

式（1-15）说明理想流体作稳定流动时，每 kg 流体流过系统内任一截面（与流体流动方向相垂直）的总机械能恒为常数，而每个截面上的不同机械能形式的数值却并不一定相等。这说明各种机械能形式之间在一定条件下是可以相互转换的，此减彼增，但总量保持不变。

【例 1-5】 某理想液体在附图所示的水平异径管路中作稳定流动系统，试分析从 1—1′截面和到 2—2′截面之间位能、动能和静压能之间如何变化？

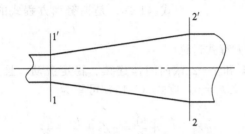

例 1-5　附图

解　对水平不等径管路，1—1′与 2—2′截面的中心点处于同一水平面，故其位能相等，则式（1-15）可简化得：$\frac{1}{2}u_1^2 + \frac{p_1}{\rho} = \frac{1}{2}u_2^2 + \frac{p_2}{\rho}$

因为图中所示截面 1—1′的横截面积 $A_1 <$ 截面 2—2′处的横截面积 A_2；

根据连续性方程：$\frac{u_1}{u_2} = \frac{A_2}{A_1}$　　　所以有：$u_2 < u_1$

将 $u_2 < u_1$ 代入柏努利方程式可得：$\frac{p_1}{\rho} < \frac{p_2}{\rho}$

上面结果表明：理想流体从截面 1—1′流至截面 2—2′过程中，位能不变，动能在减小，而静压能在增大，动能转变为静压能。

思考题 2

理想流体在图 1-27 的稳定流动系统中，若为等径管路，试分析不同机械能形式将会如何转化？

3. 实际流体的总能量衡算

理想流体是一种假想的流体，这种假想流体没有黏性，所以流动时不产生摩擦，不消耗能量，引进这种假想流体对分析解决工程实际问题具有指导意义，但并不能完全解决工程实际问题，因为实际流体具有黏性，在流动过程中有能量损失。实际流体的总能量衡算，除了考虑各截面的机械能（动能、位能、静压能）外，还要考虑以下两项能量。

① 损失能量。实际流体具有黏性，在流动过程中因克服摩擦阻力而产生能量损失。根据能量守恒原理，能量不能自行产生，也不能自行消失，只能从一种形式转变为另一种形式，而流体在流动中损失的能量是由部分机械能转变为热能。该热能一部分被流体

吸收而使其升温；另一部分通过管壁散失于周围介质。前一部分通常忽略不计。从工程实用的观点来考虑，后一部分能量是"损失"掉了。单位质量流体损失的能量用符号$\sum h_f$表示，单位为J/kg。

② 外加能量。若在所讨论的1—1′和2—2′两截面间装有流体输送机械，如图1-31所示，该输送机械将机械能输送给流体，将单位质量流体从流体输送机械获得的能量（即外加能量）用符号W_e表示，单位为J/kg。

综上所述，实际流体在稳定状态下的总能量衡算式为

$$gZ_1+\frac{p_1}{\rho}+\frac{u_1^2}{2}+W_e=gZ_2+\frac{p_2}{\rho}+\frac{u_2^2}{2}+\sum h_f \quad (1-16)$$

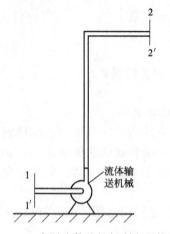

图1-31 实际流体的柏努利方程推导

式（1-16）是柏努利方程式的引申，习惯也称为实际流体的柏努利方程式。

4. 实际流体的柏努利方程式讨论

① 若理想流体在1—1′和2—2′截面间作连续、稳定流动，且无外加能量及能量损失，即式（1-16）中的$W_e=0$，$\sum h_f=0$，则式（1-16）可写为

$$gZ_1+\frac{p_1}{\rho}+\frac{u_1^2}{2}=gZ_2+\frac{p_2}{\rho}+\frac{u_2^2}{2}$$

此式即为式（1-15），亦即理想流体的柏努利方程式。这说明理想流体的柏努利方程是实际流体的柏努利方程在一定条件下的简化。

② 式（1-16）中的gZ_1、$\frac{p_1}{\rho}$、$\frac{u_1^2}{2}$及gZ_2、$\frac{p_2}{\rho}$、$\frac{u_2^2}{2}$分别表示1kg流体在1—1′和2—2′截面上所具有的各种机械能，而$\sum h_f$是1kg流体从1—1′截面流至2—2′截面所消耗的能量，W_e为1kg流体在两截面间从外界获得的能量，该能量是流体输送机械提供的有效能量，是选择流体输送机械的主要参数之一。若被输送流体的质量流量为w_s，输送机械的有效功率（即单位时间内输送机械所做的有效功，也就是被输送流体需要提供的功率）以符号N_e表示，单位为J/s或W，则

$$N_e=W_e \cdot w_s \quad (1-17)$$

实际计算时要考虑流体输送机械的效率，效率用符号η表示，则流体输送机械实际消耗的功率为

$$N=\frac{N_e}{\eta}=\frac{W_e \cdot w_s}{\eta} \quad (1-18)$$

式中，N为流体输送机械的轴功率，单位为J/s或W。

③ 式（1-15）及式（1-14a）中流体密度ρ为常数，即该方程应用于稳定流动状态下的不可压缩性流体。对于可压缩性流体的流动，当所取系统中两截面间的绝对压力变化小于原来绝对压力的20%，即$\frac{p_1-p_2}{p_1}<20\%$时，仍可用式（1-14a）及式（1-15）进行计算，但式中流体的密度ρ应以平均密度ρ_m代替。若压力为p_1的流体密度为ρ_1，压力为p_2的流体密度为ρ_2，则流体的平均密度为：$\rho_m=\frac{\rho_1+\rho_2}{2}$。

④ 式（1-16）是以 1kg 质量的流体为衡算基准，若以 1N（重量）流体为衡算基准，需将式（1-16）中各项除以 g，则得

$$Z_1+\frac{p_1}{\rho g}+\frac{u_1^2}{2g}+\frac{W_e}{g}=Z_2+\frac{p_2}{\rho g}+\frac{u_2^2}{2g}+\frac{\sum h_f}{g}$$

令

$$H_e=\frac{W_e}{g} \quad H_f=\frac{\sum h_f}{g}$$

则：

$$Z_1+\frac{p_1}{\rho g}+\frac{u_1^2}{2g}+H_e=Z_2+\frac{p_2}{\rho g}+\frac{u_2^2}{2g}+H_f \tag{1-19}$$

上式中各项的单位均为 m。

式（1-19）即为工程单位制中习惯采用的形式，该式表示 1N 的流体具有的各种机械能。由于 m 为长度单位，这里其物理意义可理解为能将 1N 流体从基准水平面升举的高度。如静压能为 $5mH_2O$，即流体的静压能可将 1N 的水自基准水平面升举 5m 高。又因各项能量的单位均是长度 m，故通常将 Z 称为位压头；$\frac{p}{\rho g}$ 称为静压头；$\frac{u^2}{2g}$ 称为动压头或速度压头；H_e 称为输送机械对液体提供的有效压头；H_f 称为流动过程中的损失压头。上述的能量表示方法在"流体输送机械"一节中甚为重要。

⑤ 如果系统中的流体处于静止状态，则 $u_1=u_2=0$，因流体没有运动，故无能量损失，即 $\sum h_f=0$，当然也不需要外加功，即 $W_e=0$，于是柏努利方程式变为

$$gZ_1+\frac{p_1}{\rho}=gZ_2+\frac{p_2}{\rho} \tag{1-20}$$

此式亦称为流体静力学方程式。由此可见，柏努利方程式不仅描述了流体流动时能量的变化规律，也反映了流体静止时位能和静压能之间的转换规律，这也充分体现了流体静止是流体流动的一种特殊形式。

式（1-20）可变形为：

$$p_2=p_1+(Z_1-Z_2)\rho g \tag{1-20a}$$

如果 1—1′取在液体的自由表面上（容器的液面上），设液面上方的压力为 p_0，并用 h 表示 1—1′、2—2′两截面之间的垂直位差，即 $h=Z_1-Z_2$，由于 $p_1=p_0$，所以有：

$$p_2=p_0+h\rho g \tag{1-20b}$$

式（1-20）、式（1-20a）和式（1-20b）统称为静力学基本方程式。这一方程式说明在重力作用下静止流体内部压力的变化规律。

由静力学方程式可知：

a. 静止流体内部某一点的压力 p 与液体本身的密度 ρ 及该点距液面的深度（指垂直距离）有关，与该点的水平位置及容器的形状无关。液体的密度越大，距液面越深，该点的压力就越大。结论：在静止的连通的同一液体内部处于同一水平面上的各点必定相等。此即为连通器原理。

通常压力相等的水平面称为等压面。等压面的判断是解决静力学问题的关键。

b. 当液面上方的压力 p_0 发生变化时，液体内部各点的压力也将发生同样大小的变化，换言之，静止、连续均质的液体内部的压力，能以相同大小传递到液体内各点。此即帕斯卡原理。

思考题3

附图所示的开口容器内盛有油和水。已知油层高 $h_1=0.7$m，密度 $\rho_1=800$kg/m³；水层高度 $h_2=0.6$m，密度 $\rho_2=1000$kg/m³。试计算水在玻璃管内的高度 H 为多少米。

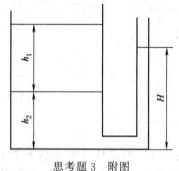

思考题3 附图

五、常见流体输送问题的分析与处理——柏努利方程的应用

连续性方程和柏努利方程式是描述流体流动规律的重要方程，应用这两个方程我们不但可以分析和解决前面提出的四类输送问题，还可用来解决流体流动过程中流量、压力等参数测量和控制问题。

1. 流体输送方式的选择分析

由柏努利方程可知，流体要从起点 1—1′ 截面处流动到终点 2—2′ 截面处，必须满足条件：

$$E_1 > E_2 + \sum h_f$$

如果 $E_1 < E_2 + \sum h_f$，要完成输送任务必须在起点和终点之间设置流体输送机械，即保证：

$$E_1 + W_e > E_2 + \sum h_f$$

本节案例1分析：

(1) 对于间歇操作，根据不同的情况可选用不同的输送方式

① 当地下贮槽是密闭的压力容器，而高位槽是敞口容器时，可使用在地下贮槽液面上方通一定压力的压缩氮气，只要压缩氮气的压力足够大即可将液体苯送入高位槽，这里采用的就是通过增加起点处的静压能 E_{P1}，来实现增加起点处的机械能 E_1 的目的。注意这里因为被输送液体是苯，为了安全压缩气体必须用氮气。

② 当地下贮槽是常压的敞口容器，而高位槽是耐压的密闭容器时，可使用真空抽料的方法完成此任务，即将高位槽与抽真空系统相连，保证高位槽内达一定的真空度即可完成此任务。这里采用的就是通过降低终点处的静压能 E_{P2}，来实现降低终点处的机械能 E_2 的目的。

③ 如果地下贮槽和高位槽都是常压的敞口容器时，要完成此输送任务只能在两槽之间设置一输送液体的机械——泵完成此输送任务。亦即在始点和终点之间利用外功向流体输入机械能，以保证：$E_1 + W_e > E_2 + \sum h_f$。

(2) 对于连续操作

要维持流量稳定，前述的三种方式理论上都可以，但压缩气体压料时压缩氮气的压力、真空抽吸时高位槽的真空度需不断调整，操作比较困难。因此，实际生产中最常用的是利用输送机械泵来完成。

(3) 当高位槽的最低液位比贮槽最高液位处高 12m 时

由于高位槽的最低液位比贮槽最高液位处高 12m，这种情况下只能使用压缩氮气送料和用泵来输送，不能采用真空抽吸办法，为什么呢？

由柏努利方程可知：当贮槽液面上方为常压时，以贮槽液面为基准水平面，则起点处的机械能：$E_1 = $ 静压能+动能+位能 $= \dfrac{p_{大气}}{\rho} + 0 + 0 = \dfrac{p_{大气}}{\rho}$

终点处的机械能：$E_2 = $ 静压能 + 动能 + 位能 $= \dfrac{p_2}{\rho} + 9.81 \times 12 + 0 = \dfrac{p_2}{\rho} + 12 \times 9.81$

要保证流体从起点处送到终点处，则必须保证：

$$E_1 > E_2 + \sum h_f$$

$$\dfrac{p_{\text{大气}}}{\rho} > \dfrac{p_2}{\rho} + 12 \times 9.81 + \sum h_f, \text{则有} \dfrac{p_{\text{大气}} - p_2}{\rho} > 12 \times 9.81 + \sum h_f$$

要保证流体流动，则终点处的真空度：

$$(p_{\text{大气}} - p_2) > 12 \times 9.81 \rho + \sum h_f = 12 \times 9.81 \times 879 + \sum h_f = 103475.9 + \sum h_f$$

显然这是不可能实现的，因为当 $p_2 = 0$ 时，

$$\text{真空度的最大值} = p_{\text{大气}} = 1.013 \times 10^3 < 103475.9 + \sum h_f$$

所以，当高位槽的最低液位比贮槽最高液位处高 12m 以上时，用真空抽吸的方法是无法完成输送任务的。也就是真空抽吸的方式是不可以选用的。

本节案例 2 分析：

由于此生产任务中规定了贮槽液面上方和水洗塔顶的压力，显然我们不可以采用压缩气体送料的方式和真空抽吸方式，此外，由于水洗塔顶高出贮槽 20m，也决定了我们不能采用真空吸料的方式进行输送。因此，要完成此任务只能利用输送机械泵来完成。

2. 四类常见输送问题的处理

(1) 高位送料时高位槽和设备之间相对位置的确定

【例 1-6】 如本题附图所示，从高位槽向塔内加料，高位槽和塔内的压力均为大气压。要求送液量为 $5.4 \text{m}^3/\text{h}$。管道用 $\phi 45\text{mm} \times 2.5\text{mm}$ 的钢管，设料液在管内的压头损失为 1.5m（料液柱）（不包括出口压头损失），试求高位槽的液面应比料液管进塔处高出多少米？

解 取高位槽液面为 1—1′ 截面，管进塔处出口内侧为 2—2′ 截面，以过 2—2′ 截面中心线的水平面 0—0′ 为基准面。

在 1—1′ 和 2—2′ 截面间列柏努利方程式

$$gZ_1 + \dfrac{p_1}{\rho} + \dfrac{u_1^2}{2} + W_e = gZ_2 + \dfrac{p_2}{\rho} + \dfrac{u_2^2}{2} + \sum h_f$$

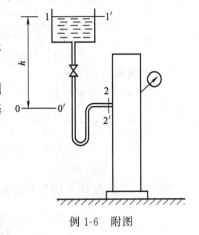

例 1-6 附图

1—1′ 截面：$Z_1 = h = ?$；

$p_1 = 0$（表压）；

$u_1 \approx 0$（水槽截面比管道截面大得多，在流量相同的情况下，槽内流速比管内流速小得多，所以槽内流速可以忽略不计）

$W_e = 0$

2—2′ 截面：$Z_2 = 0$

$p_2 = 0$（表压）

$$u_2 = \dfrac{5.4}{3600 \times 0.785 \times (0.04)^2} = 1.194 \text{ (m/s)}$$

$$\sum h_f = 1.5 \times 9.81 \text{ J/kg}$$

将以上各项代入式中得：$9.81 h = \dfrac{1.194^2}{2} + 1.5 \times 9.81$

$$h = 1.573 \text{ (m)}$$

(2) 真空抽料时，真空度的确定

【例 1-7】 如本题附图所示，某药厂利用喷射式真空泵吸收氨。管道中稀氨水的质量流量为 $9 \times 10^3 \text{kg/h}$，入口处静压力为 253kPa。若稀氨水的密度为 1000kg/m^3，压头损失可忽略不计，当地的大气压力为 101.3kPa。试求喷嘴出口处的真空度。

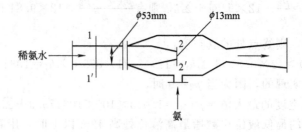

例 1-7 附图

解 取稀氨水入口管为 $1—1'$ 截面，喷嘴出口处为 $2—2'$ 截面。以过此导管中心线的水平面为基准面。

在 $1—1'$ 和 $2—2'$ 截面间列柏努利方程式

$$gZ_1 + \frac{p_1}{\rho} + \frac{u_1^2}{2} + W_e = gZ_2 + \frac{p_2}{\rho} + \frac{u_2^2}{2} + \sum h_f$$

$1—1'$ 截面：$Z_1 = 0$

$$p_1 = 2.53 \times 10^5 \text{Pa}$$

$$u_1 = \frac{9000}{3600 \times 0.785 \times (0.053)^2 \times 1000}$$

$$= 1.13 \text{ (m/s)}$$

$2—2'$ 截面：$Z_2 = 0$

$$p_2 = ?$$

$$u_2 = u_1 \left(\frac{d_1}{d_2}\right)^2 = 1.13 \times \left(\frac{0.053}{0.013}\right)^2 \text{ （由连续性方程）}$$

$$= 18.8 \text{ (m/s)}$$

$$\sum h_f = 0$$

将以上各参数代入柏努利方程式中

$$\frac{2.53 \times 10^5}{1000} + \frac{1.13^2}{2} = \frac{p_2}{1000} + \frac{18.8^2}{2}$$

$$p_2 = 77 \times 10^3 \text{Pa} = 77 \text{kPa}$$

喷嘴出口处的真空度为：$p_{2真} = p_{大气} - p_{2绝} = 101.3 - 77 = 34.3 \text{ (kPa)}$ （真空度）

(3) 用压缩气体送料时，气源气体压力的确定

【例 1-8】 某车间用压缩空气压送 98% 浓硫酸，每批压送量为 0.3m^3，要求 10min 内压送完毕。硫酸的温度为 293K，管子为 $\phi 38\text{mm} \times 3\text{mm}$ 钢管，管子出口在硫酸贮槽液面上的垂直距离为 15m，设损失能量为 10J/kg。试求开始压送时压缩空气的表压力 (N/m^2)。

解 压送硫酸装置示意图如附图所示，取贮罐液面为 $1—1'$ 截面，并以此为基准平面，管出口截面为 $2—2'$ 截面。

在 1—1′ 截面和 2—2′ 截面之间列柏努利方程式

$$gZ_1+\frac{p_1}{\rho}+\frac{u_1^2}{2}+W_e=gZ_2+\frac{p_2}{\rho}+\frac{u_2^2}{2}+\sum h_f$$

由题意知：

1—1′ 截面：$Z_1=0$

$p_1=?$（表压）

$u_1\approx 0$

$W_e=0$（管路中无外功输入）

2—2′ 截面：$Z_2=15\text{m}$

$p_2=0$（表压）

$$u_2=\frac{V_s}{A}=\frac{0.3}{10\times 60\times 0.785\times 0.032^2}=$$

0.625（m/s）；$\sum h_f=10\text{J/kg}$

查得浓硫酸密度：$\rho=1831\text{kg/m}^3$；

将上述数值代入柏努利方程得：

$$\frac{p_1}{1831}=15\times 9.81+\frac{0.625^2}{2}+10$$

解得：$p_1=2.89\times 10^5\text{N/m}^2$（表压）

即压缩空气的压力在开始时最小为 $2.89\times 10^5\text{N/m}^2$（表压）。

思考题4

随着送料的不断进行，要保证送料速度不变，压缩空气的压力该如何变化？

（4）输送机械有效功率的确定

【例1-9】 如本题附图所示，用泵将常压贮槽中的稀碱液送进蒸发器浓缩，泵的进口为 $\phi89\text{mm}\times 3.5\text{mm}$ 的钢管，碱液在进口管中的流速为 1.4m/s，泵的出口为 $\phi76\text{mm}\times 2.5\text{mm}$ 的钢管。贮槽中碱液液面距蒸发器入口的垂直距离为 7.5m，碱液在管路系统中的能量损失为 40J/kg，蒸发器内碱液蒸发压力保持在 19.6kPa（表压），碱液的密度为 1100kg/m³。试计算泵的有效功率。

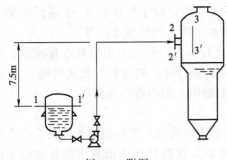

例1-9 附图

解 取贮槽液面为 1—1′ 截面，蒸发器进料管口处为 2—2′ 截面，1—1′ 截面为基准面。在 1—1′ 和 2—2′ 截面间列柏努利方程式

$$gZ_1+\frac{p_1}{\rho}+\frac{u_1^2}{2}+W_e=gZ_2+\frac{p_2}{\rho}+\frac{u_2^2}{2}+\sum h_f$$

移项得：

$$W_e=g(Z_2-Z_1)+\frac{p_2-p_1}{\rho}+\frac{u_2^2-u_1^2}{2}+\sum h_f$$

1—1′ 截面：$Z_1=0$

$p_1 = 0$ （表压）

$u_1 \approx 0$ （槽面）

2—2′截面：$Z_2 = 7.5\text{m}$

$p_2 = 1.96 \times 10^4 \text{Pa}$ （表压）

$u_2 = u_{\text{进口管}}\left(\dfrac{d_0}{d_1}\right)^2 = 1.4 \times \left(\dfrac{82}{71}\right)^2 = 1.87$ （m/s）

将以上各项代入式中

$$W_e = 7.5 \times 9.81 + \dfrac{19600}{1100} + \dfrac{1.87^2}{2} + 40$$
$$= 133.1 \text{ (J/kg)}$$

质量流量：

$$w_s = u_0 A_0 \rho = 1.4 \times 0.785 \times (0.082)^2 \times 1100$$
$$= 8.13 \text{ (kg/s)}$$

泵的有效功率：

$$N_e = W_e \cdot w_s = 133.1 \times 8.13 = 1082 \text{(W)} \approx 1.1\text{kW}$$

(5) 柏努利方程式应用的注意事项

由以上例题可知，应用柏努利方程式解题时，需要注意下列事项。

① 选取截面。选取截面时应考虑到柏努利方程式是流体输送系统在连续、稳定的范围内，对任意两截面列出的能量衡算式，所以首先要正确选定。如例1-9附图所示的流体输送系统，应选 1—1′ 和 2—2′ 截面，而不能选 1—1′ 和 3—3′ 截面。这是因为流体流至 2—2′ 截面后即脱离管路系统，2—2′ 和 3—3′ 截面间已经不连续，不满足柏努利方程式的应用条件。需要说明的是，只要在连续稳定的范围内，任意两个截面均可选用。不过，为了计算方便，截面常取在输送系统的起点和终点的相应截面，因为起点和终点的已知条件多。另外，两截面均应与流动方向相垂直。

② 确定基准面。基准面是用以衡量位能大小的基准。为了简化计算，通常取相应于所选定的截面之中较低的一个水平面为基准面，如例1-9附图的 1—1′ 截面为基准面比较合适。这样，例1-9中 Z_1 为零，Z_2 值等于两截面之间的垂直距离，由于所选的 2—2′ 截面与基准水平面不平行，则 Z_2 值应取 2—2′ 截面中心点到基准水平面之间的垂直距离。

③ 压力。描述某一截面的静压能大小时必须用绝对压力，但由于柏努利方程式中，反映的是两截面之间的静压能的差。因此用柏努利方程式解题时，柏努利方程式中的压力 p_1 与 p_2 可同时使用表压力或绝对压力，对计算结果没有影响，但不能混合使用。

3. 流动系统中的能量损失确定

前已述及，理想流体是一种假想的流体，实际上是不存在的。实际流体流动时会产生能量损失。前面在分析四类输送问题时，都给出了能量损失这项具体数值或指明是忽略不计后，才能用柏努利方程式解决流体输送中的问题。实际生产中只有分析出流动阻力产生的原因、阻力的影响因素及掌握柏努利方程式中能量损失的计算方法，才能真正有效地解决流体输送方面的问题。

(1) 流体流动能量损失产生的原因　理想流体在流动时不会产生流体阻力，因为理想流体是没有黏性的，实际流体流动时会产生流体阻力，是因为实际流体有黏性。流体的黏性是流体流动时产生能量损失的根本原因，而流体层与层之间、流体和壁面之间的相对运动是产生内摩擦阻力，引起能量损失的必要条件。黏度作为表征流体黏性大小的物理量，其数值越大，在同样的流动条件下，流体阻力就会越大。

流体的黏度用符号 μ 表示，其单位是：$\dfrac{N \cdot s}{m^2} = Pa \cdot s = \dfrac{kg}{m \cdot s}$

液体的黏度随温度升高而减小，气体的黏度则随温度升高而增大。压力变化时，液体的黏度基本不变；气体的黏度随压力的增加而增加得很少。在一般工程计算中可忽略，只有在极高或极低的压力下，才需要考虑压力对气体黏度的影响。某些常用流体的黏度，可以从有关手册中查得。

流体流动时产生的能量损失除了与流体的黏性、流程的长短有关外，还取决于管内流体的流量、流速等因素。流量流速对能量损失的影响与流体在管道内的流动形态有关。下面请看流体流动形态演示实验。

① 雷诺实验。1883年，著名的科学家雷诺用实验揭示了流体流动的两种截然不同的流动形态。

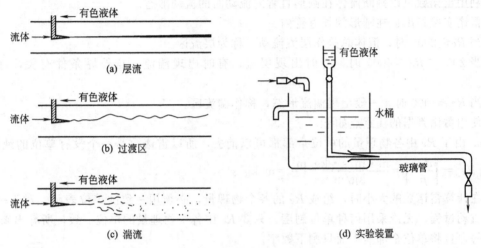

图 1-32　雷诺实验示意图

实验装置如图 1-32（d）所示，在1个透明的水箱内，水面下部安装1根带有喇叭形进口的玻璃管，管的下游装有阀门以便调节管内水的流速。水箱的液面依靠控制进水管的进水和水箱上部的溢流管出水维持不变。喇叭形进口处中心有一针形小管，有色液体由针管流出，有色液体的密度与水的密度几乎相同。

实验现象：

a. 当玻璃管内水的流速较小时，管中心有色液体呈现一根平稳的细线流，沿玻璃管的轴线通过全管［如图 1-32（a）所示］。

b. 随着水的流速增大至某个值后，有色液体的细线开始抖动，弯曲，呈现波浪形［如图 1-32（b）所示］。

c. 速度再增大，细线断裂，冲散，最后使全管内水的颜色均匀一致［如图 1-32（c）所示］。

雷诺实验揭示了流体流动有层流和湍流两种类型。

层流或滞流：相当于图 1-32（a）的流动。这种流动类型的特点是：流体的质点仅沿着与管轴线平行的方向作直线运动，质点无径向运动，质点之间互不相混，所以有色液体在管轴线方向成一条清晰的细直线。

湍流或紊流：相当于图 1-32（c）的流动。这种流动类型的特点是：流体的质点除了管轴向方向上的流动外，还有径向运动，各质点的速度在大小和方向上随时都有变化，即质点作不规则的杂乱运动，质点之间互相碰撞，产生大大小小的旋涡，所以管内的有色液体和管内的流体混合呈现出颜色均一的情况。

② 流体的流动类型的判据——雷诺数。化工生产的管道不可能是透明的，那么该如何判断管内流体的流动形态呢？

对于管内流动的流体来说，雷诺通过大量的实验发现：流体在管内的流动状况不仅与流速 u 有关，而且与管径 d、流体的黏度 μ 和流体的密度 ρ 有关。

在实验的基础上，雷诺将上述影响的因素利用因次分析法整理成 $du\rho/\mu$ 的形式作为流型的判据。这种 $du\rho/\mu$ 的组合形式是一个无量纲数，我们称之为雷诺数，以符号 Re 表示。

$$Re=\frac{du\rho}{\mu} \tag{1-21}$$

利用雷诺数可以判断流体在圆形直管内流动时的流动形态。

雷诺实验指出：在圆形的长直管内：

当 $Re \leqslant 2000$ 时，流体总是作层流流动，称为层流区。

当 $2000 < Re \leqslant 4000$ 时，有时出现层流，有时出现湍流，与外界条件有关，称作过渡区。

当 $Re \geqslant 4000$ 时，一般出现湍流形态，称作湍流区。

使用雷诺判据的注意点如下：

a. 由于 Re 中各物理量的单位全部都可以消去，所以雷诺数是一个没有单位的纯数值。

如：$[Re]=\left[\dfrac{du\rho}{\mu}\right]=\dfrac{\text{m}\cdot\text{m/s}\cdot\text{kg/m}^3}{\text{kg/m}\cdot\text{s}}=\text{m}^0\text{kg}^0\text{s}^0$

在计算雷诺数的大小时，组成 Re 的各个物理量，必须用一致的单位表示。对于一个具体的流动过程，无论采用何种单位制度，只要 Re 中各个物理量的单位一致，所算出来的 Re 都相等，且将单位全部消去而只剩下数字。

b. 流动现象虽分为层流区、过渡区和湍流区，但流动型态只有层流和湍流两种。过渡区的流体实际上处于一种不稳定状态，它是否出现湍流状态往往取决于外界干扰条件。如管壁粗糙，是否有外来振动等都可能导致湍动，所以将这一范围称为不稳定的过渡区。

c. 上述判据只适用于流体在长直圆管内的流动，例如在管道入口处，流道弯曲或直径改变处不适用。

【例 1-10】 20℃的水在内径为 50mm 的管内流动，流速为 2m/s。试计算雷诺数，并判别管中水的流动形态。

解 水在 20℃ 时 $\rho=998.2\text{kg/m}^3$，$\mu=1.005\text{mPa}\cdot\text{s}$；又管径 $d=0.05\text{m}$，流速 $u=2\text{m/s}$。则

$$Re=\frac{du\rho}{\mu}=\frac{0.05\times 2\times 998.2}{1.005\times 10^{-3}}$$
$$=99300$$

$Re > 4000$，所以管中水的流动形态为湍流。

③ 层流与湍流的区别。层流与湍流的区分不仅在于各有不同的 Re，更重要的是它们具有本质区别。

a. 流体内部质点的运动方式不同。流体在管内作层流流动时，其质点始终沿着与轴平行的方向作有规则的直线运动，质点之间互不碰撞，互不混合。

当流体在管内作湍流流动时，流体质点除了沿管道向前流动外，各质点的运动速度在大

小和方向上都随时在发生变化，于是质点间彼此碰撞并互相混合，产生大大小小的旋涡。由于质点碰撞而产生的附加阻力较由黏性所产生的阻力大得多，所以碰撞将使流体前进阻力急剧加大。

b. 流体流动的速度分布不同　无论层流还是湍流，在管道横截面上流体的质点流速是按一定规律分布的（见表1-4）。在管壁处，流速为零，在管子中心处流速最大。层流时流体在导管内的流速沿导管直径依抛物线规律分布，平均流速为管中心流速的1/2。湍流时的速度分布图顶端稍宽，这是由于流体扰动、混合产生旋涡所致。湍流程度愈高，曲线顶端愈平坦。湍流时的平均流速约为管中心流速的0.8倍。

表 1-4　速度分布与平均流速

项目	物理图像	速度分布	平均流速
层流		u_{max}, u	$u=0.5u_{max}$
湍流	层流底层	u_{max}, u	$u=0.8u_{max}$

c. 流体在直管内的流动形态不同，系统产生的能量损失也不同。流体在直管内流动时，由于流型不同，则流动阻力所遵循的规律亦不相同。层流时，流动阻力来自流体本身所具有的黏性而引起的内摩擦。而湍流时，流动阻力除来自于流体的黏性而引起的内摩擦外，还由于流体内部充满了大大小小的旋涡。流体质点的不规则迁移、脉动和碰撞，使得流体质点间的能量交换非常剧烈，产生了附加阻力。这阻力又称为湍流切应力，简称为湍流应力。所以湍流中的总摩擦应力等于黏性摩擦应力与湍流应力之和。

d. 湍流时的层流内层和缓冲层。流体在圆管内呈湍流流动时，由于流体有黏性，使管壁处的速度靠近管壁处的速度为零，那么邻近管壁处的流体受管壁处流体层的约束作用，其速度自然也很小，流体近地点仍然是顺着管壁成平等线运动而互不相混，所以管壁附近仍然为层流，这一保持作层流流动的流体薄层，称为层流内层或滞流底层，如图1-33所示。自层流内层向管中心推移，速度渐增，又出现一个区域，其中的流动形态既不是层流也不是完全湍流，这一区域称为缓冲层或过渡层，再往管中心才是湍流主体。层流内层的厚度随Re的增大而减薄。如在内径为100mm的光滑管内流动时，当$Re=1\times10^4$时，其层流内层的厚度约为2mm；当$Re=1\times10^5$时，其层流内层的厚度约为0.3mm。层流底层的存在在化工生产中的对传热和传质过程都有重要的影响。

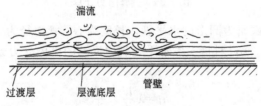

图 1-33　层流底层示意图

（2）流体流动时能量损失的计算　流体在管路系统中流动时的阻力可分为直管阻力和局部阻力两种。直管阻力是流体流经一定管径的直管时，由于流体的内摩擦而产生的阻力。局部阻力是流体流经管路中的管件、阀门及截面的突然扩大和缩小等局部地方所引起的阻力，如图 1-34 所示。

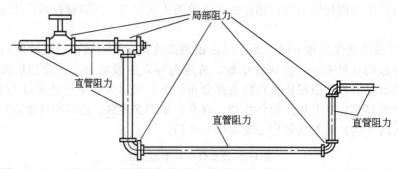

图 1-34 管路阻力的类型

柏努利方程式中 $\sum h_f$ 项是指所研究管路系统的总能量损失或称总阻力损失，它既含有管路系统中各段直管阻力损失 h_f，也包括系统中各局部阻力损失 h_f'，即

$$\sum h_f = \sum h_f + \sum h_f' \tag{1-22}$$

由实验得知，流体只有在流动情况下才产生阻力，流体流动越快，阻力也就越大。由于克服阻力消耗的能量愈多，可见流动阻力与流速有关。又由于动能 $u^2/2$ 与 h_f 的单位都是 J/kg，所以常把 1kg 质量流体的能量损失，表示为 1kg 质量流体具有动能的若干倍数关系，即

$$\sum h_f = \xi \frac{u^2}{2} \tag{1-23}$$

式中，ξ 为一比例系数，称为阻力系数。显然，对不同情况下的阻力，要作具体的分析以定阻力系数之值。式（1-23）称为阻力计算的一般方程式。以下就直管阻力和局部阻力两类，分别进行讨论。

① 流体在直管中的流动阻力。

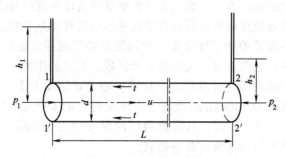

图 1-35 直管阻力计算

如图 1-35 所示为一截面为圆形的水平管，长度为 L，管内径为 d，不可压缩性流体以速度 u 在管内作稳定流动，通过对这一段水平直管内流动的流体受力分析，可得直管阻力的计算公式——范宁公式：

$$h_f = \lambda \frac{L}{d} \times \frac{u^2}{2} \tag{1-24}$$

或

$$\Delta p_f = p_1 - p_2 = \lambda \frac{L}{d} \times \frac{\rho u^2}{2} \tag{1-24a}$$

式中 h_f——1kg 流体流过长度为 L 的直管所产生的能量损失，J/kg；

L——直管长度，m；

ρ——管内流体密度，kg/m³；
u——管内流体的流速，m/s；
d——管径，m；
λ——无量纲系数，称为摩擦系数（或摩擦因数）；
Δp_f——流体通过长度为 L 的直管时因克服内摩擦力而产生的压力降，亦称阻力压降，Pa。

范宁公式——式（1-24）及式（1-24a）是计算流体在直管内流动阻力的通式，或称为直管阻力计算式，对层流、湍流均适用。

由范宁公式可见，流体在直管内的流动阻力与流体密度 ρ、流速 u、管长 L、管径 d 及 λ 有关。式中 λ 是一无量纲系数，称为摩擦系数（或摩擦因数），其值与流动类型及管壁等因素有关。应用式（1-24）及式（1-24a）计算直管阻力时，确定摩擦系数 λ 值是个关键。下面就层流和湍流时摩擦系数 λ 值的求取分别予以讨论。

a. 层流时的摩擦系数。流体在管内作层流流动时，管壁处流速为零，管中心流速最大。管内流体好像一层同心圆柱状的流体层，各层以不同的速度平滑地向前流动，层流时流动阻力主要由这些流体层之间的内摩擦产生。

流体作层流流动时，管壁上凹凸不平的地方都被有规则的流体层所覆盖，所以在层流时，摩擦因数与管壁粗糙程度无关。层流时摩擦系数 λ 是雷诺数 Re 的函数，$\lambda = f(Re)$。

通过理论分析推导，人们已经得到圆形直管内流体作层流流动时的 λ 可由下式计算：

$$\lambda = \frac{64}{Re} \tag{1-25}$$

层流时圆形直管内的流动阻力产生的压降可由哈根-泊谡叶方程求取。

$$\Delta p_f = \frac{64}{Re} \times \frac{L}{d} \times \frac{\rho u^2}{2} = \frac{64\mu}{du\rho} \times \frac{L}{d} \times \frac{\rho u^2}{2} = \frac{32\mu Lu}{d^2}$$

$$\Delta p_f = \frac{32\mu Lu}{d^2} \tag{1-26}$$

思考题5

某流体在直管内作稳定层流流动，流量一定，管长一定，管径变为原来的 2 倍，则其流动阻力将是原来的几倍？

b. 湍流时的摩擦系数。流体作湍流流动时，影响摩擦系数 λ 的因素比较复杂。不但与 Re 有关，而且与管壁的粗糙程度有关。当 Re 一定时，管壁的粗糙程度不同，λ 不同；管壁粗糙程度一定时，Re 不同，λ 也不同。

图 1-36 所示的是在不同 Re 值下，流体流过管子粗糙壁面的情况。由图可见，当 Re 值较小（仍然是湍流），靠近管壁处的层流底层厚度 δ_L 大于壁面的粗糙度 ε，即 $\delta_L > \varepsilon$ 如图 1-36（a）所示，管壁上凹凸不平的地方都被有规则的流体层所覆盖，此时的摩擦系数与管壁粗糙度无关；当 Re 值较大时，则出现 $\delta_L < \varepsilon$，如图 1-36（b）所示，此时粗糙峰伸入湍流区与流体近地点发生碰撞，增加了流体的湍动性。因而壁面粗糙度对摩擦系数的影响便成为重要的因素。Re 值越大，层流内层越薄，这种影响就越显著。

由此可见，湍流时的摩擦系数是不能完全用理论分析方法求取的。现在求取湍流时的 λ 有三个途径：一是通过实验测定，二是利用前人通过实验研究获得的经验公式计算，三是利用前人通过实验整理出的关联图查取。其中利用莫狄图查取 λ 值最常用。

莫狄图是将摩擦系数 λ 与 Re 和 ε/d 的关系曲线标绘在双对数坐标上，如图 1-37 所示。

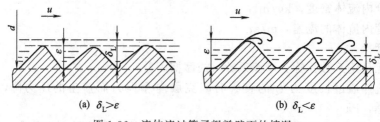

(a) $\delta_L > \varepsilon$ (b) $\delta_L < \varepsilon$

图 1-36   流体流过管子粗糙壁面的情况

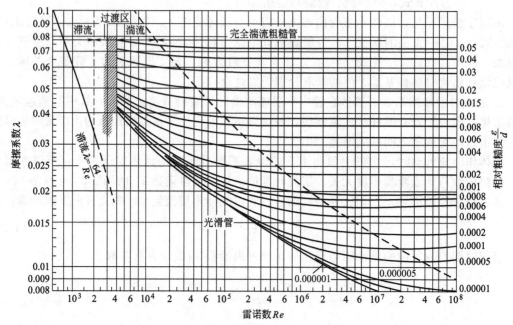

图 1-37   摩擦系数与雷诺数及相对粗糙度的关联图

此图可分成四个区域：

层流区 $Re \leqslant 2000$，λ 只是 Re 的函数，且与 Re 数成直线关系，该直线方程即为式（1-25）。

过渡区 $2000 < Re < 4000$，在此区域内层流或湍流的 λ-Re 曲线都可应用。计算流体阻力时，工程上为了安全起见，宁可估算得大些，一般将湍流时的曲线延伸即可。

一般湍流区 $Re \geqslant 4000$ 及虚线以下的区域，λ 与 Re 及 ε/d 都有关，在这个区域中标绘有一系列曲线，其中最下面的一条为流体流过光滑管（如玻璃管、铜管等）时 λ 与 Re 的关系。当 $Re = 3000 \sim 10000$ 时，柏拉修斯通过实验得出的半理论公式可表示光滑管内 λ 与 Re 的关系。$\lambda = \dfrac{0.3164}{Re^{0.25}}$。其他曲线都对应一定的 ε/d 值。由图上可见，Re 值一定时，λ 随 ε/d 的增加而增大；ε/d 一定时，λ 随 Re 数的增大而减小，Re 值增至某一数值后 λ 下降变得缓慢。

完全湍流区（或阻力平方区）   指图中虚线以上区域，此区域内曲线都趋近于水平线，即摩擦系数 λ 与 Re 数的大小无关，只与 ε/d 有关；若 $\varepsilon/d = $ 常数，λ 即为常数。由流体阻力计算式 $h_f = \lambda \dfrac{L}{d} \times \dfrac{u^2}{2}$ 可见，在完全湍流区内，L/d 一定时，因为 $\varepsilon/d = $ 常数，λ 亦为常数，所以 $h_f \propto u^2$。从图上可见，相对粗糙度 ε/d 愈大，达到阻力平方区的 Re 值愈低。

【例1-11】 在一 $\phi 108mm \times 4mm$、长 20m 的钢管中输送油品。已知该油品的密度为 $900kg/m^3$，黏度为 $0.072Pa \cdot s$，流量为 32t/h。试计算该油品流经管道的能量损失及压力降。

解 能量损失根据范宁公式
$$h_f = \lambda \frac{L}{d} \times \frac{u^2}{2}$$

$$u = \frac{32 \times 1000}{3600 \times 900 \times 0.785 \times 0.1^2} = 1.26 m/s$$

$$Re = \frac{du\rho}{\mu} = \frac{0.1 \times 1.26 \times 900}{0.072} = 1575 < 2000, 层流$$

$$\lambda = \frac{64}{Re} = \frac{64}{1575} = 0.0406$$

$$h_f = 0.0406 \times \frac{20}{0.1} \times \frac{1.26^2}{2} = 6.45 \text{ (J/kg)}$$

压力降 Δp_f $\Delta p_f = h_f \rho = 6.45 \times 900 = 5805 \text{ (Pa)}$

或用哈根-泊谡叶方程式计算 Δp_f

$$\Delta p_f = \frac{32\mu L u}{d^2} = \frac{32 \times 0.072 \times 20 \times 1.26}{0.1^2} = 5.8 \times 10^3 \text{ (Pa)}$$

② 局部阻力的计算。流体流经阀门、三通、弯管等管件时，受到冲击和干扰，不仅流速大小和方向都发生变化，而且出现旋涡，内摩擦增大，形成局部阻力。

流体在湍流流动时，由局部阻力引起的能量损失有两种计算方法：阻力系数法和当量长度法。

a. 阻力系数法。此法是将克服局部阻力所消耗的能量，表示成动能 $u^2/2$ 的倍数，即

$$h_f' = \xi \frac{u^2}{2} \tag{1-27}$$

或

$$\Delta p' = \xi \frac{\rho u^2}{2} \tag{1-27a}$$

式中，ξ 为局部阻力系数，一般由实验测定。局部阻力的种类很多，为明确起见，常对局部阻力系数 ξ 注上相应的下标，如 $\xi_{三通}$、$\xi_{进口}$ 等。

下面对几种常用的局部阻力系数进行讨论。

ⅰ. 突然扩大。如图 1-38 所示，在流道突然扩大处，流体离开壁面成一射流注入扩大了的截面中，然后才扩张到充满整个截面。射流与壁面之间的空间产生涡流，出现边界层分离现象。高速流体注入低速流体中，其动能的很大一部分转变为热而散失。流体从小管流到大管引起的能量损失称为突然扩大损失。

突然扩大的阻力系数为：

$$\xi_e = \left(1 - \frac{A_1}{A_2}\right)^2 \tag{1-28}$$

ⅱ. 突然缩小。如图 1-39 所示，流体在突然缩小以前，基本上并不脱离壁面，通过突然收缩口后，却并不能立刻充满缩小后的截面，而是继续缩小，经过一最小截面（缩脉）之后，才逐渐充满小管整个截面，故亦有一射流注入收缩后的流道中。当流体向最小截面流动时，速度增加，压力能转变为动能，此过程不产生涡流，能量消耗很少。在最小截面以后，流股截面扩大而流速变小，其情况如突然扩大，在流股与壁面之间出现涡流。流体从大管流

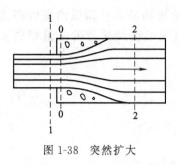

图 1-38 突然扩大

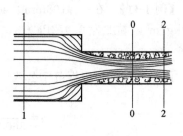

图 1-39 突然缩小

到小管引起的能量损失称为突然缩小损失。

突然缩小的阻力系数为：
$$\xi_c = 0.5\left(1 - \frac{A_2}{A_1}\right) \tag{1-29}$$

ⅲ．管出口与入口。流体自管出口进入容器，可看作自很小的截面突然扩大到很大的截面，相当于突然扩大时 $A_1/A_2 \approx 0$ 的情况，按式（1-28）计算，管出口的阻力系数应为：$\xi_0 = 1$。

流体自容器流进管的入口，是很大的截面突然收到很小的截面，相当于突然缩小时的情况 $A_2/A_1 \approx 0$。管入口的阻力系数应为：$\xi_1 = 0.5$。

ⅳ．管件与阀门。不同管件与阀门的局部阻力系数可从有关手册中查取。常用的局部阻力系数 ξ 列于表 1-5。

b. 当量长度法。流体流经管件、阀门等局部地区所引起的能量损失可仿照式（1-24）及式（1-24a）而写成如下形式：

$$h'_f = \lambda \frac{L_e}{d} \times \frac{u^2}{2} \quad \text{或} \quad \Delta p'_f = \lambda \frac{L_e}{d} \times \frac{\rho u^2}{2} \tag{1-30}$$

式中，L_e 称为管件或阀门的当量长度，其单位为 m，表示流体流过某一管件或阀门的局部阻力，相当于流过一段与其具有相同直径、长度为 L_e 的直管阻力。实际上是为了便于管路计算，把局部阻力折算成一定长度直管的阻力。

管件或阀门的当量长度数值都是由实验确定的。在湍流情况下，某些管件与阀门的当量长度可从图 1-40 查得。先于图左侧的垂直线上找出与所求管件或阀门相应的点，又在图右侧的标尺上定出与管内径相当的一点，两点连一直线与图中间的标尺相交，交点在标尺上的读数就是所求的当量长度。

有时用管道直径的倍数来表示局部阻力的当量长度，如对直径为 9.5～63.5mm 的 90°弯头，L_e/d 的值约为 30，由此对一定直径的弯头，即可求出其相应的当量长度。L_e/d 值由实验测出，各管件的 L_e/d 可以从化工手册中查到。

管件、阀门等构造细节与加工精度往往差别很大，从手册中查得的 L_e 或 ξ 值只是约略值，即局部阻力的计算也只是一种估算。

③ 流体流动时总能量损失的计算。管路的总阻力为管路上全部直管阻力和各个局部阻力之和。对于流体流经管路直径不变的管路时，如果把局部阻力都按当量长度的概念来表示，则管路的总能量损失为

$$\sum h_f = \lambda \frac{L + \sum L_e}{d} \times \frac{u^2}{2} \tag{1-31}$$

式中，$\sum h_f$ 为管路的总能量损失，J/kg；L 为管路上各段直管的总长度，$\sum L_e$ 为管路全部管件与阀门等的当量长度之和；u 为流体流经管路的流速。

在管路设计计算中一般将 $(L + \sum L_e)$ 称为计算长度。

表 1-5 管件与阀门的局部阻力系数 ξ 值

管件和阀件名称	ξ 值							
标准弯头	45°, $\xi=0.35$				90°, $\xi=0.75$			
90°方形弯头	1.3							
180°回弯头	1.5							
活接管	0.4							
弯管	R/d \ ϕ	30°	45°	60°	75°	90°	105°	120°
	1.5	0.08	0.11	0.14	0.16	0.175	0.19	0.20
	2.0	0.07	0.10	0.12	0.14	0.15	0.16	0.17
突然扩大	$\xi=(1-A_1/A_2)^2$ $h_f=\xi \cdot u_1^2/2$							
	A_1/A_2	0	0.1	0.2	0.3	0.4	0.5	0.6	0.7	0.8	0.9	1.0
	ξ	1	0.81	0.64	0.49	0.36	0.25	0.16	0.09	0.04	0.01	0
突然缩小	$\xi=0.5(1-A_1/A_2)$ $h_f=\xi \cdot u_2^2/2$							
	A_1/A_2	0	0.1	0.2	0.3	0.4	0.5	0.6	0.7	0.8	0.9	1.0
	ξ	0.5	0.45	0.4	0.35	0.3	0.25	0.2	0.15	0.1	0.05	0
流入大容器出口	$\xi=1.0$							
入管口（容器→管子）	$\xi=0.5$							
水泵进口	没有底阀				$\xi=2\sim3$			
	有底阀	d/mm	40	50	75	100	150	200	250	300
		ξ	12	10	8.5	7.0	6.0	5.2	4.4	3.7
闸阀	全开		3/4 开		1/2 开		1/4 开	
	0.17		0.9		4.5		24	
标准截止阀	全开 $\xi=6.4$				1/2 开 $\xi=9.5$			
蝶阀	α	5°	10°	20°	30°	40°	45°	50°	60°	70°
	ξ	0.24	0.52	1.54	3.91	10.8	18.7	30.6	118	751
旋塞	α	5°	10°	20°	40°	60°		
	ξ	0.05	0.29	1.56	17.3	206		
角阀（90°）	5							
单向阀	摇板式 $\xi=2$				球形式 $\xi=70$			
底阀	1.5							
滤水器	2							
水表（盘形）	7							

第三节 流体输送方式的选择

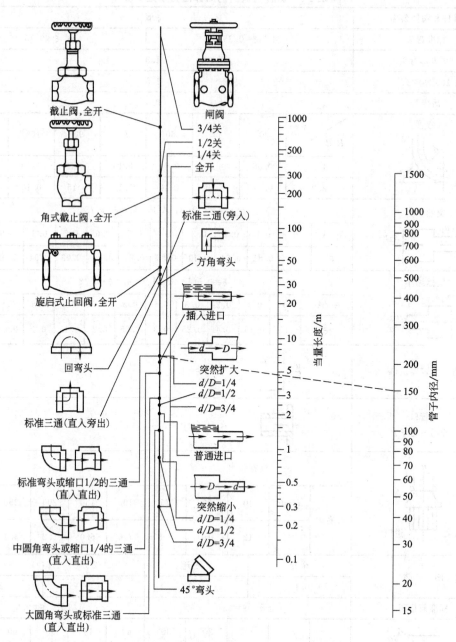

图 1-40　管件与阀门的当量长度共线图

如果把局部阻力都按阻力系数的概念来表示，则管路的能量损失为

$$\sum h_f = \left(\lambda \frac{L}{d} + \sum \xi\right)\frac{u^2}{2} \tag{1-32}$$

式中，$\sum \xi$ 为管件与阀门等局部阻力系数之和，其他符号与式（1-31）相同。

当管路由若干直径不同的管段组成时，由于各段的流速不同，此时管路的总能量损失应分段计算，然后再求其和。

④ 减小能量损失的途径。流体流动中克服内摩擦阻力所消耗的能量无法回收。阻力越

大，流体输送消耗的动力越大。这使生产成本提高、能源浪费，故应尽量降低管路系统的流体阻力。

由流体阻力的计算公式：

$$\sum h_f = \lambda \frac{L + \sum L_e}{d} \times \frac{u^2}{2}$$

可知，要减低流体的流动阻力，可从以下几个途径着手。

管路尽可能短些，尽量走直线、少拐弯，也就是尽量减小 L 值；尽量不装不必要的管件和阀门等，即尽量减小 $\sum L_e$ 值；适当增大管径。因为管内流速 $u = V_s/0.785d^2$，在完全湍流区，λ 接近常数时，则能量损失 $h_f \propto 1/d^5$，即与管径的五次方成反比。因此，适当增加管径，可以明显降低流体阻力。当然管径增大会使设备增加，所以还需根据经济核算来确定。

【例 1-12】 用泵把 20℃ 的苯从地下贮罐送到高位槽，流量为 300L/min。高位槽液面比贮罐液面高 10m。泵吸入管用 $\phi 89\text{mm} \times 4\text{mm}$ 的无缝钢管直管长为 15m，管路上装有一个底阀（按旋启式止回阀全开时计）、一个标准弯头；泵排出管用 $\phi 57\text{mm} \times 3.5\text{mm}$ 的无缝钢管，直管长度为 50m，管路上装有一个全开的闸阀、一个全开的截止阀和三个标准的弯头。贮罐及高位槽液面上方均为大气压。设贮罐液面维持恒定，试求泵的轴功率，假设泵的效率为 70%。

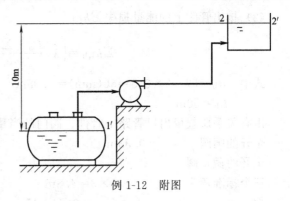

例 1-12 附图

解 根据题意，画出流程示意图，如本题附图所示。

取贮槽液面为上游截面 1—1′，高位槽液面为下游截面 2—2′，并以截面 1—1′ 为基准水平面。在两截面之间列柏努利方程式，即：

$$gZ_1 + \frac{u_1^2}{2} + \frac{p_1}{\rho} + W_e = gZ_2 + \frac{u_2^2}{2} + \frac{p_2}{\rho} + \sum h_{f1-2}$$

式中，$Z_1 = 0$，$Z_2 = 10\text{m}$，$p_1 = p_2$。

因贮槽和高位槽的截面与管道相比，都很大，故 $u_1 \approx 0$，$u_2 \approx 0$。因此，柏努利方程可简化为：

$$W_e = gZ_2 + \sum h_{f1-2} = 9.81 \times 10 + \sum h_{f1-2}$$

只要算出系统的总能量损失 $\sum h_f$，就可算出泵对苯所提供的有效能量 W_e。由于吸入管路和排出管路的直径不同，故应分段计算，然后再求其和。

（1）吸入管路的能量损失 $\sum h_{f,a}$

$$\sum h_{f,a} = h_{f,a} + \sum h'_{f,a} = \left(\lambda \frac{L_e + \sum L_{e,a}}{d_a} + \xi_a \right) \frac{u_a^2}{2}$$

式中，$d_a = 89 - 2 \times 4 = 81(\text{mm}) = 0.081\text{m}$；$L_e = 15\text{m}$

查有关手册得管件、阀门的当量长度分别为：

底阀（按旋转式止回阀全开时计） 　　　　　6.3m

标准弯头　　　　2.7m
故　$\sum L_{e,a} = 6.3 + 2.7 = 9$（m）
进口阻力系数 $\xi_a = 0.5$

$$u_a = \frac{300}{1000 \times 60 \times \frac{\pi}{4} \times 0.081^2} = 0.97 \text{ (m/s)}$$

由附录十二、十四查得20℃时，苯的密度为880kg/m³，黏度为 6.5×10^{-4} Pa·s
取管壁的绝对粗糙度 $\varepsilon = 0.3$mm，$\varepsilon/d = 0.3/81 = 0.0037$
由图 1-37 查得：$\lambda = 0.029$
故

$$\sum h_{f,a} = \left(0.029 \times \frac{15+9}{0.081} + 0.5\right) \times \frac{0.97^2}{2} = 4.28 \text{ (J/kg)}$$

(2) 排出管路上的能量损失 $\sum h_{f,b}$

$$\sum h_{f,b} = \left(\lambda_b \frac{L_b + \sum L_{e,b}}{d_b} + \xi_b\right) \frac{u_b^2}{2}$$

式中　$d_b = 57 - 2 \times 3.5 = 50$(mm) $= 0.05$m
　　　$L_b = 50$m
由有关手册查得出口管路上管件、阀门的当量长度分别为：
全开的闸阀　　　　0.33m
全开的截止阀　　　17m
三个标准弯头　　　$1.6 \times 3 = 4.8$m
故　　　　　　$\sum L_{e,b} = 0.33 + 17 + 4.8 = 22.13$ (m)
出口阻力系数 $\xi_b = 1$

$$u_b = \frac{300}{1000 \times 60 \times \frac{\pi}{4} \times 0.05^2} = 2.55 \text{ (m/s)}$$

$$Re_b = \frac{0.05 \times 2.55 \times 880}{6.5 \times 10^{-4}} = 1.73 \times 10^5$$

仍取管壁的绝对粗糙度 $\varepsilon = 0.3$mm，$\varepsilon/d = 0.3/50 = 0.006$
由图 1-37 查得：$\lambda = 0.0313$

故　　　$\sum h_{f,b} = \left(0.0313 \times \frac{50 + 22.13}{0.05} + 1\right) \times \frac{2.55^2}{2} = 150$ (J/kg)

(3) 管路系统的总能量损失：

$$\sum h_f = \sum h_{f,a} + \sum h_{f,b} = 4.28 + 150 \approx 154.3 \text{ (J/kg)}$$

所以　　　　$W_e = 98.1 + 154.3 = 252.4$ (J/kg)
苯的质量流量为：

$$w_e = V_s \rho = \frac{300}{1000 \times 60} \times 880 = 4.4 \text{ (kg/s)}$$

泵的有效功率为：

$$N_e = W_e w_e = 252.4 \times 4.4 = 1110.6(W) \approx 1.11 kW$$

泵的轴功率为：

$$N = N_e/\eta = 1.11/0.7 = 1.59 (kW)$$

实验演示与分析——柏努利（Bernouli）方程实验

1. 实验装置（见图 1-41）

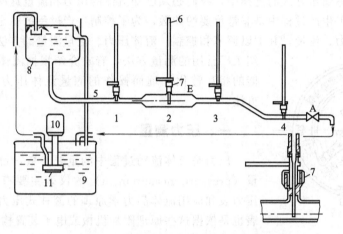

图 1-41　ZB-1 型柏努利方程实验装置流程图

1,3,4—玻璃管（内径约为13mm）；2—玻璃管（内径约为24mm）；5—溢流管；
6—测压管；7—活动测压头；8—高位槽；9—循环水槽；10—电机；11—水泵

由玻璃管、透明测压管、活动测压头、水槽、水泵等组成。该实验管路分成四段，由管径大小不同的两种规格的玻璃管组成。管段内径分别为 24mm 和 13mm。第四段的位置比第三段低 5mm，准确的数值标注在设备上，阀 A 供调节流量之用。

活动测压头的小管端部封闭，管身开有小孔，小孔轴心线与玻璃管中心线垂直，并与测压管相通，转动活动测压头就可以观察到各个透明测压管中液柱高度的变化。

2. 实验操作现象

启动循环水泵，至溢流管 5 有水溢出，保证高位槽水位恒定。

（1）关闭阀 A，旋转测压管，观察到各测压管中的液位高度恒定，且液面与高位槽液面相平。这种现象可以用高中的知识解答。

（2）开动循环水泵，将阀 A 开至一定大小，将测压孔转到正对水流方向，观察到各测压管的液位高度均有所下降且下降幅度按测压点 1、2、3、4 的顺序逐渐增加。为什么？

（3）不改变测压孔位置，继续开大阀 A，观察到各测压管的液位高度均继续下降且下降幅度仍然按测压点 1、2、3、4 的顺序逐渐增加。为什么？

（4）不改变阀 A 开度，将测压孔旋转至与水流方向垂直，观察到各测压管的液位高度均继续下降；但 1、3、4 下降幅度大且是相同的，而测压点 2 的下降幅度小些。这又是为什么？

3. 实验操作现象分析

在图 1-41 的演示实验中，步骤 1 中：静止时各测压的液位相同，说明静止时各点的机械能相等,恒等于水箱水面处的势能,说明水静止时没有能量损失。步骤2中,开动循环水泵,将阀A开至一定大小,将测压孔转到正对水流方向,观察到各测压管的液位高度均较静止时有所下降且下降幅度按测压点1、2、3、4的顺序逐渐增加。这种现象究其原因就是水是实际流体,有黏性,水从水箱流至1、3、3、4点时因克服内摩擦力消耗能量,而使总机械能下降,流程越长,消耗的能量越多,总机械能就越小。

第四节 流体流动参数的测量

在上一节流体输送方式的选择中,我们必须已知流体的压力和流量这两个参数。流体的压力、流量在化工生产过程中是非常重要的参数,为了控制生产过程的稳定进行,就必须经常测定流体的压力、流量,并加以调节和控制。流体压力、流量测量的方法很多,下面仅介绍工厂常用的测量方法,着重介绍根据流体流动时各种机械能的相互转化原理而操作的测量流体压力、液位和流量的方法。

一、压力测量

压力是流体流动过程中的重要参数,目前工厂里压力测量(pressure measurement)的仪表主要有两类:机械式的压力表和应用流体静力学原理的液柱式压力计。不少控制仪表也是依据这些原理附加机械或电子装置构成的。

1. 机械式测压仪表

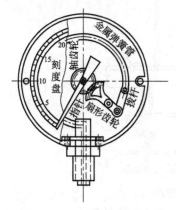

图1-42 弹簧管测压表构造

化工厂使用最多的机械式测压仪表是弹簧管测压表,它的构造如图1-42所示,表外观呈圆形,附有带刻度的圆盘,内部有一根截面为椭圆形的弧形金属弹簧管,管一端封闭并连接拨杆和扇形齿轮,扇形齿轮与轴齿轮啮合而带动指针,金属管的另一端固定在底座上,并与测压接头相通,测压接头用螺纹与被测系统连接。

弹簧管测压表可分为三类:用于正压设备的压力表如图1-43(a)、用于负压设备的真空表如图1-43(b)和既可测量表压又可用来测量真空度的双向表——压力真空表,如图1-43(c)。弹簧管测压表的金属管一般是用铜制成的,当测量对铜有腐蚀性的流体时,应选用特殊材料金属管的压力表,如氨用压力表的金属管是用不锈钢制成的。

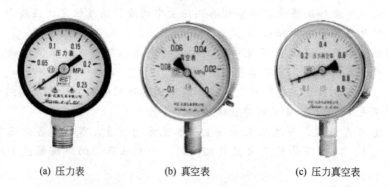

(a) 压力表　　　　　(b) 真空表　　　　　(c) 压力真空表

图1-43 弹簧管测压表类型

测量时，当系统压力大于大气压时，金属弹簧管受压变形而伸长，变形的大小与管内所受的压力成正比，从而带动拨杆拨动齿轮，随之使指针移动，在刻度盘上指出被测量系统的压力，其读数即为表压。弹簧管真空表与压力表有相似的结构，测量时弹簧管因负压而弯曲；测得的是系统的真空度。

弹簧管压力表测量范围很广。压力表所测量的压力一般不应超过表最大读数的 2/3；如测量系统的压力为 500～600kPa（表压）时，应选取 0～1000kPa 的压力表，以免金属管发生永久变形而引起误差或损坏。

2. 液柱式测压仪表

压力的测量除用弹簧管式压力表和真空表测量外，还可以利用静力学基本原理进行测量。以静力学原理为依据的测量仪器统称为液柱压力计（又称液柱压差计）。这类压力计可测量流体中某点的压力，亦可测两点间的压力差。这类仪器结构简单，使用方便，也是应用较广泛的测压装置。常见的液柱压力计有以下几种。

(1) U形压差计　U形压差计是液柱式测压计中最普遍的一种，其结构如图 1-44 所示。它是一个两端开口的垂直 U形玻璃管，中间配有读数标尺，管内装有液体作为指示液。指示液要与被测流体不互溶，不起化学作用，而且其密度要大于被测流体的密度。通常采用的指示液有着色水、油、四氯化碳及水银等。

在图 1-44 中，U形管内指示液上面和大气相通，即作用在两支管内指示液液面的压力是相等的，此时由于 U形管下面是连通的，所以，两支管内指示液液面在同一水平面上。如果将两支管分别与管路中两个测压口相连接，则由于两截面的压力 p_2 和 p_1 不相等，且 $p_1 > p_2$，必使左支管内指示液液面下降，而右支管内的指示液液面上升，直至在标尺上显示出读数 R 时才停止，如图 1-45 所示。由读数 R 便可求得管路两截面间的压力差。

图 1-44　U形管压差计

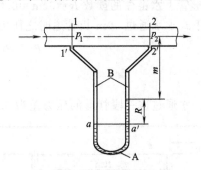

图 1-45　测量压力差

设在图 1-45 中所示的 U形管底部装有指示液 A，其密度为 ρ_A，而在 U形管两侧臂上部及连接管内均充满待测流体 B，其密度为 ρ_B。图中 a、a' 两点都在连通的同一种静止流体内，并且在同一水平面上，所以这两点的静压力相等，即 $p_a = p_{a'}$。依流体静力学基本方程式可得

$$p_a = p_1 + \rho_B g(m+R)$$
$$p_{a'} = p_2 + \rho_B g m + \rho_A g R$$

于是
$$p_1 + \rho_B g(m+R) = p_2 + \rho_B g m + \rho_A g R$$

上式化简后即得读数 R 计算压力差 $p_1 - p_2$ 的公式

$$p_1 - p_2 = (\rho_A - \rho_B)gR \tag{1-33}$$

式中　ρ_A——指示液的密度；

ρ_B——待测流体的密度；

R——U 形管标尺上指示液的读数；

p_1-p_2——管路两截面间的压力差。

若被测流体是气体，气体的密度要比液体的密度小得多，即 $\rho_A-\rho_B\approx\rho_A$，于是，上式可简化为

$$p_1-p_2\approx\rho_A gR \tag{1-33a}$$

U 形管压差计也可用来测量流体的表压力。若 U 形管的一端通大气，另一端与设备或管道某一截面连接被测量的流体，如图 1-46 所示，则 $(\rho_A-\rho_B)gR$ 或 $\rho_A gR$ 反映设备或管道某一截面处流体的绝对压力与大气压力之差，为流体的表压力。

如将 U 形管压差计的右端通大气，左端与负压部分接通，如图 1-47 所示，则可测得流体的真空度。

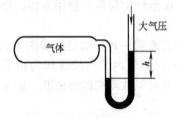
图 1-46 测量表压力

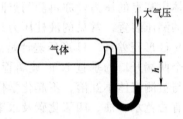
图 1-47 测量真空度

【例 1-13】 如本题附图所示，水在 293K 时流经某管道，在导管两端相距 10m 处装有两个测压孔，如在 U 形管压差计上水银柱读数为 3cm，试求水通过这一段管道的压力差。

解 已知指示液水银的密度 $\rho_{Hg}=13600\text{kg/m}^3$；待测流体的密度 $\rho_水=998.2\text{kg/m}^3$；U 形管上水银柱的读数 $R=3\text{cm}=0.03\text{m}$。

可根据下式求水通过 10m 长管道时之压力差

$$\begin{aligned}p_1-p_2&=(\rho_{Hg}-\rho_水)gR\\&=(13600-998.2)\times9.807\times0.03\\&=3.7\times10^3(\text{Pa})\end{aligned}$$

答：水通过这一段管道的压力差为 $3.7\times10^3\text{Pa}$。

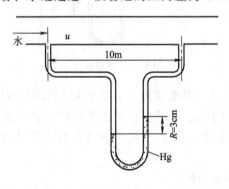
例 1-13 附图

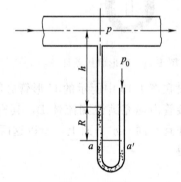
例 1-14 附图

【例 1-14】 如本题附图所示水在管道内流动，于管道某截面处连接一 U 形管压差计，指示液为水银，读数 $R=200\text{mm}$，$h=1000\text{mm}$。当地大气压 p_0 为 760mmHg，试求水在该截面处的压力和真空度。若换以空气在管内流动，而其他条件不变，再求空气在该截面处压力和真空度。已知水的密度 $\rho_水=1000\text{kg/m}^3$，水银的密度 $\rho_{Hg}=13600\text{kg/m}^3$。

解 ① 水在管内流动时

过 U 形管右侧的水银面作水平面 a—a'，依流体静力学基本原理知：

$$p_a = p_{a'} = p_0$$

又由静力学基本方程得：$p_{a'} = p + \rho_水 g h + \rho_{Hg} g R$

于是 $p = p_a - \rho_水 g h - \rho_{Hg} g R$

已知：指示液水银的读数 $R = 200\text{mm} = 0.2\text{m}$；$h = 1000\text{mm} = 1\text{m}$；

$$p_{a'} = p_0 = 760\text{mmHg} = 1.0133 \times 10^5 \text{Pa}，$$

水的密度 $\rho_水 = 1000\text{kg/m}^3$，水银的密度 $\rho_{Hg} = 13600\text{kg/m}^3$。

所以 $p = 1.0133 \times 10^5 - 1000 \times 9.807 \times 1 - 13600 \times 9.807 \times 0.2$
$= 6.48 \times 10^4$ （Pa）

故该截面水的真空度为：$p_真 = p_{大气} - p = 1.0133 \times 10^5 - 6.48 \times 10^4 = 3.65 \times 10^4$ （Pa）（真空度）

② 空气在该截面处的压力和真空度，读者可自己求算。

（2）微差压差计（又称双液柱压差计） 当测量小压差时（如用倾斜液柱压差计所示的读数仍然很小），可采用微差压差计，如图 1-48 所示。这种压差计的特点如下。

① 内装有互不相溶的两种指示液 A 与 C，密度分别为 ρ_A 和 ρ_C，为了将读数 R 放大，应尽可能使两种指示液的密度相接近，还应注意使指示液 C（若 $\rho_A > \rho_C$）与被测流体不互溶。

② U 形管两侧臂的上端装有扩张室，扩张室的截面积比 U 形管的截面积大得多（若扩张室的截面亦为圆形，应使扩张室的内径与 U 形管内径之比大于 10），这样，测量时读数 R 值很大，而两扩张室内指示液的液面变化很小，可近似认为仍维持在同一水平面。所测的压差便可用下式计算：

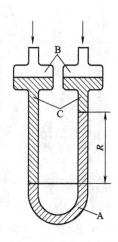

图 1-48 微差压差计

$$p_1 - p_2 = (\rho_A - \rho_C) g R \tag{1-34}$$

二、液位测量

生产中为了了解设备内液体贮量、流进或流出设备的液流量，需要进行液位测量（liquid level measurement）。测量设备内液位的装置有多种，如依据连通器原理的玻璃液面计、磁翻柱液位计和浮标液面计等。

1. 连通器原理的玻璃液面计

图 1-49 所示液位计是根据静止流体在连通的同一水平面上各点压力相等这一原理设计的。图中 0—0' 水平面为等压面，0—0' 面上的点 1 和点 2 的压力 p_1、p_2 必相等，即

$$p_1 = p_2$$

而 $p_1 = p_A + \rho_A g Z_1$
$p_2 = p_B + \rho_B g Z_2$

则 $p_A + \rho_A g Z_1 = p_B + \rho_B g Z_2$

因液位计上方与贮槽相通，且同为一种液体，

故 $p_A = p_B$
$\rho_A = \rho_B$

因此 $Z_1 = Z_2$

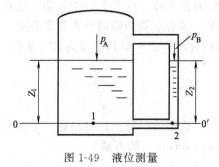

图 1-49 液位测量

即从玻璃管内观察到的液面高度就是贮槽中的液位高度。

2. 连通器原理的磁翻柱液位计

磁翻柱液位计是将连通器原理、磁耦合原理、阿基米德（浮力定律）等原理巧妙地结合机械传动的特性而制作的一种专门用于液位测量的装置。

其基本结构如图 1-50 所示，它有一容纳浮子的腔体，称为主体管、浮筒或外壳，由 2-1/2″不锈钢管制成，它通过法兰或其他接口与容器组成一个连通器；浮子结构根据被测介质、压力、温度、介质密度的不同而不同，大多数情况下采用不锈钢浮子，也可采用其他材质的浮子，包括特制合金浮子和塑料浮子。浮子一般制作成空心球，在浮球沉入液体与浮出部分的交界处安装了磁钢，密封的浮子看起来像一个 360°的磁环。在浮筒的外面装有翻柱显示器，标准的液位显示器管由玻璃制成，显示器管内有磁性浮标——翻柱，它与浮筒内的浮子组成一对，里面充有惰性气体并密封，不会出现凝结。

工作时浮筒内的液面与容器内的液面是相同高度的，所以浮筒内的浮球会随着容器内液面的升降而升降，这时候我们并不能看到液位，但浮球随液面升降时，浮球中磁环的磁性透过外壳传递给翻柱显示器，根据磁性耦合作用推动磁翻柱翻转 180°；由于磁翻柱是有红、白两个半圆柱合成的圆柱体或立方体，所以翻转 180°后朝向翻柱显示器外的颜色会改变，一般液面以下用红色表示，液面以上用白色或绿色表示，两色交界处即是液面的高度。

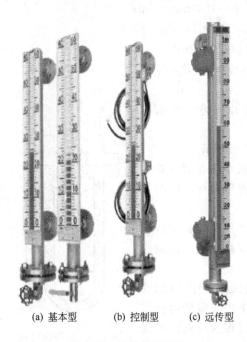

(a) 基本型　　(b) 控制型　　(c) 远传型

图 1-50　磁翻柱液位计

磁翻柱液位计分为现场指示型（基本型）、远传型和控制型两类。

控制型是在翻柱液位计的基础上增加了磁控开关，在监测液位的同时磁控开关信号可用于对液位进行控制或报警；远传型是在翻柱液位计的基础上增加了 4～20mA 变送传感器，在现场监测液位的同时将液位的变化通过变送传感器、电缆及仪表传到控制室，实现远程监测和控制。

磁翻柱液位计的特点如下。

① 显示装置与容器内的介质不接触，很安全，即使玻璃管破碎，也不会产生泄漏。适宜一、二、三类压力容器使用，尤其对有毒、强腐蚀性、易燃、高温、高压被测介质非常重要。

② 测量过程中，唯一的可动部件是浮子，因此，磁耦合液位指示器具有极高的可靠性。指示器、液位开关、变送器的维修均可在线进行。

三、流量测量

流体的流量是流体输送任务的最基本参数，也是化工厂重要的测量和控制参数。下面介绍几种以柏努利方程为基础的流速测量和流量（flow measurement）的方法。

1. 孔板流量计

(1) 孔板流量计的结构　常用的标准孔板流量计（orifice-plate flowmeter, orifice me-

ter)的结构如图1-51（a）所示。孔板是一中心开有圆孔的圆形金属板，将其置于孔板盒里，再用法兰将孔板盒固定在管道中。为了测取孔板前后的压差，孔板盒上开有测压孔道，又因取压方式不同，孔板盒上的开孔方式亦不同。图1-51（b）中，上部所示为环室取压，下部所示为测压孔直接取压。

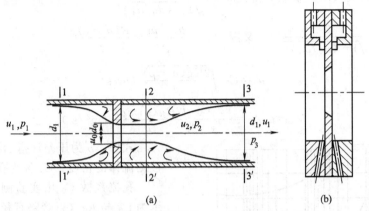

图 1-51　孔板流量计的结构（a）及取压方式（b）

(2) 孔板流量计的测量原理　如图1-51（a）所示，流体在直径为d_1（截面积为A_1）的管道内以流速u_1流过孔板的开孔（孔径为d_0，截面积为A_0）时，由于截面积减小（从A_1减到A_0），所以流速由u_1增大至u_0；流体流过小孔后由于惯性作用，流动截面并不能立即扩大，而是继续收缩，至一定距离后才逐渐扩大恢复到原有管截面。其流动截面最小处（如图中$2—2'$截面处，截面积为A_2）称为缩脉。流体在缩脉处的流速最大，以u_2表示。

在流体流速变化的同时，压力也随之变化。在图1-51（a）中，孔板前流动截面尚未收缩处是$1—1'$截面，流速为u_1，压力为p_1，流动截面收缩后至缩脉处流速增至u_2，压力降至p_2；而后至$3—3'$截面处，流动截面恢复正常，流速亦恢复正常$u_3=u_1$，但压力p_3不能恢复到原来的p_1（$p_3<p_1$），这是因流体流过孔板时产生旋涡等而消耗掉一部分能量所致。综上可见，流体流过孔板时在孔板前后产生一定压差$\Delta p=p_1-p_2$，流量愈大，压差愈大，流量V与压差Δp互成一一对应关系。只要用压差计测出孔板前后的压差Δp，即可得知流量，这就是孔板流量计测流量的原理。

(3) 流量方程式　流量方程式是表示压差、流量和开孔直径三者间定量关系的方程式。该方程式是分析和计算流量的重要公式，可用柏努利方程式和连续性方程式推导。

当不可压缩性流体在水平管内流动，对截面$1—1'$和$2—2'$间列柏努利方程式，暂不计能量损失为：
$$gZ_1+\frac{p_1}{\rho}+\frac{u_1^2}{2}=gZ_2+\frac{p_2}{\rho}+\frac{u_2^2}{2}$$

对水平管，$Z_1=Z_2$，整理此式可得

$$\frac{u_2^2-u_1^2}{2}=\frac{p_1-p_2}{\rho} \quad 或 \quad \sqrt{u_2^2-u_1^2}=\sqrt{2\frac{p_1-p_2}{\rho}} \tag{a}$$

由于上式未考虑阻力损失，而且缩脉处的面积A_2无从知道，而孔口的截面积A_0已知，因此上式中的u_2可用孔口处速度u_0来代替，同时两测压孔的位置也不在$1—1'$及$2—2'$截面上，所以用校正系数C来校正上述各因素的影响，则上式变为：

$$\sqrt{u_0^2-u_1^2}=C\sqrt{2\frac{p_1-p_2}{\rho}} \tag{b}$$

式中，p_1、p_2 分别代表上、下游测压口的静压力。

根据连续性方程式，对于不可压缩流体：$u_1 = u_0 \left(\dfrac{d_0}{d_1}\right)^2$

将上式代入式（b），整理后得：$u_0 = \dfrac{C\sqrt{2(p_a - p_b)/\rho}}{\sqrt{1-(d_0/d_1)^4}}$

令 $\qquad C_0 = \dfrac{C}{\sqrt{1-(d_0/d_1)^4}} \qquad$ 又因 $\qquad \dfrac{p_a - p_b}{\rho} = \dfrac{R(\rho' - \rho)g}{\rho}$

于是 $\qquad u_0 = C_0 \sqrt{\dfrac{2Rg(\rho' - \rho)}{\rho}}$ (m/s) \hfill (1-35)

流体的流量 $\qquad V_s = u_0 A_0 = \dfrac{\pi d_0^2 C_0}{4} \sqrt{\dfrac{2Rg(\rho' - \rho)}{\rho}}$ (m³/s) \hfill (1-36)

式中，ρ' 为压差计指示液的密度；ρ 为被测流体的密度；C_0 称为孔流系数。

孔流系数 C_0 由实验测定，图 1-52 所示为 C_0 与 Re（以管路直径计算的 Re）以及孔与管截面积之比 A_0/A_1 的关系。由图可见，对于一定的 A_0/A_1，当 Re 超过某一数值后，C_0 的数值就为常数。若 Re 一定，A_0/A_1 越大，C_0 也就越大。

流量计所测的流量范围，最好是落在 C_0 为定值区域里，这时流量便与压力变化读数的平方根成正比。设计合理的孔板流量计，其 C_0 值多在 0.6～0.7 范围内。

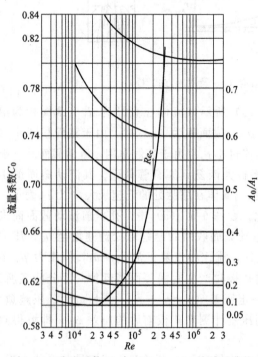

图 1-52 孔流系数 C_0 与 Re、A_0/A_1 的关系曲线

(4) 孔板流量计的测量范围 由式 (1-36) 可知，当孔流系数 C_0 为常数时

$$V \propto \sqrt{R} \quad 或 \quad R \propto V^2$$

上式说明孔板流量计所连接的 U 形压差计的读数 R 与流量 V 的平方成正比，即流量的少量变化可导致 R 的较大变化。这说明测量的灵敏度较大，准确度较高，但允许测量的范围变小。

为了尽量减小 U 形压差计读数的相对误差，通常对选用的 U 形压差计定一最小值，令其为 R_{min}（因 R 越小，相对误差越大），同时也定一最大值，令其为 R_{max}，从而可确定其可测的流量范围，即

$$\dfrac{V_{max}}{V_{min}} = \sqrt{\dfrac{R_{max}}{R_{min}}} \tag{1-37}$$

上式表明，V_{max}/V_{min} 与孔板的选择无关，仅与 R_{max} 和 R_{min} 有关，即由 U 形压差计的长度所定。

(5) 孔板流量计的主要优缺点 孔板流量计的主要优点是构造简单，制造和安装都很方便。其主要缺点是能量损失大，且随面积比 m 的减小而加大。

(6) 孔板流量计的安装 安装孔板流量计时，上、下游必须有一段内径不变的直管作为稳定段。通常要求上游直管长度为 $(15\sim40)d$，下游为 $5d$。

孔板流量计已是某些仪表厂的定型产品，其系列规格可查阅有关手册或产品目标。但小管径或其他特殊要求的孔板流量计，可自行设计、加工。设计孔板流量计的关键是选择适当的面积比 m，同时要兼顾 U 形压差计的读数范围和能量损失等。

2. 文丘里流量计

孔板流量计的主要缺点是能量损耗很大，其起因是进孔前的突然缩小和出孔口后的突然扩大。如将测量管的结构制成如图 1-53 所示的渐缩渐扩管，即为文氏流量计（Venturi meter）。

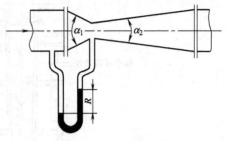

图 1-53　文氏流量计

α_1—文丘里缩小段锥角，(°)；

α_2—文丘里扩大段锥角，(°)；

R—U 形管压差计指示液液面落差，m

文氏流量计的测量原理与孔板流量计相同，但由于流体流经渐缩段和渐扩段时流速改变平缓，涡流较少，在喉管处增加的动能在渐扩段中大部分可转回成静压能，所以能量损失大大小于孔板流量计。

文氏流量计的流量计算式与孔板流量计相同，即

$$V = C_v A_0 \sqrt{\frac{2gR(\rho_0 - \rho)}{\rho}} \tag{1-38}$$

式中　C_v——孔流系数，其值由实验测定，随 Re 而变；湍流时，如喉径 d_0 与管径 d_1 之比即 $d_0/d_1 = 1/4 \sim 1/2$，可取 $C_v = 0.98$；

　　　A_0——喉管处截面积，$A_0 = \frac{\pi}{4} d_0^2$，m^2。

其他符号与孔板流量计相同。

与孔板流量计相比，文氏流量计各部分尺寸要求严格，加工精细，造价较高。

3. 转子流量计

（1）转子流量计的构造和工作原理　转子流量计（rotary flowmeter）的构造如图 1-54 (a) 所示，它是由 1 根内截面积自下而上逐渐扩大的垂直玻璃管和管内 1 个由金属或其他材料制成的转子（或称浮子）组成。流体由底端进入，向上流动至顶端流出。当流体流过转子与玻璃管之间的环隙时，由于流道截面积在减小，流速便增大，静压力随之降低，此静压力低于转子底部所受到的静压力。于是，使转子上、下产生静压力差，从而形成 1 个向上的力。当这个力大于转子的重力时，就将转子托起上升。转子升起后，其环隙面积随之增大（因为玻璃管内侧面为锥形），从而环隙内流速降低，静压力随之回升，当转子底面和顶面所受到的压力差与转子的重力达到平衡时，转子就停留在一定高度上。流体的流量越大，其平衡位置就越高，所以转子位置的高低即表示流体流量的大小。可由玻璃管上的刻度读出流体的流量。

（2）转子流量计的主要优缺点　转子流量计的优点是读数方便，阻力小，准确度较高，对不同流体的适用性强，能用于腐蚀性流体的测量。缺点是玻璃管不能经受高温和高压，在安装和使用时玻璃管易破碎。

（3）转子流量计的安装与操作　转子流量计必须垂直安装，流体自下而上流动，绝不可倾斜或水平安装，更不能倒着安装；必须在流量计前后安装切断阀，还必须安装带有调节阀的旁路管，以便于检修。具体安装图如图 1-55 所示。

转子流量计操作时应缓慢开启阀门，以防转子卡于顶端或击碎玻璃管。

4. 涡轮流量计

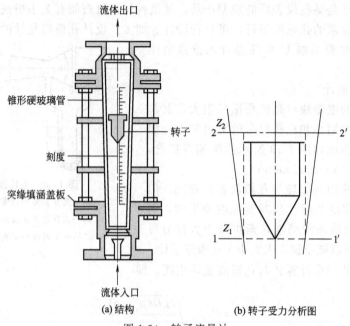

图 1-54 转子流量计
(a) 结构　　(b) 转子受力分析图

(1) 涡轮流量计的结构　涡轮流量计的结构如图 1-56 所示，流体从机壳的进口流入。通过支架将一对轴承固定在管中心轴线上，涡轮安装在轴承上。在涡轮上、下游的支架上装有呈辐射形的整流板，以对流体起导向作用，避免流体自旋而改变对涡轮叶片的作用角度。在涡轮上方机壳外部装有传感线圈，接收磁通变化信号。

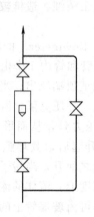

图 1-55 转子流量计的安装

图 1-56 涡轮流量计

涡轮由导磁不锈钢材料制成，装有螺旋状叶片。叶片数量根据直径变化而不同，2～24 片不等。为了使涡轮对流速有很好的响应，要求质量尽可能小。

对涡轮叶片结构参数的一般要求为：叶片倾角 10°～15°（气体），30°～45°（液体）；叶片重叠度 P 为 $-1.2～1$；叶片与内壳间的间隙为 0.5～1mm。

涡轮的轴承一般采用滑动配合的硬质合金轴承，要求耐磨性能好。

(2) 涡轮流量计的工作原理　涡轮流量计的原理示意图如图 1-57 (a) 所示。在管道中心安放一个涡轮，两端由轴承支撑。当流体通过管道时，冲击涡轮叶片，对涡轮产生驱动力

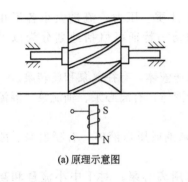 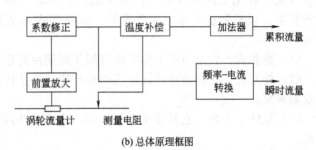

(a) 原理示意图 　　　　　　　　(b) 总体原理框图

图 1-57　涡轮流量计

矩，使涡轮克服摩擦力矩和流体阻力矩而产生旋转。在一定的流量范围内，对一定的流体介质黏度，涡轮的旋转角速度与流体流速成正比。由此，流体流速可通过涡轮的旋转角速度得到，从而可以计算得到通过管道的流体流量。

涡轮的转速通过装在机壳外的传感线圈来检测。当涡轮叶片切割由壳体内永久磁钢产生的磁力线时，就会引起传感线圈中的磁通变化。传感线圈将检测到的磁通周期变化信号送入前置放大器，对信号进行放大、整形，产生与流速成正比的脉冲信号，送入单位换算与流量累积电路得到并显示累积流量值；同时亦将脉冲信号送入频率电流转换电路，将脉冲信号转换成模拟电流量，进而指示瞬时流量值。

涡轮流量计具有结构简单、轻巧、精度高、重现性好、反应灵敏、安装维护使用方便等特点，广泛用于石油、化工、冶金、供水、造纸等行业，是流量计量和节能的理想仪表。适用于在工作温度下黏度小于 $5 \times 10^{-6} m^2/s$ 的介质，对于黏度大于 $5 \times 10^{-6} m^2/s$ 的液体，要对传感器进行实液标定后使用。

第五节　流体输送机械的选择、安装及操作

通过前面的学习，对于案例 2，我们已经分析出，要完成输送任务必须使用输送机械。但是还没有解决如何选择输送机械的类型问题和输送机械的安装及操作方面的问题。

化工生产中被输送的流体是多种多样的，如有黏度较小的，有黏度较大的；有腐蚀性强的，也有腐蚀性弱的，还有不含固体悬浮物的和含有固体悬浮物的；为适应这些情况就必须制造各种类型的流体输送设备。此外，对于同一种流体，由于温度、压力、输送量等方面的不同，决定了输送设备的型号大小不同。因此，只有根据生产任务正确地选用输送机械，正确地安装和操作输送机械，才能从根本上解决输送问题。

化工生产中常用的流体输送设备，按工作原理可分为以下四类：离心式、往复式、旋转式和流体作用式。

根据输送流体的性质不同可分为：液体输送机械和气体压送机械两大类。

在输送设备中，用来输送液体的机械设备通常称为泵；用于输送和压缩气体的机械设备通常称为气体压送机械。由于气体具有可压缩性，在输送过程中因压缩或膨胀而引起密度和温度的变化使气体输送设备在结构上具有某些与液体输送设备不同的特点。下面将分别进行介绍。

一、液体输送机械

液体输送机械（liquid conveying machinery）其实质就是为液体提供能量的机械设备，

统称为泵。在化工机械行业中，为了适应所要输送的液体性质、压力、流量大小各不相同的要求，设计制造了各种类型的泵。根据其作用原理和结构特征可概括地划分为以下几类。

(1) 容积式　它是利用工作室的容积作周期性变化来输送液体，有往复泵和旋转泵。

(2) 叶片式　它是依靠作旋转运动的叶轮把能量传递给液体，有离心泵、轴流泵、混流泵及旋涡泵。

(3) 流体动力泵　它是依靠另外一种工作流体的能量来抽或压送液体，有喷射泵、酸蛋等。

对于大、中流量和中等压力的液体输送任务，一般选用离心泵；对于中小流量和高压力的输送任务一般选用往复泵；齿轮泵等旋转泵则多适用于小流量和高压力的场合。由于离心泵具有适用范围广、结构简单以及运转平稳等优点，在化工生产中得到广泛的应用。容积式泵只在一定场合下使用，其他类型泵则使用较少。下面分别介绍工厂常用的几种类型泵。

1. 离心泵

在化工生产中，离心泵（centrifugal pump）是应用最为广泛的泵。离心泵的特点是结构简单，流量均匀，可用耐腐蚀材料制造，易于调节和自控，因而在工业生产中占有特殊的地位。

(1) 离心泵的结构和工作原理　离心泵的类型很多，其基本结构如图 1-58 所示，图中蜗牛形的泵壳 3 内有一叶轮 4，叶轮通常有 6～12 片的后弯叶片。叶轮坚固在由电机带动的泵轴上。泵壳 3 上有两个接口，在泵壳轴心处的接口连接液体吸入管 5，在泵壳切线方向上接口连接液体排出管 2。

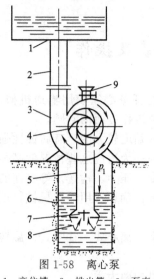

图 1-58　离心泵
1—高位槽；2—排出管；3—泵壳；
4—叶轮；5—吸入管；6—吸水池；
7—底阀；8—滤网；9—漏头；
p_1—贮槽液面上方的压力（Pa）

离心泵一般由电机带动，在离心泵启动前必须在泵壳内灌满被输送的液体。泵启动后，泵轴带动叶轮高速旋转，叶片间的液体受到叶片推力也跟着一起旋转。在离心力的作用下，液体从叶轮中心被抛向叶轮外缘并获得动能和静压能。获得机械能的液体离开叶轮流入泵壳后，由于泵壳内的蜗形通道的面积是逐渐增大的，液体在泵壳内向出口处流动时，大部分动能被转化为静压能，在泵的出口处压力达到最大，于是液体就以较高的压力进入排出管路。

当液体被叶轮从叶轮中心抛向外缘时，在叶轮中心处形成了低压区并达到一定的真空度，当吸入管两端形成一定的压差时，在压差的作用下液体就会从吸入管源源不断地进入泵内，填补了被排出液体的位置。这样只要叶轮不停地旋转，液体就连续不断地被吸入和排出而达到输送的目的。由此可见，离心泵之所以能输送液体，主要是高速旋转的叶轮所产生的离心力，故名离心泵。

必须注意，离心泵在启动前泵壳内一定要灌满被输送的液体。若未充满液体，则泵壳内存在空气，由于空气的密度远小于液体的密度，叶轮旋转时产生的离心力小，不能在叶轮中心形成必要的低压，泵吸入管两端的压力差很小，不能推动液体通过吸入管流入泵内，此时泵只能空转而不能输送液体。这种由于泵内存有气体而造成离心泵启动时不能吸进液体的现象称为"气缚"现象。

(2) 离心泵的主要工作部件

① 叶轮（impeller） 离心泵输送液体是依靠泵体高速旋转的叶轮对液体做功的。因此，叶轮的尺寸、形状和制造精度对泵的性能有很大影响，按其结构型式可分为闭式叶轮、半开式叶轮和开式叶轮，如图 1-59。闭式叶轮效率高，应用最多，适用于输送清净液体；半开式叶轮适用于输送具有黏性或含有固体颗粒的液体；开式叶轮效率低，适用于输送污水、含泥沙及含纤维的液体。

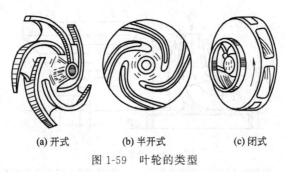

(a) 开式　　(b) 半开式　　(c) 闭式

图 1-59　叶轮的类型

按吸液方式不同，叶轮还可分为单吸式叶轮和双吸式叶轮，如图 1-60 所示。

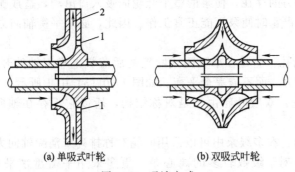

(a) 单吸式叶轮　　(b) 双吸式叶轮

图 1-60　吸液方式

1—平衡孔；2—后盖板

② 蜗壳与导轮　蜗壳是在单级泵中采用的蜗形泵外壳的简称，由铸铁铸成，如图 1-61 所示。蜗壳呈螺旋线形，其内流道逐渐扩大，出口为扩散管状。液体从叶轮流出后其流速可以缓慢地降低，使很大部分动能转变为静压能。蜗壳的优点是制造比较方便，泵性能曲线的高效区域比较宽，叶轮切削后泵的效率变化较小；缺点是蜗壳形状不对称，易使泵轴弯曲，所以在多级泵中只有吸入段和排出段采用蜗壳，而中段则采用导轮。

图 1-61　蜗壳

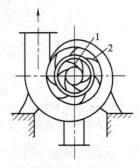

图 1-62　导轮

1—叶轮；2—导轮

导轮是一个固定不动的圆盘，其结构如图1-62，正面有包在叶轮外缘的正向导叶，它们构成一条条扩散通道，以降低液体流速，提高静压能；背面有将液体引向下一级叶轮入口的反向导叶。它与蜗壳相比，优点是外形尺寸小，缺点是效率低。

③ 轴向力平衡装置　对于单吸式叶轮，离心泵在工作时叶轮正面和背面所受的液体压力是不相同的。如图1-63所示，当泵运转时，总有一个力作用在叶轮上，并指向叶轮的吸入口，此力是沿轴向的，故称为轴向力。

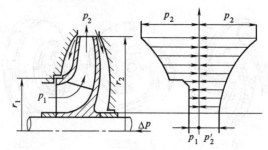

图1-63　叶轮轴向力

p_1—叶轮吸入口中心液体的压力；p_2—闭式叶轮出口处液体的压力

由于不平衡轴向力的存在，使泵的整个叶轮向吸入口窜动，造成振动并使叶轮入口外缘与密封环发生摩擦，严重时使泵不能正常工作。因此，必须平衡轴向力。常用的平衡措施有如下。

a. 叶轮上开平衡孔：它是在单吸闭式叶轮的后盖板上靠近轴处开几个平衡孔，此种方法只能降低部分轴向力，而不能完全平衡。如图1-60（a）中1所示。

b. 采用双吸叶轮：双吸叶轮由于是对称结构，所以它不存在轴向力。此叶轮流量大。如图1-60（b）所示。

c. 叶轮对称排列：在多级泵中可以采用叶轮对称排列来消除轴向力。

d. 平衡盘平衡：对于级数较多的离心泵，更多采用平衡盘来平衡轴向力。其结构如图1-64所示。平衡盘装置由平衡盘和平衡环组成，平衡盘装在末级叶轮的后面轴上，和叶轮一起转动，平衡环固定在出水段泵体上。平衡盘在泵的运转中能自动平衡轴向力，因而应用广泛。

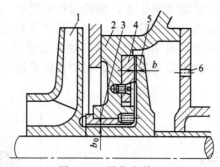

图1-64　平衡盘装置

1—末级叶轮；2—尾段；3—平衡套；4—平衡环；5—平衡盘；6—接吸入口的管孔；b—平衡环与平衡盘之间的缝隙宽度；b_0—平衡套与平衡盘之间的缝隙宽度

④ 轴封装置　旋转的泵轴与固定的泵体之间的密封称为轴封。轴封的作用是防止高压液体从泵体内沿轴漏出，或者外界空气沿轴漏入。离心泵中常用的轴封结构有下列两种形式。

a. 填料密封（packing seal）。它是常见的密封形式，结构如图1-65所示，主要由填料套、填料环、填料、压盖等组成。填料一般采用浸油或涂石墨的石棉绳或包有抗磨金属的石棉填料等。填料密封主要靠压盖把填料压紧，并迫使它产生变形来达到密封的目的，故密封的严密程度可由压盖的松紧加以调节。过紧虽能制止泄漏，但机械损失增加，功率消耗过大，严重时会造成发热、冒烟，甚至烧坏零件；过松起不到密封作用。合理的松紧程度大约是液体从填料中呈滴状渗出，以每分钟10~60滴为宜。图中双点划线画的水封环，其作用是可以由泵内或直接引入水，在这里形成水封，阻止空气漏入，同时起到润滑和冷却作用。填料密封的优点是结构简单，缺点是泄漏量大，使用寿命短，功率损失大，不适宜用于易燃、易爆、有毒或贵重的液体。

b. 机械密封（mechanical seal）。机械密封由于具有泄漏量小，使用寿命长，功率损失小，不需要经常维修等优点，获得了迅速发展和广泛的应用。但机械密封存在制造复杂、精度要求和材料要求高等缺点。其结构如图1-66所示。主要密封原件由装在轴上随轴旋转的动环6和固定在泵壳的静环7所组成。此两环的端面做相对运动时，互相紧贴，足够防止渗漏，从而达到密封的目的。故此种机械密封亦称为端面密封。两端面之所以能始终紧密贴合是借助于压紧元件弹簧3，通过推环4来达到的，因此两端面间的紧密程度可以通过弹簧调节。图中的动环密封圈5和静环密封圈8等为辅助密封原件，除它们本身有一定的密封能力外，还能起吸收对密封面有不良影响的振动作用。动环和静环通常用不同的材料制成，动环硬度较大，常用钢、硬质合金、陶瓷等，而静环硬度较小，常用石墨制品、酚醛塑料、聚四氟乙烯等。在正常操作时，由于两摩擦端面经过了很好的研合，并适当调整弹簧的压力，由于两个端面形成一层薄薄的液膜，形成了很好的密封和润滑条件，在运转中可以达到既不渗液，也不漏气的程度。

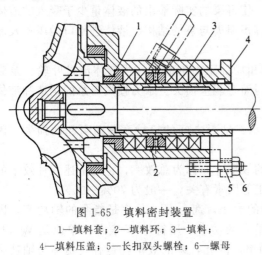

图1-65 填料密封装置

1—填料套；2—填料环；3—填料；
4—填料压盖；5—长扣双头螺栓；6—螺母

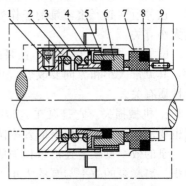

图1-66 机械密封装置

1—传动螺钉；2—传动座；3—弹簧；
4—推环；5—动环密封圈；6—动环；7—静环；8—静环密封圈；9—防转销

(3) 离心泵的性能参数

① 流量（pump capacity） 流量是指泵能输送的液体量，常用单位时间内泵排出到输送管路中的体积量来表示，用符号Q表示，单位为m^3/h。离心泵的流量取决于泵的结构、尺寸和转速。

② 扬程（pump lift） 扬程是指单位重量（1N）液体经泵后所获得的能量。用符号H表示，单位为m液柱。离心泵扬程的大小取决于泵的结构、转速及流量。对一定的泵，在一定转速下，扬程和流量之间具有一定的关系。

泵的扬程是指总扬程，不要误认为它就是提升液体的高度（升扬高度），泵的升扬高度

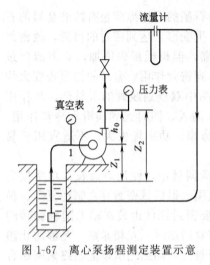

图 1-67 离心泵扬程测定装置示意

仅仅是扬程中的一部分。而扬程中的其余能量用于克服阻力损失和进出口的压差。由于流体在泵内流动的规律很复杂，至今还没有完全掌握。因此，泵的扬程尚不能从理论上作出精确的计算，只能通过实验测定。

图 1-67 为离心泵扬程（压头）的测定装置。在真空表连接截面 1 和压力表连接截面 2 之间列柏努利方程，简化后得扬程计算式如下：

$$H = \frac{p_2 - p_1}{\rho g} + (Z_2 - Z_1) + \frac{u_2^2 - u_1^2}{2g} = \frac{p_2 - p_1}{\rho g} + h_0 + \frac{u_2^2 - u_1^2}{2g}$$
(1-39)

式中 p_1，p_2——泵进出口处液体的绝对压力，Pa；
u_1，u_2——泵进出口处液体的流速，m/s；
ρ——泵所输送液体的密度，kg/m³；
h_0——两测压点之间的垂直距离，m。

③ 转速 转速是指泵轴单位时间内的转数，用符号 n 表示，单位 r/min；或者用符号 n_f 表示，单位 Hz（每秒的转数）。

④ 效率 在液体输送过程中，外界能量通过泵传递给液体，其中不可避免地有能量损失，故泵所做的功不可能全部为液体所获得。离心泵的效率用符号 η 表示，它反映其能量损失，主要为容积损失、水力损失和机械损失。

a. 容积损失。它是由于泵的泄漏损失造成的。在实际运转的离心泵中，由于密封不十分严密，在泵体内部总是不同程度地存在泄漏，使得泵的实际输出的液体量少于吸入的液体量。这种泄漏越严重，泵的工作效率就越低。容积损失与泵的结构、液体进出口的压差及流量大小有关。

b. 水力损失。它是液体在泵内的摩擦阻力和局部阻力引起的，当液体流过叶轮、泵壳时，其流量大小和方向要改变，且发生冲击，因而有能量损失。水力损失与泵的构造和液体的性质有关。

c. 机械损失。它是泵在运转时，泵轴与轴承、轴封之间的机械摩擦而引起的损失。因而也要消耗部分能量使泵的效率降低。

泵的效率反映上述能量损失的总和，故泵的效率 η 亦称为总效率，它是上述三种效率的乘积。离心泵的效率与泵的大小、类型以及加工等因素有关，一般为 70%～90%。

⑤ 轴功率 功率是指单位时间内所做的功的大小，离心泵的功率是指泵的轴功率，即指泵轴所需的功率，也就是直接传动时电机传给泵的功率，用符号 N 表示，单位是 W（J/s）。而有效功率 N_e 是液体实际上自泵得到的功率。因此，泵的效率就是有效功率与轴功率之比，故轴功率为：

$$N = \frac{N_e}{\eta} = \frac{QH\rho g}{\eta}$$
(1-40)

由于泵在运转过程中可能发生超负荷、传动中存在损失等因素，因此，所配电机的功率应比泵的轴功率大。

(4) 离心泵的特性曲线及影响因素

① 离心泵的特性曲线 离心泵的流量、扬程、功率和效率是离心泵的主要性能参数。这些工作参数之间存在一定的关系，在一定转速下可用实验测定。将此实验结果绘于坐标纸上，得出一组曲线为离心泵的工件性能曲线，如图 1-68 所示。

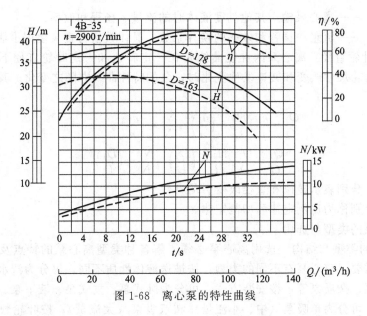

图 1-68 离心泵的特性曲线

H-Q 曲线：表示泵的流量和扬程之间的关系。离心泵的扬程在较大流量范围内是随流量增大而减小的。不同型号的离心泵，H-Q 曲线形状有所不同。如有的曲线较平坦，适用于扬程变化不大而流量变化范围较大的场合；有的 H-Q 曲线比较陡峭，适用于扬程变化范围大而不允许流量变化太大的场合。

N-Q 曲线：表示泵的流量与轴功率的关系，轴功率随流量的增大而增大。显然，当流量为零时，泵轴消耗的功率最小。因此，启动离心泵时，为了减小启动功率，应将出口阀关闭。

η-Q 线：表示泵的流量与效率之间的关系。该曲线的最高点为泵的设计点，泵在该点对应的流量及扬程下工作，效率最高。

选用泵时，总是希望泵能在最高效率下工作，因在此条件下最为经济合理。但实际上泵往往不可能正好在最高效率相应的流量和扬程下运转。因此，一般只能规定一个工作范围，称泵的高效率区域，一般该区域的效率不低于最高效率的 92%。泵在铭牌上标明的参数均为最高效率下的。在泵的样本和说明书上通常还标明高效率区域的参数范围。

② 影响离心泵特性曲线的因素　离心泵的特性曲线是泵在一定转速和常温、常压下，用清水做实验测得的。因此，当泵所输送的液体物理性质与水有较大差异时，或者泵采用了不同的转速或改变了叶轮的直径时，需对该泵的特性曲线进行换算。

a. 液体的密度：泵所输送液体的密度，对泵的扬程、流量和效率均无影响。泵的 Q-H 与 η-H 曲线保持不变，但是泵的轴功率是正比于液体的密度的，因此当泵输送密度不同于水时，原生产部门提供的 N-Q 曲线不再适用，需要按式 (1-40) 重新计算。

b. 液体的黏度：泵在输送比水黏度大的液体时，泵内的损失加大，一般倾向是，黏度越大，在最高效率点的流量和扬程就越小，轴功率亦就越大。因而，泵的效率也随之下降。其降低量对小型泵尤为显著。一般来说，当液体的运动黏度 $\nu < 20 \times 10^{-6}$ m^2/s 时，如汽油、煤油、洗涤油、轻柴油等，泵的特性曲线不必换算。如果 $\nu > 20 \times 10^{-6}$ m^2/s 时，则需按下式进行换算：

$$Q' = C_Q Q;\ H' = C_H H;\ \eta' = C_\eta \eta \tag{1-41}$$

式中　Q，H，η——离心泵的流量、扬程和效率；

Q'，H'，η'——离心泵输送其他黏度液体时的流量、扬程和效率；

C_Q，C_H，C_η——流量、扬程和效率的换算系数。具体数值可查泵使用手册中的图表。

c. 转速与叶轮直径：离心泵的性能曲线是在一定转速和一定叶轮直径下，由实验测得的。因此，当叶轮尺寸改变和转速发生变化时，泵的特性曲线亦随之变化。其理论换算关系如下：

$$\frac{Q_1}{Q}=\frac{n_1}{n} ; \frac{H_1}{H}=\left(\frac{n_1}{n}\right)^2 ; \frac{N_1}{N}=\left(\frac{n_1}{n}\right)^3 \tag{1-42}$$

$$\frac{Q_1}{Q}=\frac{D_1}{D} ; \frac{H_1}{H}=\left(\frac{D_1}{D}\right)^2 ; \frac{N_1}{N}=\left(\frac{D_1}{D}\right)^3 \tag{1-43}$$

式中下标 1 分别表示转速和直径改变后的参数。

上述两式分别称为比例定律和切割定律。

(5) 离心泵的类型与选用

① 离心泵的类型与结构　选用离心泵必须了解各种类型离心泵的特点及分类方法。根据实际生产的需要，离心泵有不同的类型：按被送液体性质不同，可分为清水泵、油泵、耐腐蚀泵、屏蔽泵、杂质泵等；按安装方式，可分为卧式泵、立式泵、液下泵、管道泵等；按吸入方式不同，可分为单吸泵（中、小流量）和双吸泵（大流量）；按叶轮数目不同，可分为单级泵和多级泵（高扬程）等。下面介绍几种主要类型的离心泵。

a. 输送不含固体颗粒的水或物理、化学性质类似于水的液体时一般选用清水泵。

ⅰ. 当流量不是很大，扬程也不太高时，一般选用单级单吸离心泵。

单级单吸离心泵目前有新旧两个产品系列。

新系列——IS 型泵：IS 型泵结构与 B 型泵结构相类似，外形如图 1-69 所示。该泵的泵体和泵盖为后开式结构，优点是检修方便，不用拆卸泵体、管路和电机，只需拆下加长联轴器的中间连接件，就可退出叶轮、泵轴等零件进行检修。叶轮开有平衡孔以减小轴向力，轴封采用填料密封。供输送不含固体颗粒的水或物理、化学性质类似于水的液体。该系列泵是我国第一个按国际标准（ISO）设计、研制的，全系列共有 29 个品种，结构可靠、振动小、噪声低，效率高，输送介质温度不超过 80℃，吸入压力不大于 0.3MPa，全系列流量范围 3.3~400m³/h，扬程范围 5~125m。

图 1-69　IS 型泵

ⅱ. 当输送液体流量较大，而扬程不太高时一般选用单级双吸式离心泵（Sh 型）。

Sh 型泵为单级双吸水平中开式离心泵。泵吸入口和排出口均在泵轴线下方，与轴线成垂直方向的同一直线上，该泵在不需要拆卸进水、出水管的情况下就能打开泵盖，检修内部零件，因此检修方便。其结构如图 1-70。适用于输送温度不超过 356K 的清水或类似于水的液体。

ⅲ. 当输送液体的流量不太大，而扬程较高时可选用分段式多级泵（D 型）。

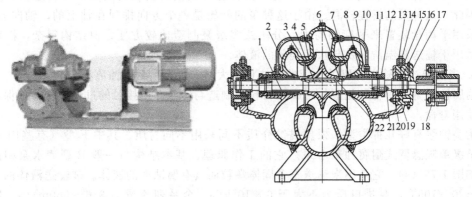

图 1-70 Sh 型泵结构示意图

1—泵体；2—泵盖；3—叶轮；4—泵轴；5—密封环；6—轴套；7—填料挡套；8—填料；9—填料环；10—水封管；11—填料压盖；12—轴套螺母；13—固定螺栓；14—轴承架；15—轴承体；16—轴承；17—圆螺母；18—联轴器；19—轴承挡套；20—轴承盖；21—双头螺栓；22—键

单级泵一个叶轮所产生的扬程有限，需要获得更高的扬程，就要使几个叶轮串联起来工作，这样就得到了多级泵。多级泵就是在一根轴上串联多个叶轮，被送液体在串联的叶轮中多次接受能量，最后达到较高的扬程。

图 1-71 所示是多段式多级泵的结构。其主要零部件有：进水段、出水段、叶轮、轴、轴套、密封环及以轴封装置、轴向力平衡装置和轴承等。它的吸入口位于进水段的水平方向，排出口位于出水段的垂直方向。

(a) 外观

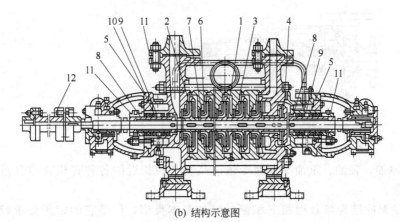

(b) 结构示意图

图 1-71 多段式多级泵

1—导叶；2—叶轮；3—泵轴；4—平衡盘；5—轴承体；6—泵体密封环；7—叶轮密封环；8—轴套；9—水封环；10—填料；11—填料压盖；12—联轴器

这种泵的轴上叶轮数就代表了泵的级数，液体经第一个叶轮压出，经导轮进入第二个叶轮，第二个叶轮压出后进入第三个叶轮。扬程随着级数的增加而增加，级数越多，扬程越高。因此，这种泵的扬程较高。由于这种泵的叶轮是一个方向排列在轴上的，轴向力很大，必须采用平衡盘装置来平衡轴向力。分段式多级泵制造比较方便，但结构复杂，拆装较困难，适用于输送常温清水及与水相类似的液体。

b. 当需要连续输送有腐蚀作用的液体且量大时，可选用耐腐蚀离心泵。

耐腐蚀泵是采用各种相应的耐腐蚀材料来制造与输送介质接触的过流部件，以保证离心泵的使用寿命。

耐腐蚀泵有好几种类型，根据腐蚀介质不同采用不同材质。其中 F 型（有些用 FB 型）泵为单级单吸悬臂式耐腐蚀离心泵。它的工作原理、基本结构与一般 B 型清水泵相似，其结构如图 1-72（a）。它是用来输送不含固体颗粒而具有腐蚀性的液体。被输送液体的温度一般为 $-20 \sim 105°C$，泵进口压力不大于 $6 \times 10^2 kPa$。全系列流量为 $3.6 \sim 360 m^3/h$，扬程为 $5 \sim 103 m$。这种系列泵的特点是体积小、效率高、规格多、运转安全可靠、维护简单、密封要求严，轴封采用机械密封。

近来已推出 IH 系列耐腐蚀泵，平均效率比 F 型泵提高 5%，其型号规格与 IS 型泵类似。IH 型卧式化工离心泵全系列流量 Q 为 $0 \sim 500 m^3/h$，扬程 H 为 $2 \sim 135m$，转速 N 为 $1450 \sim 2900 r/min$，口径 $\phi 50 \sim 200 mm$，温度范围 T：$-20 \sim +120°C$；工作压力 P 最大为 $1.6 MPa$，材质为不锈钢。性能优点：高效节能；应用范围广；采用不锈钢或氟塑料衬里；耐腐蚀性好。适用于输送各种化工介质及类似于水的其他介质。IH 型卧式化工耐腐蚀泵结构如图 1-72（b）所示。

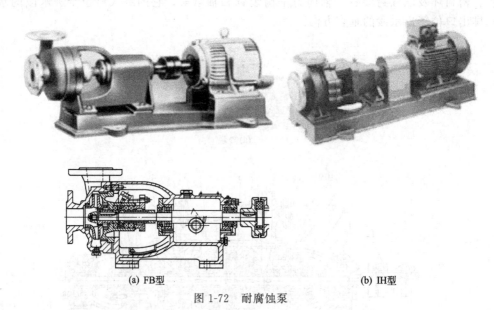

(a) FB型　　　　　　　　　(b) IH型

图 1-72　耐腐蚀泵

c. 输送原油、轻油、重油等各种冷热油品及与油相近的各种有机介质且量较大时可选用离心式油泵。

离心式油泵的结构与 B 型和 F 型泵的结构基本类似；但是它的密封要求较高，故主要采用机械密封。对于热油泵，由于油温很高，所以在填料函、轴承、支座处均设有冷却水套进行冷却；在填料环里加封油，防止热油漏出；在轴承压盖上也通冲洗液，把漏出的少许热油冲掉，以防着火。

② 离心泵的型号编制　前面介绍的各类泵已经系列化和标准化了，并以一个或几个汉

语拼音字母作为系列代号。在每一系列内，又有各种不同的规格。

在旧系列中我国泵类产品型号编制通常由三个单元组成：离心泵的型号中第一单元通常是以 mm 表示泵的吸入口直径。但大部分老产品用"英寸"表示，即以 mm 表示的吸入口直径被 25 除后的整数值。第二单元是以汉语拼音的字首表示泵的基本结构、特征、用途及材料等。如 B 表示单级悬臂式离心清水泵；D 表示分段式多级离心水泵；F 表示耐腐蚀泵等。第三单元表示泵的扬程。有时泵的型号尾部后还带有 A 或 B，这是泵的变型产品标志，表示在泵中装的叶轮是经过切割的。

在新系列中，泵类产品型号编制也是由三个单元组成。第一单元中的字母表示泵的类型，数字表示泵吸入口直径，mm；第二单元中的数字表示泵的排出口直径，mm；第三单元中的数字表示叶轮名义直径，mm。例如：

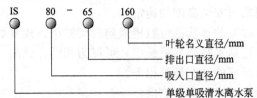

a. IS80-65-160：IS 表示为单级单吸悬臂式清水离心泵，吸入口直径 80mm；排出口直径为 65mm；叶轮名义直径 160mm。

b. IH50-32-160：IH 表示单级单吸悬臂式化工耐腐蚀离心泵，吸入口直径 50mm，排出口直径为 32mm，叶轮名义直径 160mm。适用于输送温度在 $-20 \sim 105$℃ 的腐蚀性介质或物理及化学性质类似于水的介质。

思考题 6

1. 说明 IS50-32-200 泵型号的意义；
2. 说明 155 D -67×3 泵型号的意义；
3. 说明 150F-35 泵型号的意义。

③ 离心泵的选择步骤　在掌握了当前所能供应的泵的类型、规格、性能、材料和价格等因素后，选用离心泵时，既要考虑被输送液体的性质、操作温度、压力、流量以及具体的管路所需的扬程，还要在满足工艺要求的前提下，力求做到经济合理。

离心泵的具体选择步骤如下。

a. 确定输送系统的流量与扬程。液体的输送量一般为生产任务所规定，如果流量在一定范围内变动，选泵时应按最大流量考虑。根据输送系统管路计算出在最大流量下管路所需的扬程。

b. 选择泵的类型与型号。根据被输送液体的性质和操作条件确定泵的类型。按已知的流量和扬程从泵的样本上或产品目录中选出合适的型号。选择中流量和扬程可稍大些，但泵的效率应比较高。

c. 核算泵的功率。若输送的液体密度大于水的密度时，必须核算泵的轴功率。

【例 1-15】 用泵将硫酸自常压贮槽送到表压力为 2kgf/cm^2 的设备，要求流量为 $13\text{m}^3/\text{h}$，升扬高度为 6m，全部压力损失为 5m，酸的密度为 1800kg/m^3。试选出合适的离心泵型号。

解　输送硫酸，宜选用 F 型耐腐蚀泵，其材料宜用灰口铸铁，即选用 FH 型耐腐蚀泵。现计算管路所需的扬程：

$$H_e = \Delta Z + \frac{\Delta p}{\rho g} + \frac{\Delta u^2}{2g} + \left(\lambda \frac{l}{d} + \Sigma \xi\right)\frac{u^2}{2g}$$

$$= 6 + \frac{2 \times 9.807 \times 10^4}{1800 \times 9.807} + 5$$

$$= 22.1 \text{ (m)}$$

查 F 型泵的性能表，50FH-25 符合要求，流量为 14.04 m³/h，扬程为 24.5m，效率为 53.5%，轴功率为 1.8kW。因性能表中所列轴功率是按水测出的，今输送密度为 1800kg/m³ 的酸，则轴功率为：

$$1.8 \times \frac{1800}{1000} = 3.24 \text{kW}$$

（6）离心泵的汽蚀现象与安装高度的确定

案例 3：用离心泵将 60℃ 的水从低位贮槽送到高位贮槽，现有如下三种安装方式，这三种安装方式的管路总长（包括管径的当量长度）可视为相同。试问：

这三种安装方式，泵所需的功率是否相等？

这三种方式是否都能将水送到高位贮槽？

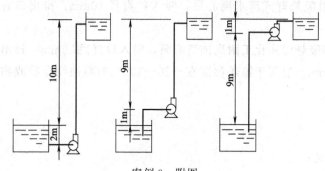

案例3 附图

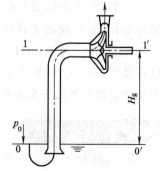

图 1-73 离心泵入口处压力分析

分析 ① 根据：$N = \dfrac{N_e}{\eta} = \dfrac{QH\rho g}{\eta}$

由柏努利方程得：$H_e = (Z_2 - Z_1) + \dfrac{u_2^2 - u_1^2}{2} + \dfrac{p_2 - p_1}{\rho} = Z_2 - Z_1$

其中：$u_2 = u_1 \approx 0$，$p_2 = p_1 = $ 大气压

这三种安装方式的：$H = H_e = Z_2 - Z_1 = 10(\text{m})$，又因 Q、ρg 相等，

所以，这三种方式的泵所需的功率是相等的。

② 这三种方式能否将水送到高位槽，这需要进行有关汽蚀现象的分析后才能确定。

① **汽蚀现象及危害** 离心泵是靠贮液池液面与泵入口处之间的压力差（$p_0 - p_1$）将液体吸入泵内，如图 1-73 所示。在贮液池面上的压力 p_0 一定时，泵入口处的压力 p_1 越低，吸入压差就越大，液体就吸得越高。这样看来，似乎 p_1 越低越好。但实际上 p_1 值的降低是有限的，当泵入口处的压力 p_1 降低到与操作温度下液体的饱和蒸气压相等甚至更小时，叶轮进口处的液体中就会汽化出现气泡，这样，由于它的体积突然膨胀，必然扰乱泵入口处流体的流动，同时汽化所产生的大量蒸气泡随即被液流带入叶轮内压力较高处而被压缩，于是气泡突然凝结消失，出现局部真空空间，这时周围压力较高的液体以极大速度冲向真空空间。由于这种冲击位置是不确定的，也是不均匀的，会造成泵的剧烈振动。此外，在这些局部地方的冲击点上产生很高的局部压力，不断打击着叶轮的表面，同时冲击频率也很高，致

使叶轮表面逐渐疲劳而被破坏,这种破坏称为机械剥蚀。同时,溶于液体中的一些活泼气体(如氧气)也使金属产生腐蚀。由于化学腐蚀与机械剥蚀的共同作用,加快了金属的损坏速度,从而使叶轮受到破坏,这就是汽蚀破坏。这种由于液体的汽化和凝结而产生的冲击现象称为汽蚀现象。

汽蚀发生时,除因冲击而使泵体振动并发出噪声外,同时还会使泵的流量、扬程和效率都明显下降,泵的使用寿命缩短,严重时使泵不能正常工作。因此,应尽量避免泵在汽蚀工况下工作,并采取一些有效的抗汽蚀措施。

② 离心泵产生汽蚀的原因 由前面的分析可知,汽蚀现象发生的条件是:泵入口处的压力 p_1 小于操作温度下液体的饱和蒸汽压 p_v。

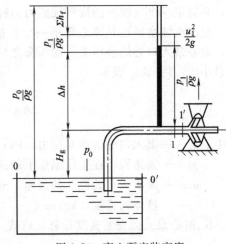

图 1-74 离心泵安装高度

设泵的几何安装高度为 H_g,即泵吸入口处中心线距贮槽液面的垂直距离为 H_g,如图 1-74 所示。

在图 1-74 中贮槽液面 0—0′ 与泵入口处截面 1—1′ 两截面之间列柏努利方程,以贮槽液面 0—0′ 为基准面,则有

$$\frac{p_0}{\rho g}=\frac{p_1}{\rho g}+\frac{u_1^2}{2g}+H_g+\sum h_{f0-1} \tag{1-44}$$

式中 H_g——几何安装高度,m;
  p_0,p_1——液面和泵入口的绝对压力,N/m²;
  $\sum h_{f0-1}$——吸入管路的压力损失,m;
  u——泵入口处液体流速,m/s;
  ρ——液体密度,kg/m³。

将式(1-44)变形得

$$\frac{p_1}{\rho g}=\frac{p_0}{\rho g}-\frac{u_1^2}{2g}-H_g-\sum h_{f0-1} \tag{1-45}$$

讨论 由式(1-45)可见:几何安装高度 H_g 越高,泵入口处压力 p_1 越低,若 $p_1<p_v$,则肯定要发生汽蚀现象,因此,H_g 有一个最大值;$\sum h_{f0-1}$ 越大,泵入口处压力 p_1 越低,汽蚀的可能性越大;吸入管内的流速 u_1 越大,泵入口处压力 p_1 也越低,汽蚀的可能性也越大。

可见泵的几何安装高度、吸入管内的流体流速和流体流动阻力太大都可能导致汽蚀现象的发生。此外叶轮本身的结构对汽蚀的影响也很大。

③ 离心泵几何安装高度的确定 为了防止汽蚀现象的发生,对离心泵的几何安装高度必须进行限制。正确计算离心泵的几何安装高度是我们必须要掌握的知识。

离心泵的几何安装高度与泵本身的结构和性能有关,与贮槽液面上方的压力、吸入管路的流体流速、流体流动阻力及被抽吸液体的密度等因素有关。

a. 离心泵的允许汽蚀余量。为避免汽蚀现象的发生,叶轮入口处的绝压 $p_入$ 必须高于工作温度下液体的饱和蒸汽压 p_v,泵入口处的绝压应更高一些,即 $p_入>p_v$。

一般离心泵在出厂前都需通过实验,确定泵在一定流量与一定大气压力下汽蚀发生的条

件，并规定一个反映泵的抗汽蚀能力的特性参数——允许汽蚀余量。

允许汽蚀余量也是离心泵的一个性能参数，是离心泵生产厂家规定的：为防止汽蚀现象，离心泵入口处的静压头与动压头之和必须超过被输送液体在操作温度下的饱和蒸气压头的最小值，用 $\Delta h_允$ 表示。

$$\Delta h_允 = \left(\frac{p_1}{\rho g} + \frac{u_1^2}{2g}\right)_允 - \frac{p_v}{\rho g} \tag{1-46}$$

式中　p_1——泵入口处的绝对压力，Pa；

　　　p_v——输送液体在工作温度下的饱和蒸气压，Pa；

　　　u_1——泵吸入口处液体的流速，m/s；

　　　ρ——液体的密度，kg/m³。

b. 离心泵几何安装高度计算。将式（1-45）变形得：

$$H_g = \frac{p_0}{\rho g} - \frac{p_1}{\rho g} - \frac{u_1^2}{2g} - \sum h_{f0-1} = \frac{p_0}{\rho g} - \left(\frac{p_1}{\rho g} + \frac{u_1^2}{2g}\right) - \sum h_{f0-1}$$

若用泵样本中推荐的允许汽蚀余量［Δh］的校正值 $\Delta h_允$ 代入上式，则可得离心泵的允许几何安装高度，计算式为：

$$H_g = \frac{p_0}{\rho g} - \frac{p_v}{\rho g} - \Delta h_允 - \sum h_{f0-1} \tag{1-47}$$

讨论　由式（1-47）可知

ⅰ．贮槽液面压力 p_0 越大，输送液体的温度越低，即输送液体的饱和蒸气压 p_v 越小，泵的几何安装高度越高；吸入管路的阻力 $\sum h_{f0-1}$ 越小，泵的几何安装高度越高；泵允许汽蚀余量 $\Delta h_允$ 越小，泵的几何安装高度越高。

ⅱ．从上式中可以看出，若 p_0 与 p_v 比较接近或相等时，则 H_g 就是负值，这表明离心泵的吸入口必须在液面以下，即在灌注压头下工作。这种情况在化工厂、石油化工厂及炼油厂中最为常见，如在输送高温液体、沸腾液体及沸点较低液体时。

ⅲ．泵样本中的允许汽蚀余量 Δh 值，是以 293K 的清水为介质测定的最小汽蚀余量 Δh_{min} 并取 $0.3mH_2O$ 安全量得到的，即 $\Delta h = \Delta h_{min} + 0.3$。

如果输送的液体是石油或类似石油的产品，操作温度又较高，则 Δh 应按被输送液体的密度及蒸气压来进行校正，即 $\Delta h = \varphi \Delta h$。

式中，校正系数 φ 可根据被输送液体的相对密度 d（$d = \rho/\rho_水$）及输送温度下该液体的蒸气压，由图 1-75 查得。该图适用于碳氢化合物。

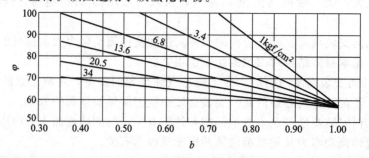

图 1-75　允许汽蚀余量校正系数

【例 1-16】　用离心泵输送一种石油产品，该石油产品在输送温度下的饱和蒸气压为

0.267bar（200mmHg），密度为900kg/m³，泵吸入管路的全部阻力损失为1m，泵的允许汽蚀余量为2.6m。试决定泵的几何安装高度。

解 根据

$$H_g = \frac{p_a}{\rho g} - \frac{p_v}{\rho g} - \Delta h - \sum h_{f0-1}$$

$$= \frac{9.81 \times 10^4}{900 \times 9.81} - \frac{0.267 \times 10^5}{900 \times 9.81} - 2.6 - 1$$

$$= 4.5 \text{ (m)}$$

为安全起见，泵的实际安装高度还应比计算值再低一些，可以取3.5～4m。

总之，Δh 说明泵的吸入性能好坏，Δh 低的泵吸入性能好，不容易发生汽蚀。反之，Δh 高的泵吸入性能就差，容易发生汽蚀。吸入性能差的泵其几何安装高度就要低，但几何安装高度低的泵不一定都是吸入性能差的泵，有的是输送的液体的性质不同以及根据工艺要求决定的。

思考题7

一台离心泵，原来输送20℃水。其安装高度在水面以上4m，若水温升高到60℃，安装高度如何调整才不至于发生汽蚀现象？

④ 提高离心泵抗汽蚀性能的措施。提高离心泵的抗汽蚀性能，可提高离心泵的转速，增加离心泵的扬程，缩小体积，减小质量，从而提高离心泵的技术经济指标，有利于稳定离心泵的性能，减小离心泵在工作时的振动和噪声，增加离心泵的寿命。因此，改善离心泵的抗汽蚀性能有着极为重要的意义。下面介绍几种常用途径及措施。

a. 从管路系统着手。由 $\frac{p_1}{\rho g} = \frac{p_0}{\rho g} - \frac{u_1^2}{2g} - H_g - \sum h_{f0-1}$ 可见，减小吸入管路的阻力损失 $\sum h_{f0-1}$，减小吸入管路内液体的流速 u_1，都可以增加 p_1，提高抗汽蚀性能。

所以从管路系统而言，可采取的措施有减少不必要的弯头、阀门等，增大吸入管直径等，即泵的吸入管尽可能地短而粗。

b. 降低离心泵的汽蚀余量，提高离心泵的抗汽蚀性能，如采用双吸叶轮，增大叶轮入口直径，增加叶片入口处宽度等，均可以降低叶轮入口处的液体流速，而减小 Δh。缺点是会增加泄漏量，降低容积效率。

c. 采用螺旋诱导轮。试验证明，在离心泵叶轮前装螺旋诱导轮可以改善泵的抗汽蚀性能，而且效果显著。诱导轮可能作为提高离心泵抗汽蚀能力的有力措施而被广泛应用。

d. 采用抗汽蚀材料。当由于使用条件的限制，不可能完全避免发生汽蚀时，应采用抗汽蚀材料制造叶轮，以延长叶轮的使用寿命。一般来说，零件表面越光，材料强度和韧性越高，硬度和化学稳定性越高，则材料的抗汽蚀性能也越好。实践证明2Cr13、稀土合金铸铁和高镍铬合金等材料比普通铸铁和碳钢的抗汽蚀性能要好得多。

(7) 离心泵的工作点与流量调节 当一个泵安装在一定的管路系统中工作时，实际工作扬程和流量不仅与离心泵本身的特性有关，而且还取决于管路的工作特性，也即是在输送液体过程中，泵和管路必须是互相配合的。因此，讨论泵的实际工作情况，就不能脱离所在管路系统。

① 管路特性曲线。管路特性曲线是表示一定管路系统所必需的扬程 H_e 与流量 Q_e 之间的关系曲线。由装有离心泵管路系统输送液体时，要求泵供给的扬程可由柏努利方程求得：

$$H_e = \Delta Z + \frac{\Delta p}{\rho g} + \frac{\Delta u^2}{2g} + \left(\lambda \frac{l}{d} + \sum \xi\right) \frac{u^2}{2g} \tag{1-48}$$

式中，$\Delta Z + \dfrac{\Delta p}{\rho g}$ 与管路流量无关，在输液高度和压力不变的情况下为一常数，现以 K 表示。由于 u 正比于流量，则 $\dfrac{\Delta u^2}{2g} + \left(\lambda \dfrac{l}{d} + \Sigma \xi\right)\dfrac{u^2}{2g}$ 与管路的流量有关。对于一定的管路系统，l、d、$\Sigma \xi$ 均为定值，湍流时阻力系数的变化也甚小，于是可将 $\dfrac{\Delta u^2}{2g} + \left(\lambda \dfrac{l}{d} + \Sigma \xi\right)\dfrac{u^2}{2g}$ 写成 BQ_e^2，B 是与管路情况有关的常数。这样上式便简化为：

$$H_e = K + BQ_e^2 \tag{1-49}$$

由式（1-49）可知，输送液体时，管路要求泵提供的扬程随流量的平方而变化。将此关系描绘在相应的坐标上，即得到 H_e-Q_e 曲线（图1-76）。它表明了管路要求泵供给的扬程也随流量而变化关系。管路情况不同，这种曲线的形状也不同，故称为管路特性曲线。

② 离心泵的工作点。输送液体是靠泵和管路的相互配合来完成的，故当安装在管路中的离心泵运转时，管路的流量必然与泵的流量相等。此时泵所能提供的扬程也必然与管路要求供给的扬程相一致，即 $H = H_e$。因此将管路特性曲线与泵的性能曲线绘在同一坐标上，两线必有一个交点，如图1-77中的 M 点，该点我们称之为泵的工作点。即离心泵的工作点就是管路特性曲线和泵的性能曲线的交点。

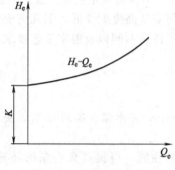

图1-76 管路特性曲线

离心泵的稳定工作点具有唯一性。如果泵不在 M 点工作，而在 A 点或 B 点工作，系统会使得流量增大或减小，并在 M 点重新达到平衡。

③ 离心泵的流量调节。离心泵在指定的管路系统中工作时，由于生产波动，出现泵的工作流量与生产要求不相适应的情况，则需及时对泵的工作点进行调节，既然泵的工作点是由管路特性曲线与性能曲线所决定，因此，改变管路特性曲线与泵的性能曲线均能达到调节泵的工作点的目的。

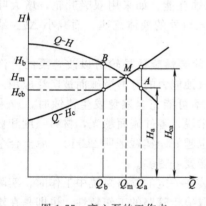

图1-77 离心泵的工作点

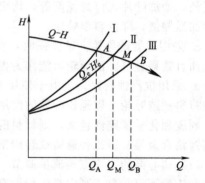

图1-78 调节阀门时的流量变化示意图

改变管路特性曲线最方便的办法，是调节离心泵出口管路上阀门的开度以改变管路阻力，从而达到调节流量的目的，如图1-78所示。当阀门关小时，管路的局部阻力损失增大，管路特性曲线变陡，工作点由 M 移至 A 点，流量由 Q_M 减小至 Q_A。反之开大阀门，工作点由 M 点移至 B 点，流量由 Q_M 增大至 Q_B。用阀门调节流量迅速方便，且流量可以连续调节，适合化工连续生产的特点，所以应用十分广泛；但其缺点是在阀门关小时，流体阻力加大，不很经济。

从理论上看，比较经济的办法是改变泵的转速 n 或 D。前面曾讨论过改变转速和叶轮的外径，均能使泵流量发生变化以适应新的情况。改变转速的关系如图 1-79，通过改变转速，从而改变泵的性能曲线，也可以实现流量由 Q_M 减小至 Q_A 或增大至 Q_B。从动力消耗看此种方法比较合理，但改变转速需要变速装置，故很少采用。改变叶轮外径的关系如图 1-80，减小叶轮外径，也能改变泵的性能曲线，从而使流量由 Q_M 减小至 Q_A；但此种方法调节不够灵活，调节范围不大，故采用也较少。

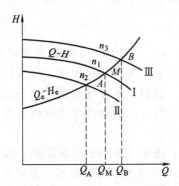

图 1-79 改变转速时的流量变化

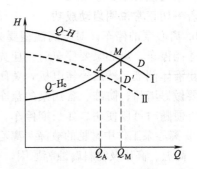

图 1-80 改变叶轮外径时的流量变化

(8) 离心泵的安装与运转　离心泵必须根据输送流程图中规定的位置进行安装。对于卧式离心泵必须事先浇铸好相应的基础。

① 安装注意事项。对于 7.5kW 以下卧式水泵可配隔振垫直接安装在基础上。7.5kW 以上时，可与浇铸基础直接安装，亦可采用厂家提供的联接板配合隔振器安装。

具体安装要求如下。

a. 安装前应检查机组紧固件有无松动现象，泵体流道有无异物堵塞，以免水泵运行时损坏叶轮和泵体。

b. 安装时管道重量不应加在水泵上，以免使泵变形。

c. 安装时必须拧紧地脚螺栓，以免启动时振动对泵性能产生影响。

d. 为了维修方便和使用安全，在泵的进出口管路上各安装一只调节阀及在泵出口附近安装一只压力表，以保证在额定扬程和流量范围内运行，延长泵的使用寿命。

e. 装后拨动泵轴，叶轮应无摩擦声或卡死现象，否则应将泵拆开检查原因。

② 离心泵的操作。为了保证离心泵在生产过程中正常连续运转，必须保持泵的正确操作，安全运行，加强对机组的监视、维护、保养和检修。要确保做好这些工作，必须认真负责，严格按照操作规程办事。现将常规（以水泵为主）的操作规程和维护知识分述如下。

a. 离心泵的启动。

ⅰ. 启动前的检查。为了保证泵的安全运行，在泵启动前，应对整个机组作全面仔细的检查，以便发现问题及时处理。检查内容有：检查泵的各处螺丝是否松动；检查泵轴承中的润滑油是否充足、干净或变质等，用手盘动泵以使润滑液进入机械密封端面；检查泵的填料松紧是否适宜；检查排液管上的阀门开启是否灵活；检查电机转向是否正确，从电机顶部往泵看为顺时针旋转，试验时间要短，以免使机械密封干磨损；清除妨碍工作的现场杂物等。

ⅱ. 预灌。离心泵无自吸能力。因此，在离心泵启动之前一定要进行预灌，使泵内充满液体后再行启动。对于小型泵多采用人工灌水法，从泵的专用灌水孔或从出水管向泵内灌水。对于大、中型泵常用由泵排水管处蓄水池向泵内灌水。有时亦采用真空泵抽气充水的方法进行预灌。高温型应先进行预热，升温速度为50℃/h，以保证各部分受热均匀。

ⅲ．启动。离心泵在启动前应将排液管路上的阀门关闭。因为流量为零时，功率最小，这样可减小启动功率。同时把放气孔或灌泵装置的阀门关闭。然后接通电源，启动电机，观察泵运行是否正确。若运行正常并逐渐加速，调节出口阀门开度至所需工况，待达到额定转速后，打开真空表和压力表的阀门，观察它的读数是否正常。如无异常现象，可以慢慢地将排液管路上的阀门开到最大位置，完成整个启动任务。

启动后，还要注意检查轴封泄漏情况，正常时机械密封泄漏应小于3滴/min；检查电机、轴承处温升不大于70℃。

若一切正常说明启动成功。

b. 离心泵的停车。对于高温型要先降温，降温速度小于10℃/min，把温度降低到80℃以下才能停车。离心泵要停车时，应先关闭压力表、真空表，再关闭排出阀，使泵轻载，同时防止液体倒灌。然后停转电机，关闭吸入阀、冷却水、机械密封冲洗水等。离心泵在停车后仍要做好清洁、防冻、备用泵的盘车、检修和保养等工作，从而保证泵始终处于良好的状态，以便随时可以使用。如长期停车，应将泵内液体放尽。

③ 离心泵工作中常见的故障。离心泵在运转过程中，由于它本身的机械原因，或因工艺操作、高温、高压及物料腐蚀等原因，会造成故障。离心泵常见的故障现象有：泵灌不满；泵不能吸液，真空表指示高度真空；泵不吸液和压力表的指针剧烈跳动；压力表虽有压力，但排液管不出液；流量不足；填料函漏液过多；填料过热；轴承过热；泵振动等异常现象。因此，在泵的运转过程中，要注意泵的工作是否正常，对故障情况作具体分析，找出原因，采取措施，及时排除，从而保证生产的正常进行。表1-6为IS型卧式离心泵故障原因及解决方案。

表1-6　IS型卧式离心泵故障原因及解决方案

故障形式	产生原因	排除方法
1. 泵不出水	a. 进出口阀门未打开，进出管路阻塞，流道叶轮阻塞	检查，去除阻塞物
	b. 电机运行方向不对，电机缺相，转速很慢	调整电机方向，紧固电机接线
	c. 吸入管漏气	拧紧各密封面，排除空气
	d. 泵没灌满液体，泵腔内有空气	打开泵上盖或打开排气阀，排尽空气，灌满液体
	e. 进口供水不足，吸程过高，底阀漏水	停机检查、调整（并网自来水管和带吸程使用易出现此现象）
	f. 管路阻力过大，泵选型不当	减少管路弯道，重新选泵
2. 水泵流量不足	a. 先按1. 原因检查	先按1. 排除
	b. 管道、泵流道叶轮部分阻塞，水垢沉积，阀门开度不足	去除阻塞物，重新调整阀门开度
	c. 电压偏低	稳压
	d. 叶轮磨损	更换叶轮
3. 功率过大	a. 超过额定流量使用	调节流量，关小出口阀门
	b. 吸程过高	降低
	c. 泵轴承磨损	更换轴承
4. 杂音振动	a. 管路支撑不稳	稳固管路
	b. 液体混有气体	提高吸入压力排气
	c. 产生汽蚀	降低真空度

续表

故障形式	产生原因	排除方法
4. 杂音振动	d. 轴承损坏	更换轴承
	e. 电机超载发热运行	调整,按5.排除
5. 电机发热	a. 流量过大,超载运行	关小出口阀
	b. 碰擦	检查排除
	c. 电机轴承损坏	更换轴承
	d. 电压不足	稳压
6. 水泵漏水	a. 机械密封磨损	更换
	b. 泵体有砂孔或破裂	焊补或更换
	c. 密封面不平整	修整
	d. 安装螺栓松懈	紧固

2. 其他类型泵

(1) 往复泵

① 往复泵的结构和工作原理。往复泵（reciprocating pump）主要由泵体、活塞（或柱塞）和单向活门所构成。活塞由曲柄连杆机械所带动而作往复运动。图1-81所示单动往复泵的工作原理，当活塞在外力作用下向右移动时，泵体内形成低压，上端的活门（排出活门）受压关闭，下端的活门（吸入活门）则被泵外液体的压力推开，将液体吸入泵内［见图1-81（a）］。当活塞向左移动时，由于活塞的挤压使泵内液体的压力增大，吸入活门就关闭，而排出活门受压则开启，由此液体排出泵外［见图1-81（b）］。如此活塞不断地作往复运动，液体就间歇地被吸入和排出。可见往复泵是一种容积式泵。

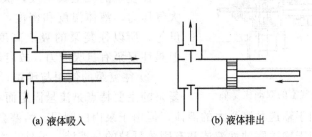

(a) 液体吸入　　　　　　　　(b) 液体排出

图1-81　单动往复泵的工作原理

活塞在泵体内左右移动的顶点称为止点，两止点之间的活塞行程即为活塞运动的距离，称为冲程。当活塞往复一次（即活塞移动双冲程）时，只吸入和排出一次，故称为单作用泵（或单动泵）。单作用泵的排液量是不均匀的，即仅在活塞压出行程时，排出液体；而在吸入行程时无液体排出。加之由曲柄连杆机械所形成的活塞往复运动是变速运动，排液量也就随着活塞的移动有相应的起伏，其流量曲线，如图1-82（a）所示。

由于单动泵的流量不均匀，引起惯性阻力损失，增加动力消耗，为了改善单动泵流量不均匀性，便有了双动泵（double acting pump）或三联泵（three-through pump）的出现。双动泵，如图1-83所示，该泵当活塞往复一次，有两次吸液和排液，故流量较均匀，如图1-82（b）所示，但流量曲线仍有起伏。三联泵实质上就是三台单动泵并联构成，且在曲柄旋转一周中各泵相差120°吸入和排出液体，从而做到连续排出液体，流量相对均匀，如图1-82（c）所示，但还不能达到稳定。

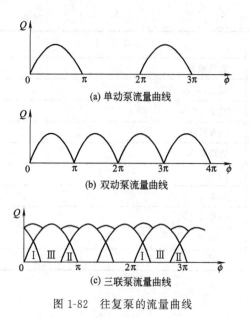

图1-82 往复泵的流量曲线

图1-83 双动泵的工作原理

图1-84是具有空气室的双动往复泵。此泵左右两端排出阀的上方有两个空室,称为空气室。在一往一复的一个循环中,当一侧的排液量大时,有部分液体被压入该侧的空气室,当该侧的排液量小时,空气室内的部分液体可压到泵的排出口。这样,依靠空气室中空气的压缩和膨胀作用进行缓冲调节,使泵的操作平衡和流量均匀。

往复泵的吸上真空度,决定于贮液池液面的大气压力、液体温度和密度,以及活塞运动的速度等,所以往复泵的吸上高度也有一定的限制。但是往复泵有自吸能力,故启动前无需灌泵。

② 往复泵的使用与维护。由上分析可知,往复泵的主要特点是流量固定而不均匀,但扬程高,

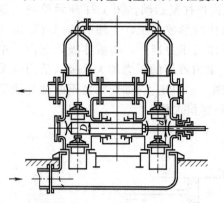

图1-84 具有空气室的双动往复泵

效率高。往复泵可用于输送黏度稍大的液体,但由于泵内的阀门、活塞会受腐蚀或被固体颗粒磨损,因而不能用于输送腐蚀性液体和有固体颗粒的悬浮液;另外,由于可用蒸汽直接驱动,因此,往复泵特别适宜于输送易燃、易爆的液体。

往复泵有自吸作用,因此启动前不需灌泵;与离心泵类似,往复泵也是靠压差来吸入液体的,因此安装调试也受到限制;往复泵的流量调节,理论上可通过改变活塞的截面积、冲程和转速来实现。但由于其流量是固定的,绝不允许像离心泵那样直接用出口阀门调节流量,否则会造成泵结构的损坏。生产中一般采用安装回流支路的调节法(旁路调节)来调节流量,如图1-85所示。旁路调节法虽然简单,但会造成一定的能量损失。

③ 特殊类型的往复泵——隔膜泵和计量泵。

a. 隔膜泵(diaphragm pump)。系用一弹性薄膜将柱塞与被输送液体隔开。主要用于输送腐蚀性强的液体,其结构如图1-86所示。隔膜泵的弹性薄膜用耐腐蚀耐磨的橡皮或特制的金属制成。隔膜左边所有部件均为耐腐蚀材料制成或涂有耐腐蚀物质。隔膜右边则盛有水或油。当泵和柱塞往复运动时,迫使隔膜交替地向两边弯曲。使腐蚀性液体在隔膜左边轮流地被吸入和压出而不与柱塞接触。

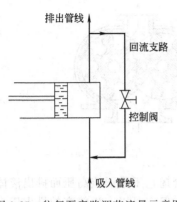
图 1-85　往复泵旁路调节流量示意图

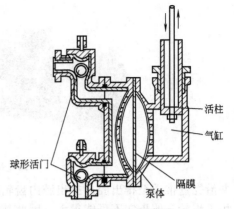
图 1-86　隔膜泵

b. 计量泵（metering pump, dosing pump）。在连续和半连续的化工过程中，有时需要按照工艺流程精确地输送定量的液体，有时还需要将两种或两种以上的液体按比例进行输送。计量泵就是为了满足这些要求而发展起来的。计量泵亦称为比例泵，是往复泵的一种，除装有一套可以精确地调节流量的调节机构外，其基本构造与往复泵相同。

计量泵的流量调节机构系利用往复泵的流量固定的特点而设计的。计量泵有柱塞式计量泵（piston type dosing pump）和隔膜式计量泵（diaphragm type metering pump）两种基本形式，如图 1-87 所示。它们都由转速稳定的电机通过可变偏心轮带动柱塞运行的。改变此轮的偏心程度，就可以改变柱塞冲程或隔膜运动的次数。

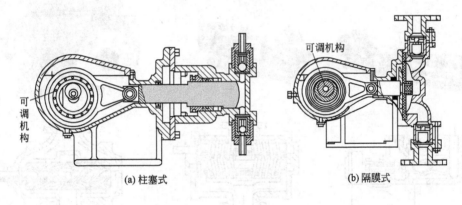
图 1-87　计量泵

可实现流量调节和进行精确计量的计量泵，现已广泛用于化工和其他工业部门，产品的规格比较齐全，系列化和通用化的程度高，并且能使流量调节自动化。计量泵的送液量精确度一般在±1%以内，有时甚至可达±0.5%。

用一个电机驱动两个、三个或三个以上泵头的多缸计量泵，不仅能使每个泵头的流量固定，还可实现多种液体按比例输送或混合。

(2) 旋转泵（rotary pump）　旋转泵和往复泵一样，是属于容积式。它的工作原理是因为泵中转子的旋转作用，排出和吸入被输送液体，故旋转泵亦称为转子泵。

① 齿轮泵（gear pump）。齿轮泵的工作原理与往复泵类似，其主要构件为泵壳和一对相互啮合的齿轮构成，如图 1-88 所示。其中一个齿轮为主动轮，另一个为从动轮。当齿轮转动时，吸入腔内因两轮的齿互相分开，于是形成低压而将液体从吸入腔吸入低压的齿穴

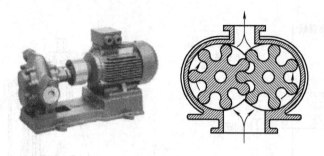

图 1-88 齿轮泵

中,并沿壳壁推送至排出腔。排出腔内齿轮的齿互相合拢,于是形成高压而排出液体。

由于齿轮泵的齿穴不可能很大,因此其流量较小,但它可以产生较高的排出压力。在化工厂中常用于输送黏稠液体,甚至膏状物料,但不宜用来输送含有固体颗粒的悬浮液。

② 螺杆泵(screw pump)。螺杆泵主要由泵壳与一个或一个以上的螺杆所构成。图 1-89 (a) 所示为一单螺杆泵(single screw pump)。此泵的工作原理是靠螺杆在具有内螺杆的泵壳中偏心转动,将液体沿轴向推进,最后挤压至排出口。图 1-89 (b) 为一双螺杆泵(double screw pump),它与齿轮泵十分相像,它利用两根相互啮合的螺杆来排送液体。当所需的压力很高时,可采用较长的螺杆。图 1-89 (c) 所示,为输送高黏度液的三螺杆泵(high viscosity triple screw pump)。

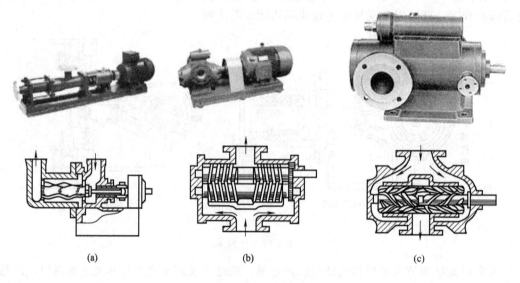

图 1-89 螺杆泵

螺杆泵的转速在 3000r/min 以下。螺杆长时,最大出口压力可达 175at(表压),流量范围为 $1.5\sim500m^3/h$。若在单螺杆泵的壳内衬上硬橡胶,还可用于输送带颗粒的悬浮液。螺杆泵的效率较齿轮泵高,运转时无噪声、无振动、流量均匀,在高压下输送黏稠液体除单螺杆泵和双螺杆泵外,还有三螺杆泵和五螺杆泵等。

上述两种类型的旋转泵,特别适用于高黏度的液体,故从使用的角度分类,这些泵属于高黏度泵。旋转泵在任何给定的转速下,泵的理论流量与扬程无关,对于输送高黏度液体,由于受泵的结构和所输送液体性质的限制,泵是在低转速下工作的。

(3) 旋涡泵(vortex pump) 旋涡泵是一种特殊类型的离心泵,亦为化工生产中经常用的类型之一，如向精馏塔输送回流液体等。

旋涡泵的主要构件（如图1-90所示）为泵壳3和叶轮1，泵壳呈圆形，叶轮为一圆盘，其上有许多径向叶片2，叶片与叶片间形成凹槽。在泵壳与叶轮间有一同心的流道4，吸入口6不在泵盖的正中而是在泵壳顶部与压出口相对，并由隔板5隔开。隔板与叶轮之间的间隙极小，因此吸入腔与排出腔得以分隔开来。

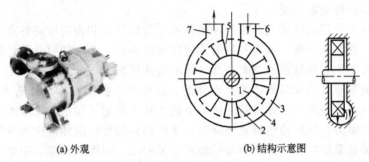

图1-90 旋涡泵
1—叶轮；2—径向叶片；3—泵壳；4—流道；5—隔板；6—吸入口；7—压出口

在充满液体的旋涡泵内，当叶轮高速旋转时，由于离心力的作用，将叶片凹槽中的液体以一定的速度抛向流道，在截面较宽的流道内，液体流速减慢，一部分动能转变为静压能。与此同时，叶片凹槽内侧因液体被抛出而形成低压，因而流道内压力较高的液体又重新进入叶片凹槽，再度受离心力的作用继续增大压力。这样，液体由吸入口吸入，多次通过叶片凹槽和在流道间的反复旋涡形运动，而达到出口时，就获得了较高的压力。

液体在流道内的反复迂回运动是靠离心力的作用，故旋涡泵在开动前也要灌水。它的流量与扬程之间的关系也与离心泵相仿。但流量减小时扬程增加很快，功率也增大，这是与一般离心泵不同的地方。因此，旋涡泵的调节，应采用同往复泵一样的办法，借助于回流支路来调节，同时，泵开动前不能将出口阀关闭。

旋涡泵的流量小，扬程高，体积小，结构简单，但它的效率一般很低（不超过40%），通常在35%~38%。与离心泵相比，在同样大小的叶轮和转速下所产生的扬程，旋涡泵比离心泵高2~4倍。与转子泵相比，在同样的扬程情况下，它的尺寸小得多，结构也简单得多，所以旋涡泵在化工生产中广为应用，适宜于流量小、扬程高的情况。旋涡泵适用于输送无悬浮颗粒及黏度不高的液体。

(4) 屏蔽泵（canned-motor pump）

屏蔽泵是一种无泄漏泵，它的叶轮和电机联为一个整体，并密封在同壳体内，不需要填料或机械密封，故屏蔽泵亦称为无密封泵。常用于输送腐蚀性强、易燃、易爆、有毒及具有放射性或贵重的液体。屏蔽泵的主要结构特点是没有轴封结构，泵的密封是采用泵和电机整体结构来实现的，按照泵与电机的布置方式，屏蔽泵有立式和卧式两种。图1-91所示为用于化工厂的管道式屏蔽泵，此为立式屏蔽泵。泵的叶轮和电机的转子装在同一根轴上，

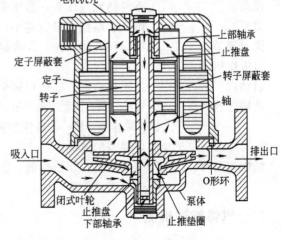

图1-91 屏蔽泵

在被输送的液体中转动，转子没有轴封，且整套机件和液体密闭在同壳体内。电机的转子和定子是分别屏蔽隔开的，如图中所示的转子屏蔽套和定子屏蔽套，后者是全焊式的，故液体不可能泄漏到电机的定子或外面去。为了轴承的冷却与润滑以及电机的冷却，可使一部分的排出液体循环。此外，为了解决立式屏蔽泵中的轴向力问题，一部分的排出液在空心轴中循环，对作用于叶轮的向下的轴向力和作用于转子的向上的轴向力进行平衡。残余轴向力则由止推盘和上下轴承滑动面承受。

屏蔽泵具有所处理的液体完全没有泄漏及不需要润滑油和密封液等特点，因而适用于处理除腐蚀性强、易燃、易爆、有毒和具有放射性等液体外，还比较容易设计制造，适用于超高压、高温、极低压、高熔点或含有杂质液体的特殊用泵。

此外，屏蔽泵还有结构简单紧凑、零件少、占地小、操作可靠、长期不需检修等优点。但是屏蔽泵也存在一些问题，如屏蔽泵中，电机和转子与定子间的间隙增大，转子在液体中转动，增大摩擦阻力，从而使电机效率降低。又如部分的排出液体需作为电机和轴承的循环冷却液，加之屏蔽泵的叶轮口的间隙较一般离心泵的大，因而泵容积效率低。总之屏蔽泵的效率比一般离心泵的低，为 26%～50%。

3. 各类泵的性能特点比较

各类泵的性能特点比较见表 1-7。

表 1-7　各类泵的性能特点比较

项目	离心式		正位移式				
			往复式			旋转式	
	离心泵	旋涡泵	往复泵	计量泵	隔膜泵	齿轮泵	螺杆泵
流量	①④⑥	①④⑦	②⑤⑧	②⑤⑦	②⑤⑧	③⑤⑦	③⑤⑦
压头	①	②	③	③	③	②	②
效率	①	②	③	③	③	④	④
流量调节	①②	③	②③④	④	②③	③	③
自吸作用	②	②	①	①	①	①	①
启动	①	①	②	②	②	②	②
被输送流体	①	①	⑦	③	④⑥	⑤	④⑤
结构与造价	①②	①③	⑤⑥⑦	⑤⑥	⑤⑥	③④	③④

表 1-7 中，流量：①均匀；②不均匀；③尚可；④随管路特性而变；⑤恒定；⑥范围广、易达大流量；⑦小流量；⑧较小流量。

压头：①不易达到高压头；②压头较高；③压头高。

效率：①稍低、越偏离额定越小；②低；③高；④较高。

流量调节：①出口阀；②转速；③旁路；④冲程。

自吸作用：①有；②没有。

启动：①关闭出口阀；②出口阀全开。

被输送流体：①各种物料（高黏度除外）；②不含固体颗粒，腐蚀性也可；③精确计量；④可输送悬浮液；⑤高黏度液体；⑥腐蚀性液体；⑦不能输送腐蚀性或含固体颗粒的液体。

结构与造价：①结构简单；②造价低；③结构紧凑；④加工要求高；⑤结构复杂；⑥造价高；⑦体积大。

二、气体输送机械

气体输送设备按其结构和工作原理可分为离心式、往复式、旋转式和流体作用式等四类。因气体具有可压缩性，故在输送过程中，当气体压力发生变化时，其体积和温度也将随之发生变化。这些变化对气体输送机械的结构、形状有很大的影响。因而气体输送除按上述进行分类外，还可根据所能产生的终压（出口压力）或压缩比（即气体出口压力与进口压力之比）进行分类。

① 通风机：终压不大于 15kPa（表压），压缩比为 1～1.5。
② 鼓风机：终压为 15～300kPa（表压），压缩比小于 4。
③ 压缩机：终压在 300kPa（表压）以上，压缩比大于 4。
④ 真空泵：终压小于当时当地大气压力形成真空的气体输送设备，压缩比较大。

1. 通风机

(1) 通风机（fanner）的工作原理与结构　工业上常用的通风机主要有离心式通风机（centrifugal fan）和轴流式通风机（axial fan）两种型式，图 1-92（a）和（b）分别为其结构简图。轴流式通风机所产生的风压很小，一般只作通风换气之用。用于输送气体的多为离心式通风机。离心式通风机的工作原理和离心泵一样，在蜗壳中有一高速旋转的叶轮，依靠叶轮旋转时所产生的离心力将气体的压力增大后而排出。

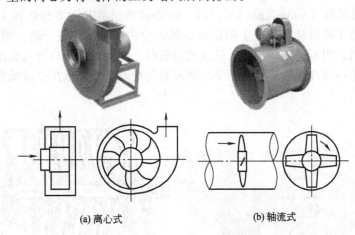

(a) 离心式　　(b) 轴流式

图 1-92　通风机

离心式通风机根据所产生的压力大小又可分为：低压离心通风机，风压≤100mm 水柱；中压离心通风机，风压为 100～300mm 水柱；高压离心通风机，风压为 300～1500mm 水柱。

(2) 离心式通风机的选用　离心式通风机的选用与离心泵的情况相仿，由所需的气体流量和风压，对照离心通风机的特性曲线或性能表选择合适的通风机。需注意的是，由于离心通风机的风压及功率与被输送气体的密度密切相关，而产品样本中列举的风压是在规定情况下，即压力为 1atm，温度为 20℃，进口空气密度为 1.2kg/m³ 时的数值。选用时，必须把管路所需要的风压换算成上述规定状态下的风压 H'，然后按 H' 的数值进行选用。H' 按下式计算：

$$H' = H\left(\frac{1.2}{\rho}\right) \tag{1-50}$$

在选用通风机时，应首先根据所输送气体的性质与风压范围，确定风机的类型。然后根据所要求的风压和换算成规定状态的风压，从产品样本中选择适宜的型号。

输送常温空气或一般气体的离心式通风机，常用 4-72 型、8-18 型和 9-27 型。前一类属于中低压风机，可用于通风和气体输送，后两类属于高压风机，主要用于气体输送。一个型号中有各种不同的尺寸，于是在型号后加一机号作区别，例如 9-27No7，其中 No7 就是机号，

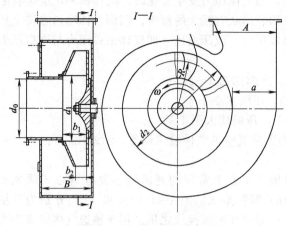

图 1-93 中压通风机的简图

7 代表风机叶轮外径，单位为 dm（分米）。

(3) 离心式通风机的结构　离心式通风机结构简单，制造方便，叶轮与蜗壳一般都用钢板制成，通常采用焊接，有时也用铆接。图 1-93 是常见的中压通风机的简图。

离心式通风机可以做成右旋和左旋两种。从电机一端正视，叶轮旋转为顺时针方向的称为右旋，用"右"表示；叶轮旋转为逆时针方向的称为左旋，用"左"表示。但必须注意叶轮只能顺着蜗壳的螺旋线的展开方向旋转。

2. 离心式鼓风机和压缩机

(1) 离心式鼓风机 (centrifugal blower)　离心式鼓风机其主要构造和工作原理与离心式通风机类似，由于单级叶轮所产生的压头很低，故一般采用多级叶轮。图 1-94 所示，为五级离心式鼓风机。当机壳内的工作叶轮高速旋转时，气体由吸入口进入机体，在第一级叶轮内压缩后，由第一级叶轮出口被吸至第二级叶轮的中心，如此依次经过所有叶轮，最后由排风出口排出。

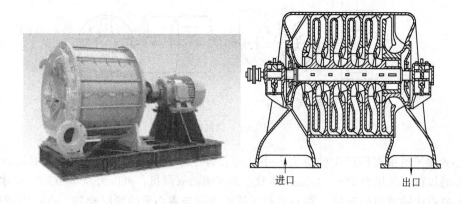

图 1-94　五级离心式鼓风机

离心式鼓风机的送气量大，但所产生的风压仍不高，其出口压力一般不超过 3at（表压）。在离心式鼓风机中，气体的压缩比不高，所以无需冷却装置。各级叶轮的大小大体上相等。

我国目前生产的离心式鼓风机的型号，如 D1200-22，其中 D 表示鼓风机吸风型式为单吸（S 表示双吸，指第一级），1200 表示鼓风机进口流量为 $1200 m^3/min$，最后的两"2"，第一个"2"表示鼓风机的叶轮数，第二个"2"表示第二次设计。

(2) 离心式压缩机 (centrifugal compressor)

① 离心式压缩机的构造及特点。离心式压缩机常称为透平式压缩机，其主要构造（如图 1-95）和工作原理与离心式鼓风机相同，只是离心式压缩机叶轮数更多，可在 10 级以上，故能产生较高的压力。由于气体压力逐级增大，气体体积则相应缩小，因而叶轮也逐级变小。当气体经过多级压缩后，温度显著上升，因而压缩机分为 n 段，每段包括若干级，段与

段间设置中间冷却器，以降低气体的温度。气体的压缩比越大，气体温度的升高就越多，则更需要中间冷却。

我国离心式压缩机的型式代号与离心式鼓风机的相同，仅增加一个"A"字以资区别。例如：DA350-61 型离心式压缩机即表示此机系单侧吸入的离心式压缩机，流量为 350m³/min，六级叶轮，第一次设计。与往复式压缩机相比，离心式压缩机具有排气量大、体积小、结构紧凑、维护方便、运转平衡可靠、机器利用率高、供气均匀、气体洁净、动力利用好、投资小、操作费用低等优点。缺点是不易获得高压缩比同时得到小流量，当要求流量偏

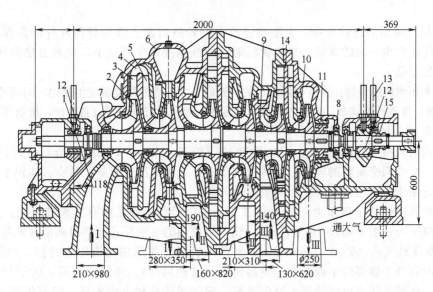

图 1-95 离心式压缩机

1— 吸气室；2—叶轮；3—扩压器；4—弯道；5—回流器；6—蜗壳；7—前轴封；8—后轴封；
9—轴封；10—气封；11—平衡盘；12—径向轴承；13—温度计；14—隔板；15—止推轴承

离设计流量时效率下降较快，稳定工作流量范围比较窄，效率低和加工要求高等。随着离心式压缩机在设计、制造方面不断采用新技术、新结构和新工艺，上述的缺点正在不断得到克服，因此，离心式压缩机在石油化工生产中的应用也越来越广泛。例如，目前已为超高压聚乙烯装置试制成功压力为 2400×10^2 kPa 的超高压离心式压缩机。

② 离心式压缩机的喘振与堵塞。离心式压缩机在工作中，当流量减小到某一较小值时，气流在进入叶轮时将与叶片发生严重的冲击，在叶片间的流道中引起严重的边界层分离，形成旋涡，使得气流的压力突然下降，以至于排气管内较高压力的气体倒流回级里来。瞬间，倒流回级中的气体补充了级的流量不足，叶轮又恢复正常工作，重新将倒流回的气体压出去。这样又使级中流量减小，于是压力又突然下降，级后的气体又倒流回级中来，如此周而复始，就出现了叶道内周期性的气流脉动，这就是喘振。发生喘振时，压缩机级和其后连接的储气罐中会产生一种低频高振幅的压力脉动，引起叶轮应力的增加，噪声严重；进而整个机器产生强烈振动，甚至无法工作。因此，离心式压缩机的工作流量必须大于喘振发生时的流量。

离心式压缩机在工作中，当流量增大到某一值时，摩擦损失、冲击损失都会很大，气体所获得的能量全部消耗在流动损失上，使气体压力得不到提高，同时，气流速度也将达到声速，再提高也不可能了，这种现象称为堵塞。在发生堵塞时流量将不可能再增加了，这也是压缩机可以达到的最大流量。

由此可见，离心式压缩机的工作只能在喘振工况与堵塞工况之间，此区域称为稳定工况区。

③ 离心式压缩机的调节。在生产过程中，装置的阻力系数或者流量要求经常变化，为适应这种变化，保证装置对压力或流量的要求，这就需要对压缩机进行调节。离心式压缩机的性能调节原理与离心泵基本相同，常用的调节方法有以下几种。

a. 出口节流调节法：它是通过调节出口管路中的调节阀开度，来改变管路特性曲线，实现流量或压力调节的。此种调节的特点是方法简单，经济性差。

b. 进口节流调节法：它是通过调节进口节流阀的开度，来改变离心式压缩机的性能曲线，实现流量或压力调节的。此种调节的特点是比较简单，经济性比较好，但也有一定的节流损失。

c. 采用可转动的进口导叶：它是通过改变叶轮进口前安装的导向叶片的角度，使进入叶片中的气流产生一定的预旋，来改变压缩机的性能曲线实现调节。此种方法经济性较好，但结构较为复杂。

d. 改变压缩机的转速：当改变压缩机的转速时，其性能曲线也就发生变化，因而可改变压缩机的工作点，实现性能调节。此种方法调节范围大，经济性好，但是设备复杂，价格昂贵。

3. 旋转式鼓风机与压缩机

旋转式鼓风机（rotary blower）、旋转式压缩机（rotary compressor）与旋转泵相似，机壳中有一个或两个旋转的转子。旋转式设备的特点是：构造简单、紧凑、体积小、排气连续均匀，适用于所需压力不大，而流量较大的场合。

旋转式鼓风机的出口压力一般不超过 0.8at（表压），常见的有罗茨鼓风机。旋转式压缩机的出口压力一般不超过 4at（表压），化工中使用的有液环式压缩机和活片式压缩机。

(1) 罗茨鼓风机（Roots blower）　罗茨鼓风机的工作原理与齿轮泵类似，如图 1-96 所示，机壳内有两个腰形转子或两个三星形转子（又称风叶），两转子之间、转子与机壳之间缝隙很小，使转子能自由运动而无过多泄漏，两转子的旋转方向相反，使气体从一侧吸入，从另一侧排出。如果改变转子的旋转方向，可使其吸入口和压出口互换。

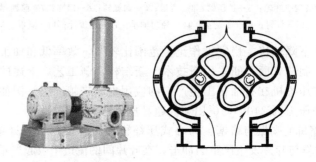

图 1-96　罗茨鼓风机

罗茨鼓风机的风量与转速成正比，在转速一定时，出口压力改变，风量可保持大体不变，故又名定容式鼓风机。这一类型鼓风机的特点是风量变化范围大、效率高。

罗茨鼓风机的出口安装稳压气柜和安全阀，流量用支路调节，出口阀不能完全关闭。这类鼓风机操作时，温度不能超过 85℃，否则会引起转子受热膨胀而发生碰撞。

(2) 液环式压缩机（liquid ring compressor）　液环式压缩机又称纳氏泵，如图 1-97 所示。它是由椭圆形外壳和圆形叶轮所组成。壳内充有适量液体，当叶轮转动时，液体在离心力作用下，沿椭圆形内壳形成一层液环。在液环内，椭圆形长轴两端显出两个月牙空隙，供气体进入和排出。

当叶轮转至吸入口位置时，叶片之间充满液体，当此叶轮顺箭头方向转过一定角度时，

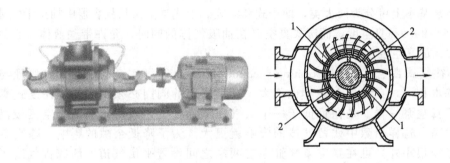

图 1-97 液环式压缩机
1—吸入口；2—排出口

液层向外移动，在叶片根部形成低压空间，气体则从吸入口进入此空间。叶轮继续转动，此空间逐渐增大，气体继续被吸入。当叶轮转过泵壳顶端位置后，此空间就逐渐缩小，气体被压缩，然后自排出口压出。当叶轮转至排出口位置时，叶片之间又完全充满液体，重新又进入吸气过程及排气过程。叶轮旋转一周，同时在两处吸入和排出气体。

液环式压缩机中被压缩的气体仅与叶轮接触，有液环与外壳隔开。因此，在输送有腐蚀性的气体时，只需叶轮材料抗腐蚀即可。例如，当用于压送氯气时，壳内充满浓硫酸；压送空气时，壳内充水即可。液环式压缩机产生的压力可高达 5~6at（表压），但在 1.5~1.8at（表压）间效率最高。

（3）活片式压缩机　活片式压缩机的主要结构如图 1-98 所示。图中 5 为圆筒形机壳，旋转的转子 1 对圆筒的中心轴作偏心运动。转子 1 上有一列缝隙。各缝隙内嵌入厚度为 0.8~2.5mm 的可滑动的钢片 2，当转子依箭头方向旋转时，各滑片由于离心力作用，自各缝隙滑出，从而形成若干大小不同的密闭空间。由于偏心的关系，这些密闭的空间就随转子旋转而越来越小，因此将气体压缩而排出。为了降低压缩气体的温度，此机的机壳和盖皆备有冷却水夹套。

 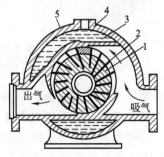

图 1-98 活片式压缩机
1—转子；2—可滑动的钢片；3—所压缩气体的体积；4—水夹套；5—机壳

上述各种气体输送设备，在化工厂中均有广泛的应用，它们产生的压力一般不高。虽然近年来离心式压缩机有了很大发展，且在某些领域的现代化装置中已取代往复式压缩机，但在一般情况下，当要求气体的压力很高时，主要还是采用往复式压缩机。

4. 真空泵（vacuum pump）

化工生产中某些过程中，常常在低于大气压的情况下进行。真空泵就是获得一个绝对压力低于大气压力的机械设备。

真空泵基本上可分为两大类，即干式和湿式。干式真空泵只从容器中抽出干气体，可以达到96%～99.9%真空度，而湿式真空泵在抽吸气体的同时，允许带些液体，它只能产生85%～90%的真空度。

(1) 往复式真空泵（reciprocating vacuum pump）　往复式真空泵的工作原理与往复式压缩机基本相同，在结构上差异也不大，只是所用的阀门必须更轻些。往复式真空泵和其他型式真空泵一样，是在远低于一个大气压下操作的，当所达到的真空度较高时，其压缩比很高，这样余隙中残留气体的影响就更大。为了降低余隙的影响，除真空泵的余隙系数必须很小外，可在真空泵气缸左右两端之间设置平衡气道。活塞排气终了时，主平衡气道连通一个很短的时间，以使余隙中残留的气体从活塞的一侧流到另一侧，从而降低其压力。

真空泵的主要性能参数有两个。一是抽气速率，它是指单位时间内真空泵在残余压力下所吸入气体的体积，也就是真空泵的生产能力。单位为 m^3/h。二是残余压力，它是指真空泵所能达到的最低压力，单位 mmHg 或真空度表示。往复式真空泵的型式代号为"W"。

(2) 水环式真空泵（water-ring vacuum pump）　水环式真空泵结构简单，如图 1-99 所示。圆形叶壳中 1 中有一偏心安装的转子 2，由于壳内注入一定量的水，当转子旋转时，由于离心力的作用，将水抛向壳壁形成水环 3，此水环具有液封作用，将叶片间空隙封闭成许多大小不同的空室。当转子旋转，空室由小到大时，气体从吸入口 4 吸入；当空室由大到小时，气体由压出口 5 压出。

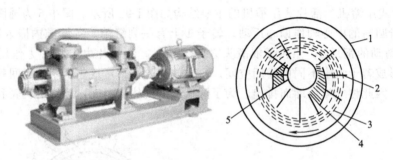

图 1-99　水环式真空泵
1—圆形叶壳；2—转子；3—形成的水环；4—气体吸入口；5—气体压出口

水环式真空泵属于湿式真空泵，结构简单紧凑，没有阀门，最高真空度可达 85%。水环式真空泵内的充水量约为一半容积高度。因此，运转时，要不断地充水以保持充水量并维持泵内的液封，同时也为了冷却泵体。水环真空泵可作为鼓风机用，但所产生的压力不超过 1at（表压）。水环式真空泵的型式代号为"SZ"。

(3) 喷射式真空泵（liquid-jet vacuum pump）　喷射泵是利用流体流动时，静压能与动压能相互转换的原理来吸送液体的。它可用于吸送气体，也可吸送液体。在化工生产中，喷射泵常用于抽真空，故又称喷射式真空泵。喷射泵的工作流体可以为蒸汽，也可为水或其他流体。

图 1-100 所示为一单级蒸汽喷射泵，当蒸汽进入喷嘴后，即做绝热膨胀，并以极高的速度喷出，于是在喷嘴口处形成低压而将流体由吸入口吸入；吸入的流体与工作蒸汽一起进入混合室，然后流经扩大管，在扩大管中混合流体的流速逐渐降低，压力因而增大，最后至压出口排出。单级蒸汽喷射泵仅能达到 90% 的真空度，如果要得到更高的真空度，则需采用多级蒸汽喷射泵。

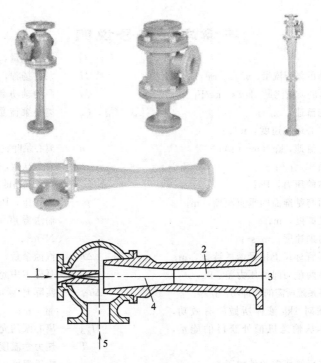

图 1-100 单级蒸汽喷射泵
1—工作蒸汽；2—扩大管；3—气体压出口；4—混合室；5—气体吸入口

喷射泵构造简单，制造容易，可用各种耐腐蚀材料制成，不需基础工程和传动设备。但由于喷射泵的效率低，只有 10%～25%。故一般多用作抽真空，而不作输送用。水喷射泵所能产生的真空度比蒸汽喷射泵低，一般只能达到 700mmHg 左右的真空度，但是由于结构简单，能源普遍，且兼有冷凝蒸汽的能力，故在真空蒸发设备中广泛应用。

喷射泵的缺点是产生的压头小，效率低，其所输送的液体要与工作流体混合，因而使其应用范围受到限制。

本章注意点

流体流动规律是本课程的重要基础，流体输送问题是化学工程中需要解决的最基本的问题。学习中要注意以下问题。

1. 管路布置的基本原则、各种管件和阀门的结构、用途。
2. 应用流体静力学方程式、连续性方程式和柏努利方程式解决输送问题的要点和方法。
3. 注意设备中流体的压力和管道中流体的流量测定方法，各种流量计的测量原理、结构、性能和安装使用方法的比较。
4. 注意其他类型泵与离心泵在结构、工作原理、主要性能参数、特性曲线及其应用、安装、操作要点、流量调节方法等方面的比较。
5. 注意将同类型的气体输送与压缩设备和液体输送设备进行比较。

本章主要符号说明

英文字母

- V_s、V_h —— 流体的体积流量，m^3/s、m^3/h；
- W_s、W_h —— 流体的质量流量，kg/s、kg/h；
- u —— 平均流速，m/s；
- u_{max} —— 管中心最大速度，m/s；
- G —— 质量流速，$kg/(m^2 \cdot s)$；
- A —— 截面积，m^2；
- p —— 流体的压力，Pa；
- Z —— 截面与基准面的垂直距离，m；
- h —— 液柱高度，m；
- g —— 重力加速度，m/s^2；
- R —— U形管标尺上指示液的读数，m；
- $p_1 - p_2$ —— 管路两截面间的压力差，Pa；
- W_e —— 管路系统所需的外加功，J/kg；输送机械对 1kg 液体所做的有效功，1kg 流体从输送机械处获得的能量，J/kg；
- H_e —— 管路系统所需的外加压头，m；输送机械对液体提供的有效压头，1N 重的流体从输送机械处获得的能量，$J/N=m$；
- N_e —— 被输送流体需要提供的有效功率，J/s 或 W；
- N —— 流体输送机械的轴功率，J/s 或 W；
- x —— 液体混合物中组分的摩尔分数；
- Re —— 雷诺数；
- L —— 管长，m；
- L_e —— 当量长度，m；
- H_f —— 压头损失，m；
- h_f —— 流体流经直管时的能量损失，J/kg；
- h'_f —— 流体流经管件、阀门等局部地区所引起的能量损失；
- $\sum h_f$ —— 管路的总能量损失；
- C_0 —— 孔板流量计孔流系数；
- C_V —— 文丘里流量计的流量系数。

- Q —— 泵的流量，m^3/s；
- H —— 泵的扬程，m；
- N —— 泵的轴功率，W（J/s）；
- C_Q、C_H、C_η —— 离心泵流量、扬程和效率的换算系数；
- n —— 离心泵叶轮的转速或往复泵活塞的往复次数，r/min；
- $\sum h_{f入}$ —— 吸入管路的压头损失，m；
- p_a —— 大气压，Pa；
- p_v —— 输送温度下液体的饱和蒸气压，N/m^2；
- Δh —— 汽蚀余量，m；
- $[\Delta h]$ —— 泵样本中允许汽蚀余量，m；
- $\Delta h_台$ —— 实际计算时使用的允许汽蚀余量，m；
- $[H_g]$ —— 离心泵的允许几何安装高度，m；
- T —— 热力学温度，K；
- t —— 摄氏温度，℃。

希腊字母

- ρ —— 流体的密度，kg/m^3；
- ρ_A —— 指示液的密度，kg/m^3；
- ρ_B —— 待测流体的密度，kg/m^3；
- μ —— 流体的黏度，$Pa \cdot s$；
- ν —— 运动黏度，m^2/s；
- μ_m —— 混合物的黏度，$Pa \cdot s$；
- τ —— 摩擦应力；
- λ —— 摩擦系数（或摩擦因数）；
- ξ —— 局部阻力系数；
- ξ_e —— 突然扩大的阻力系数；
- η —— 泵的效率。

下标

- 1 —— 截面 1 上的有关参数；
- 2 —— 截面 2 上的有关参数；
- m —— 平均值。

思 考 题

1. 何谓绝对压力、表压、真空度和负压？它们之间的关系？
2. 何谓流体的体积流量、质量流量、平均流速和质量流速，它们之间的关系如何？
3. 何谓稳定流动与不稳定流动？
4. 什么是适宜流速？试叙述管道直径选择的步骤。
5. 什么是流体的黏性？什么是流体的黏度？黏度的定义和物理意义是什么？常用的有

几种？它们之间的换算关系是什么？

6. 液体和气体的黏度随温度和压力的变化规律如何？

7. 在一连续稳定的黏性流动系统中，当系统与外界无能量交换时，系统的机械能是否守恒？为什么？

8. 流体的流动形态有几种？怎样判断？

9. 影响流体流动形态的因素有哪些？如何判别流体的流动形态。

10. 湍流时，若 ε/d 一定，为什么随着 Re 的增加，摩擦系数 λ 是减小的，而流体的 h_f 反而增加？

11. 何谓层流内层？层流内层的厚度与什么因素有关？

12. 某流体在圆形直管内作层流流动，若管长及流体不变，而管径增加至原来的两倍，试问因流动阻力而产生的能量损失为原来的多少？

13. 管路系统若要降低流体阻力，应从哪几方面着手？

14. 试简述孔板流量计的结构、工作原理、特点及安装注意事项。

15. 现有一孔板流量计接一 1m 长的 U 形管压差计，若流量为 V_1 时，U 形压差计的读数为 50mmHg，现流量增加至 V_2，且 $V_2=10V_1$，此时 U 形管压差计是否还能使用？

16. 比较文氏流量计和孔板流量计的异同？

17. 试简述转子流量计的结构、工作原理及特点、安装注意事项。

18. 试比较转子流量计与孔板流量计。

19. 简述离心泵的构造、各部件的作用及离心泵工作原理。

20. 离心泵的叶轮有几种形式？各适用于什么场合？

21. 离心泵的泵壳为什么要做成蜗壳形？它有哪些作用？

22. 离心泵启动前为什么要灌满液体？泵的吸入管的末端为什么要装一止回阀？

23. 离心泵启动后吸不上液体，可能是什么原因？怎样才能使泵吸上液体？

24. 离心泵的性能参数有哪些？各自的定义和单位是什么？

25. 扬程和升扬高度有何不同？

26. 气缚现象和汽蚀现象有何区别？

27. 大致画出离心泵的三条特性曲线。

28. 怎样测量离心泵的流量和扬程（绘一示意图说明）？

29. 离心泵产生汽蚀的原因是什么？汽蚀时有哪些现象？有何危害？如何防止？

30. 何谓汽蚀余量？写出利用汽蚀余量来计算离心泵的安装高度的计算式。

31. 何为管路特性曲线？何谓泵的工作点？

32. 离心泵有哪几种流量调节方法？各有何利弊？

33. 泵铭牌上所标注的性能参数有何意义？

34. 离心泵输送流体的密度增加时，其流量、扬程、出口压力和功率有何变化？

35. 离心泵的流量调节阀是装在泵的进口管路上还是装在泵的出口管路上？阀门关小后，真空表和压力表的读数是增加还是减小？

36. 常用的离心泵有哪些类型？它们通常用于什么场合？

37. 简述选择离心泵的方法和步骤。

38. 往复泵与离心泵比较有何特点？

39. 往复泵启动时是否需要灌满液体？为什么？其流量如何调节？简述计量泵、齿轮泵和螺杆泵的工作原理及应用场合？

40. 简述水环真空泵和喷射真空泵的工作原理及应用场合。

41. 简述管路布置的一般原则。

习 题

1-1 某设备上真空表的读数为 100mmHg，试计算设备内的绝对压力与表压各为多少。已知该地区大气压力为 740mmHg。（设备内的绝对压力为 $8.53×10^4$ Pa，设备内的表压 $-1.333×10^4$ Pa）

1-2 某水泵进口管处真空表读数为 650mmHg，出口管处压力表读数为 2.5at。试求水泵前后水的压力差为多少 at？多少米水柱？（水泵前后水的压力差 3.38at，33.8m 水柱）

1-3 管子内直径为 100mm，当 277K 的水流速为 2m/s 时，试求水的体积流量 V_h（m^3/h）和质量流量 W_s（kg/s）。（水的体积流量 $V_h=56.52 m^3/h$，质量流量 $W_s=15.7$ kg/s）

1-4 N_2 流过内径为 150mm 的管道，温度为 300K；入口处压力为 $150 kN/m^2$，出口处压力为 $120 kN/m^2$，流速为 20m/s。求 N_2 的质量流速 kg/(s·m^2) 和入口处的流速 m/s。[N_2 的质量流速为 26.94 kg/(s·m^2)；入口处的流速为 16m/s]

1-5 硫酸流经由大小管组成的串联管路，硫酸的相对密度为 1.83，体积流量为 150L/min，大小管尺寸分别为 $\phi76mm×4mm$ 和 $\phi57mm×3.5mm$。试分别求硫酸在小管和大管中的 (1) 质量流量；(2) 平均流速；(3) 质量流速。[(1) 大管与小管中的质量流量均为 4.575kg/s；(2) 大管平均流速为 0.689 m/s，小管中的平均流速为 1.274 m/s；(3) 大管质量流速为 1260.87 kg/(s·m^2)，小管质量流速为 2331.42 kg/(s·m^2)]

1-6 当大气压力是 760mmHg 时，问位于水面下 6m 深处的绝对压力是多少？（设水的密度为 $1000 kg/m^3$）。（水面下 6m 深处的绝对压力为 $1.604×10^4$ Pa=160.14kPa）

1-7 本题附图所示的测压管分别与 3 个设备 A、B、C 相连通。连通管的下部是水银，上部是水，3 个设备内水面在同一水平面上。问：

(1) 1、2、3 三处压力是否相等？（不相等）

(2) 4、5、6、三处压力是否相等？（相等）

(3) 若 $h_1=100$mm，$h_2=200$mm，且知设备 A 直接通大气（大气压力为 760mmHg），求 B、C 两设备内水面上方的压力。（B 设备内水面上方的绝对压力为 $88.94×10^3$ Pa，C 设备内水面上方的绝对压力为 $76.59×10^3$ Pa）

1-8 如附图所示，某车间用压缩空气压送 98% 的浓硫酸（密度为 $1840 kg/m^3$），流量为 $2m^3$/h。管道采用 $\phi37mm×3.5mm$ 的无缝钢管，总的能量损失为 1m 硫酸柱（不包括出口损失），两槽中液位恒定。试求压缩空气的压力。（压缩空气的表压力为 235.15kPa）

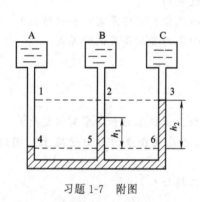

习题 1-7 附图

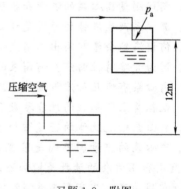

习题 1-8 附图

1-9 如附图所示，用泵 1 将常压贮槽 2 中密度为 $1100 kg/m^3$ 的某溶液送到蒸发器 3 中进行浓缩。贮槽液位保持恒定。蒸发器内蒸发压力保持在 $1.47×10^4$ Pa（表压）。泵的进口管为 $\phi89mm×3.5mm$，出口管为 $\phi76mm×3mm$，溶液处理量为 $28m^3$/h。贮槽中液面距蒸发器入口处的垂直距离为 10m。溶液流经全部管道

的能量损失为100J/kg，试求泵的有效功率。（泵的有效功率为1.81kW）

1-10 本题附图为CO_2水洗塔供水系统。水洗塔内绝对压力为$2100kN/m^2$，贮槽水面绝对压力为$300kN/m^2$。塔内水管与喷头连接处高于水面20m，管路为$\phi57mm\times2.5mm$钢管，送水量为$15m^3/h$。塔内水管与喷头连接处的绝对压力为$2250kN/m^2$。设损失能量为49J/kg，试求水泵的有效功率。（水泵的有效功率为9.154kW）

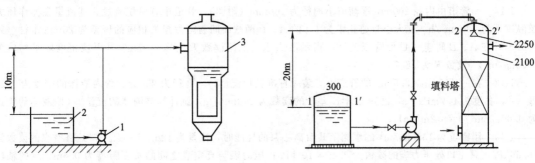

习题1-9 附图　　　　　　　习题1-10 附图

1-11 如附图所示，用泵从储油池向高位槽输送矿物油，矿物油的密度为$960kg/m^3$，流量为38400kg/h，高位槽液面比储油池中的油面高20m，且均为常压。输油管为$\phi108mm\times4mm$，矿物油流经全部管道的能量损失（压头损失）为$10mH_2O$。若泵的效率为65%，试计算泵的有效功率和轴功率。（泵的有效功率为3.14kW；轴功率为4.83kW）

1-12 20℃水在一$\phi25mm\times2.5mm$的管内流动，流速为2m/s，试计算其雷诺数。（雷诺数值为3.973×10^4，湍流）

1-13 283K的水在内径为25mm的钢管中流动，流速为1m/s。试计算其Re值并判定其流动形态。（雷诺数值为1.91×10^4，湍流）

1-14 石油输送管的直径为$159mm\times4.5mm$的无缝钢管。石油的相对密度为0.86，运动黏度为$0.2m^2/s$。当石油流量为15.5t/h时，试求管路总长度为1000m的直管摩擦阻力损失。（长度为1000m的直管摩擦阻力损失为80592J/kg）

1-15 如附图所示，用虹吸管将池中363K的热水引出，两容器水的垂直距离为2m，管段AB长5m，管段BC长10m（均包括局部阻力的当量长度）。管路内直径为20mm，直管摩擦因数为0.02。为保证管路不发生汽化现象，管路顶点的最大安装高度为多少？（管路顶点的最大安装高度为2.5m）

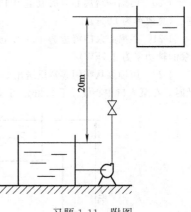

习题1-11 附图

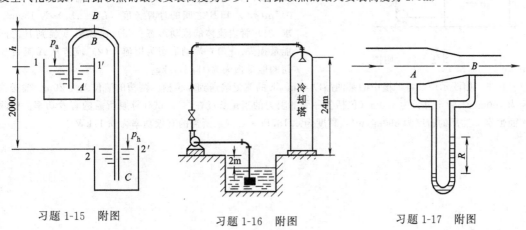

习题1-15 附图　　　习题1-16 附图　　　习题1-17 附图

1-16 如附图所示，用离心泵从地面下的常压贮槽中将醋酸输送到醋酸乙烯吸收塔顶部，经喷头喷出作为吸收剂，假设醋酸的密度为 $1\times 10^3 kg/m^3$，流量为 $1\times 10^4 kg/h$，输送管路尺寸为 $\phi 57mm\times 3.5mm$，塔顶部管路和喷头连接处距地面的垂直距离为 24m，贮槽液面距地面 2m。醋酸进喷头时的压力为 $6\times 10^5 Pa$（表压），在输送过程中总能量损失为 49J/kg。若泵的效率为 60%，求泵的轴功率 N。（泵的轴功率 N=4.19kW）

1-17 一管道由内径 200mm 逐渐缩小内径为 100mm（附图），管道中有甲烷流过，其流量在操作压力及温度下为 $1800m^3/h$，在大小管道相距为 1m 的 A、B 两截面间与阻力损失相应的压差为 20mm 水柱（约 196Pa），在 A、B 间连一 U 形管压差计，指示液为水，试问读数 R 为多少 mm？（甲烷密度取平均值为 $1.43kg/m^3$）（读数 R 为 58.7mm）

1-18 在一 $\phi 57mm\times 3.5mm$ 的管道上，装一标准孔板流量计，孔径为 25mm。管内液体的密度为 $1080 kg/m^3$，黏度为 $0.7 mPa\cdot s$，已知 U 形压差计的读数为 240mmHg，试计算该液体的流量。（该液体的流量为 $0.00228m^3/s=8.2m^3/h$）

1-19 用密度为 $1000kg/m^3$ 的水测定某台离心泵的性能时，流量为 $12m^3/h$；泵入口处真空表的读数为 26.66kPa；泵出口处压力表的读数为 $3.45\times 10^2 kPa$；压力表与真空表之间的垂直距离为 0.4m；泵的轴功率为 2.3kW；叶轮转速为 2900r/min；压出管和吸入管的直径相等。试求这次实验中的扬程和效率。（扬程为 38.3m，效率为 54.4%）

1-20 已知一台离心泵的流量为 10.2L/s，扬程为 20m，抽水时功率为 2.5kW，试计算这台泵的总效率。（总效率为 80%）

1-21 某离心泵的流量为 1200L/min，扬程为 11m，已知泵的总效率为 80%，试求该泵的轴功率。（泵的轴功率为 2.7kW）

1-22 用油泵从密闭容器里送出 30℃ 的丁烷。容器里丁烷液面上的绝对压力为 0.35MPa。液面降到最低时，在泵入口中心线以下 2.8m。丁烷在 30℃ 时的密度为 $580kg/m^3$，饱和蒸汽压为 0.31MPa。泵吸入管路的全部阻力损失为 1.5m。所选用的泵其允许汽蚀余量为 3m。问这台泵能否正常操作？（不能正常操作）

1-23 某输液管路输送 20℃ 有机液体，其密度为 $1032kg/m^3$，黏度为 $4.3mPa\cdot s$。管子为热轧无缝钢管 $\phi 57mm\times 3.5mm$，要求输液量为 $1m^3/h$，管子总长为 10m（包括局部阻力的当量长度在内）。试求：(1) 流过此管的阻力损失，J/kg；(2) 若改用无缝钢管 $\phi 25mm\times 2.5mm$，阻力损失为多少 J/kg？钢管的绝对粗糙度可取为 0.2mm。[(1) 7.65×10^{-2} J/kg；(2) 9.79 J/kg]

1-24 密度为 $1050kg/m^3$、黏度为 $70mPa\cdot s$ 的某种液体，在内径为 100mm 管内从管路 A 处流动 B 处，流速为 0.7m/s，A 到 B 之间的计算长度 $(L+\sum L_e)$ 为 130m。试求 (1) 管内流体的流动形态。(2) 流体从 A 流到 B 之间的能量损失。[(1) 流动形态为层流；(2) 流体从 A 流到 B 之间的能量损失为 19.41J/kg]

习题 1-25 附图

1-25 如图示用泵将贮槽中的某油品以 $40m^3/h$ 的流量输送到高位槽。两槽的液位差为 20m。输送管内径为 100mm，管子总长为 450m（包括各种局部阻力的当量长度在内）。试计算泵所需的有效功率。设两槽液面恒定。油品的密度为 $890kg/m^3$，黏度为 $0.187Pa\cdot s$。（泵所需的有效功率为 6.17kW）

第二章 传　　热

> **学习目标**
> 1. 了解：传热的应用、换热方法及设备。
> 2. 理解：传热的基本方式、特点；热阻的概念；影响对流传热系数和总传热系数的因素。
> 3. 掌握：保温材料的选择、厚度的确定；间壁换热器的基本计算；换热器的基本操作与选型；换热器的维护与保养、故障分析与处理方法。

第一节　概　　述

传热（heat transfer）即热量传递过程，是自然界普遍存在的一种物理现象，根据传热机理的不同，热量传递有三种基本方式，即热传导（conduction）、对流传热（convection）和热辐射（radiation）。

热传导又称导热，它是借助物质的分子、原子或自由电子的运动将热量从物体温度较高的部位传递到温度较低部位的过程。热传导可发生在物体内部或直接接触的物体之间。在热传导过程中，没有物质的宏观位移。

对流传热指流体由于内部质点的相对运动而产生的热量传递。若流体的运动是由于内部各处的温度差异造成的密度差，引起密度小处流体上升，密度大处流体下降，则称为自然对流。如果流体的宏观运动是因泵、风机等造成的外力所致，则称为强制对流。

热辐射是依靠电磁波传递能量的过程，不需中间介质，仅当物体间的温度差别很大时，热辐射才是主要的传热方式。

传热在化学工业中的应用极为普遍，因为无论是生产中的化学反应过程，还是物理过程（即化工单元操作），几乎都伴有热量传递。化工生产中的传热，很少以一种单独的基本传热方式存在，往往若干基本传热方式同时发生。

一、传热案例

案例1：图2-1是烃类裂解制取乙烯采用最广泛的管式裂解炉。炉体用钢构件和耐火材料砌筑，分为对流段和辐射段。一般来说，对流段作用是回收烟气余热，用来预热并汽化原料油，将原料油和稀释蒸汽过热至物料的裂解温度，剩余的热量用来过热超高压蒸汽和预热

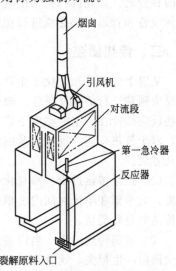

图2-1　管式裂解炉示意图

锅炉给水。钢构件是因为钢的传热效果好，而外包耐火材料是为了防止热量散失。

案例2：图2-2为生产硫酸过程中，SO_2氧化为SO_3的多段中间换热式转化器。在转化器中，催化剂分段放置，段间气体经降温后进入下一段催化剂反应。图2-2示出了采用内部间接换热的方式使反应后气体降温。为了合理利用热量，用反应后的气体预热反应前的气体，从而达到各自所需的温度。

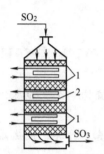

图2-2 内部中间换热式转化器
1—催化剂床层；2—内部换热器

图2-3 管道保温

案例3：图2-3是管道的保温。在化工生产中，对于温度较高（或较低）的管道和反应器等高（低）温设备，需要采取绝热措施，其目的在于减少热（冷）量的损失，以提高换热操作的经济效益；维护设备正常的操作温度，保证生产在规定的温度下进行；降低车间的操作温度，改善劳动条件。

为此，在设备的外壁包上一层热导率较小的绝热材料，用于增加热阻，减少设备外壁面与周围环境的热交换。

案例分析

案例1中，裂解炉供给裂解反应所需的热量，并使反应在一定的高温下进行，而反应后要迅速降温，避免产物在高温下长时间接触焦化。

案例2中，SO_2催化氧化为SO_3的反应需在催化剂的活性温度范围内进行，为此，需采取调节温度的措施使反应在适宜的温度下进行。以上两个反应都需要传热设备才能完成。

案例3中，对热（或冷）的管道或设备进行有效的绝热保温，可使其热损失仅为未保温时的百分之几。我国相关部门规定，凡是表面温度在50℃以上的热设备或管道以及制冷系统的设备和管道，都必须进行保温和绝热（或保冷）处理。

二、传热概述

从以上分析可知，化工生产过程中，传热设备的应用极为普遍，如流体的温度是控制化学反应顺利进行的重要条件，流体间热量的交换和传递就成为必不可少的基本操作。为了使某些反应维持在一定的温度下进行，需要进行加热或冷却。对吸热反应，需要外界供热，反之，对于放热反应，则需要及时移走反应热，进行冷却。传热在工业生产中的应用主要有以下几方面。

（1）强化传热过程　参与化学反应前、后的流体往往需要加热或冷却（冷凝）到一定的温度，就希望在单位时间内、单位传热面积上传递的热量越多越好。如案例1、2中所涉及的传热就是此类型。

（2）削弱传热过程　当设备或管道的壁温高于或低于环境温度时，必将引起热量或冷量的交换而产生损失，这就需要保温，使单位时间、单位传热面积上传递的热量或冷量越少越好。如案例3所说明的就是此种传热。

（3）热能的综合利用和余热的回收　如在合成氨生产过程中，合成塔出口气体的温度很高，为将反应产物与原料气加以分离，必须要降温。为此，采用废热锅炉回收其降温过程放出的热量，加热循环气或产生高压蒸汽，使这部分热量得到充分回收和利用。

化工生产中如对设备或管道进行保温，应当采用何种材料进行保温？保温材料的厚度为多少才能满足保温要求？对于一定的换热任务，选择何种换热器才能满足换热要求？需要选择什么样的加热剂或冷却剂？如果设备长期使用，还能完成同样的生产任务吗？

以上问题的解决，需掌握传热过程的基本规律和有关知识，掌握这些规律和知识对合理、有效地进行传热操作十分重要。

第二节　工业中的换热设备

在工业生产中，要实现热量的交换，需要用到一定的设备，这种用于交换热量的设备称为热量交换器，简称为换热器（heat exchanger）。

一、换热器的分类

由于物料的性质和传热要求各不相同，因此，换热器种类繁多，结构形式多样。换热器可按多种方式进行分类。

1. 按换热器的用途分类

按换热器的用途分类见表2-1。

表2-1　按换热器的用途分类

名称	应用
加热器	用于把流体加热到所需的温度，被加热流体在加热过程中不发生相变
预热器	用于流体的预热
过热器	用于加热液体，使之蒸发汽化
蒸发器	加热饱和蒸汽，使其达到过热状态
再沸器	是蒸馏过程的专用设备，用于加热已冷凝的液体，使之再受热汽化
冷却器	用于冷却流体，使之达到所需的温度
冷凝器	用于冷凝饱和蒸汽，使之放出潜热而凝结液化

2. 按换热器的作用原理分类

按换热器的作用原理分类见表2-2。

表2-2　按换热器的作用原理分类

名称	特点	应用
间壁式换热器	冷热流体被固体壁面所隔开，换热时两流体互不接触，热量由热流体通过间壁传给冷流体	适用于两流体在换热过程中不允许混合的场合。应用最广，形式多样
混合式换热器	两流体直接接触，相互混合进行换热。结构简单，设备及操作费用均较低，传热效率高	适用于两流体允许混合的场合，常见的设备有凉水塔、喷洒式冷却塔、混合式冷凝器
蓄热式换热器	借助蓄热体将热量由热流体传给冷流体。结构简单，可耐高温，其缺点是设备体积庞大，传热效率低且不能完全避免两流体的混合	煤制气过程的汽化炉、回转式空气预热器

3. 按换热器传热面的形状和结构分类

(1) 管式换热器　通过管子壁面进行传热，按传热管的结构不同，可分为列管式换热器、套管式换热器、蛇管式换热器和翅片管式换热器等几种。管式换热器应用最广。

(2) 板式换热器　通过板面进行传热，按传热板的结构形式，可分为平板式换热器、螺旋板式换热器、板翅式换热器和热板式换热器等几种。

(3) 特殊形式换热器　根据工艺特殊要求而设计的具有特殊结构的换热器，如回转式换热器、热管换热器、同流式换热器等。

二、间壁式换热器的结构型式

1. 列管式换热器 (shell-and-tube heat exchanger)

列管式换热器又称管壳式换热器，是一种通用的标准换热设备。它具有结构简单、坚固耐用、用材广泛、清洗方便、适用性强等优点，在生产中得到广泛应用，在换热设备中占主导地位。列管式换热器根据结构特点分为以下几种，见表2-3。

表2-3　列管式换热器的分类

名称	结构	特点	应用
固定管板式换热器	由壳体、封头、管束、管板等部件构成，管束两端固定在两管板上。如图2-4所示	优点是结构简单、紧凑、管内便于清洗。缺点是壳程不能机械清洗，当管壁和壳壁的温度相差较大时，会产生很大的热应力，甚至将管子从管板上拉脱。解决方法为采用补偿圈(或称膨胀节)	适用于壳程流体清洁且不结垢，两流体温差不大或温差较大，但壳程压力不高的场合
浮头式换热器	结构如图2-5所示，其结构特点是一端管板不与壳体固定连接，可以在壳体内沿轴向自由伸缩，该端称为浮头	优点是当换热管与壳体有温差存在，壳体或换热管膨胀时，互不约束，消除了热应力；管束可以从管内抽出，便于管内和管间的清洗。其缺点是结构复杂，用材量大，造价高	应用十分广泛，适用于壳体与管束温差较大或壳程流体容易结垢的场合
U形管式换热器	结构如图2-6所示，其结构特点只有一个管板，管子成U形，管子两端固定在同一个管板上。管束可以自由伸缩，解决了热补偿问题	优点是结构简单，运行可靠，造价低；管间清洗较方便。其缺点是管内清洗较困难；管板利用率低	适用于管、壳程温差较大或壳程介质易结垢，而管程介质不结垢的场合
填料函式换热器	结构如图2-7所示。其结构特点是管板只有一端与壳体固定，另一端采用填料函密封。管束可自由伸缩，不会产生热应力	优点是结构较浮头式换热器简单，造价低；管束可以从壳体内抽出，管、壳程均能进行清洗，维修方便。其缺点是填料函耐压不高，一般小于4.0MPa；壳程介质可能通过填料函外漏	适用于管、壳程温差较大或介质易结垢需要经常清洗且壳程压力不高的场合
釜式换热器	结构如图2-8所示。其结构特点是在壳体上部设置蒸发空间。管束可以为固定管板式、浮头式或U形管式	清洗方便，并能承受高温、高压	适用于液-汽式换热(其中液体沸腾汽化)，可作为简单的沸热锅炉

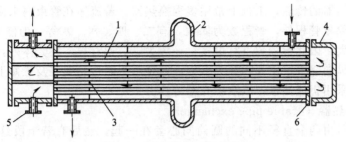

图 2-4　固定管板式换热器

1—管束；2—壳体；3—折流挡板；4—封头；5—接管；6—管板

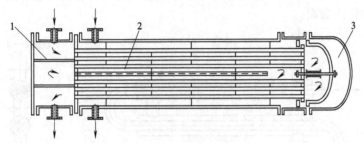

图 2-5　浮头式换热器

1—浮头；2—壳程隔板；3—管程隔板

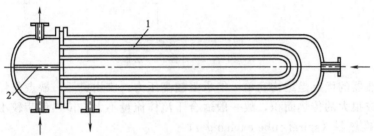

图 2-6　U形管式换热器

1—U形管；2—管程隔板

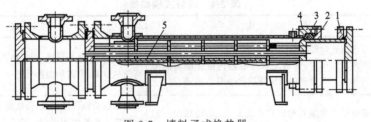

图 2-7　填料函式换热器

1—活动管板；2—填料压盖；3—填料；4—填料函；5—纵向隔板

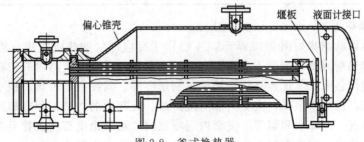

图 2-8　釜式换热器

为了改善换热器的传热，工程上常用多程换热器。若流体在管束内来回流过多次，则称为多管程，一般除单管程外，管程数为偶数，有二、四、六、八等，但随着管程数的增加，流动阻力迅速增大，因此管程数不宜过多，一般为二、四管程。在壳体内，也可在与管束轴线平行方向设置纵向隔板，使壳程分为多程，但是由于制造、安装及维修上的困难，工程上较少使用，通常采用折流挡板，以改善壳程传热。

2. 套管式换热器（doable-pipe exchanger）

套管换热器是由两个直径不同的圆筒同心套在一起，然后有若干段这样的套管连接而成，其结构如图2-9所示。每段套管称为一程，程数可根据所需传热面积的大小而增减。换热时一种流体在管内流动，另一种流体在环隙中流动，通过内管壁面进行热量交换。因此内管壁面面积即为传热面积。

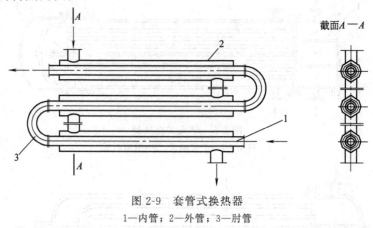

图 2-9　套管式换热器
1—内管；2—外管；3—肘管

套管式换热器的优点是结构简单，能承受较高压力，应用灵活；缺点是耗材多，占地面积大，难以构成很大的传热面积，故一般适合于流体流量不大、传热负荷较小的场合。

3. 蛇管式换热器（spiral tube exchanger）

蛇管式换热器根据操作方式不同，分为浸没式和喷淋式两类，见表2-4。

表 2-4　蛇管式换热器

名称	结　构	特　点
浸没式蛇管换热器	以金属管弯绕而成，制成适应容器的形状，浸没在容器内的液体中，管内流体与容器内液体隔着管壁进行换热。几种常用的蛇管形状如图2-10所示	结构简单，造价低廉，便于防腐，能承受高压，为提高传热效果，常需加搅拌装置
喷淋式蛇管换热器	各排蛇管均垂直地固定在支架上，结构如图2-11所示，冷却水由蛇管上方的喷淋装置均匀地喷洒在各排蛇管上，并沿着管外表面淋下	优点是检修清洗方便、传热效果好，蛇管的排数根据所需的传热面积而定。缺点是体积庞大，占地面积多；冷却水耗量较大，喷淋不均匀，通常置于室外通风处，常用于、冷却管内热流体

4. 夹套式换热器（jacketed heat-exchanger）

夹套式换热器的结构如图2-12所示，主要用于反应器的加热或冷却。将反应器的筒体制成夹套，将加热剂或冷却剂通入夹套内，通过夹套的间壁与反应器内的物料进行换热，器壁就是换热器的传热面。其优点是结构简单、制造容易。其缺点是传热面积小，器内流体处于自然对流状态，传热效率低；夹套内部清洗困难。夹套内的加热剂和冷却剂一般只能使用不易结垢的水蒸气、冷却水和氨等。夹套内通蒸汽时，蒸汽由上部连接管通入夹套内，冷凝水由下部连接管排出，当冷却时，冷却水从下部进入，而由上部流出。

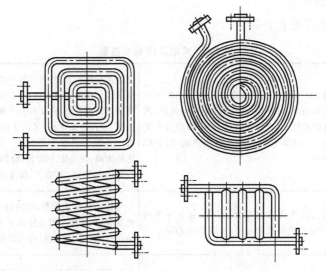

图 2-10 浸没式蛇管换热器的蛇管形状

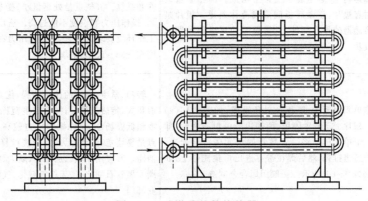

图 2-11 喷淋式蛇管换热器

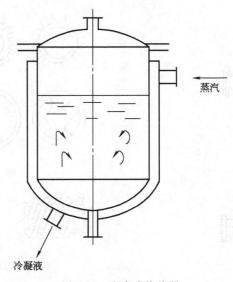

图 2-12 夹套式换热器

5. 其他类型的换热器

其他类型的换热器见表2-5。

表2-5　其他类型的换热器

类型	结构	特点
螺旋板式换热器	结构如图2-13所示，由焊接在中心隔板上的两块金属薄板卷制而成，两薄板之间形成螺旋形通道，两板之间焊有定距柱上，以维持通道间距，螺旋板的两端焊有盖板。两流体分别在两通道内流动，通过螺旋板进行换热	优点是结构紧凑，单位体积传热面积大；流体在换热器内作严格的逆流流动，可在较小的温差下操作，能充分利用低温能源；由于流向不断改变，且允许选用较高流速，故传热效果好；又由于流速较高，同时有惯性离心力的作用，污垢不易沉积。其缺点是制造和检修都比较困难；流动阻力较大；操作压力和温度不能太高，一般压力在2MPa以下，温度则不超过400℃
翅片式换热器	在换热管的外表面或内表面或同时装有许多翅片，常用翅片有纵向和横向两类，如图2-14所示	气体的加热或冷却，当换热的另一方为液体或发生相变时，在气体一侧设置翅片，既可增大传热面积又可增加气体的湍动程度，提高传热效率
板式换热器	结构如图2-15所示。它是由若干块长方形薄金属板叠加排列，夹紧组装于支架上构成。两相临板的边缘衬有垫片，压紧后板间形成流体通道。板片是板式换热器的核心部件，常将板面冲压成各种凹凸的波纹状	优点是结构紧凑，单位体积的传热面积大；组装灵活方便；有较高的传热速率，可随时增减板数，有利于清洗和维修。其缺点是处理量小；受垫片材料性能的限制，操作压力和温度不能过高。适用于需要经常清洗、工作环境要求十分紧凑，操作压力在2.5MPa以下，温度在－35～200℃的场合
板翅式换热器	基本单元由翅片、隔板及封条组成，如图2-16(a)所示。翅片上下放置隔板，两侧边缘由封条密封，即组成一个单元体。将一定数量的单元体组合起来，并进行适当排列，然后焊在带有进出口集流箱上，如图2-16(b)～(d)所示。一般用铝合金制造	轻巧、紧凑、高效的换热装置，优点是单位体积传热面积大，传热效果好；操作温度范围较广，适用于低温或超低温场合；允许操作压力较高，可达5MPa；其缺点是易堵塞，流动阻力大；清洗检修困难，故要求介质洁净。其应用领域已从航空、航天、电子的少数部门逐渐发展到石油化工、天然气液化、气体分离等更多的工业部门

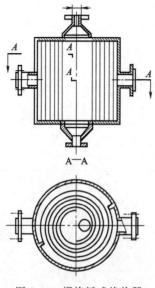

图2-13　螺旋板式换热器

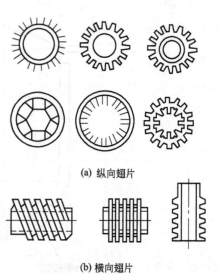

(a) 纵向翅片

(b) 横向翅片

图2-14　常见翅片形式

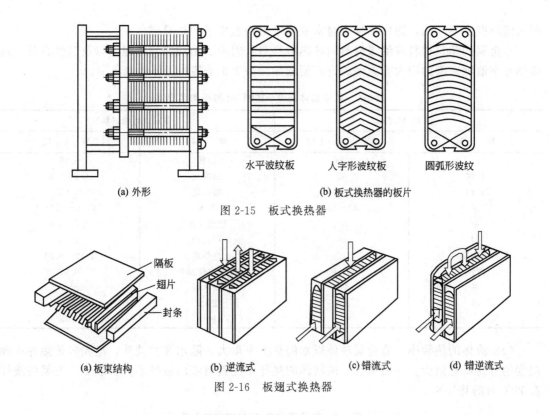

图 2-15 板式换热器

图 2-16 板翅式换热器

第三节 工业保温

一、保温材料的确定

在案例1、2中,炉壁都是钢制的,因为钢的传热效果好,而耐火材料包在外面是防止热量散失。为什么钢的传热效果好,而炉壁外包耐火材料就能防止热量散失呢?

人们通过大量的实验说明,不同的物体传导热的本领是不同的。人们把善于传导热的物体叫做热的良导体,把不善于传导热的物体叫做热的不良导体。固体中金属是热的良导体,其中银和铜的热传导本领最强;其他的固体大都是不良导体,如石头、陶瓷、玻璃、木头、皮革、棉花等。我们用来做饭、烧菜的锅都是用善于传热的金属制成的,目的就是能让热尽快地传给待加工的食物。冬季人们穿的是棉衣、毛衣或羽绒衣,因为这类东西都是热的不良导体,可以保存身体发出的热量,达到保暖的目的。如何衡量物质导热性能的高低呢?工程上用热导率来衡量物质导热性能的好坏。

1. 热导率

热导率是物质的一种物理性质,表示物质导热能力的大小,用 λ 表示。热导率值越大,物质的导热性能越好。物质的热导率与物质组成、结构、密度、温度和压力有关。一般,金属的热导率最大,非金属的固体次之,液体的较小,而气体的最小。各种物质的热导率都由实验测定,在一般手册中可以查到。现分别介绍固体、液体和气体的热导率。

(1) 固体的热导率　固体的热导率随着组成和结构的不同而有很大差别。金属是良好的导热体,这是由于金属中自由电子作用的缘故。金属的纯度越高,则热导率越大。固体的热导率随温度的升高而增大,但大多数纯金属的热导率随温度的升高而下降。工程计算中固体壁两侧温度是不同的，选用热导率时常取算术平均温度下的热导率。

非金属的建筑材料或绝缘材料的导热材料与其组成、结构的致密程度以及温度有关。通常热导率值随密度的增大或温度的升高而增加。表2-6是某些固体的热导率。

表2-6 某些固体在0~100℃时的平均热导率

金属材料		建筑或绝缘材料	
物　料	$\lambda/[W/(m \cdot K)]$	物　料	$\lambda/[W/(m \cdot K)]$
铝	204	石棉	0.15
紫铜	65	混凝土	1.1~1.4
黄铜	93	绒毛毡	0.047
铜	384~390	松木	0.15~0.38
铅	35	建筑用砖	0.7~0.8
钢	46	耐火砖	1.05
不锈钢	17	绝热砖	1.12~0.21
铸铁	45~90	85%氧化镁粉	0.07
银	411	锯木屑	0.07
镍	88	软木片	0.047
		玻璃	0.78

(2) 液体的热导率　非金属液体以水的热导率最大，除水和甘油外，绝大多数热导率随温度的升高略有减少。一般来说，纯液体的热导率比其溶液的热导率大。表2-7为某些液体在20℃时的热导率。

表2-7 某些液体在20℃时的热导率

名　称	$\lambda/[W/(m \cdot K)]$	名　称	$\lambda/[W/(m \cdot K)]$	名　称	$\lambda/[W/(m \cdot K)]$
水	0.6	硝基苯	0.151	甲酸	0.256
苯	0.148	苯胺	0.175	醋酸	0.175
甲苯	0.139	甲醇	0.212	煤油	0.151
邻二甲苯	0.142	乙醇	0.172	汽油	0.186(30℃)
间二甲苯	0.168	甘油	0.594		
对二甲苯	0.129	丙酮	0.175		

(3) 气体的热导率　气体的热导率最小，对导热不利，但却有利于保温、绝热。气体的热导率随温度的升高而增大；气体的热导率随压力的变化很小，可以忽略不计。表2-8示出了某些气体的热导率和温度的关系。

表2-8 某些气体在常压下的热导率和温度的关系

温度	$\lambda \times 10^3/[W/(m \cdot K)]$									
	空气	氮	氧	水蒸气	一氧化碳	二氧化碳	氢	氨	甲烷	乙烯
273	24.4	24.3	24.7	16.2	21.5	14.7	174.5	16.3	30.2	17.7
323	27.9	26.8	29.1	19.8	24.4	18.6	186	18.7	36.1	24.4
373	32.5	31.5	32.9	24.0	27.9	22.8	216	21.1	44.2	31.6
473	39.3	38.5	40.7	33.0	33.2	30.9	258	25.8	61.6	47.5
573	46.0	44.9	48.1	43.4	39.0	39.1	300	30.5	82.3	62.8
673	52.2	50.7	55.1	55.1	43.0	47.3	342	34.9	102.3	79.1
773	57.5	55.8	61.6	68.0	47.3	54.9	384	39.2		94.2
873	62.2	60.4	67.5	82.3	51.4	62.1	426	43.4		
973	66.5	64.2	72.8	98.0	55.0	68.9	467	47.4		
1073	70.5	67.5	77.7	115.0	58.7	75.2	510	51.2		
1173	74.1	70.2	82.0	133.1	62.0	81.0	551	54.8		
1273	77.4	72.4	85.9	152.4	65.1	86.4	593	58.3		

2. 常见的保温隔热材料

利用热导率很低、导热热阻很大的保温隔热材料对高温和低温设备进行保温隔热,以减少设备与环境间的热交换,减少热损失,即削弱传热。常见的保温隔热材料见表 2-9。

表 2-9 常见的保温隔热材料

材料名称	主要成分	密度/(kg/m³)	热导率/[W/(m·K)]	特　性
碳酸镁石棉	85%石棉纤维、15%碳酸镁	180	50℃,0.09~0.12	保温用涂抹材料,耐温 300℃
碳酸镁砖	碳酸镁、氧化镁	380~360	50℃,0.07~0.12	泡花碱黏结剂,耐温 300℃
碳酸镁管	85%石棉纤维、15%碳酸镁石棉	280~360	50℃,0.07~0.12	泡花碱黏结剂,耐温 300℃
硅藻土材料	SiO_2、Al_2O_3、Fe_2O_3	280~450	<0.23	耐温 800℃
泡沫混凝土	SiO_2 和 Al_2O_3	300~570	<0.23	耐温 250~300℃,大规模保温
矿渣棉	高炉渣制成棉	200~300	<0.08	耐温 700℃,大面积保温填料
膨胀蛭石	镁铝铁含水硅酸盐	60~250	<0.07	耐温<1000℃
蛭石水泥管	复杂的铁、镁含水硅铝酸盐类矿物	430~500	0.09~0.14	耐温<800℃
蛭石水泥板	复杂的铁、镁含水硅铝酸盐类矿物	430~500	0.09~0.14	耐温<800℃
沥青蛭石管	镁铝铁含水硅酸盐	350~400	0.08~0.1	保冷材料
超细玻璃棉	石英砂、长石、硅酸钠、硼酸等	18~30	0.032	−120~400℃
软木	常绿树木栓层制成	120~200	0.035~0.058	保冷材料

二、保温层厚度的确定

1807 年,傅里叶通过实验(见图 2-17)得到了导热的基本规律——傅里叶定律。

$$Q = \frac{t_1 - t_2}{\dfrac{b}{\lambda S}} = \frac{\Delta t}{R} = \frac{\text{导热推动力}}{\text{热阻}} \tag{2-1}$$

式中　Q——导热速率,W;
　　　λ——热导率,W/(m·℃);
　　　S——导热面积,m²;
　　　Δt——平壁两侧表面的温度差,℃;
　　　b——平壁的厚度,m。

将式(2-1)变形得:

$$q = \frac{Q}{S} = \frac{t_1 - t_2}{\dfrac{b}{\lambda}} \tag{2-1a}$$

式中　q——单位面积上的传热速率,称为热通量,W/m²。

式(2-1)说明,导热速率的大小与导热的温度差(导热

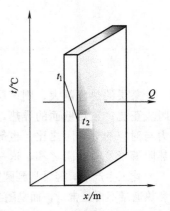

图 2-17 单层平壁导热

的推动力）成正比，与导热面积成正比，与热导率成正比，与壁面的厚度成反比。

应用热阻的概念，对传热过程的分析和计算都是非常有用的。对于导热，壁面越厚，导热面积和热导率越小，其热阻越大。

【例 2-1】 普通砖平壁厚度为 500mm，一侧为 300℃，另一侧温度为 30℃，已知平壁的平均热导率为 0.9W/(m·℃)，试求：

(1) 通过平壁的导热通量，W/m^2；
(2) 平壁内距离高温侧 168.8℃处的厚度。

解 （1）由式 (2-1a)，有：

$$q = \frac{Q}{S} = \frac{t_1 - t_2}{\frac{b}{\lambda}} = \frac{300 - 30}{\frac{0.5}{0.9}} = 486 \ (W/m^2)$$

（2）由式 (2-1a) 可得：

$$b = \frac{\lambda}{q}(t_1 - t_2) = \frac{0.9}{486} \times (300 - 168.8) = 300 \ (mm)$$

由计算可知，热量散失很快，壁面越厚，温度降低得越多。

工程上常遇到多层不同材料组成的平壁，例如工业用的窑炉，其炉壁通常由耐火砖、保温砖以及普通建筑砖由里向外构成，其中的导热称为多层平壁导热。下面以图 2-18 所示的三层平壁为例，说明多层平壁导热的计算方法。由于是平壁，各层壁面面积可视为相同，设均为 S，各层壁面厚度分别为 b_1、b_2 和 b_3，热导率分别为 λ_1、λ_2 和 λ_3，假设层与层之间接触良好，即互相接触的两表面温度相同。各表面温度分别为 t_1、t_2、t_3 和 t_4，且 $t_1 > t_2 > t_3 > t_4$，则在稳态导热时，通过各层的导热速率必定相等，即 $Q_1 = Q_2 = Q_3 = Q$

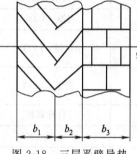

图 2-18 三层平壁导热

$$Q = \frac{\Delta t_1}{R_1} = \frac{\Delta t_2}{R_2} = \frac{\Delta t_3}{R_3} = \frac{\Delta t_1 + \Delta t_2 + \Delta t_3}{R_1 + R_2 + R_3} \tag{2-2}$$

即

$$Q = \frac{t_1 - t_4}{\frac{b_1}{\lambda_1 S} + \frac{b_2}{\lambda_2 S} + \frac{b_3}{\lambda_3 S}} = \frac{\sum \Delta t}{\sum R} = \frac{\text{总导热推动力}}{\text{总热阻}} \tag{2-3}$$

对 n 层平壁，其导热速率方程式为：

$$Q = \frac{\sum_{i=1}^{n} \Delta t_i}{\sum_{i=1}^{n} R_i} = \frac{t_1 - t_{n+1}}{\sum_{i=1}^{n} \frac{b_i}{\lambda_i S}} \tag{2-4}$$

某层的热阻越大，则该层两侧的温度差（推动力）也越大，换言之，温度差与相应的热阻成正比；三层壁面的导热，可看成是三个热阻串联导热，导热速率等于任一分热阻的推动力与对应的分热阻之比，也等于总推动力与总热阻之比，总推动力等于各分推动力之和，总热阻等于各分热阻之和，这一规律对其他传热场合同样适用。

化工生产中，经常遇到圆筒壁的导热问题，它与平壁导热的不同之处在于圆筒壁的传热面积和热通量不再是常量，而是随半径而变，同时温度也随半径而变，但传热速率在稳态时依然是常量。对单层圆筒壁，工程上可用圆筒壁的内、外表面积的平均值来计算圆筒壁的导热速率。

$$Q = 2\pi l\lambda \frac{t_1-t_2}{\ln\frac{r_2}{r_1}} = \frac{t_1-t_2}{\frac{b}{\lambda S_m}} = \frac{传热推动力}{热阻} \tag{2-5}$$

其中
$$S_m = 2\pi r_m l \tag{2-5a}$$

对数平均半径：
$$r_m = \frac{r_2-r_1}{\ln\frac{r_2}{r_1}} \tag{2-5b}$$

在工程上，多层圆筒壁的导热情况也比较常见，例如：在高温或低温管道的外部包上一层乃至多层保温材料，以减少热损（或冷损）；在反应器或其他容器内衬以工程塑料或其他材料，以减小腐蚀；在换热器换热管的内、外表面形成污垢等。

以三层圆筒壁为例，假设各层之间接触良好，各层的热导率分别为 λ_1、λ_2 和 λ_3，厚度分别为 $b_1=r_2-r_1$，$b_2=r_3-r_2$ 和 $b_3=r_4-r_3$，根据串联导热过程的规律，可写出三层圆筒壁的导热速率方程式为：

$$Q = \frac{t_1-t_4}{\frac{b_1}{\lambda_1 S_{m1}}+\frac{b_2}{\lambda_2 S_{m2}}+\frac{b_3}{\lambda_3 S_{m3}}} = \frac{\sum \Delta t}{\sum R} = \frac{总推动力}{总热阻} \tag{2-6}$$

也可写为：

$$Q = \frac{t_1-t_4}{\frac{\ln(r_2/r_1)}{2\pi l\lambda_1}+\frac{\ln(r_3/r_2)}{2\pi l\lambda_2}+\frac{\ln(r_4/r_3)}{2\pi l\lambda_3}} \tag{2-6a}$$

【例 2-2】 在案例 1 中，如果炉体是由厚 20mm 钢板和一层耐火砖和一层普通砖厚度均为 100mm 组成，钢的热导率 $\lambda=58W/(m\cdot K)$，保温层的热导率分别为 $0.9W/(m\cdot K)$ 及 $0.7W/(m\cdot K)$。要使烃类裂解完全，必须保持炉壁的温度在 1015～1100K（初期～末期），待其操作稳定后，测得炉壁的内表面温度为 1015K，外表面温度 403K，要使其外表面温度不超过 303K。要再加多厚的保温层 ［取其热导率为 $0.06W/(m\cdot K)$］ 才能符合要求？

解 加保温层后热传导速率为：

$$\frac{Q}{S} = \frac{t_1-t_4}{\frac{b_1}{\lambda_1}+\frac{b_2}{\lambda_2}+\frac{b_3}{\lambda_3}} = \frac{1015-403}{\frac{0.02}{58}+\frac{0.1}{0.9}+\frac{0.1}{0.7}} = 2433 \ (W/m^2)$$

根据导热速率不变，当 $t_5=303K$ 时，需加保温层的厚度为 b_4。

$$\frac{Q}{S} = \frac{t_1-t_5}{\frac{b_1}{\lambda_1}+\frac{b_2}{\lambda_2}+\frac{b_3}{\lambda_3}+\frac{b_4}{\lambda_4}} = \frac{1015-303}{\frac{0.02}{58}+\frac{0.1}{0.9}+\frac{0.1}{0.7}+\frac{b_4}{0.06}} = 2433 \ (W/m^2)$$

得 $b_4=2.3mm$。

计算结果表明，虽然保温层的厚度不大，但由于其热导率很小，所以它的保温效果很好。

第四节 工业换热

一、生产任务的确定

工业上的换热过程多在间壁式换热器中进行，如图 2-19 所示为冷、热流体通过间壁式换热的温度分布情况，冷、热流体被固体壁面（如列管换热器的管壁）隔开，它们分别在壁

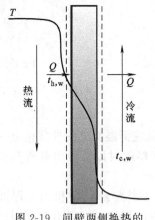

图 2-19 间壁两侧换热的温度分布情况

面的两侧流动，热流体以对流传热（给热）方式将热量传给壁面一侧，壁面以导热方式将热量传到壁面另一侧，再以对流传热（给热）方式传给冷流体。因此工业上的换热过程既包含传导，又包含对流传热，导热速率的计算前面已作介绍，下面介绍对流传热速率的计算。

1. 对流传热速率的计算

对流传热与流体的流动状况及流体的性质有关，其影响因素很多。对流传热速率可用下式表示：

$$Q=\alpha S \Delta t = \frac{\Delta t}{\frac{1}{\alpha S}} \tag{2-7}$$

式中　　α——对流传热系数，$W/(m^2 \cdot ℃)$；

$1/\alpha S$——对流传热热阻，$℃/W$；

Δt——流体与壁面（或反之）间温度差，$℃$，它是对流传热的推动力。

上式是将复杂的对流传热问题，用一简单的关系式来表达，实质上是将矛盾集中在对流传热系数 α 上。因此，研究对流传热系数的影响因素及其求取方法，便成为解决对流传热问题的关键。

对流传热系数反映了对流传热的强度，对流传热系数 α 越大，说明对流强度越大，对流传热热阻越小。对流传热系数 α 不同于热导率 λ，它不是物性，而是受诸多因素影响的一个参数。

影响对流传热系数的因素一般有如下几种。

① 流体的种类及相变情况：流体的相态不同，如液体、气体和蒸汽，它们的对流传热系数各不相同。流体有无相变，对传热有不同的影响，一般流体有相变时的对流传热系数较无相变时的大。

② 流体的性质：影响对流传热系数的因素有热导率、比热容、黏度和密度等。对同一种流体，这些物性又是温度的函数，有些还与压强有关。

③ 流体的流动状态：当流体呈湍流时，随着 Re 的增大，滞流内层的厚度减薄，对流传热系数增大。当流体呈滞流时，流体在传热方向上无质点位移，故其对流传热系数较湍流时的小。

④ 传热面的形状、位置及大小：传热面的形状（如管内、管外、板、翅片等）、传热面的方位、布置（如水平或垂直放置、管束的排列方式等）及传热面的尺寸（如管径、管长、板高等）都对对流传热系数有直接的影响。

⑤ 流体流动的原因：自然对流与强制对流的流动原因不同，其传热规律也不相同。一般强制对流传热时的对流传热系数较自然对流传热的大。

对在圆形直管内作强制湍流且无相变，其黏度小于 2 倍常温水的黏度的流体，在流体温度一定的情况下，流体的物性均为定值，此时，对流传热系数式可以写成：

$$\alpha = 0.023 \frac{\lambda}{d_i} \left(\frac{d_i u \rho}{\mu}\right)^{0.8} \left(\frac{c_p \mu}{\lambda}\right)^n \tag{2-8}$$

式中　　λ——流体热导率；

μ——流体黏度；

ρ——流体密度；

d_i——管内径；

C_p——定性温度下的比热容;被加热时 $n=0.4$;被冷却时 $n=0.3$。

当温度不变时,流体的物性不变,上式可写成:

$$\alpha = B \frac{u^{0.8}}{d^{0.2}} \tag{2-9}$$

式中,B 为常数。

α 与流体的流速 $u^{0.8}$ 成正比,与管子的管径 $d^{0.2}$ 成反比。即增大流速和减小管径都能增大对流传热系数,但以增大流速更为有效。这一规律对流体无相变时的其他情况也基本适用。此外,不断改变流体的流动方向,也能使 α 得到提高。几种常见情况传热系数的数值范围如表 2-10 所示。

表 2-10 α 值的范围

对流传热类型 (无相变)	$\alpha/[W/(m^2 \cdot K)]$	对流传热类型 (有相变)	$\alpha/[W/(m^2 \cdot K)]$
气体加热或冷却	5~100	有机蒸气冷凝	500~2000
油加热或冷却	60~1700	水蒸气冷凝	5000~15000
水加热或冷却	200~15000	水沸腾	2500~25000

2. 换热器生产任务的确定

在换热器计算时,首先需要确定换热器的热负荷。若热损失忽略,根据能量守恒,热流体放出的热量等于冷流体吸收的热量。热负荷可采用以下方法计算。

(1) 焓差法

$$Q = q_{m,h}(H_1 - H_2) = q_{m,c}(h_2 - h_1) \tag{2-10}$$

式中 $q_{m,h}$——热流体的质量流量;
$q_{m,c}$——冷流体的质量流量;
H_1——热流体的进口焓;
H_2——热流体的出口焓;
h_1——冷流体的进口焓;
h_2——冷流体的进口焓。

(2) 显热法 无相变化时

$$Q = q_{m,h}C_{p,h}(T_1 - T_2) = q_{m,c}C_{p,c}(t_2 - t_1) \tag{2-11}$$

式中 $C_{p,h}$——热流体定性温度下的比热容;
$C_{p,c}$——冷流体定性温度下的比热容;
T_1——热流体的进口温度;
T_2——热流体的出口温度;
t_1——冷流体的进口温度;
t_2——热流体的出口温度。

(3) 潜热法 此法用于载热体在热交换中发生相的变化

$$Q = q_{m,h}r_h = q_{m,c}r_c \tag{2-12}$$

式中 r_h——热流体的汽化潜热;
r_c——冷流体的汽化潜热。

热负荷是生产上要求换热器单位时间内传递的热量,是换热器的生产任务。传热速率是换热器单位时间能够传递的热量,是换热器的生产能力,主要由换热器自身的性能决定。为保证换热器完成传热任务,应使换热器的传热速率大于或至少等于其热负荷。

在换热器的选型(或设计)中,可这样处理:先用热负荷代替传热速率,利用传热方程式求得传热面积后,再考虑一定的安全余量。这样选择(或设计)出来的换热器,就能够按要求完成传热任务。

对于间壁式换热器,以单位时间为基准,换热器中热流体放出的热量(或称热流体的传热量)等于冷流体吸收的热量(或称冷流体的传热量)加上散失到空气中的热量(热量损失,简称热损),即

$$Q_h = Q_c + Q_L \tag{2-13}$$

式中　Q_h——热流体放出的热量,kJ/s 或 kW;

　　　Q_c——冷流体吸收的热量,kJ/s 或 kW;

　　　Q_L——热损失,kJ/s 或 kW。

当换热器保温性能良好,热损可以忽略不计时,$Q_h = Q_c$。此时,热负荷取 Q_h 或 Q_c 均可。当热损不能不计时,哪种流体走管程,就取该流体的传热量作为换热器的热负荷。

二、载热体的确定

在案例 1、2 中,都有冷、热两种流体参与换热。在换热过程中,温度较高放出热量的流体称为热流体;温度较低吸收热量的流体称为冷流体。若换热的目的是为了将冷流体加热,此时热流体称为加热剂(heat solvent);若换热的目的是为了将热流体冷却(或冷凝),此时冷流体称为冷却剂(cooling solvent)(或冷凝剂 condensate solvent)。

加热和冷却是两种相反又相辅的操作过程。如果生产中有一冷流体需要加热,又有一热流体需要冷却,只要两者的温度变化的要求能够达到,就应当尽可能让这两种流体进行换热,而不必分别进行加热和冷却。这样操作既充分利用了热能,又省去了加热和冷却用载热体及相应设备。但是当达不到两者的温度变化要求时,就必须采用专门的加热和冷却方法。

载热体的选用原则

① 满足工艺要求的温度。

② 载热体的温度要易于调节。

③ 饱和蒸气压低,热稳定性好。

④ 载热体应具有化学稳定性,使用过程中不会分解或变质。

⑤ 为了安全起见,载热体应无毒或毒性较小、不易燃、不易爆、腐蚀性小、安全可靠。

⑥ 价格低廉、来源广泛。

工业上采用的载热体及其适用范围列于表 2-11,供选用时参考。

例:在生产染料中间体 1,5-二硝基蒽醌时,同时产生 1,8-二硝基蒽醌,在分离二者时,加入糠醛溶剂,使 1,8-二硝基蒽醌溶解在糠醛中,通过过滤后再把糠醛蒸发出去,在蒸出糠醛时需要加热到 160℃左右,然后还要冷却,得到糠醛溶剂回收再用,对于这样的加热和冷却过程,我们如何选择加热剂和冷却剂呢?

对于加热剂,从表 2-11 中可知,饱和水蒸气、联苯混合物、四氯联苯、熔盐都可以加热糠醛达到沸点温度,而联苯混合物昂贵,易渗透软性石棉填料,蒸气易燃烧,会刺激人的鼻黏膜;四氯联苯蒸气可使人肝脏发生疾病;熔盐温度偏高,比热容小;只有饱和水蒸气温度范围接近,易于调节,冷凝潜热大,热利用率高,无毒、价廉,所以饱和水蒸气是蒸发糠醛的最佳加热剂。

对于冷却剂,水、空气、盐水都可以把糠醛冷却,而空气作为冷却剂时冷却的温度要高于 30℃,如果是夏天,冷却效果不好;盐水虽然冷却温度较低,相对于水来说代价较高;只有水把物料冷却到常温时,价廉、来源方便,用河水就可以作冷却剂,所以水是冷却糠醛

蒸气的最佳冷却剂。

从上面的示例分析中可以看出，选择加热剂或冷却剂时，应全面考虑，综合利弊，选出最佳的载热体。

表 2-11 载热体的种类及适用范围

	载热体名称	温度范围/℃	优　点	缺　点
加热剂	热水	40～100	可利用工业废水和冷凝水废热作为回收	只能用于低温,传热状况不好,本身易冷却,温度不易调节
	饱和水蒸气	100～180	易于调节,冷凝潜热大,热利用率高	温度升高,压力也升高,设备有困难。180℃时对应的压力10MPa
高温载热体	联苯混合物	液体:15～255 蒸气:255～380	加热均匀,热稳定性好,温度范围宽,易于调节,高温时蒸气压很低,热焓值与水蒸气接近,对普通金属不腐蚀	昂贵,易渗透软性石棉填料,蒸气易燃烧,但不爆炸,会刺激人的鼻黏膜
	水银蒸气	400～800	热稳定性好,沸点高,加热温度范围大,蒸气压低	剧毒,设备操作困难
	氯化铝-溴化铝共熔混合物蒸气	200～300	500℃以下,混合蒸气是热稳定的,不含空气时对黑色金属无腐蚀,不燃烧不爆炸,无毒,价廉,来源较方便	蒸气压较大,300℃以上1.22MPa
	矿物油	≤250	不需要高压加热,温度较高	黏度大,传热系数小,热稳定性差,超过250℃时易分解,易着火,调节困难
	甘油	200～250	无毒,不爆炸,价廉,来源方便,加热均匀	极易吸水,且吸水后沸点急剧下降
	四氯联苯	100～300	400℃以下有较好的热稳定性,蒸气压低,对铁、钢、不锈钢、青铜等均不腐蚀	蒸气可使人肝脏发生疾病
	熔盐	142～530	常压下温度高	比热容小
	烟道气	≥1000	温度高	传热差,比热容小,易局部过热
	电热法	可达3000	温度范围大,可达特高温度,易调节	成本高
冷却剂	水	0～8	价廉,来源方便	
	空气	>30	价廉,在缺水地区尤为适宜	
	盐水	-15～30	用于低温冷却	
	氨蒸气	<-15	用于冷冻工业	

三、换热面积的确定

1. 传热基本方程

$$Q = KS\Delta t_m = \frac{\Delta t_m}{\frac{1}{KS}} = \frac{\Delta t_m}{R} = \frac{传热总推动力}{总阻力} \tag{2-14}$$

$$q = \frac{Q}{S} = \frac{\Delta t_m}{\frac{1}{K}} = \frac{\Delta t_m}{R'} \tag{2-15}$$

式中　Q——传热速率，W；
　　　q——热通量，W/m²；
　　　K——比例系数，称为总传热系数，W/(m²·K)；
　　　S——传热面积，m²；
　　Δt_m——换热器的传热推动力，或称传热平均温度差，K；
　　　R——换热器的总热阻，$R=1/(KS)$，K/W；
　　　R'——换热器的总热阻，$R'=1/K$，(m²·K)/W。

对于一定的传热任务，确定换热器所需传热面积是选择（或设计）换热器的主要任务。由传热方程式可知，要计算传热面积，必须先求得传热速率 Q、传热平均温度差 Δt_m 以及传热系数 K，这些量的求取涉及热量衡算、传热推动力、各种传热方式的规律等有关理论和计算。

传热速率 Q 的计算方法已在前面介绍。

2. 传热温度差的计算

在间壁式换热器中，按照参加热交换的两种流体，沿着换热器的传热面流动时，根据各点温度变化的情况，可将传热过程分为恒温传热和变温传热两种。

（1）恒温传热　传热时，冷热两种流体的温度都维持不变，如间壁一侧为饱和蒸汽的冷凝，冷凝温度恒定为 T，另一侧为液体的沸腾，沸腾温度恒定为 t，因此两流体间的传热温度差亦为定值，可表示为

$$\Delta t_m = T - t \tag{2-16}$$

（2）变温传热　间壁一边流体变温，而另一边流体恒温或间壁两侧流体均随传热面位置的不同温度发生变化，即属变温传热。图 2-20 为一侧流体变温时温度沿管长的变化情况，图 2-21 为两侧流体变温时温度沿管长的变化情况。变温传热平均温度差 Δt_m 的计算，与流体的流向有关。

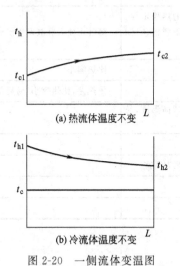

图 2-20　一侧流体变温图

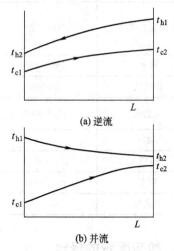

图 2-21　两侧流体变温图

间壁式换热器两侧流体的流动有以下形式。

逆流：参与热交换的两种流体在间壁的两边分别以相反的方向运动。

并流：参与热交换的两种流体在间壁的两边以相同的方向流动。

错流：参加热交换的两种流体在间壁的两边，呈垂直方向流动。

折流：参加热交换的两种流体在间壁两边，其中之一只沿一个方向流动，而另一侧流体反复改变流向，称为简单折流。若两流体均作折流，或既有折流又有错流的称为复杂折流。

变温传热时，沿传热面冷热流体的温差是变化的，因此在传热计算中应求取传热过程的平均温度差 Δt_m。

$$\Delta t_m = \frac{\Delta t_1 - \Delta t_2}{\ln \frac{\Delta t_1}{\Delta t_2}} \tag{2-17}$$

式中　Δt_m——对数平均温度差，K；
　Δt_1，Δt_2——换热器两端热、冷流体温度差，K。

逆流、并流传热过程的温差变化见图 2-22。

说明：① 逆流时　$\Delta t_1 = T_1 - t_2$　　$\Delta t_2 = T_2 - t_1$
　　　　并流时　$\Delta t_1 = T_1 - t_1$　　$\Delta t_2 = T_2 - t_2$

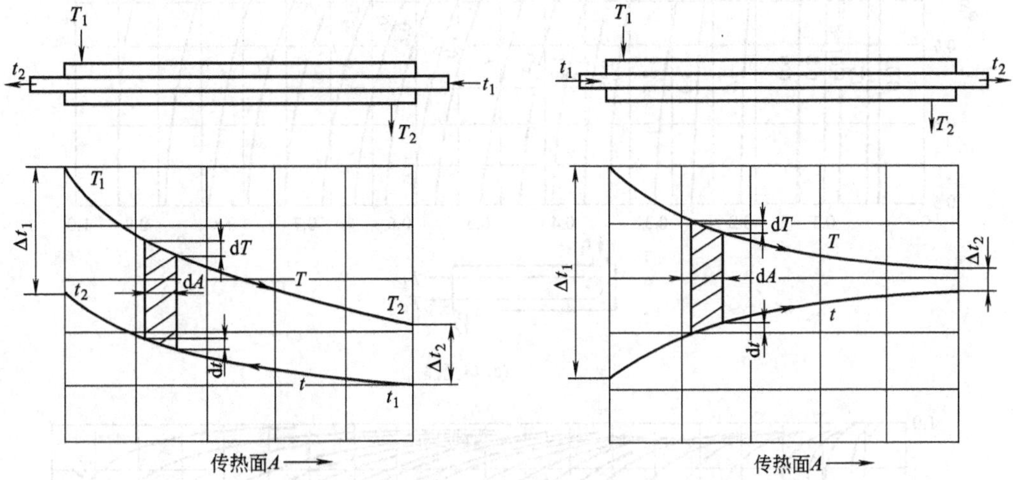

图 2-22　逆流、并流传热过程的温差变化

② 当 $\Delta t_1/\Delta t_2 < 2$ 时，可近似用算术平均值 $(\Delta t_1 + \Delta t_2)/2$ 代替对数平均值，其误差不超过 4%。

③ 进、出口条件相同时，$\Delta t_{m,逆} > \Delta t_{m,并}$。工业上，一般采用逆流操作（增大传热温差，在同样的条件下可节省传热面积）。

④ 对于错流和折流时的平均温度差，先按逆流计算对数平均温差 $\Delta t_{m,逆}$，再乘以考虑流动形式的温差校正系数 $\phi_{\Delta t}$，即

$$\Delta t_m = \phi_{\Delta t} \Delta t_{m,逆} \tag{2-18}$$

$\phi_{\Delta t} < 1$，一般 $\phi_{\Delta t}$ 不宜小于 0.8，否则使 Δt_m 过小，很不经济。
根据参数 R、P，查图 2-23，可知 $\phi_{\Delta t}$。

$$R = \frac{T_1 - T_2}{t_2 - t_1} = \frac{热流体的温降}{冷流体的温升} \tag{2-19}$$

$$P = \frac{t_2 - t_1}{T_1 - t_1} = \frac{冷流体的温升}{两流体的最初温差} \tag{2-20}$$

3. 传热系数的计算

传热系数是衡量换热器性能的重要指标之一，其大小主要取决于流体的物性、传热过程的操作条件及换热器的类型等。获取传热系数的方法主要有以下几种。

(1) 根据传热系数的计算公式

由

$$Q = \frac{\Delta t_m}{\frac{1}{\alpha_i S_i} + \frac{b}{\lambda S_m} + \frac{1}{\alpha_o S_o}} \tag{2-21}$$

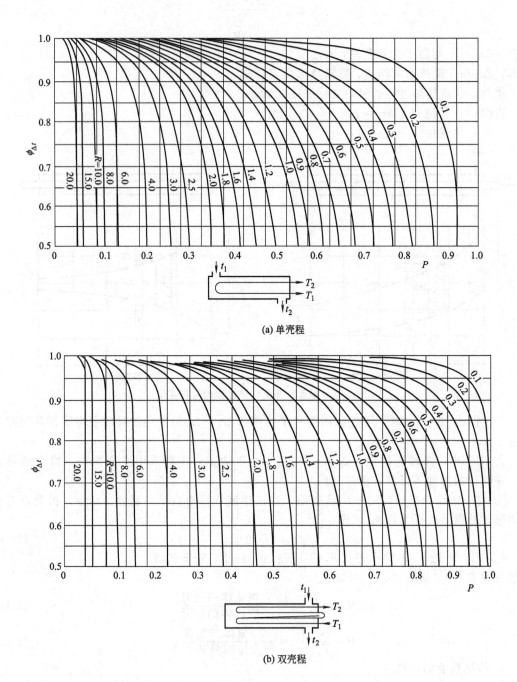

(a) 单壳程

(b) 双壳程

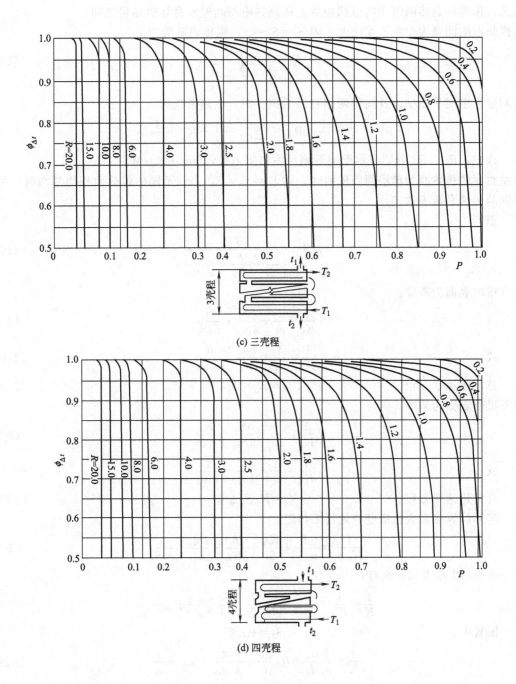

(c) 三壳程

(d) 四壳程

图 2-23 对数平均温差校正系数图

得
$$KS = \frac{1}{\frac{1}{\alpha_i S_i} + \frac{b}{\lambda S_m} + \frac{1}{\alpha_o S_o}} \tag{2-22}$$

意义：传热的总热阻等于间壁两边对流传热热阻与间壁本身导热热阻之和。

当换热器的间壁为单层平面壁时，因 $S_i = S_o = S$，则传热系数为：

$$K = \frac{1}{\frac{1}{\alpha_i} + \frac{b}{\lambda} + \frac{1}{\alpha_o}} \tag{2-23}$$

若间壁为多层平面壁以及间壁两侧有污垢积存时，传热系数为：

$$\frac{1}{K} = \frac{1}{\alpha_i} + R_{\alpha_i} + \sum \left(\frac{b}{\lambda}\right)_i + R_{\alpha_o} + \frac{1}{\alpha_o} \tag{2-24}$$

式中，R_{α_i}、R_{α_o} 分别表示壁面两侧污垢热阻系数，$(m^2 \cdot K)/W$。

若换热器的传热面为单层圆筒壁面时，则 $S_i \neq S_o \neq S$，当以不同的传热面积作基准时，可得不同的传热系数表达式：

根据
$$KS = \frac{1}{\frac{1}{\alpha_i S_i} + \frac{b}{\lambda S_m} + \frac{1}{\alpha_o S_o}} \tag{2-25}$$

以管壁内表面为基准：
$$\frac{1}{K_i} = \frac{1}{\alpha_i} + \frac{bS_i}{\lambda S_m} + \frac{S_i}{\alpha_o S_o} \tag{2-26}$$

或
$$\frac{1}{K_i} = \frac{1}{\alpha_i} + \frac{bd_i}{\lambda d_m} + \frac{d_i}{\alpha_o d_o} \tag{2-26a}$$

总传热速率方程：
$$Q = K_i S_i \Delta t_m \tag{2-26b}$$

以管壁外表面为基准：
$$\frac{1}{K_o} = \frac{1}{\alpha_o} + \frac{bS_o}{\lambda S_m} + \frac{S_o}{\alpha_i S_i} \tag{2-27}$$

或
$$\frac{1}{K_o} = \frac{1}{\alpha_o} + \frac{bd_o}{\lambda d_m} + \frac{d_o}{\alpha_i d_i} \tag{2-27a}$$

总传热速率方程：
$$Q = K_o S_o \Delta t_m \tag{2-27b}$$

实际计算热阻应包括壁两侧污垢热阻：

$$\frac{1}{K_o S_o} = \frac{1}{\alpha_i S_i} + \frac{R_{di}}{S_i} + \frac{b}{\lambda S_m} + \frac{R_{do}}{S_o} + \frac{1}{\alpha_o S_o} \tag{2-28}$$

将 K_o 用 K 表示，则有：

$$\frac{1}{K} = \frac{1}{K_o} = \frac{1}{\alpha_i} \frac{S_o}{S_i} + R_{di} \frac{S_o}{S_i} + \frac{b}{\lambda} \frac{S_o}{S_m} + R_{do} + \frac{1}{\alpha_o} \tag{2-29}$$

圆管中：
$$S_o = \pi d_o L$$

$$\frac{1}{K} = \frac{1}{\alpha_i} \frac{d_o}{d_i} + R_{di} \frac{d_o}{d_i} + \frac{b}{\lambda} \frac{d_o}{d_m} + R_{do} + \frac{1}{\alpha_o} \tag{2-29a}$$

其中，$d_m = \dfrac{d_o - d_i}{\ln \dfrac{d_o}{d_i}}$ 近似取：$d_m = \dfrac{1}{2}(d_o + d_i)$

平壁：
$$S_i = S_o = S_m$$

$$\frac{1}{K_o} = \frac{1}{K_i} = \frac{1}{K_m} = \frac{1}{\alpha_i} + R_{di} + \frac{b}{\lambda} + \frac{1}{\alpha_o} + R_{do} \tag{2-29b}$$

(2) 生产现场测定　对已有换热器，传热系数 K 可通过现场测定法来确定。具体方法如下：

① 现场测定有关数据（如设备的尺寸、流体的流量和进出口温度等）；
② 根据测定数据求得传热速率 Q、传热温度差 Δt_m 和传热面积 S；
③ 由传热基本方程计算 K 值。

这样得到的 K 值可靠性较高，但其使用范围受到限制，只有与所测情况一致的场合（包括设备的类型、尺寸、流体的性质、流动状况等）才准确。如使用情况与测定情况相似，所测 K 值仍有一定参考价值。

实测 K 值，不仅可以为换热器的计算提供依据，而且可以帮助分析换热器的性能，以便寻求提高换热器传热能力的途径。

(3) 选取经验值　在换热器的工艺设计过程中，参阅工艺条件相仿、设备类似而又比较成熟的传热系数经验数据，是一个简便、快捷获取 K 值的方法。表 2-12 中列出了工业换热器中传热系数的大致范围，可供使用中查阅。

表 2-12　化工中常见传热过程的 K 值范围

换热流体	$K/[\mathrm{W}/(\mathrm{m}^2 \cdot \mathrm{K})]$	换热流体	$K/[\mathrm{W}/(\mathrm{m}^2 \cdot \mathrm{K})]$
气体-气体	10～30	冷凝水蒸气-气体	10～50
气体-有机物	10～40	冷凝水蒸气-有机物	50～400
气体-水	10～60	冷凝水蒸气-水	300～2000
油-油	100～300	冷凝水蒸气-沸腾轻油	500～1000
油-水	150～400	冷凝水蒸气-沸腾溶液	300～2500
水-水	800～1800	冷凝水蒸气-沸腾水	2000～4000

4. 传热面积的确定

计算热负荷、平均温度差和传热系数的目的，都在于最终确定换热器所需的传热面积。换热器传热面积可以通过传热速率式得出。

$$S = \frac{Q}{K \Delta t_m} \tag{2-30}$$

为了安全可靠和在生产发展时留有余地，实际生产中还往往考虑 10%～25% 的安全系数，即实际采用的传热面积要比计算得到的传热面积大 10%～25%。

在化工生产中广泛使用套管式和列管式换热器，依据式（2-31）可进一步确定管子根数。

$$S = n\pi dL \tag{2-31}$$

式中　n——管子的根数；
　　　d——管子的直径，m；
　　　L——管子的长度，m。

在实际生产中，确定换热器的传热面积是一个反复核算过程，这里从略。

第五节　换热器的操作与选用

一、换热器的操作

1. 换热器的操作

(1) 列管式换热器的流程　固定管板式列管换热器，主要由壳体、封头、管束、管板等部件构成，如图 2-24 所示。操作时一种流体由封头上的接管进入器内，经封头与管板间的空间（分配室）分配至各管内，流过管束后，从另一端封头上的接管流出换热器。另一种流体由壳体上的接管流入，壳体内装有若干块折流挡板，流体在壳体内沿折流挡板作折流流动，从壳体上的接管流出换热器。两流体在换热器内隔着管壁进行换热。通常将流经管内的流体称为管程（管方）流体；将流经管外的流体称为壳程（壳方）流体。当在换热器内，管程流体和壳程流体均只一次流过换热器，没有回头，则称为单管程单壳程列管换热器。为改善换热器的传热，工程上常采用多程换热器。

双管程单壳程列管换热器，如图 2-25 所示，封头内隔板将分配室一分为二，管程流体只能先通过一半管束，流到另一端分配室后再折回流过另一半管束，然后流出换热器。由于流体在管束内流经两次，故为双管程列管换热器；若流体在管束内来回流过多次，则称多管程。一般，除单管程外，管程数为偶数，有二、四、六、八程等，但随着管程数的增加，流动阻力迅速增大，因此管程数不宜过多，一般为二、四管程。在壳体内，也可在与管束轴线平行方向设置纵向隔板，使壳程分为多程，但是由于制造、安装及维修上的困难，工程上较少使用，通常采用折流挡板，以改善壳程传热。

图 2-24　固定管板式换热器

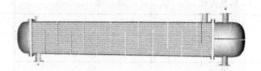
图 2-25　双管程单壳程列管换热器内部结构

(2) 列管式换热器的基本操作

① 开车步骤。

a. 检查装置上的仪表、阀门等是否齐全好用。

b. 打开冷凝水阀，排放积水；打开放空阀，排除空气和不凝性气体，放净后逐一关闭。

c. 打开冷流体进口阀并通入流体，而后打开热流体入口阀，缓慢或逐次地通入。做到先预热后加热，防止骤冷骤热对换热器寿命的影响。通入的流体应干净，以防结垢。

d. 调节冷、热流体的流量，以达到工艺要求所需的温度。

e. 经常检查冷热流体的进出口温度和压力变化情况，如有异常现象，应立即查明原因，排除故障。

f. 在操作过程中，换热器的一侧若为蒸汽的冷凝过程，则应及时排放冷凝液和不凝气体，以免影响传热效果。

g. 定时分析冷热流体的变化情况，以确定有无泄漏，如泄漏及时修理。

h. 定期检查换热器及管子与管板的连接处是否有损坏，外壳有无变形以及换热器有无振动现象。若有应及时排除。

② 停车步骤。在停车时，应先停热流体，后停冷流体，并将壳程及管程内的液体排净，以防换热器冻裂和锈蚀。

在操作使用换热器时，必须注意如下几个方面。

a. 投产前应检查压力表、温度计、液位计以及有关阀门是否齐全好用。

b. 输进蒸汽前先打开冷凝水排放阀门，排除积水和污垢；打开放空阀，排除空气和其他不凝性气体。

c. 换热器投产时，要先通入冷流体，缓慢或数次通入热流体，做到先预热后加热，切忌骤冷骤热。

d. 如果含有大颗粒固体杂质和纤维质，一定要提前过滤和清除，防止堵塞通道。

e. 经常检查两种流体的进出口温度和压力，发现温度、压力超出正常范围时，要立即查出原因，采取措施，使之恢复正常。

f. 定期分析流体的成分，以确定有无内漏，以便及时处理。

g. 定期检查换热器有无渗漏、外壳有无变形以及有无振动。定期排放不凝性气体和冷凝液，定期进行清洗。

③ 具体操作要点如下。

a. 蒸汽加热时，必须不断排除冷凝水，同时还必须经常排除不凝性气体。

b. 热水加热时，要定期排放不凝性气体。

c. 烟道气加热时，必须时时注意被加热物料的液位、流量和蒸汽产量，还必须做到定期排污。

d. 导热油加热时，必须严格控制进出口温度，定期检查进出管口及介质流道是否结垢，做到定期排、定期放空，过滤或更换导热油。

e. 水和空气冷却时，注意根据季节变化调节水和空气的用量，用水冷却时，还要注意定期清洗。

f. 冷冻盐水冷却时，应严格控制进出口温度，防止结晶堵塞介质通道，要定期放空和排污。

g. 冷凝时，要定期排放蒸汽侧的不凝性气体，特别是减压条件下不凝性气体的排放。

2. 换热器的维护与保养

（1）列管换热器的维护和保养

① 保持设备外部整洁、保温层和油漆完好。

② 保持压力表、温度计、安全阀和液位计等仪表和附件的齐全、灵敏和准确。

③ 发现阀门和法兰连接处渗漏时，应及时处理。

④ 开停换热器时，不要将阀门开得太猛，否则容易造成管子和壳体受到冲击，以及局部骤然胀缩，产生热应力，使局部焊缝开裂或管子连接口松弛。

⑤ 尽可能减少换热器的开停次数，停止使用时，应将换热器内的液体清洗放净，防止冻裂和腐蚀。

（2）板式换热器的维护和保养

① 保持设备整洁、油漆完好，紧固螺栓的螺纹部分应涂防锈油并加外罩，防止生锈和黏结灰尘。

② 保持压力表、温度计灵敏、准确，阀门和法兰无渗漏。

③ 定期清理和切换过滤器，预防换热器堵塞。

④ 组装板式换热器时，螺栓的拧紧要对称进行，松紧适宜。

3. 换热器的常见故障和处理方法

（1）列管换热器的常见故障与处理方法　见表 2-13。

（2）板式换热器的主要故障和处理方法　见表 2-14。

4. 换热器的清洗方法

换热器的清洗有化学清洗和机械清洗两种方法，对清洗方法的选定应根据换热器的形式、污垢的类型等情况而定。一般化学清洗适用于结构较复杂的情况，如列管换热器管间、U 形管内的清洗，由于清洗剂一般呈酸性，对设备多少会有些腐蚀。机械清洗常用于坚硬的垢层、结焦或其他沉积物，但只能清洗清洗工具能够到达之处，如列管换热器的管内（卸下封头）、喷淋式蛇管换热器的外壁、板式换热器（拆开后）。常用的清洗工具有刮刀、竹板、钢丝刷、尼龙刷等。另外，还可以用高压水进行清洗。

表 2-13　列管换热器的常见故障与处理方法

故　障	产　生　原　因	处　理　方　法
传热效率下降	(1)列管结垢 (2)壳体内不凝气或冷凝液增多 (3)列管、管路或阀门堵塞	(1)清洗管子 (2)排放不凝气和冷凝液 (3)检查清理
振动	(1)壳程介质流动过快 (2)管路振动所致 (3)管束与折流板的结构不合理 (4)机座刚度不够	(1)调节流量 (2)加固管路 (3)改进设计 (4)加固机座
管板与壳体连接处开裂	(1)焊接质量不好 (2)外壳歪斜,连接管线拉力或推力过大 (3)腐蚀严重,外壳壁厚减薄	(1)清除补焊 (2)重新调整找正 (3)鉴定后修补
管束、胀口渗漏	(1)管子被折流板磨破 (2)壳体和管束温差过大 (3)管口腐蚀或胀(焊)接质量差	(1)堵管或换管 (2)补胀或焊接 (3)换管或补胀(焊)

表 2-14　板式换热器的主要故障和处理方法

故　障	产　生　原　因	处　理　方　法
密封处渗漏	(1)胶垫未放正或扭曲 (2)螺栓紧固力不均匀或紧固不够 (3)胶垫老化或有损伤	(1)重新组装 (2)调整螺栓紧固度 (3)更换新垫
内部介质渗漏	(1)板片有裂缝 (2)进出口胶垫不严密 (3)侧面压板腐蚀	(1)检查更新 (2)检查修理 (3)补焊、加工
传热效率下降	(1)板片结垢严重 (2)过滤器或管路堵塞	(1)解体清理 (2)清理

二、换热器的选用

选用换热器的原则是满足工艺和操作上的要求,确保安全生产,尽可能节省操作费用和设备费用。主要包括以下几方面。

1. 换热器型式的选择

选择换热器的型式应根据操作温度、操作压力、冷、热两流体的温度差,腐蚀性、结垢情况和检修清理等因素进行综合考虑。例如,两流体的温度差较小,又较清洁,不需经常检修,可选择结构较简单的固定管板式换热器。否则,可考虑选择浮头式换热器。从经济角度看,只要工艺条件允许,一般优先选用固定管板式换热器。

2. 流体流入空间的选择

在列管换热器的选择或设计中,哪种流体走管程,哪种流体走壳程,需合理安排,一般考虑以下原则:

① 不清洁或易结垢的物料应当流过易于清洗的一侧,对于直管管束,一般通过管内,直管内易于清洗;

② 需通过增大流速,提高 α 的流体宜选管程,因管程流通截面积小于壳程,且易采用多程来提高流速;

③ 腐蚀性流体宜走管程,以免管束和壳体同时受腐蚀;

④ 压力高的流体宜选管程,以防止壳体受压;

⑤ 饱和蒸汽宜走壳程，冷凝液易于排出，其 α 与流速无关；
⑥ 被冷却的流体一般走壳程，便于散热；
⑦ 黏度大、流量小的流体宜选壳程，因壳程的流道截面和流向都在不断变化，在 $Re>100$ 即可达到湍流。

以上各点往往不可能同时满足，应抓住主要矛盾进行选择，例如，首先从流体的压力、腐蚀性及清洗等方面的要求来考虑，然后再考虑满足其他方面的要求。

3. 流向的选择

流向有并流、逆流、错流和折流四种基本类型。在流体的进、出口温度相同的情况下，逆流的平均温度差大于其他流向的平均温度差，所以，若工艺上无特殊要求，一般采用逆流操作。但在换热器设计中有时为了有效地增加传热系数或使换热器结构合理，也常采用多程结构，这时采用折流比采用逆流更有利。

4. 流体流速的选择

流速的大小影响到传热系数、流体阻力及换热器结垢等方面。增加流速，可加大传热膜系数，减少污垢的形成，使传热系数增大。但流速增加，流体阻力增大，使动力消耗增加。另外，选择高的流速使管子数目减少，对一定的传热面积，不得不采用较长的管子或增加程数。管子太长不易清洗，单程变为多程会使平均温度差下降。因此，适宜的流速应权衡各方面因素进行选择。选择流速时，应尽可能避免在层流下流动。

表 2-15～表 2-17 列出了常用流速的范围，供选择时参考。

表 2-15　列管式换热器中常用流速范围

流体的种类		一般液体	易结垢流体	气体
流速/(m/s)	管程	0.5～3	>1	5～30
	壳程	0.2～1.5	>0.5	3～15

表 2-16　列管式换热器中不同黏度液体的最大流速

液体黏度/mPa·s	>1500	1500～500	500～1000	100～35	35～1	<1
最大流速/(m/s)	0.6	0.75	1.1	1.5	1.8	2.4

表 2-17　列管式换热器中易燃、易爆液体的安全允许流速

液体名称	乙醚、苯、二硫化碳	甲醇、乙醇、汽油	丙酮
安全允许速度/(m/s)	<1	<2～3	<10

5. 加热剂、冷却剂的选择

加热剂或冷却剂的选择将涉及投资费用，所以选择合适的加热剂或冷却剂是选择换热器中的一个重要问题。选择原则和范围见表 2-11。

6. 流体进、出口温度的确定

选用换热器时，被处理物料的进、出口温度是工艺条件所规定的。加热介质或冷却介质的进口温度一般由来源确定，但它的出口温度则需选择者确定。例如，冷却介质出口温度越高，其用量就越少，回收能量的价值也越高，同时，输送冷却介质的动力消耗即操作费用也越少。但是，冷却介质出口温度越高，传热过程的平均温差越小，设备投资费用必然增加。因此，流体出口温度的确定是一个经济上的权衡问题。一般经验要求传热平均温度差不宜小于 10℃。若换热的目的是加热冷流体，可按同样的原则确定加热介质的出口温度。

若用水作冷却剂，选择时一般取冷却水进、出口的温升 5～10℃。缺水地区选用较大的

温升，水源丰富的地区可选用较小的温升。

另外，水的出口温度不宜过高，否则结垢严重。为阻止垢层的形成，常在冷却水中添加阻垢剂或水质稳定剂。即使如此，工业冷却水的出口温度也常控制在 45℃ 以内。否则，冷却水必须进行预处理，以除去水中所含的盐类。

至于换热器的热负荷、加热剂或冷却剂的用量、温差及换热面积的计算按上节传热过程分析介绍的进行计算，这里不再赘述。

7. 换热管规格及排列

管子的排列方式有三种，如图 2-26 所示。其中正三角形排列比正方形排列更为紧凑，管外流体的湍动程度高，给热系数大，但正方形排列的管束清洗方便，对易结垢流体更为适用，如将管束旋转 45° 放置，也可提高给热系数。

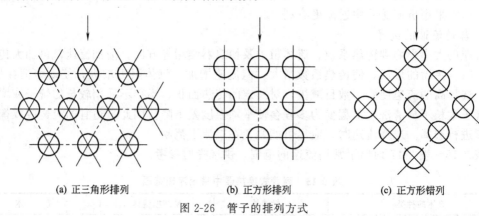

(a) 正三角形排列　　(b) 正方形排列　　(c) 正方形错列

图 2-26　管子的排列方式

管径减小，单位体积设备内的传热面积大，但更容易堵塞。目前我国换热器系列标准规定采用 $\phi 25mm \times 2.5mm$，$\phi 19mm \times 2mm$ 两种规格的管子。管长的选择以清洗方便和合理使用管材为准，我国生产的钢管长度多为 6m，国家标准规定采用的管长有 1.5m、2m、3m、6m 四种规格，以 3m 和 6m 最为普遍。

换热器选择案例：合成氨厂变换工段为回收变换气的热量以提高进饱和塔的热水温度，需设计一台列管式换热器。已知：变换气流量为 8.78×10^3 kg/h，变换气进换热器温度为 230℃，压力为 0.6MPa，热水流量为 45.5×10^3 kg/h，热水进换热器温度为 126℃，压力为 0.65MPa。要求热水升温 8℃。设变换气出换热器时的压力为 0.58MPa。

解　1. 估算传热面积

(1) 查取物性数据　水的定性温度为 $(126+134)/2 = 130℃$。变换气的平均压力 $=(0.6+0.58)/2 = 0.59$ MPa。假定变换气出换热器的温度为 134℃，则变换气的平均温度为 $=(230+134)/2 = 182℃$，查得水与变换气的物性数据如下：

介质	密度 ρ/(kg/m³)	比热容 C_p/[kJ/(kg·℃)]	黏度 μ/Pa·s	热导率 λ/[W/(m·℃)]
水	934.8	4.266	21.77×10^{-5}	0.686
变换气	2.98	1.86	1.717×10^{-5}	0.0783

(2) 热量衡算

热负荷　$Q = q_{m,c} C_{p,c} (t_2 - t_1) = 45.5 \times 10^3 \times 4.266 \times (134-126) = 1.55 \times 10^6$ (kJ/h)

变换气出口温度　$T_2 = T_1 - Q/q_{m,h} C_{p,h} = 230 - 1.55 \times 10^6/(8.78 \times 10^3 \times 1.86) = 135$ (℃)

此 T_2 值与原设 $T_2 = 134℃$ 相近，故不再试算，以上物性数据有效。

(3) 确定换热器的材料和压力等级　考虑到腐蚀性不大,合成氨厂该换热器一般采用碳钢材料,故本设计中也采用碳钢材料。本设计中压力稍大于 0.59MPa,为安全设计,采用 1.0MPa 的公称压力等级。

(4) 流体通道的选择　合成氨厂此换热器中一般是热水走管程,变换气走壳程,这是因为变换气流量比水大得多,走壳程流道截面大且易于提高其 α 值。本设计亦采用此管程、壳程流体的方案。

(5) 计算传热温差　首先计算逆流时平均温差:

$$\Delta t'_m = \frac{\Delta t_1 - \Delta t_2}{\ln \frac{\Delta t_1}{\Delta t_2}} = \frac{(230-134)-(135-126)}{\ln \frac{230-134}{135-126}} = 36.8 \text{（℃）}$$

考虑到管程可能是 2、4 程,但壳程数为 1。

$$P = \frac{t_2 - t_1}{T_1 - t_1} = \frac{134-126}{230-126} = 0.077$$

$$R = \frac{T_1 - T_2}{t_2 - t_1} = \frac{230-135}{134-126} = 11.9$$

查图 2-23 得 $\phi_{\Delta t} = 0.89 > 0.8$,所以两流体的平均温差为:

$$\Delta t_m = \phi_{\Delta t} \Delta t'_m = 0.89 \times 36.8 = 32.8 \text{（℃）}$$

(6) 选 K 值,估算传热面积　根据生产经验,取 $K=200\text{W}/(\text{m}^2 \cdot \text{℃})$,则

$$S = \frac{Q}{k\Delta t_m} = \frac{1.55 \times 10^6 \times 10^3}{200 \times 32.8 \times 3600} = 65.6 \text{ (m}^2\text{)}$$

(7) 初选换热器型号　由于两流体温差小于 50℃,故可采用固定管板式换热器。初选 G800Ⅵ-10-100 型换热器,有关参数列表如下:

项　目	参　数	项　目	参　数
外壳直径 D	800	管子尺寸/mm	$\phi 25 \times 2.5$
公称压力/MPa	1.0	管子长度/m	3
公称面积/m²	100	管数 N	444
管程数 N_p	6	管心距 t/mm	32
管子排列方式	三角形		

按上列数据核算管程、壳程的流速及 Re:

管程流通截面积:

$$S_i = \frac{\pi}{4} d_i^2 \frac{N}{N_p} = \frac{\pi}{4} \times 0.02^2 \times \frac{444}{6} = 0.02324 \text{ (m}^2\text{)}$$

管内水的流速:

$$u_i = \frac{q_{m,c}}{3600 \rho_c S_i} = \frac{45.5 \times 10^3}{3600 \times 934.8 \times 0.02324} = 0.582 \text{ (m/s)}$$

$$Re_i = \frac{d_i u_i \rho_c}{\mu_c} = \frac{0.02 \times 0.582 \times 934.8}{21.77 \times 10^{-5}} = 4.99 \times 10^4$$

壳程流通截面积:　　$S_o = h(D - n_c d_o)$

$$n_c = 1.1\sqrt{n} = 1.1 \times \sqrt{444} = 23.2,\text{ 取 } n_c = 24$$

取折流板间距:　　$h = 400\text{mm}$, $S_o = 0.4 \times (0.8 - 24 \times 0.025) = 0.08 \text{ (m}^2\text{)}$

壳内变换气流速:

$$u_o = \frac{q_{m,h}}{3600 \rho_h S_o} = \frac{8.78 \times 10^3}{3600 \times 2.98 \times 0.08} = 10.2 \text{ (m/s)}$$

当量直径:

$$d_e = \frac{4\left(\frac{\sqrt{3}}{2} t^2 - \frac{\pi}{4} d_o^2\right)}{\pi d_o} = \frac{4 \times \left(\frac{\sqrt{3}}{2} \times 0.032^2 - \frac{\pi}{4} \times 0.025^2\right)}{\pi \times 0.025} = 0.0202 \text{ (m)}$$

$$Re_o = \frac{d_e u_o \rho_h}{\mu_h} = \frac{10.2 \times 2.98 \times 0.0202}{1.717 \times 10^{-5}} = 3.58 \times 10^4$$

2. 计算流体阻力

(1) 管程流体阻力

$$\sum \Delta p_i = (\Delta p_1 + \Delta p_2) F_t N_p N_s$$

设管壁粗糙度 ε 为 0.1mm，则 $\varepsilon/d = 0.1/20 = 0.005$，$Re_i = 4.99 \times 10^4$，查得摩擦系数 $\lambda = 0.032$

$$\Delta p_1 = \lambda \frac{l}{d_i} \frac{\rho_c u_i^2}{2}, \quad \Delta p_2 = 3 \frac{\rho_c u_i^2}{2},$$

$$\Delta p_1 + \Delta p_2 = \left(\lambda \frac{l}{d_i} + 3\right) \frac{\rho_c u_i^2}{2} = \left(\frac{0.032 \times 3}{0.02} + 3\right) \times \frac{934.8 \times 0.582^2}{2} = 1235 \text{Pa}$$

$$\sum \Delta p_i = (\Delta p_1 + \Delta p_2) F_t N_p N_s = 1235 \times 1.4 \times 6 \times 1 = 10400 \text{Pa}，符合一般要求。$$

(2) 壳程流体阻力

$$\sum \Delta p_o = (\Delta p_1' + \Delta p_2') F_s N_s$$

$$\Delta p_1' = F f_o n_o (N_B + 1) \frac{\rho_h u_o^2}{2}, \quad \Delta p_2 = N_B (3.5 - 2h/D) \frac{\rho_h u_o^2}{2}$$

因为 $Re_o = 3.58 \times 10^4 > 500$，故 $f_o = 5.0 Re_o^{-0.228} = 5.0 \times (3.58 \times 10^4)^{-0.228} = 0.458$

管子排列为正三角形排列，取 $F = 0.5$

当板数 $N_B = (1/h) - 1 = (3/0.4) - 1 = 6.5$，取为 7

$$\Delta p_1' = 0.5 \times 0.458 \times 24 \times (7 + 1) \times 2.98 \times \frac{10.2^2}{2} = 6815.9 \text{ (Pa)}$$

$$\Delta p_2' = 7 \times \left(3.5 - 2 \times \frac{0.4}{0.8}\right) \times 2.98 \times \frac{10.2^2}{2} = 2712.8 \text{ (Pa)}$$

取污垢校正系数 $F_s = 1.0$

$$\sum \Delta p_o = (6815.9 + 2712.8) \times 1.0 \times 1 = 9528.7 \text{(Pa)} < 0.02 \text{MPa}$$

故管、壳程压力损失均符合要求。

3. 计算传热系数，校正传热面积

(1) 管程对流给热系数 α_i

$$Re_i = 4.99 \times 10^4$$

$$Pr_i = \frac{C_{ph} \mu_h}{\lambda_h} = \frac{4.266 \times 10^3 \times 21.77 \times 10^{-5}}{0.686} = 1.35$$

$$\alpha_i = 0.023 \frac{\lambda_i}{d_i} Re_i^{0.8} Pr_i^{0.4}$$

$$= 0.023 \times \frac{0.686}{0.02} \times (4.99 \times 10^4)^{0.8} \times 1.35^{0.4} = 5100 \text{ [W/(m}^2 \cdot \text{°C)]}$$

(2) 壳程对流传热系数 α_o

$$Pr_o = \frac{C_{pc} \mu_c}{\lambda_c} = \frac{1.86 \times 10^3 \times 1.717 \times 10^{-5}}{0.0783} = 0.408$$

壳程采用弓形折流板，故

$$\alpha_o = 0.36 \frac{\lambda_o}{d_o} Re_o^{0.55} Pr_o^{1/3} \left(\frac{\mu}{\mu_w}\right)$$

$$= 0.36 \times \frac{0.0783}{0.0202} \times (3.58 \times 10^4)^{0.55} \times 0.408^{1/3} \times 1.0 = 330 \text{W/(m}^2 \cdot \text{°C)}$$

(3) 计算传热系数　取污垢热阻 $R_{s,i} = 0.30 \text{m}^2 \cdot \text{°C/kW}$，$R_{s,o} = 0.50 \text{m}^2 \cdot \text{°C/kW}$

以管外面积为基准
则
$$K_{计} = \cfrac{1}{\cfrac{d_o}{\alpha_i d_i} + R_{s,i}\cfrac{d_o}{d_i} + \cfrac{bd_o}{\lambda d_m} + R_{s,o} + \cfrac{1}{\alpha_o}}$$

$$= \cfrac{1}{\cfrac{25}{5100\times 20} + 0.0003\times \cfrac{25}{20} + \cfrac{0.0025\times 25}{45\times 22.5} + 0.0005 + \cfrac{1}{330}} = 237\ [\text{W}/(\text{m}^2\cdot\text{°C})]$$

（4）计算传热面积

$$S_{需} = \frac{Q}{K_{计}\Delta t_m} = \frac{1.55\times 10^6\times 10^3}{237\times 32.8\times 3600} = 55.4\ (\text{m}^2)$$

所选换热器实际面积为

$$S = n\pi d_o l = 444\times 3.14\times 0.025\times 3 = 104.6\ (\text{m}^2)$$

$$\frac{S_{供}}{S_{需}} = \frac{104.6}{55.4} = 1.88$$

说明所选的换热器面积余量较大，宜改选其他型号换热器。

重新选择 G600-I-10-60 型换热器，其主要参数及计算结果见表 2-18。

表 2-18 G600-I-10-60 型换热器主要参数及计算结果

主要参数	计算结果	主要参数	计算结果
外壳直径/mm	600	热负荷/(kJ/h)	1.55×10^4
公称压力/(kgf/cm²)	10	传热温差/°C	36.8
公称面积/m²	60	管内液体流速/(m/s)	0.160
管程数	1	管外气体流速/(m/s)	16.24
管子排列方式	三角形	管内液体雷诺数	1.37×10^4
管子尺寸/mm	$\phi 25\times 2.5$	管外气体雷诺数	5.69×10^4
管长/m	3	管内液体压降/Pa	140
管数 N	269	管外气体压降/Pa	9643
管中心距 t/mm	32	管内液体对流给热系数/[W/(m²·°C)]	1.82×10^3
管程通道截面积/m²	0.0845	管外气体对流给热系数/[W/(m²·°C)]	448
折流板间距/mm	600	传热系数计算值/[W/(m²·°C)]	264
壳程通道截面积/mm	0.0504	传热面积需要值/m²	44.3

安全系数
$$\frac{S_{供}}{S_{需}} = \frac{60.0}{44.3} = 1.35$$

以上计算表明，选用 G600-I-10-60 型固定管板式列管换热器可用于合成氨变换工段的余热回收。

本章注意点

在化工生产中，流体的温度是控制化学反应顺利进行的重要条件，流体间热量的交换和传递就成为必不可少的基本操作。要实现热量的交换，必须要采用特定的设备，以实现强化传热和削弱传热的需要。学习中要注意如下问题。

1. 传热在石油加工及化工工业上的应用；传热的基本方程式。

2. 热传导的基本概念；傅里叶定律；热导率；平壁的热传导；圆筒壁的热传导。

3. 对流传热分析；对流传热速率方程式——牛顿冷却定律；对流传热系数及影响因素；对流传热系数的准数关联式——无相变时的对流传热系数、有相变时的对流传热系数及传热过程的影响因素。

4. 总传热速率方程式；平均传热温差的计算；总传热系数的计算；传热过程操作型问题分析与计算。

5. 换热器的类型和特征；列管式换热器的基本形式和设计计算。

6. 换热器的基本操作；换热器的维护与保养；换热器的常见故障和处理方法。

本章主要符号说明

英文字母

S——传热面积，m^2；

S_o，S_i，S_m——传热壁的外表面积、内表面积、平均表面积，m^2；

H_1，H_2——热流体的进、出口焓，J/kg；

Gr——格拉霍夫数；

Nu——努塞尔数；

Pr——普朗特数；

Q——传热速率，J/s 或 W；

q——热通量，W/m^2；

Q_c——单位时间内冷流体吸收的热量，W；

r_m——圆筒壁的对数平均半径，m；

R——换热器的总热阻，℃/W；

T_1，T_2——热流体的进、出口温度，℃；

Δt——传热的推动力，℃；

Δt_m——传热平均温差，℃；

λ——热导率，W/(m·℃)；

b——壁面的厚度，m；

$C_{p,h}$，$C_{p,c}$——冷、热流体的定压比热容，J/(kg·℃)；

Δt_1，Δt_2——换热器两端冷、热流体温差，℃；

h_1，h_2——冷流体进、出口焓，J/kg；

K——总传热系数，W/(m^2·℃)；

K_o，K_i，K_m——基于 S_o、S_i、S_m 的传热系数，W/(m^2·℃)；

n——列管换热器的管子数目；

Q_h——单位时间内热流体放出的热量，W；

Q_L——热损失，W；

r——圆筒壁的半径，m；

γ_h，γ_c——冷、热流体的汽化潜热，J/kg；

$R_{s,i}$，$R_{s,o}$——管内、外壁的污垢热阻，℃/W；

t_1，t_2——冷流体的进、出口温度，℃；

dt/dx——温度梯度，传热方向上温度的变化率；

$q_{m,h}$，$q_{m,c}$——冷、热流体的质量流量，kg/s；

α——对流传热膜系数，W/(m^2·℃)；

$\phi_{\Delta t}$——温差校正系数。

思 考 题

1. 传热的基本方式有哪几种？各有什么特点？每种传热方式在什么情况下起主要作用？

2. 什么是载热体、加热剂和冷却剂？常用的加热剂和冷却剂有哪些？

3. 工业上有哪几种换热方法？化工生产中的传热过程主要解决哪几个方面的问题？

4. 何谓换热器的传热速率和热负荷？两者关系如何？

5. 换热器热负荷的确定方法有哪几种？各适用于什么场合？

6. 对流传热膜系数的影响因素有哪些？如何提高对流传热膜系数？

7. 为什么逆流操作可以节约加热剂或冷却剂的用量？

8. 当间壁两侧流体的给热系数相差很大时，为提高传热系数 K，应提高哪侧流体的给热系数更为有效？为什么？

9. 在列管换热器中，确定流体的流动空间时需要考虑哪些问题？

10. 用什么方法可以加大流体在管程或壳程中的流速？

习 题

2-1 有 $\phi38mm\times2.5mm$ 的蒸汽管，设管子的热导率为 $50W/(m\cdot K)$，外敷以两层保温层，第一层为 50mm 的软木，$\lambda=0.04\ W/(m\cdot K)$；第二层为 50mm 的石棉泥，$\lambda=0.15\ W/(m\cdot K)$；设蒸汽管内壁温度为 373K，保温层外壁温度为 273K，求（1）每米管道的热损失速率。($14.5\ W/m$)（2）若先包石棉后包软木，传热速率将怎样变化？($27.3\ W/m$) 通过两种情况的比较，能得出什么样的结论？

2-2 某列管换热器中，采用 $\phi25mm\times2.5mm$ 的无缝钢管为管束，管内外流体的对流传热系数分别为 $400W/(m^2\cdot K)$ 和 $10000W/(m^2\cdot K)$，不计污垢热阻，试求：
(1) 在该条件下的传热系数；[$378.4W/(m^2\cdot K)$]
(2) 将 α_1 提高 1 倍时（其他条件不变）的传热系数；[$717.9W/(m^2\cdot K)$]
(3) 将 α_2 提高 1 倍时（其他条件不变）的传热系数；[$385.7W/(m^2\cdot K)$]
(4) 通过习题的计算结果，你有什么体会？

2-3 有一水冷排管，由 $\phi51mm\times10mm$ 的管子组成，管内的传热膜系数 $\alpha_1=10500kJ/(m^2\cdot h\cdot K)$，管外的传热膜系数 $\alpha_2=8442kJ/(m^2\cdot h\cdot K)$，经过长期使用后，在管外结一层垢，厚度 $\delta=2mm$，管内的结垢暂不考虑。钢的热导率 $\lambda_{壁}=168kJ/(m\cdot h\cdot K)$；垢层的热导率 $\lambda_{垢}=168kJ/(m\cdot h\cdot K)$。试计算管外结垢前、后的传热系数的变化？[$3667W/(m^2\cdot K)$；$2906W/(m^2\cdot K)$] 此变化说明了什么？

2-4 有一单程列管换热器，有 $\phi25mm\times2.5mm$ 的管子组成，传热面积为 $3m^2$。现用初温为 10℃ 的水将机油从 200℃ 冷却到 100℃，水走管程，油走壳程。已知水和机油的流量分别是 1000kg/h 和 1200kg/h，机油的比热容为 $2.0kJ/(kg\cdot K)$，水侧和油侧的对流传热系数分别为 $2000W/(m^2\cdot K)$ 和 $250W/(m^2\cdot K)$，两流体呈逆流流动，忽略管壁和污垢的热阻。
(1) 计算说明该换热器是否适合使用？
(2) 夏天当水的初温达到 30℃，而油和水的流量及油的冷却程度不变时，该换热器是否适合使用（假设传热系数不变）？

2-5 用列管式冷却器将一有机液体从 140℃ 冷却到 40℃，该液体的处理量为 6t/h，比热容为 $2.303kJ/(kg\cdot K)$。用一水泵抽河水作冷却剂，水的温度为 30℃，在逆流操作下冷却水的出口温度为 45℃，总传热系数为 $290.75W/(m^2\cdot K)$，试计算：
(1) 冷却水的用量 [水的比热容为 $4.187kJ/(kg\cdot K)$]；[$6.11kg/s$]
(2) 冷却器的传热面积；[$34.96m^2$]
(3) 若泵的最大供水量为 7L/s，采用逆流操作行不行？

2-6 换热器选型：某生产过程中，需用 80℃ 的水将乙醇由 25℃ 预热至 48℃，已知水的出口温度为 35℃，乙醇的流量为 15000kg/h，试选择能完成上述任务的列管式换热器。

第三章 蒸　馏

> **学习目标**
>
> 1. 了解：蒸馏（distillation）的有关概念；蒸馏方式、特点与应用；操作线方程的意义与作用；理论板概念；总板效率；节能降耗措施；精馏塔、冷凝器、再沸器等在精馏中的作用；精馏塔的结构、性能特点及适应性。
> 2. 理解：精馏原理、过程的特点及其在化工生产中的应用；进料状况对精馏操作的影响；热量平衡。
> 3. 掌握：进塔原料量、塔径、塔板数、回流比的确定；回流比对精馏操作的影响；温度压力组成变化的影响；精馏塔的操作、故障分析及处理要点。

第一节　概　述

白酒是我国人民群众宴席上的常用酒精饮料，其主要成分为乙醇和水，乙醇含量在40%～70%体积分数。白酒一般采用高粱、糯米、大米、玉米和小麦等容易转化为糖的淀粉物质为原料，经酵母发酵后产生乙醇。发酵后的液体称为醪液，其中乙醇的含量一般不会超过20%。为得到乙醇含量更高的白酒，将醪液在蒸馏器中蒸馏，可以将易挥发的酒精（乙醇）蒸馏出来，蒸馏出来的酒气中酒精含量较高，酒气经冷凝后收集起来，就成为65%～70%体积分数的蒸馏酒。图3-1为近代使用的传统白酒蒸馏器。由于原料和生产工艺的不同，可得到不同香型的白酒。

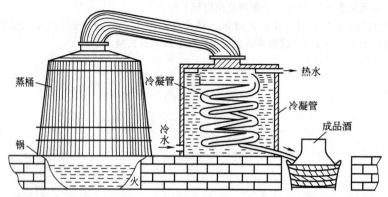

图3-1　近代使用的传统白酒蒸馏器

白酒属于蒸馏酒，蒸馏酒是乙醇浓度高于原发酵产物的各种酒精饮料。白兰地、威士忌、朗姆酒都属于蒸馏酒，大多是度数较高的烈性酒。

将发酵液加热，从中蒸出和收集到乙醇成分和香味物质的操作，运用了蒸馏原理。通过蒸馏,可将液体混合物中的各组分浓度进一步提高,因此,蒸馏是分离液体混合物的一种操作。

为什么蒸馏能够分离液体混合物?下面通过某厂家进行酒精提浓的生产案例作进一步了解。

一、蒸馏案例

某酒厂要将发酵后的酿酒原料制成一定纯度的白酒,发酵后的酿酒原料中乙醇含量为10%左右,要求将其浓度进一步提高。工厂采用如图3-2所示的工艺流程来实现这一目的。

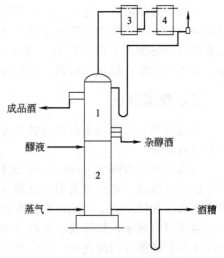

图3-2 单塔蒸馏工艺流程图
1—精馏段;2—粗馏段;3—第一冷凝器;4—第二冷凝器

如图3-2所示,乙醇含量为10%左右的成熟醪液被送入粗馏段上部,塔底部用直接蒸气加热,成熟醪液受热后酒精蒸气被初步蒸出,然后酒精蒸气直接进入精馏段。在精馏段,酒精蒸气中酒精含量进一步提高,上升到第一冷凝器、第二冷凝器被冷凝,冷凝下来的液体乙醇含量在70%左右,部分返回到塔内。从精馏段上部可得到成品酒,精馏段下部取出一些沸点高的杂质,称为杂醇油。被蒸尽酒精的成熟醪称酒糟,由塔底部排糟器自动排出;为什么乙醇含量为10%的醪液经单塔蒸馏后乙醇的浓度会得到提高呢?

以上案例中,发酵后的酿酒原料可视为是乙醇和水的混合物,二者的物性比较如表3-1所示。

表3-1 乙醇、水的有关物性列表

物质	沸点(101.3kPa)/℃	蒸气压(35℃)/mmHg	密度(20℃)/(kg/m³)	黏度(20℃)/mPa·s	比热容(20℃)/[kJ/(kg·℃)]
乙醇	78.3	100	789	1.15	2.39
水	100	41.8	998	1.005	4.183

注:1mmHg=133.322Pa。

根据生活经验可知,乙醇和汽油是比较容易挥发的物质。那么,什么是挥发性?将一碗水敞口放置,过了一段时间后,水便会蒸发变干,这称之为挥发性。不同物质的液体具有不同的挥发性。液体挥发性的大小如何进行比较呢?可通过在同一温度下蒸气压的大小来比较,也可以通过沸点高低来比较。液体在同一温度下蒸气压愈大,其挥发性越强。在相同的压力下沸点越低,则该液体的挥发性越强。在酒精提浓案例中,纯乙醇在101.3kPa下的沸点比水的沸点低21.7℃,蒸气压较水高58.2mmHg,其挥发性比水要强。

通过酒精提浓案例可知,液体混合物中各组分的挥发性有差异,以最简单的二元物系为例,如乙醇和水的混合液,相比较而言,挥发性较强的乙醇称为易挥发组分或轻组分,挥发性比较弱的水称为难挥发组分或重组分。生产过程中通过将乙醇与水的混合液送入精馏塔可以将二者分离。在精馏塔底部设置有加热装置,以促使混合液汽化,通过精馏塔的"精馏"作用,可使塔内上升蒸气中乙醇含量不断提高,至塔顶乙醇含量达到最大,将塔顶蒸气引至冷凝器冷凝,冷凝后的液体,部分作为塔顶产品,部分引回塔内称为"回流",回流液在塔内向下流动的过程中与上升蒸气接触,通过"精馏"作用,液体中水含量不断增大,到塔底水含量达到最大,从塔底引出液相,可得到以水为主要成分的塔底产品。

由以上介绍可知，化工生产中有这样一类生产任务，即将液体混合物进行分离，这样一种任务我们可采用蒸馏这种单元操作来实现。通过把液体混合物送入精馏塔，可在塔顶得到以易挥发组分为主的塔顶产品，塔底得到以难挥发组分为主的塔底产品。为了实现精馏操作，需要精馏塔、塔顶冷凝器、塔底加热装置等设备。

二、蒸馏概述

蒸馏是分离液体均相混合物各组分的常用方法，分离的依据是液体混合物中各组分挥发性存在着差异。

液体可汽化为蒸气（vapour），这种性质称为液体的挥发性。对于纯组分，可用一定温度下的蒸气压或一定压力下的沸点衡量其挥发性。相同温度下，纯组分的蒸气压越高，则挥发性越强。相同压力下，纯组分的沸点越高，则挥发性越弱。

对于混合溶液，如何表示各组分的挥发性呢？汽液平衡时，不能单纯用组分在气相中的分压来衡量该组分的挥发性，因为组分在气相中分压的大小还与液相中该组分的浓度有关。通常我们用挥发度这一概念衡量某一组分的挥发性。

令汽液平衡时某组分 i 在气相中的分压 p_i 与其在液相中的摩尔分率 x_i 之比为该组分的挥发度（volatility）。$\mu_i = p_i / x_i$

对于 A、B 组分，$\mu_A = p_A / x_A$，$\mu_B = p_B / x_B$，

那么 A、B 组分相比较，哪种组分的挥发性大呢？

可令
$$\alpha_{AB} = \mu_A / \mu_B = (p_A / x_A)/(p_B / x_B) \tag{3-1}$$

α_{AB} 称为 A、B 组分的相对挥发度，根据 α_{AB} 的大小来比较。

若 $\alpha_{AB} > 1$，A 组分挥发性大于 B 组分的挥发性，反之，则相反。

$\alpha_{AB} = 1$ 时，A、B 组分的挥发性没有差异，无法采用普通精馏分离方法分离。

相对挥发度的大小反映了 A、B 组分共存时挥发性能的差异，相对挥发度越大或越小，说明 A、B 组分共存时挥发性能差异越大，越容易采用精馏方法分离。

若气相服从理想气体定律和道尔顿分压定律，以 y_i 表示 i 组分在平衡气相中的摩尔分率，则
$$\alpha_{AB} = (y_A / x_A)/(y_B / x_B) = (y_A / y_B)/(x_A / x_B) \tag{3-2}$$

对 $\alpha_{AB} > 1$ 的 A、B 组分组成的混合溶液进行加热部分汽化，气液两相达到平衡，由于 A 组分挥发性大于 B 组分的挥发性，与液相相比，气相中有更多的 A 组分，将气相冷凝，可得到 A 含量比原料液浓度更高的溶液，与此同时，平衡液相中 B 组分含量较原料液浓度高，这样组分就实现了初步分离。这种分离原理称为蒸馏分离。

凡根据蒸馏原理进行组分分离的操作都属于蒸馏操作。蒸馏根据操作的连续性与否可分为间歇蒸馏和连续蒸馏；根据操作方式可分为简单蒸馏、闪蒸、精馏和特殊蒸馏等；根据操作压力可分为常压、加压及真空蒸馏；根据混合物中组分数的不同可分为二元蒸馏、多元蒸馏。

精馏（rectification）是在塔设备内使混合液进行多次部分汽化和部分冷凝以取得比较好的分离效果的操作，可取得较纯的产品，在化工生产中的应用最为广泛。

本章重点讨论二元物系的连续精馏。

第二节　蒸馏设备

一、精馏流程

众所周知，乙醇比水更容易挥发进入气相，通过加热乙醇与水的混合溶液，收集蒸出的

蒸气并加以冷凝，可得到较原来溶液浓度更高的乙醇溶液，说明通过蒸馏可提浓乙醇溶液，但简单蒸馏（无塔盘、无塔板或无填料）无法得到比较纯的组分，要想得到浓度更高的比较纯的组分，则需要采取精馏。

由蒸馏的分离原理可知，如将乙醇-水溶液加热，使之进行一次部分汽化，两组分便得到部分分离。汽化所得的气相（一级）中乙醇浓度比原有溶液提高了，若将此气相引出进行部分冷凝，则重新得到一呈平衡的气液两相。其气相（二级）中乙醇的浓度又将进一步提高。该气相（二级）再一次部分冷凝所得的下一级气相（三级），其乙醇浓度又可得以增加。显然，这种依次进行部分冷凝的次数（即级数）愈多，所得到的蒸气的浓度也愈高，最后可得高纯度的易挥发组分乙醇。

同样由蒸馏原理可知，初始溶液加热部分汽化后，所残留的液相中水的浓度比原溶液提高了。若将此液相引进另一加热釜再一次发生部分汽化，由于水难挥发，所以汽化后剩余的液相中水的浓度又将进一步增加，如此继续下去，部分汽化的次数越多，所残留的液体中水的浓度就越高，最后可得高纯度的难挥发组分水。

按照以上分析，我们可设想出这样的流程，如图 3-3 所示。将组成为 x_F 的乙醇水溶液送入分离器 1 中进行加热，使其部分汽化，气相组成为 y_1，显然，$y_1 > x_F$。将组成为 y_1 的蒸气冷凝后送入分离器 2 进行加热，使其部分汽化，气相组成为 y_2，则 $y_2 > y_1$。同理，y_3 将大于 y_2。这种多次部分汽化的次数越多，所得蒸汽中乙醇浓度越高。同理，若将各分离器中得到的液相进行多次部分汽化和分离，最终也可得到较为纯净的水。显然，这种多次部分汽化和部分冷凝虽能得到较纯的产品，但收率低、流程复杂、中间馏分未得到利用，工业生产上不可行。那么，能否将二者结合起来，使部分汽化和部分冷凝同时实现呢？

生产中，上述过程是在精馏塔内进行的，精馏操作主要靠塔内的塔板或填料来实现。精馏时，温度相对较低的液体自塔顶在重力作用下从上往下流动，而温度较高的气体（蒸气）则在压力的作用下自下往上

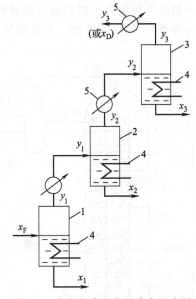

图 3-3 多次部分汽化的分离示意图
1～3—分离器；4—加热器；5—冷凝器

流动，当两者在塔板或填料表面相遇时，由于温度和组成存在着差异，气相部分冷凝而液相部分汽化，从而同时实现多次部分汽化与多次部分冷凝，不需要收集各馏分再蒸馏就能实现大量连续蒸馏。

工业上精馏装置由精馏塔（distillation tower）、再沸器（reboiler）和冷凝器（condenser）等构成，如图 3-4 所示。在精馏塔内每隔一定高度安装一块塔板，或直接堆放填料。气液两相在塔板上或填料的表面相接触，而发生部分汽化和部分冷凝。原料液从塔中间的某块塔板上引入塔内，此板称为加料板（feed plate）。一般将精馏塔分为两段，加料板以上的称为精馏段（rectifying section），加料板以下称为提馏段（stripping section）（包括加料板）。入塔原料在加料板上与塔内的气液相汇合后，气相上走而液相下行，为了确保塔内任一截面上都能有下降的液体和上升的蒸气，以实现多次部分汽化和多次部分冷凝，塔顶冷凝器中的冷凝液只能一部分作为产品，而一部分回流到塔内，同样，液体下降至塔底再沸器中，只能一部分作为产品，一部分需汽化后回流到塔内。

蒸气由精馏塔底部在自下而上依次通过各层塔板的过程中，与各板上液体层相接触，使

液体发生部分汽化，而蒸气发生部分冷凝，从而使蒸气中易挥发组分逐板增浓，从塔顶引出时，达到规定的浓度，冷凝后即可得产品（馏出液）。同样，从塔顶经每块塔板下降的液体，由于与上升的蒸气相接触，每经一块塔板就部分汽化一次，其中易挥发组分的浓度不断下降，而难挥发组分的浓度不断增加，从再沸器出来时，达到规定的浓度而成为产品（釜残液）。

在整个精馏塔内，各板上易挥发组分的浓度由上而下逐渐降低，当某板上的浓度与原料液中浓度相等或相近时，料液就从此板加入。由于塔底部几乎是纯难挥发组分，因此塔底部温度最高，而顶部是几乎纯净的易挥发组分，因此塔顶部温度最低，整个塔内的温度由上而下逐渐增大。

不难看出，塔顶的液体回流（reflux）与塔底的蒸气回流是精馏得以稳定操作的必要条件。

通过对以上问题的分析和酒精提浓工艺的学习，可总结出精馏流程的一般组成，精馏流程一般由原料液泵、精馏塔（如酒精提浓工艺中的单塔）、塔顶冷凝器（如酒精提浓工艺中的冷凝器）、馏出液贮槽、再沸器等构成，其流程图如图3-5所示。

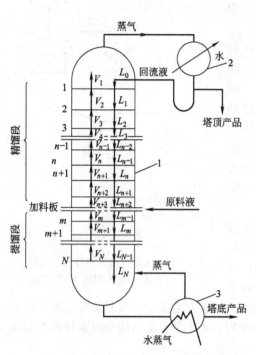

图3-4　连续精馏过程和塔内物料流动示意图
1—精馏塔；2—冷凝器；3—再沸器

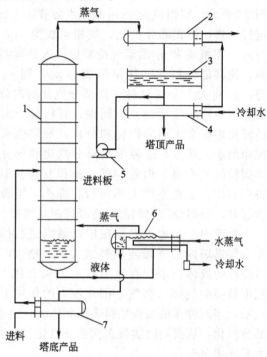

图3-5　连续精馏流程
1—精馏塔；2—全凝器；3—贮槽；4—冷却器；
5—回流液泵；6—再沸器；7—原料预热器

原料液经预热器加热到指定温度后，进入加料板引入塔内，在加料板上与精馏段下降的液体混合后逐板向下流动，最后流入塔底再沸器中。在每块塔板上，上升蒸气与回流液体进行接触，发生传热和传质。上升到塔顶的蒸气进入全凝器，冷凝后的冷凝液部分作为回流液用回流液泵送回塔顶，部分经冷却器冷却后作为塔顶产品（馏出液）（overhead product）送出。

进入再沸器的液体，部分液体取出作为塔釜产品（釜残液）（bottom product），部分液体汽化后产生上升蒸气依次经过所有塔板。

有些场合下，全凝器、再沸器也有放置于塔内的，塔顶回流液也可以利用重力作用直接流入塔内，而省去回流液泵。

二、精馏设备

精馏塔是精馏过程得以实施的核心设备。除精馏塔外，精馏装置还包括再沸器和冷凝器等设备。精馏的主要设备是精馏塔，其基本功能是为气液两相提供充分接触的机会，使传热和传质过程迅速而有效地进行；并且使接触后的气、液两相及时分开，互不夹带。根据塔内气、液接触部件的结构形式，精馏塔可分为板式塔（plate tower）和填料塔（packed tower）两大类型，在本节中主要讨论板式塔，填料塔将在吸收章中介绍。

1. 板式塔

（1）板式塔的结构 板式塔通常是由一个呈圆柱形的壳体及沿塔高按一定的间距、水平设置的若干层塔板所组成，如图 3-6 所示。在操作时，液体靠重力作用由顶部逐板向塔底排出，并在各层塔板的板面上形成流动的液层；气体则在压力差推动下，由塔底向上经过均布在塔板上的开孔依次穿过各层塔板由塔顶排出。塔内以塔板作为气液两相接触传质的基本构件。

工业生产中的板式塔，常根据塔板间是否设有降液管而分为有降液管及无降液管两大类，用得最多的是有降液管式的板式塔（图 3-6 所示）。它主要由塔体、溢流装置和塔板构件等组成。

① 塔体。通常为圆柱形，常用钢板焊接而成，有时也将其分成若干塔节，塔节间用法兰盘连接。

② 溢流装置。包括出口堰、降液管、受液盘、进口堰等部件。

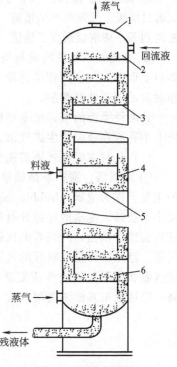

图 3-6　板式塔结构
1—塔体；2—进口堰；3—受液盘；
4—降液管；5—塔板；6—出口堰

a. 出口堰。为保证气液两相在塔板上有充分接触的时间，塔板上必须贮有一定量的液体。为此，在塔板的出口端设有溢流堰，称出口堰。塔板上的液层厚度或持液量很大程度上由堰高决定。生产中最常用的是弓形堰，小塔中也有用圆形降液管升出板面一定高度作为出口堰的。

b. 降液管。降液管是塔板间液流通道，也是分离溢流液中所夹带气体的场所。正常工作时，液体从上层塔板的降液管流出，横向流过塔板，翻越溢流堰，进入该层塔板的降液管，流向下层塔板。降液管有圆形和弓形两种，弓形降液管具有较大的降液面积，气液分离效果好，降液能力大，因此生产上广泛采用。

为了保证液流能顺畅地流入下层塔板，并防止沉淀物堆积和堵塞液流通道，降液管与下层塔板间应有一定的间距。为保持降液管的液封，防止气体由下层塔进入降液管，此间距应小于出口堰高度。

c. 受液盘。降液管下方部分的塔板通常又称为受液盘，有凹型及平型两种，一般较大的塔采用凹型受液盘，平型则就是塔板面本身。

d. 进口堰。在塔径较大的塔中，为了减少液体自降液管下方流出的水平冲击，常设置进口堰。可用扁钢或 $\phi 8 \sim 10mm$ 的圆钢直接点焊在降液管附近的塔板上而成。为保证液流畅通，进口堰与降液管间的水平距离不应小于降液管与塔板的间距。

③ 塔板及其构件。塔板是板式塔内气、液接触的场所，操作时气、液在塔板上接触的好坏，对传热、传质效率影响很大。在长期的生产实践中，人们不断地研究和开发出新型塔板，以改善塔板上的气、液接触状况，提高板式塔的效率。目前工业生产中使用较为广泛的塔板类型有筛孔塔板、浮阀塔板、泡罩塔板、舌形塔板等几种。

(2) 板式塔的气液流动类型　在每一块塔板上，气、液间的相对流向有两种类型。

① 错流式。液体沿水平方向横过塔板，气体则沿着与塔板垂直方向由下而上穿过板上的孔通过塔板，气液两相呈错流。这种类型塔的结构特点是具有降液管，降液管为液体从一块塔板流到下一块塔板提供了通道。筛板塔、泡罩塔、浮阀塔等的气液间的相对流动属此种类型。

② 逆流式。气液均沿与塔板相垂直的方向穿过板上的孔通过塔板。气体自下而上，液体自上而下，气液两相呈逆流。这种类型塔的结构特点是没有降液管，淋降筛板塔气液间的相对流动即属此种类型。

这两种类型的塔，就全塔而言，气液流动均呈逆流，操作时塔板上都有积液，气体穿过板上小孔后在液层内生成气泡，泡沫层为气液接触传质的区域。

(3) 几种主要板式塔型简介

① 泡罩塔。泡罩塔是最早工业规模应用的板式塔型式，其结构如图 3-7 所示。塔板上的主要元件为泡罩 (bubble-cap tray)，泡罩尺寸一般为 80、100、150 三种，可根据塔径的大小来选择。泡罩的底部开有齿缝，泡罩安装在升气管上，从下一块塔板上升的气体经升气管从齿缝中吹出，升气管的顶部应高于泡罩齿缝的上沿，以防止液体从中漏下。由于有了升气管，泡罩塔即使在很低的气速下操作，也不至于产生严重的漏液现象，塔板操作平稳，气液接触状况不因气液负荷变化而显著改变，操作弹性大；不足是结构复杂、压降大、造价高，已逐渐被其他的塔型取代，新建塔很少再用此种塔板。

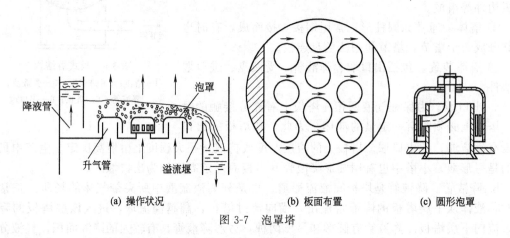

(a) 操作状况　　(b) 板面布置　　(c) 圆形泡罩

图 3-7　泡罩塔

② 筛板塔。筛板塔的出现略迟于泡罩塔，其结构如图 3-8 所示。与泡罩塔的相同点是都有降液管，不同点是取消了泡罩与升气管，直接在板上钻有若干小圆孔，筛板 (sieve plate) 一般用不锈钢板制成，孔的直径为 3~8mm。操作时，液体横过塔板，气体从板上小孔 (筛孔) 鼓泡进入板上液层。筛板塔在工业应用的初期被认为操作困难，操作弹性小 (气速过小筛孔会漏液，气速过高时，气体会通过筛孔后排开板上液体向上方冲出，造成严重的轴向混合)，但随着人们对筛板塔性能研究的逐步深入，其设计更趋合理。生产实践表明，筛板塔结构简单、造价低、生产能力大、板效率高、压降低，已成为应用最广泛的一种。

③ 浮阀塔。浮阀塔板 (floating valve tray) 是在第二次世界大战后开始研究，自 20 世纪 50 年代起使用的一种新型塔板。其特点是在筛板塔基础上，在每个筛孔处安装一个可以

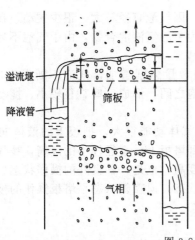
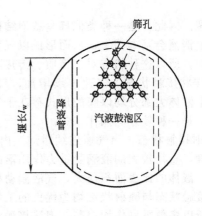

图 3-8 筛板塔

上下浮动的阀体,当筛孔气速高时,阀片被顶起、上升;孔速低时,阀片因自重而下降。阀体可随上升气量的变化而自动调节开度,这样可使塔板上进入液层的气速不至于随气体负荷的变化而大幅度变化,同时气体从阀体下水平吹出,加强了气液接触,传质效果好。浮阀的形式很多。其中 F-1 型研究和推广较早,见图 3-9 所示。浮阀分轻阀和重阀两种,轻阀为 25g,由 1.5mm 薄板冲压而成;重阀为 33g,由 2mm 薄板冲压而成,阀孔直径 39mm,阀片有三条带钩的腿,插入阀孔后将其腿上的钩板转 90°,可防止气速过大时将浮阀吹脱。此外,浮阀边沿冲压出三块向下微弯的"脚",当气速低浮阀降至塔板时,靠这三只"脚"使阀片与塔板间保持 2.5mm 左右的间隙;在浮阀再次升起时,浮阀不会被粘住,可平稳上升。浮阀塔的特点是生产能力大、操作弹性大、板效率高。

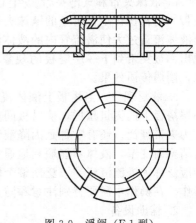

图 3-9 浮阀(F-1 型)

④ 淋降筛板塔。淋降筛板塔即没有降液管的筛板塔,也称为无溢流型筛板塔。这种塔内任一块塔板上气液都穿过筛孔,又称为穿流式筛板塔。

淋降筛板塔因其操作弹性小现已很少使用,通常使用的是其改进型的波纹板塔。

除以上介绍的四种塔型外,还有许多其他塔型,请读者参考其他书籍。在诸多塔型中,目前应用最广泛的为筛板塔与浮阀塔。

无论何种形式的精馏塔,从工艺角度出发,对安装均有一定的要求。安装时要求塔身必须垂直,塔顶与塔釜的倾斜度不能超过千分之二。塔板必须保持水平,用水平仪测定,不能超过±2mm。精馏塔应保温良好。

(4) 塔板上的流体力学现象

① 塔板上气液接触状况。对精馏操作来讲,塔板上气液两相接触情况会影响传热传质效果,因而,有必要研究塔板上气液接触状况。实验观察发现,气体通过筛孔的速度不同,两相在塔板上的接触状态也不同。

a. 鼓泡接触状态。当上升蒸气流量较低时,气体在液层中吹鼓泡的形式是自由浮升,塔板上存在大量的清液,气液湍动程度比较低,气液相接触面积不大。

b. 蜂窝状接触状况。气速增加,气泡的形成速度大于气泡浮升速度,上升的气泡在液层中积累,气泡之间接触,形成气泡泡沫混合物,因为气速不大,气泡的动能还不足以使气泡表面破裂。因此，是一种类似蜂窝状泡结构。因气泡直径较大，很少搅动，在这种接触状态下，板上清液会基本消失，从而形成以气体为主的气液混合物，由于气泡不易破裂，表面得不到更新，所以这种状态对于传质、传热不利。

c. 泡沫状接触状态。气速连续增加，气泡数量急剧增加，气泡不断发生碰撞和破裂，此时，板上液体大部分均以膜的形式存在于气泡之间，形成一些直径较小、搅动十分剧烈的动态泡沫，是一种较好的操作状态。

d. 喷射接触状态。当气速连续增加，由于气体动能很大，把板上的液体向上喷成大小不等的液滴，直径较大的液滴受重力作用落回到塔板上，直径较小的液滴，被气体带走形成液沫夹带，液体的比表面积很大，气液湍动程度高，也是一种良好的操作状态。

泡沫接触状态与喷射状态均为优良的工作状态，但喷射状态是塔板操作的极限，液沫夹带较多，所以多数塔操作均控制在泡沫接触状态。

② 塔板上的不正常现象。

a. 漏液。正常操作时，液体应横穿塔板，在与气体进行充分接触传质后流入降液管。但当气速较低时，液体从塔板上的开孔处下落，这种现象称为漏液（weeping）。严重漏液会使塔板上建立不起液层，会导致分离效率的严重下降。

b. 液沫夹带和气泡夹带。当气速增大时，某些液滴被带到上一层塔板的现象称为液沫夹带。正常操作中，少量的液沫夹带是不可避免的。气泡夹带则是指在一定结构的塔板上，因液体流量过大使溢流管内的液体流量过快，导致溢流管中液体所夹带的气泡等不及从管中脱出而被夹带到下一层塔板的现象。过量的液沫夹带和气泡夹带都会导致液体或气体的返混，削弱传质效果。

c. 液泛现象。当塔板上液体流量很大，上升气体的速度很高时，液体被气体夹带到上一层塔板上的流量猛增，使塔板间充满气液混合物，最终使整个塔内都充满液体，这种现象称为夹带液泛。还有一种是因降液管通道太小，流动阻力大，或因其他原因使降液管局部地区堵塞而变窄，液体不能顺利地通过降液管下流，使液体在塔板上积累而充满整个板间，这种液泛称为溢流液泛。液泛使整个塔内的液体不能正常下流，物料大量返混，严重影响塔的操作，在操作中需要特别注意和防止。

2. 辅助设备

精馏装置的辅助设备主要是各种形式的换热器，包括塔底溶液再沸器、塔顶蒸气冷凝器、料液预热器、产品冷却器，另外还需管线以及流体输送设备等。其中再沸器和冷凝器是保证精馏过程能连续进行稳定操作所必不可少的两个换热设备。

再沸器的作用是将塔内最下面的一块塔板流下的液体进行加热，使其中一部分液体发生汽化变成蒸气而重新回流入塔，以提供塔内上升的气流，从而保证塔板上气、液两相的稳定传质。

冷凝器的作用是将塔顶上升的蒸气进行冷凝，使其成为液体，之后将一部分冷凝液从塔顶回流入塔，以提供塔内下降的液流，使其与上升气流进行逆流传质接触。

再沸器和冷凝器在安装时应根据塔的大小及操作是否方便而确定其安装位置。对于小塔，冷凝器一般安装在塔顶，这样冷凝液可以利用位差而回流入塔；再沸器则可安装在塔底。对于大塔（处理量大或塔板数较多时），冷凝器若安装在塔顶部则不便于安装、检修和清理，此时可将冷凝器安装在较低的位置，回流液则用泵输送入塔。再沸器一般安装在塔底外部。

安装于塔顶或塔底的冷凝器、再沸器均可用夹套式或内装蛇管、列管的间壁式换热器，而安装在塔外的再沸器、冷凝器则多为卧式列管换热器。

三、其他蒸馏方式

凡是根据蒸馏原理进行组分分离的操作都属蒸馏操作。常见的蒸馏操作有闪蒸、简单蒸馏、连续精馏及间歇精馏等。生产上所采用的蒸馏方式主要以连续精馏进行，但对某些场合下则可采用其他的一些蒸馏方式。

1. 闪蒸

闪蒸（flash distillation，平衡蒸馏）是一种单级蒸馏操作，其流程如图 3-10 所示。混合液通过加热器升温（未沸腾），然后流过节流阀使液体压力降低，因压力突然下降，液体成为过热液体，产生大量自蒸发，最终产生相互平衡的气液两相。气相中易挥发组分浓度较高，与之呈平衡的液相中易挥发组分浓度较低，在分离室内气、液两相分离后，气相经冷凝成为顶部产品，液相则作为底部产品。

闪蒸所能达到的分离效果不高，一般只作为原料的初步分离使用。

2. 简单蒸馏

简单蒸馏（simple distillation）也是一种单级蒸馏操作，常以间歇过程进行，属非稳态操作，其设备流程如图 3-11 所示。将蒸馏釜内的料液采用间接蒸汽加热至沸腾汽化，产生的蒸气从釜顶引出至冷凝器，全部冷凝作为塔顶产品送入产品贮罐，由蒸馏原理知，其中冷凝液中易挥发组分的浓度将相对增加。随着蒸馏过程的进行，釜内料液易挥发组分的浓度不断下降，与之成平衡的气相组成（馏出液组成）也在不断下降，当釜中溶液浓度或馏出液组成下降至规定要求时，即停止操作。通过上述分析可知，简单蒸馏是一种不稳定过程，在蒸馏过程中，釜内溶液及蒸气中易挥发组分不断下降，生产中往往要求得到不同浓度范围的产品，可用不同的贮槽收集不同时间的产品。

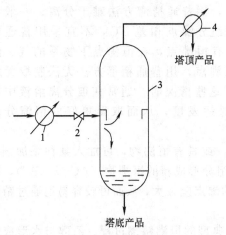

图 3-10　闪蒸流程
1—加热器；2—节流阀；3—分离室；4—冷凝器

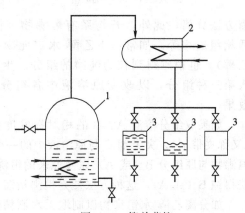

图 3-11　简单蒸馏
1—蒸馏釜；2—冷凝器；3—产品贮罐

简单蒸馏是直接运用蒸馏原理进行初步组分分离的一种操作，分离程度不高，主要用来分离沸点相差较大或分离要求不高的场合，可作为精馏的预处理步骤。要实现混合液的高纯度分离，需采用精馏操作。

3. 特殊精馏

精馏操作除了采用前面所讨论的常见的连续精馏外，还可采用间歇精馏、恒沸精馏和萃取精馏等特殊方式的精馏。

（1）间歇精馏（batch rectification）　间歇精馏也称为分批精馏，其流程如图 3-12 所示，把原料一次性加入蒸馏釜内，中间操作过程中不再加料，将釜内的液体加热至沸腾，所产生的蒸气经过各块塔板到达塔顶外的完全冷凝器，冷凝液全部回流进塔，于是，塔板上可建立泡沫层，各塔板可正常操作，这阶段属开工全回流阶段。在全回流操作稳定后，逐渐改为部分回流操作，可从塔顶采集产品，塔顶产品中易挥发组分的浓度高于釜液浓度。随着精馏过程的进行，釜液浓度逐渐降低，各层塔板的气、液相浓度亦逐渐降低，可见，间歇精馏操作的特点是分批操作，过程非定态，只有精馏段，没有提馏段。间歇精馏因在塔顶有液体回流，有多层塔板，故属精馏，而不是简单蒸馏。间歇精馏虽操作过程非定态，但各固定位置的气、液浓度变化是连续而缓慢的。

间歇精馏装置简单、操作容易，适用于处理量小、物料品种常改变的场合。对于科研开发和实验室研究中的精馏操作，也可采用间歇精馏进行小试，操作灵活方便，易取得有用的数据。

(2) **恒沸精馏**（azeotropic rectification）**与萃取精馏**（extractive rectification） 对于许多物系的组分分离，普通精馏不失为有效的分离方法。但是，当混合物中组分间的相对挥发度接近于1时，用普通精馏方法难于分离。一般认为，若两组分沸点相差3℃，不宜采用普通精

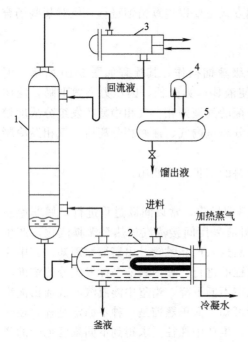

图 3-12 间歇精馏流程
1—精馏塔；2—再沸器；3—全凝器；
4—观察罩；5—产品贮槽

馏方法分离，此外，若物系有恒沸物（恒沸物具有恒沸点，在恒沸点下物系的气、液两相组成相等。如常压下乙醇-水二元物系具有恒沸点，用普通精馏方法无法制取无水乙醇），也很难得到较为纯净的组分。生产中遇到这些情况时，通常在被分离溶液中加入第三种组分，以改变原溶液中各组分间的相对挥发度，从而取得更好的精馏分离效果。

如果双组分溶液 A、B 的相对挥发度接近于 1，或具有恒沸物，可加入某种添加剂 C（又称夹带剂），夹带剂 C 与原溶液中的一个或两个组分形成新的恒沸物（AC 或 ABC），新恒沸物与原组分 B（或 A）以及原来的恒沸物之间的沸点差较大，从而可较容易地通过精馏获得纯 B（或 A），这种方法便是恒沸精馏。

如分离乙醇-水恒沸物以制取无水酒精便是一个典型的恒沸精馏过程。乙醇与水形成恒沸物（恒沸点 78.15℃，乙醇的摩尔分数为 0.894），用普通精馏只能得到乙醇含量接近于恒沸液的工业酒精，无法得到无水酒精。如以苯作为夹带剂，苯、乙醇和水能形成三元恒沸物，其恒沸组成为（摩尔分数）：苯，0.539；乙醇，0.228；水，0.233，此恒沸物的恒沸点为 64.9℃。由于新恒沸物与原恒沸物间的沸点相差较大，因而可用精馏分离并进而获得纯乙醇。

萃取精馏是在原溶液中加入某种高沸点（即难挥发）的溶剂——萃取剂，添加萃取剂后可以增大原溶液中两个组分间的相对挥发度或破坏原溶液的恒沸物，且不形成新的恒沸物。加入的萃取剂可与某一组分从塔底排出，塔顶可得到纯度较高的另一组分。如欲分离异辛烷-甲苯混合液，因常压下甲苯的沸点为 110.8℃，异辛烷的沸点为 99.3℃，其相对挥发度较小，用一般精馏方法很难分离。若在溶液中加入苯酚（沸点 181℃）作为萃取剂，由于苯酚与甲苯分子间作用力大，甲苯大量溶于苯酚，溶液中甲苯的蒸气压显著降低，这样，异辛烷与甲苯的相对挥发度大大增加，即可进行精馏分离了。

第三节 精馏过程分析

工程问题1：某白酒厂年产52°白酒2000t，采用含乙醇10%（摩尔分数）的发酵液作为原料进行精馏，问每小时投入精馏塔的原料量应为多少？

工程问题2：要设计一座精馏塔来实现工程问题1所提出的生产任务，那么塔径该如何确定？需要多少块塔板？回流比应确定为多少？进料应从哪块塔板进料？再沸器内的加热蒸气和冷凝器内冷却水的用量应为多少？

以上问题是精馏生产过程需要解决的问题，关系到精馏生产能否正常操作、达到预定的分离要求和过程的经济性。

以下逐一解决这些问题。

一、进入精馏塔原料量和精馏塔塔径的确定

进入精馏塔原料量和精馏塔塔径的确定均涉及物料衡算，首先从了解全塔物料衡算开始。

1. 全塔物料衡算

连续精馏过程中，塔顶和塔底产品的流量与组成是和进料的流量与组成有关的。这些流量和组成之间的关系受全塔物料平衡的约束。根据质量守恒定律，对于连续稳态过程，总物料及任一组分的物料都是平衡的。衡算范围见图3-13虚线所示，并以单位时间为基准。

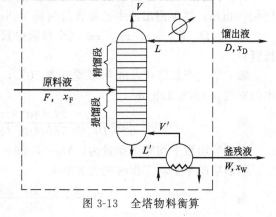

图3-13 全塔物料衡算

总物料平衡：$F = D + W$ （3-3）

易挥发组分平衡：
$$Fx_F = Dx_D + Wx_W \quad (3\text{-}4)$$

式中　F——原料液摩尔流量，kmol/h；
　　　D——馏出液摩尔流量，kmol/h；
　　　W——釜残液摩尔流量，kmol/h；
　　　x_F——原料液中易挥发组分的摩尔分数；
　　　x_D——馏出液中易挥发组分的摩尔分数；
　　　x_W——釜残液中易挥发组分的摩尔分数。

以上六个参数中，只要已知其中4个参数，就可以求出其他二参数。一般情况下 F、x_F、x_D、x_W 由生产任务规定。上式中 F、D、W 也可采用质量流量，相应地 x_F、x_D、x_W 用质量分数。

联立式（3-3）和式（3-4）求解，可得

$$D = \frac{F(x_F - x_W)}{x_D - x_W} \quad W = \frac{F(x_D - x_F)}{x_D - x_W} \quad (3\text{-}5)$$

或

$$\frac{D}{F} = \frac{x_F - x_W}{x_D - x_W} \quad (3\text{-}6)$$

$$\frac{W}{F} = \frac{x_D - x_F}{x_D - x_W} = 1 - \frac{D}{F} \quad (3\text{-}7)$$

式中　D/F，W/F——工程上分别称其为馏出液采出率和釜残液采出率。

精馏生产中还常用到回收率的概念。所谓回收率，是指某组分通过精馏回收的量与其在原料中的总量之比，可用来衡量该组分的回收利用情况。其中，易挥发组分的回收率为 $\dfrac{Dx_D}{Fx_F}$，难挥发组分的回收率为 $\dfrac{W(1-x_W)}{F(1-x_F)}$。

全塔物料衡算方程虽然简单，但对指导精馏生产却是至关重要的。实际生产中，精馏塔的进料是由前一工序送来的，因此进料组成 x_F 为定值。由式（3-4）、式（3-5）可知，塔的产品产量和组成是相互制约的。

工业精馏分离指标一般有以下几种形式。

① 规定馏出液与釜残液组成 x_D、x_W。此种情况下，D/F、W/F 为定值，该塔的产率已经确定，不能任意选择。

② 规定馏出液组成 x_D 和采出率 D/F。此时塔底产品的采出率 W/F 和组成 x_W 也不能自由选定。反之亦然。

③ 规定某组分在馏出液中的组成和它的回收率。由于回收率≤100%，即 $Dx_D \leqslant Fx_F$，或 $\dfrac{D}{F} \leqslant \dfrac{x_F}{x_D}$，因此采出率 D/F 是有限制的。当 D/F 取得过大时，即使此精馏塔有足够大的分离能力，塔顶也无法获得高纯度的产品。

【例 3-1】　解决本节开头提出的工程问题。

分析：该工程问题要求出需投入精馏塔的原料量，需要进行物料衡算。已知 $x_F = 0.10$，$D = 2000 \text{t/a}$，塔顶馏出液中乙醇含量为每 100mL 溶液中含乙醇 52mL。

因 F、D、W、x_F、x_D、x_W 六个参数中只有 x_F、D 为已知，其余需进行有关换算或查找资料。

解　塔顶产品组成：取年平均气温 20℃，查得在此温度下乙醇的密度 $\rho = 789 \text{ kg/m}^3$，水的密度 $\rho = 998.2 \text{kg/m}^3$，

则
$$x_D = \frac{52 \times 10^{-6} \times 789/46}{52 \times 10^{-6} \times 789/46 + 48 \times 10^{-6} \times 998.2/18} = 0.25$$

塔顶馏出液平均摩尔质量为：$M_D = 0.25 \times 46 + 0.75 \times 18 = 25$（kg/kmol）

精馏塔的年平均工作时间为 8000h。

则
$$D = \frac{2000 \times 10^3/25}{8000} = 10 \text{（kmol/h）}$$

塔底残液组成，经调查，取 $x_W = 0.02$。

由式（3-3）和式（3-4）的全塔物料衡算式得：
$$F = 10 + W$$
$$F \times 0.10 = 10 \times 0.25 + W \times 0.02$$

联立两方程，得

原料量　　　　　　　　　　$F = 28.75 \text{kmol/h}$

残液量　　　　　　　　　　$W = 18.75 \text{kmol/h}$

【例 3-2】　将流量为 62.2kmol/h 的正戊烷-正己烷混合液在常压操作的连续精馏塔中分离，进料液中正戊烷的摩尔分数为 0.4，馏出液与釜残液中正戊烷的摩尔分数分别为 0.92 及 0.05，现测得馏出液流量为 24.2kmol/h，釜残液流量为 38kmol/h，试确定该精馏塔物料是否平衡。

解　已知 $F = 62.2 \text{kmol/h}$，$D = 24.2 \text{ kmol/h}$，$W = 38 \text{kmol/h}$

$x_F = 0.4$，$x_D = 0.92$，$x_W = 0.05$

首先分析总物料是否平衡：$D+W=24.2+38=62.2$ (kmol/h)
$F=D+W$，因此可判断总物料是平衡的。
再分析正戊烷进出塔的物料量是否平衡：
进塔正戊烷物料量：$Fx_F=62.2\times0.4=24.88$ (kmol/h)
出塔正戊烷物料量：$Dx_D+Wx_W=24.2\times0.92+38\times0.05=24.164$ (kmol/h)
进塔正戊烷物料量＞出塔正戊烷物料量，可判断正戊烷物料量不平衡，会造成正戊烷在精馏塔内的积累，使操作偏离正常操作状态，应对精馏操作加以调节。

【例 3-3】 每小时将 15000kg 含苯 40% 和甲苯 60% 的溶液，在连续精馏塔中进行分离，要求釜底残液中含苯不高于 2%（以上均为质量分数），塔顶轻组分的回收率为 97.1%。操作压力为 101.3kPa。试求馏出液和釜底残液的流量及组成，以摩尔流量及摩尔分数表示。

解法一 苯的相对分子质量为 78，甲苯的相对分子质量为 92。

$$x_F=\frac{\frac{40}{78}}{\frac{40}{78}+\frac{60}{92}}=0.44$$

$$x_W=\frac{\frac{2}{78}}{\frac{2}{78}+\frac{98}{92}}=0.0235$$

原料液平均摩尔质量为：$M_F=0.44\times78+0.56\times92=85.8$ (kg/kmol)

$$F=15000/85.8=175 \text{ (kmol/h)}$$
$$Dx_D/Fx_F=0.971$$
$$Dx_D=0.971\times175\times0.44$$

由全塔物料衡算式得：$D+W=175$
$$Dx_D+0.0235W=175\times0.44$$

解得：
$$W=95 \text{kmol/h}$$
$$D=80 \text{kmol/h}$$
$$x_D=0.935$$

解法二 采用质量流量和质量分数进行计算。
$$15000=D+W$$
$$15000\times0.4=D\times x_{D(W)}+W\times0.02$$
$$Dx_D/Fx_F=0.971$$

联立三式，解得 $W=8700$ kg/h
$$D=6300 \text{kg/h}$$
$$x_{D(W)}=0.925$$

如何将馏出液和釜底残液的质量流量及质量分数换算为摩尔流量及摩尔分数，请读者自己试一试。

2. 精馏段物料衡算

在对精馏塔的操作分析中，除须了解各段气、液摩尔流量之外，还须掌握塔内相邻两层塔板间的气、液相浓度之间的数量关系，这种关系称为操作线关系，表达这种关系的数学式叫操作线方程。对精馏段进行物料衡算可得出精馏段的操作线方程，对提馏段进行物料衡算可得出提馏段的操作线方程。

(1) 恒摩尔流假设 为简化计算,引入气、液恒摩尔流的基本假设如下。

① 恒摩尔汽化 在精馏过程中,精馏段内每层板上升的蒸气摩尔流量相等,以 V 表示。提馏段内也如此,以 V' 表示。但两段的上升蒸气摩尔流量不一定相等。

② 恒摩尔溢流 在精馏过程中,精馏段内每层板下降的液体摩尔流量相等,以 L 表示。提馏段内也如此,以 L' 表示。但两段的液体摩尔流量不一定相等。

若塔板上气液两相接触时,有 1kmol 的蒸气冷凝,相应就有 1kmol 的液体汽化,恒摩尔流的假定即成立。为此,必须满足以下条件:①各组分的摩尔汽化潜热相等;②气液两相接触时,因温度不同而交换的显热可以忽略;③精馏塔保温良好,热损失可以忽略。

在精馏操作时,满足上述三个条件有基本的事实依据。很多物系,尤其是结构相似、性质相近的组分构成的物系,各组分的摩尔汽化潜热相近;显热与潜热相比要小得多,忽略显热是允许的;精馏塔的塔体外都包有隔热层,热损失可以忽略不计。上述条件基本符合,本章研究的对象均可按符合假定处理。

(2) 精馏段操作线方程 对图 3-14 所示的虚线范围(包括精馏段部分塔板及塔顶冷凝器)作物料衡算可得精馏段操作线方程。

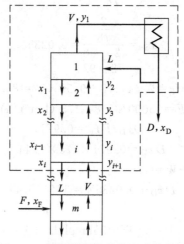

图 3-14 精馏段操作线方程式的推导

图中对浓度下标的规定如下:来自哪一块塔板就用该塔板的编号作下标。塔板号码自上而下从第 1 号开始顺序编号。浓度皆以摩尔分数表示。

总物料平衡 $\qquad V = L + D$

易挥发组分平衡 $\qquad V y_{i+1} = L x_i + D x_D$

联立二式得:

$$y_{i+1} = \frac{L}{L+D} x_i + \frac{D}{L+D} x_D \tag{3-8}$$

或

$$y_{i+1} = \frac{\dfrac{L}{D}}{\dfrac{L}{D}+1} x_i + \frac{1}{\dfrac{L}{D}+1} x_D \tag{3-9}$$

令 $R = \dfrac{L}{D}$,R 称为回流比(reflux ratio),是塔顶回流液量与塔顶产品量的比值,它是精馏操作中很重要的操作参数。后面将对其进行讨论。

则

$$y_{i+1} = \frac{R}{R+1} x_i + \frac{1}{R+1} x_D \tag{3-10}$$

上式中，由于第 i 块板是任选的，只要是在精馏段部分即能满足。因此可去掉下标，得

$$y=\frac{R}{R+1}x+\frac{x_D}{R+1} \tag{3-11}$$

式 (3-8)～式 (3-11) 皆称为精馏段的操作线方程，其意义表示在一定操作条件下，精馏段内任意两块相邻塔板间，从上一块塔板下降的液体组成与从下一块塔板上升的蒸气组成之间的关系。其中式 (3-11) 用得比较普遍。

显然，精馏段操作线方程在 y-x 直角坐标图上的图形为一条直线。其作法如下：以操作线上两个特殊点作连线画出操作线。

① 在式 (3-11) 中，令 $x=x_D$，则可算得 $y=x_D$，因此表明点 (x_D,x_D) 是精馏段操作线上的一个特殊点，该点可在 y-x 图的对角线上由 $x=x_D$ 方便地标出。

② 另一个特殊点由操作线方程的截距求得，即点 $\left(0,\dfrac{x_D}{R+1}\right)$。图 3-15 表明由这两个特殊点连直线作出精馏段操作线的方法。

3. 提馏段物料衡算

对图 3-16 所示的虚线范围（含提馏段部分塔板及再沸器）进行物料衡算：

总物料平衡　　　　　　　$L'=V'+W$

易挥发组分平衡　　　　　$L'x_j=V'y_{j+1}+Wx_W$

联立二式得：　　　　　　$y_{j+1}=\dfrac{L'}{L'-W}x_j-\dfrac{W}{L'-W}x_W$ (3-12)

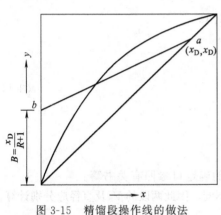

图 3-15　精馏段操作线的做法

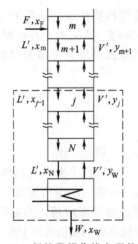

图 3-16　提馏段操作线方程的推导

因第 j 块板是任意选取的，故可去掉下标，则

$$y=\frac{L'}{L'-W}x-\frac{W}{L'-W}x_W \tag{3-13}$$

式 (3-12) 和式 (3-13) 称为提馏段操作线方程。其意义表明在一定操作条件下，在提馏段内任一 j 层板流到下一 $j+1$ 层板的液相组成 x_j 与从下一层 $j+1$ 板上升到 j 层板上的气相组成 y_{j+1} 之间的关系。

根据恒摩尔流的假定，提馏段中各板的 L' 为定值。当稳态操作时，W 和 x_W 也为定值。因此，式 (3-13) 在 y-x 图上的图形也是直线，并且当 $x=x_W$ 时，由式 (3-13) 算得 $y=x_W$，说明该直线经过对角线上的 (x_W,x_W) 点。

应该指出，提馏段液体流量 L' 除了与精馏段的回流液量 L 有关外，还受进料量及进料

热状况的影响。如进料为饱和液体时，$L'=L+F$。故当考虑进料热状况后，提馏段操作线方程式（3-13）将会变化成为另外的形式。

【例 3-4】 分离例 3-3 的溶液时，若进料为饱和液体（$L'=L+F$），所用回流比为 2.3，试求精馏段和提馏段操作线方程式，并写出其斜率和截距。

解 （1）精馏段操作线方程式的通式为

$$y=\frac{R}{R+1}x+\frac{x_D}{R+1}$$

因 $R=2.3$，$x_D=0.935$，得方程式为：

$$y=\frac{2.3}{2.3+1}x+\frac{0.935}{2.3+1}$$
$$=0.697x+0.283$$

则精馏段操作线的斜率为 0.697，截距为 0.283。

（2）提馏段操作线方程的形式为

$$y=\frac{L'}{L'-W}x-\frac{W}{L'-W}x_W$$

由例 3-3 知：$F=175\text{kmol/h}$，$W=95\text{kmol/h}$，$L=RD=2.3\times 80=184$（kmol/h），$x_W=0.0235$；

$L'=L+F=184+175=359$（kmol/h）；

代入式（3-13）得： $y=1.36x-0.0084$

故提馏段操作线的斜率为 1.36，截距为 -0.0084。

【例 3-5】 解决本节开头提出的工程问题 2。

解 精馏塔塔径可参照圆管流体的体积流量公式计算

$$V_S=\frac{\pi}{4}D^2 u$$

或

$$D=\sqrt{\frac{4V_S}{\pi u}} \tag{3-14}$$

式中 D——塔径，m；

V_S——塔内上升蒸气的体积流量，m^3/s；

u——蒸气的空塔速度，m/s。

空塔速度是影响精馏的重要因素，适宜空塔速度的确定可参照有关书籍。

由于精馏段和提馏段内上升蒸气体积流量可能有所不同，因此两段的 V_S 及直径应分别计算。

（1）精馏段 V_S 的计算

精馏段的千摩尔流量： $V=(R+1)D$

换算为体积流量： $V_S=\dfrac{VM_m}{3600\rho_V}$

式中 V——精馏段摩尔流量，kmol/h；

ρ_V——精馏段平均操作压力和温度下气相的密度，kg/m^3；

M_m——平均摩尔质量，kg/kmol。

（2）提馏段 V'_S 的计算

提馏段上升蒸气的摩尔流量可按式 $V'=V+(q-1)F=(R+1)D+(q-1)F$ 进行计算，然后换算为提馏段的体积流量 V'_S。

在精馏段和提馏段的体积流量 V_S 和 V'_S 计算得出后，即可按式（3-14）计算精馏段和提馏段的塔径，由于进料热状况和操作条件的不同，两段上升蒸气体积流量可能有所不同。若两段上升蒸气流量或塔径相差不大,可采用相同的塔径以简化塔结构,设计时通常选取塔径较大的,并经圆整作为精馏塔的塔径。

由例 3-5 可知,精馏塔塔径的计算须已知 D、F 等基础数据,因此,在设计精馏塔时首先应对精馏塔进行物料衡算,才能进行进一步的设计工作。

二、再沸器内加热蒸汽消耗量的确定

化工生产的各种单元操作中,蒸馏的能量消耗是比较大的,这是由于蒸馏过程需向系统加入或取出热量以产生气相和液相,而气、液相间的相变热通常较大,因此,蒸馏的能耗较大,因此,降低能量消耗是改进蒸馏过程的一个极为重要的方面。

精馏装置的能耗主要由塔底再沸器中的加热剂和塔顶冷凝器中冷却介质的消耗量所决定,两者用量可以通过对精馏塔进行热量衡算得出。下面说明如何确定再沸器内加热蒸汽的消耗量。

按图 3-17 的虚线范围内以单位时间为基准,作全塔热量衡算。

(1) 加热蒸汽带入的热量 Q_h,kJ/h

$$Q_h = W_h (I - i)$$

式中 W_h——加热蒸汽消耗量,kg/h;
I——加热蒸汽的焓,kJ/h;
i——冷凝水的焓,kJ/h。

(2) 原料带入的焓 Q_F,kJ/h 此项焓值与进料热状况有关。如原料为液体($q \geq 1$)时,

$$Q_F = F c_F t_F$$

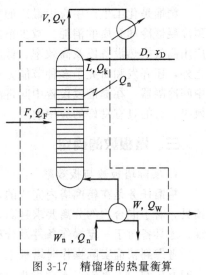

图 3-17 精馏塔的热量衡算

式中 F——原料液的质量流量,kg/h;
c_F——原料液的比热容,kJ/(kg·℃);
t_F——原料液的温度,℃。

(3) 回流液带入的焓 Q_R,kJ/h

$$Q_R = DR c_R t_R$$

式中 D——馏出液的质量流量,kg/h;
R——回流比;
c_R——回流液的比热容,kJ/(kg·℃);
t_R——回流液的温度,℃。

(4) 塔顶蒸气带出的焓 Q_V,kJ/h;

$$Q_V = D(R+1) I_V$$

式中 I_V——塔顶上升蒸气的焓,kJ/kg。

(5) 再沸器内残液带出的焓 Q_W,kJ/h;

$$Q_W = W c_W t_W$$

式中 W——残液的质量流量,kg/h;
c_W——残液的比热容,kJ/(kg·℃);
t_W——残液的温度,℃。

(6) 损失于周围的热量 Q_n,kJ/h。

故全塔热量衡算式为:

$$Q_h + Q_F + Q_R = Q_V + Q_W + Q_n$$

将上式改写为

$$Q_h = Q_V + Q_W + Q_n - Q_F - Q_R$$

因为

$$Q_h = W_h(I-i)$$

所以，再沸器内加热蒸汽消耗量为

$$W_h = \frac{Q_V + Q_W + Q_n - Q_F - Q_R}{I-i} \tag{3-15}$$

由式（3-15）可见，若原料液经过预热后使其带入的热量增加，则再沸器内加热剂的消耗量将减少。至于塔顶冷凝器中冷却介质的用量，可通过对冷凝器的热量衡算得出，读者可尝试进行计算。

精馏过程中，除再沸器和冷凝器应严格符合热量平衡外，还必须维持整个精馏系统的热量平衡。即由塔器与这些换热器等组成的精馏系统是相互联系、有机的整体，因此，塔内某个参数的变化必然会反映到再沸器和冷凝器中。

精馏是化工生产中应用最广的分离操作，其能量消耗主要在再沸器内加热剂的消耗和塔顶冷凝器冷却介质的消耗。减少精馏操作的能耗，一直是工业生产和实验研究的重要课题。应用高效换热设备以及高效率、低压降的新型塔板和填料，均是实现节能的重要途径。除此之外，还开发和研究了多种节能方法，如对于塔顶、塔底温差较大的精馏塔，在精馏段设置中间冷凝器，在提馏段设置中间再沸器；采用多效精馏、热泵精馏等，有的已取得明显节能效果，有的具有良好的应用前景。

三、塔板数的确定

1. 实际塔板数与板效率

精馏任务是在精馏塔内完成的，精馏塔内需安装一定数量的塔板来满足分离要求。可以预见，对于混合物的分离要求越高，相应需要的塔板数越多。有了操作线以及物系的相平衡线，才具备对于一定操作条件及分离要求确定所需塔板数的基础条件。

考虑到精馏实际操作时塔板上气液两相传质的复杂性，对所需的塔板数，一般采用两步走的方法确定。首先引入理论板（theoretical plate）的概念，将每一块塔板假设为理论板，确定出所需的理论塔板数 N_T，然后再考虑实际操作情况，由实际塔板与理论塔板的差别引入总板效率 E_T，以确定实际所需的塔板数 N。

若操作中离开某块塔板的气、液两相呈平衡状态，则该塔板称为理论板。将塔内每块塔板假设为理论板后，则离开各板的气、液两相组成之间的关系就可根据相平衡关系得出，此时就可方便地求出全塔所需的理论塔板数 N_T 了。

但理论板只是一种理想塔板，仅是作为衡量实际塔板分离效率的一个标准。实际操作时，由于塔板上气、液两相间接触面积和接触时间是有限的，因此在任何型式的塔板上，气、液两相间都难以达到平衡状态，所以需要有比理论塔板数更多的实际塔板才能实现规定的分离要求。理论塔板数 N_T 与实际塔板数 N 之比称为总板效率 E_T（overall plate efficiency）。

$$E_T = \frac{N_T}{N} \tag{3-16}$$

于是，在求得全塔理论塔板数后，只需知道总板效率，便可将理论塔板数除以总板效率算出实际塔板数。

上述总板效率亦称全塔效率，它不仅与气液体系、物性、塔板类型、结构尺寸有关，而且与操作状况有关。总板效率是个影响因素甚多的综合指标，难以从理论上导出，一般均由实验测得，并将 E_T 与主要影响因素归纳、整理成曲线或计算式供估算用。总板效率表示全塔的平均效率，使用较为方便，故被广泛采用。但总板效率并不区分同一个塔中不同塔板的传质效率差别，所以在塔器研究与改进操作中还采用单板效率和点效率等其他表示板效率的方法，此处不再详述。

2. 理论塔板数的确定原则

理论板是指在该板上气、液两相能充分接触并达到平衡后离开的塔板，即传质达到平衡后，气液才离开该块塔板。某块塔板若假设为理论板，则离开该板的气相组成 y 与液相组成 x 满足相平衡关系。

物系的相平衡关系可用相平衡线来表示，如苯-甲苯混合液在 $p=101.3\mathrm{kPa}$ 下的相平衡线如图 3-18 中的曲线所示。相平衡线上的任一点表示互为平衡的一组液、气相浓度。

相平衡关系也可用气液相平衡方程来表示。由蒸馏原理可知，蒸馏分离是根据各组分挥发能力的差异而进行的。如前所述，常把易挥发组分对难挥发组分的挥发度之比称为相对挥发度，以 α 表示。α 值越大，则两组分越易用蒸馏方法分离。对理想溶液而言，两组分的相对挥发度等于两组分的饱和蒸气压之比，其值随温度的变化而有所改变。若某物系精馏分离时，在整个精馏塔中的相对挥发度的平均值为已知，则相平衡方程为

$$y=\frac{\alpha x}{1+(\alpha-1)x} \qquad (3-17)$$

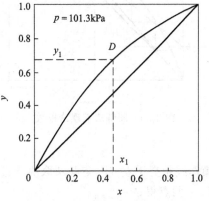

图 3-18 苯-甲苯混合液的相平衡线

下面以图 3-19 中的（a）图表示塔内既非加料，又无出料的一块普通塔板的操作，（b）图表示加料板的操作。若将精馏塔内的每一块塔板都假设为理论板时，则（a）图中的 y_n 与 x_n 互为相平衡，（b）图中的 y_m 与 x_m 相互平衡。图中以弯曲线相连，表示两者互为相平衡关系。从而可依照相平衡线或相平衡方程，由气相组成得出同一块板上的液相组成。

另由操作线方程的意义可知，图 3-19 中的 x_{n-1}-y_n 之间、x_n-y_{n+1} 之间、x_{m-1}-y_m 之间、x_m-y_{m+1} 之间属于操作关系。因此可依照操作线或操作线方程，由上层板下降的液相组成得出下层板上升的气相组成。

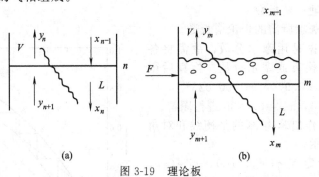

图 3-19 理论板

对任意第 n 层塔，必须满足以下平衡：①离开该理论板的液、气相浓度 (x_n, y_n) 点必满足相平衡关系；②该板之上（或之下）的液、气相浓度 (x_n, y_{n+1}) 点必符合操作线关系。这样便可从塔顶组成 x_D 开始，交替使用相平衡关系和操作线关系逐级向下进行计算，一直计算至塔底组成 x_W 为止。每使用一次相平衡关系即表明经过一块理论板，计算过程中使用相平衡的次数即代表总理论塔板数。

由此可见，理论塔板数的多少与分离任务的要求（塔顶、塔底产品的质量）、操作条件下的相平衡关系等有关。另外，还与回流比和进料的热状况以及加料位置等有关，这部分内容将以后讨论。

3. 理论塔板数的确定方法

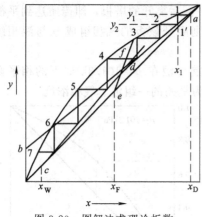

图 3-20　图解法求理论板数

理论塔板数的确定主要依据相平衡关系和操作线关系，其求法很多，有图解法、逐板计算法、简捷法等。此处主要介绍图解法，其他方法读者可以参阅有关书籍。

图解法求理论板数的方法比较简单，如图 3-20 所示。其步骤如下：

① 在 y-x 图上作出相平衡线和对角线；

② 作精馏段操作线。精馏段操作线过点 $a(x_D, x_D)$ 及 $b\left(0, \dfrac{x_D}{R+1}\right)$，连接此两点，可作出精馏段操作线，斜率为 $\dfrac{R}{R+1}$；

③ 作提馏段操作线。提馏段操作线由交点 $c(x_W, x_W)$，和其斜率 $\dfrac{L'}{L'-W}$ 作出。提馏段操作线和精馏段操作线相交于点 d，交点 d 取决于进料的热状况（见第四节）。提馏段操作线也可通过连接 d、c 两点得；

④ 从 a 点开始在精馏段操作线和平衡线之间作水平线和垂线组成的梯级，当梯级跨过点 d，改在平衡线和提馏段操作线之间画梯级，直至梯级跨过 c 点为止；每一级水平线表示应用一次气液相平衡关系，即代表一层理论板，每一根垂线表示应用一次操作线关系，梯级的总数即为理论板总数。由于塔釜作为一块理论板，因此，理论板总数为总梯级数减去 1。全塔理论板数可以表示为分数（读者可以分析原因）。最后的为分数的理论板，液相浓度的改变量与假如是一块理论板的液相浓度改变量之比就是该分数的值。越过两操作线交点 d 的那一块理论板为适宜的加料板位置。

【例 3-6】　需用一常压连续精馏塔分离含苯 40% 的苯-甲苯混合液，要求塔顶产品含苯 97% 以上。塔底产品含苯 2% 以下（以上均为质量分数）。采用的回流比 $R=3.5$，进料为饱和液体。求所需的理论塔板数。

解　应用图解法求所需的理论塔板数。

由于相平衡数据是用摩尔分数，故需将各个组成从质量分数换算成摩尔分数。换算后得到：$x_F=0.44$，$x_D \geqslant 0.974$，$x_W \leqslant 0.0235$。

现按 $x_D=0.974$，$x_W=0.0235$ 进行图解。

① 在 x-y 图上作出苯-甲苯的平衡线和对角线，如本题附图所示。

② 在对角线上定点 $a(x_D, x_D)$，点 $e(x_F, y_F)$ 和点 $c(x_W, x_W)$ 三点。

③ 绘精馏段操作线，依精馏段操作线截距$=x_D/(R+1)=0.217$，在 y 轴上定出点 b，连 a、b 两点间的直线即得，如附图中 ab 直线。

④ 绘提馏段操作线，对于饱和液体进料，令式（3-13）中 $x=x_F$，则提馏段操作线方程

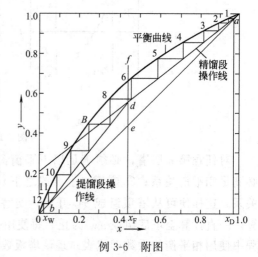

例 3-6　附图

变成:
$$y = \frac{L'}{L'-W}x_F - \frac{W}{L'-W}x_W$$
$$= \frac{RD+F}{RD+F-W}x_F - \frac{W}{RD+F-W}x_W$$
$$= \frac{Rx_F + x_D}{R+1}$$

此时与精馏段操作线方程相同，说明两条操作线必相交，且其交点的横坐标为 x_F，因此提馏段操作线与精馏段操作线的交点 d 可由 e 点向上作垂线得到。由点 d 与点 c 相连即得提馏段操作线，如本题附图中 dc 直线。

⑤ 绘梯级线，自附图中点 a 开始在平衡线与精馏段操作线之间绘梯级，跨过点 d 后改在平衡线与提馏段操作线之间绘梯级，直到跨过 c 点为止。

由图中的梯级数得知，全塔理论板层数共 12 层，减去相当于一层理论板的再沸器，共需 11 层，其中精馏段理论层数为 6，提馏段理论板层数为 5，自塔顶往下数第 7 层理论板为加料板。

四、进料热状态的影响及适宜加料位置的确定

1. 进料热状况对精馏操作的影响

精馏段、提馏段的气液流量 V 与 V'、L 与 L' 的关系与进料热状况有关。生产中送入精馏塔内的物料有以下五种不同的热状况:

① 过冷液体 (原料温度低于泡点温度);
② 饱和液体 (原料温度为泡点温度);
③ 气液混合物 (原料温度处于泡点温度和露点温度之间);
④ 饱和蒸气 (原料温度在露点温度);
⑤ 过热蒸气 (原料温度高于露点温度)。

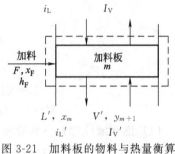

图 3-21 加料板的物料与热量衡算

L 与 L'、V 与 V' 的关系可以根据加料板 (图 3-21) 的物料与热量衡算确定:

总物料衡算: $F+L+V'=L'+V$
热量衡算: $Fi_F + Li_L + V'I_{V'} = L'i_{L'} + VI_V$

式中，i_F，i_L，$i_{L'}$，I_V，$I_{V'}$ 分别为各液流和蒸气的焓。假设 $i_L \approx i_{L'}$，$I_V \approx I_{V'}$

经推导得:
$$L' = L + qF \tag{3-18}$$
$$V = V' + (1-q)F \tag{3-19}$$

其中 $q = \dfrac{I_V - i_F}{I_V - i_L}$，表示 1kmol 原料液变为饱和蒸气所需的热量与料液的摩尔汽化潜热之比，q 称为进料的热状况参数。

式 (3-18)、式 (3-19) 关联了 L' 与 L、V' 与 V 之间的关系。q 值即为进料中的液相分数，可简单地把进料划分为两部分，一部分是 qF，表示由于进料而增加提馏段饱和液体流量的值；另一部分是 $(1-q)F$，表示因进料而增加精馏段饱和蒸气流量的值。这两部分对流量的贡献示于图 3-22 中。

【例 3-7】 用一常压连续精馏塔分离含苯 0.44 (摩尔分数，以下同) 的苯-甲苯混合液，要求塔顶产品含苯 0.97 以上，塔底产品含苯 0.0235 以下，原料流量为 10kmol/s，采用回流比为 3.5，计算以下三种不同加料时的 q 值，以及精馏段和提馏段的液、气相流量。

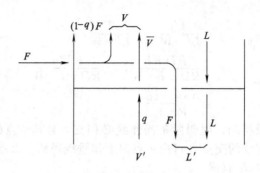

图 3-22 精馏段与提馏段的流量关系

(1) 饱和液体加料；(2) 20℃的液体加料；(3) 180℃的蒸气加料。

已知料液的泡点为 94℃，露点为 100.5℃，混合液体的平均摩尔比热容为 158.2kJ/(kmol·K)，混合蒸气的平均摩尔比热容为 107.9kJ/(kmol·K)，饱和液体汽化成饱和蒸气所需汽化热为 33118kJ/kmol。

解 三种进料热状况下，精馏段的液气流量都相同：

由
$$F=D+W$$
$$Fx_F=Dx_D+Wx_W$$

解得：
$$D=4.382 \text{kmol/s}$$
$$W=5.618 \text{kmol/s}$$
$$L=RD=3.5\times4.382=15.337(\text{kmol/s})$$
$$V=L+D=15.337+4.382=19.719 (\text{koml/s})$$

(1) 饱和液体加料 其液相分率 $q=1$
$$L'=L+F=15.337+10=25.337 (\text{kmol/s})$$
$$V'=V=19.719 \text{kmol/s}$$

(2) 20℃的液体加料

由 $q=\dfrac{I_V-i_F}{I_V-i_L}$ 得：

$$q=\frac{158.2\times(94-20)+33118}{33118}=1.353$$

$$L'=L+qF=15.337+1.353\times10=28.867 (\text{kmol/s})$$
$$V'=V-(1-q)F=19.719-(1-1.353)\times10=23.249 (\text{kmol/s})$$

(3) 180℃蒸气加料

由 $q=\dfrac{I_V-i_F}{I_V-i_L}$ 得：

$$q=\frac{-(180-100.5)\times107.9}{33118}=-0.259$$

$$L'=L+qF=15.337-0.259\times10=12.747 (\text{kmol/s})$$
$$V'=V-(1-q)F=19.719-1.259\times10=7.129 (\text{kmol/s})$$

各种加料状态下的 q 值范围如表 3-2 所示。

表 3-2　q 值范围

过热蒸气进料	饱和蒸气进料	气液混合进料	饱和液体进料	过冷液体进料
$q<0$	$q=0$	$0<q<1$	$q=1$	$q>1$

在中间加料的连续精馏塔内，由于加料所在位置既是精馏段的最下部，又是提馏段的最上部，因此此处上升汽流组成 y 与下降液流组成 x 之间的关系，应同时满足两条操作线方程，即提馏段和精馏段相交于加料板。联立两操作线方程可得其交点轨迹方程为

$$y=\frac{q}{q-1}x-\frac{x_F}{q-1} \quad (3-20)$$

此方程称为 q 线方程（或进料线方程）。上式表明两操作线的交点，即加料板的位置取决于进料的热状况 q 和料液组成 x_F。

由式 (3-20) 可知，当进料状况一定时，此式在 y-x 图上的图形为一直线，该直线称为 q 线（或进料线），过点 (x_F, x_F)，斜率为 $q/(q-1)$。

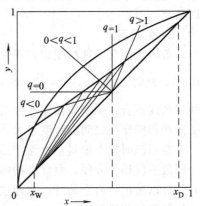

图 3-23　进料热状况对操作线的影响

由于 q 线是两操作线交点的轨迹，因此说明 q 线和精馏段操作线的交点必然也在提馏段操作线上。前面所述的提馏段操作线可由 q 线作出。方法是将 q 线与精馏段操作线的交点和 (x_W, x_W) 点相连。

五种不同进料热状况时的 q 线以及相应的操作线可参见图 3-23。

由图 3-23 可以看出，进料 q 值不同，则 q 线不同，导致两操作线交点的位置也发生变化，从而影响提馏段操作线的位置。q 值愈大，两操作线的交点愈高，提馏段操作线离平衡线越远，完成相同分离任务所需的理论塔板数愈少。对塔板数一定的生产设备而言，产品质量将提高（x_D 增加，x_W 下降），这是有利之处。但 q 值愈大，说明原料液温度愈低，为维持全塔热量平衡，便要求热量更多地由塔釜输入，使蒸馏釜的传热面积大，设备体积增大。此外，提馏段气液流量大，提馏段塔径要加大，这是不利之处。

综上所述可知，进料的热状况对精馏操作的影响是多方面的。生产中，进塔原料的热状态多与前一工序有关。如果前一工序输出的是饱和蒸气，一般就直接以饱和蒸气进料，不必冷凝成液态进塔。如果前一工序输出的液体，一般可考虑先将进料适当预热，以降低再沸器的热负荷，较为理想的情况是泡点进料，它较为经济，比较常用。

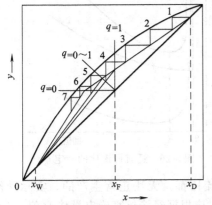

图 3-24　加料位置与加料状态的关系

2. 加料位置

生产中，适宜的加料位置应选择在塔内气液相组成与料液相同或相近的板上，如进料为饱和液体，则加料应选择在液相组成等于或近于 x_F 处加入。若生产中加料位置选择不当，将会导致馏出液和釜残液不能同时达到规定的要求。

在 x_F 一定的情况下，加料位置与 q 值有关。如图 3-24 示意了液相组成为 x_F 的三种不同加料状态的加料位置。由图可见，若为饱和液体，则加料应在第四块理论板上，汽液混合进料应加在第五块理论板上，而饱和蒸气加料在第六块

理论板上，这样使得进料组成与塔中气液组成相近，有利于精馏操作。

五、回流比的影响及适宜回流比的确定

回流是精馏过程得以进行的必要条件之一，回流比的大小是影响精馏效果的最重要因素，它表示塔顶回流的液体量与馏出液流量的比值。回流有两种极限状况，即全回流与最小回流比。

1. 全回流

若塔顶蒸气全部冷凝后，不采出产品，全部流回塔内，这种情况称为全回流（total reflux），此时，$D=0$，$R=\dfrac{L}{D}=\infty$；精馏段操作线的斜率 $\lim\limits_{R\to\infty}\dfrac{R}{R+1}=1$。因此，精馏段操作线和对角线重合，提馏段操作线也必和对角线重合，精馏塔无精馏段和提馏段之分。由于此时平衡线和操作线之间的跨度最大，因而所需的理论塔板数最少。

全回流时既不加料，也无产品出料，但对科研、稳定生产和精馏开车均具有重要意义。全回流不仅操作方便，而且是精馏开车的必要阶段，只有通过全回流使精馏操作达到稳定，并且可以输出合格产品时，才能过渡到正常操作状态。当操作严重失稳时，也需要通过全回流使精馏过程稳定下来。

2. 最小回流比

回流比 R 从全回流逐渐减小时，精馏段操作线和提馏段操作线的交点 d 逐渐向平衡线靠近，当回流比减小到使 d 点落在平衡线上时，此时，液相和气相处于平衡状态，传质推动力为零，不论画多少梯级都不能越过交点 d，即所需理论塔板数为无数块，见图 3-25 所示。此时的回流比称为最小回流比（minimum reflux ratio），以 $R_{\min}$ 表示。

对正常的相平衡关系，由精馏段操作线方程可知：

$$\frac{R_{\min}}{R_{\min}+1}=\frac{x_D-y_q}{x_D-x_q}$$

因此
$$R_{\min}=\frac{x_D-y_q}{y_q-x_q} \tag{3-21}$$

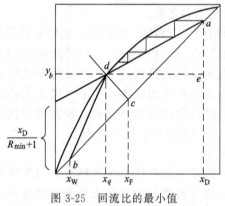

图 3-25 回流比的最小值

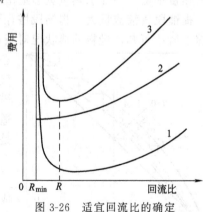

图 3-26 适宜回流比的确定

由回流比 R 的两个极限值可知，全回流和最小回流比都是无法正常生产的，实际操作的回流比 R 必须大于 $R_{\min}$，R 值并无上限限制。设计时应根据经济核算确定最佳 R 值。

3. 适宜回流比

精馏过程的费用包括操作费用和设备费用两方面。精馏过程的操作费主要是再沸器中加热蒸汽的消耗量和冷凝器中冷却水的用量以及动力消耗。在加料量和产量一定的条件下，随

着 R 的增加，V 与 V' 均增大，因此，加热蒸汽、冷却水消耗量均增加，使操作费用增加，由图 3-26 中曲线 2 表示。

精馏装置的设备包括精馏塔、再沸器和冷凝器。当回流比为最小回流比时，需无穷多块理论板，精馏塔无限高，故费用无限大。回流比略增加，所需的理论板数便急剧下降，设备费用迅速回落，随着 R 的进一步增大，V 和 V' 加大，要求塔径增大，再沸器和冷凝器的传热面积需要增加，其关系曲线如图 3-26 中曲线 1。

总费用为设备费和操作费之和，由图中曲线 3 所示，其最低点对应的回流比为相应的最适宜回流比（optimum reflux ratio）。由于最适宜回流比的影响因素很多，无精确的计算公式，一般取值范围为：$R_{宜}=(1.2\sim 2)R_{min}$。

以上是从设计角度，即设备未固定的前提下分析 R 的影响，但在生产中应另作分析，因为设备已经安装好，精馏塔的塔板数和再沸器的传热面积等已固定，这时需从操作状况的角度来考虑回流比 R 的影响。例如：当精馏塔的塔板数已固定，若原料液的组成及其受热状况也一定，则加大 R 可以提高产品的纯度，但由于再沸器的负荷一定，此时加大 R 会使塔顶产品量降低，即降低塔的生产能力。回流比过大，将会造成塔内物料循环量过大，甚至破坏塔的正常操作。反之，减小回流比时情况正好相反。所以在生产中，回流比的正确控制与调节，是优质、高产、低消耗的重要因素之一。

【例 3-8】 根据例 3-6 的数据求饱和液体进料时的最小回流比。若取实际回流比为最小回流比的 1.6 倍，求实际回流比。

解 依式（3-21）求算，即

$$R_{min}=\frac{x_D-y_q}{y_q-x_q}$$

饱和液体进料时，由例 3-7 附图中查出 q 线与平衡线的交点坐标为

$$x_q=x_F=0.44, \quad y_q=0.66$$

所以
$$R_{min}=\frac{0.974-0.66}{0.66-0.44}=1.43$$

得
$$R=1.6R_{min}=1.6\times 1.43=2.29$$

六、进料组成和流量的影响

工业生产中，送入精馏塔的物料来自于上一工序，当上工序的生产过程发生波动，导致物料组成发生变化时，必然影响精馏操作。如图 3-27 所示，当进料组成由 x_F 下降至 x'_F 时，若保持回流比不变、塔板数不变，则塔顶产品组成将由 x_D 下降至 x'_D，塔底产品组成则由 x_W 下降至 x'_W。为使塔顶产品组成维持 x_D，可以通过适当增加回流比、调整进料位置等操作措施来维持塔的正常操作。一般精馏塔设置有几个加料口以适应料液组成的变化。当进料流量发生变化时，也将给精馏操作造成影响。进料量变化会使塔内的气、液相负荷发生变化，塔顶、塔釜产品出料量也应随之调整，否则，会引起物料的不平衡。

若总物料不平衡，例如，当进料量大于出料量时，会引起淹塔；反之，当进料量小于出料量时，则会引起

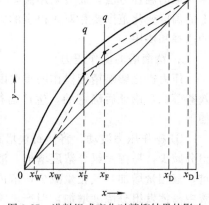

图 3-27 进料组成变化对精馏结果的影响

塔釜蒸干。这些都将严重破坏精馏塔的正常操作。在满足总物料平衡的条件下，还应同时满足各个组分的物料平衡。例如，当进料量减少时，如不及时调低塔顶馏出液的采出率，则由于易挥发组分的物料不平衡，将使塔顶不能获得纯度很高的合格产品。从塔板数的确定中可以看到，理论塔板数的多少与进料量的大小无关。

七、操作温度和操作压力的影响

精馏是气液相间的质热传递过程，与相平衡密切相关，而对于双组分两相体系，操作温度、操作压力与两相组成中只能两个可以独立变化，因此，当要求获得指定组成的蒸馏产品时，操作温度与操作压力也就确定了。因此工业精馏常通过控制温度和压力来控制蒸馏过程。

1. 灵敏板的作用

在总压一定的条件下，精馏塔内各块板上的物料组成与温度一一对应。当板上的物料组成发生变化时，其温度也就随之一起变化。当精馏过程受到外界干扰（或承受调节作用）时，塔内不同塔板处的物料组成将发生变化，其相应的温度亦将改变。其中，塔内某些塔板处的温度对外界干扰的反应特别明显，即当操作条件发生变化时，这些塔板上的温度将发生显著变化，这种塔板称之为灵敏板，一般取温度变化最大的那块板为灵敏板。

精馏生产中由于物料不平衡或是塔的分离能力不够等原因造成的产品不合格现象，都可及早通过灵敏板温度变化情况得到预测，从而可及早发出信号，使调节系统能及时加以调节，以保证精馏产品的合格。

2. 精馏塔的温控方法

精馏塔通过灵敏板进行温度控制的方法大致有以下几种。

（1）精馏段温控　灵敏板取在精馏段的某层塔板处，称为精馏段温控。它适用于对塔顶产品质量要求高或是气相进料的场合。调节手段是根据灵敏板温度，适当调节回流比。例如，灵敏板温度升高时，则反映塔顶产品组成 x_D 下降，故此时发出信号适当增大回流比，使 x_D 上升至合格值时，灵敏板温度降至规定值。

（2）提馏段温控　灵敏板取在提馏段的某层塔板处，称为提馏段温控。它适用于对塔底产品要求高的场合或是液相进料时，其采用的调节手段是根据灵敏板温度，适当调节再沸器加热量。例如，当灵敏板温度下降时，则反映釜底液相组成 x_W 变大，釜底产品不合格，故发出信号适当增大再沸器的加热量，使釜温上升，以便保持 x_W 的规定值。

（3）温差控制　当原料液中各组成的沸点相近，而对产品的纯度要求又较高时，不宜采用一般的温控方法，而应采用温差控制方法。温差控制是根据两板的温度变化总是比单一板上的温度变化范围要相对大得多的原理来设计的，采用此法易于保证产品纯度，又利于仪表的选择和使用。

3. 精馏塔的操作压力

压力也是影响精馏操作的重要因素。精馏塔的操作压力是由设计者根据工艺要求、经济效益等综合论证后确定的，生产运行中不能随意变动。塔内压力波动对精馏操作主要影响如下。

① 操作压力波动，将使每块塔板上汽液平衡关系发生变化。压力升高，气相中难挥发组分减少，易挥发组分浓度增加，液相中易挥发组分浓度也增加；同时，压力升高后汽化困难，液相量增加，气相量减少，塔内气、液相负荷发生了变化。其总的结果是，塔顶馏出液中易挥发组分浓度增加，但产量减少；釜液中易挥发组分浓度增加，釜液量也增加。严重时会造成塔内的物料平衡被破坏，影响精馏的正常进行。

② 操作压增加，组分间的相对挥发度降低，塔板提浓能力下降，分离效率下降。但压力增加，组分的密度增加，塔的处理能力增加。

③ 塔压的波动还将引起温度和组成间对应关系的变化。

可见，塔的操作压力变化将改变整个塔的操作状况。因此，生产运行中应尽量维持操作压基本恒定。

第四节 精馏塔的操作

在化工生产各单元操作中，精馏塔的运行及控制难度是比较大的，这是由于精馏流程相对复杂、各控制参数间关联较大，影响运行的因素较多。由于生产不同产品的生产任务不同，操作条件多样，塔型也不一样，因此精馏过程的操作控制也是各不相同的。下面从共性角度说明精馏塔的运行和控制。

一、精馏塔的开、停车

1. 原始开车

精馏塔系统安装或大修结束后，必须对其设备和管路进行检查、清洗、试压、试漏、置换及设备的单机试车、联动试车和系统试车等工作，这些准备工作和处理工作的好坏，对正常开车有直接的影响。

原始开车的程序一般按六个阶段进行。

① 检查。按安装工艺流程图逐一进行核对检查。

② 吹除和清扫。一般采用空气或氮气把设备、管路内的灰尘、污垢等杂物吹扫干净，以免设备内的铁锈、焊渣等堵塞管道、设备等。

③ 试压、试漏。多采用具有一定压力的水进行静液压试验，以检查系统设备、管路的强度和气密性。

④ 单机试车和联动试车。

⑤ 设备的清洗和填料的处理。

⑥ 系统的置换和开车。一般采用氮气对精馏系统进行置换，使系统内的含氧量达到安全规定（0.2%）以下，以免系统内的空气与有机物形成爆炸性混合物。

2. 正常开车

(1) 准备工作　检查仪器、仪表、阀门等是否齐全、正确、灵活，做好开车前的准备。

(2) 预进料　先打开放空阀，充氮，置换系统中的空气，以防在进料时出现事故，当压力达到规定的指标后停止，再打开进料阀，打入指定液位高度的料液后停止。

(3) 再沸器投入使用　打开塔顶冷凝器的冷却水（或其他冷却介质），再沸器通蒸汽加热。

(4) 建立回流　在全回流情况下继续加热，直到塔温、塔压均达到规定指标，产品质量符合要求。

(5) 进料与出产品　打开进料阀进料，同时从塔顶和塔釜采出产品，调节到指定的回流比。

(6) 控制调节　对塔的操作条件和参数逐步调整，使塔的负荷、产品质量逐步且尽快地达到正常操作值，转入正常操作。

精馏塔开车时，应注意进料要平稳，再沸器的升温速度要缓慢，再沸器通入蒸汽前务必要开启塔顶冷凝器的冷却水,以保证回流液的产生。控制升温速度的原因是塔的上部为干板,塔板上没有液体,如果蒸气上升过快,没有气液接触,就可能把过量的难挥发组分带到塔顶,塔顶产品长时间达不到要求。随着塔内压力的增大,应当开启塔顶通气口,排除塔内的空气或惰性气体,进行压力调节。待回流槽中的液面达到1/2以上,就开始打回流,并保持回流槽中的液面。当塔釜液面维持1/2~2/3时,可停止进料,进行全回流操作,同时对塔顶、塔釜产品进行分析,待产品质量合格后,就可以逐渐加料,并从塔顶和塔釜采出馏出液和釜残液,调节回流量和加热蒸汽量,逐步转入正常操作状态。

3. 停车

化工生产中停车方法与停车前的状态有关,不同的状态,停车的方法及停车后的处理方法不同。

(1) 正常停车　生产进行一段时间后,设备需进行检查或检修而有计划地停车,叫正常停车。这种停车是逐步减少物料的加入,直到完全停止加入。待物料蒸完后,停止供汽加热,降温并卸掉系统压力;停止供水,将系统中的溶液排放干净(排到溶液贮槽)。打开系统放阀,并对设备进行清洗。若原料气中含有易燃、易爆的气体,要用惰性气体对系统进行置换,当置换气中含氧量小于0.5%,易燃气总含量小于5%时为合格。最后用鼓风机向系统送入空气,置换气中氧含量大于20%即为合格。

停车后,对某些需要进行检修的设备,要用盲板切断设备上的物料管线,以免可燃物漏出而造成事故。

(2) 紧急停车　生产中由于一些意想不到的特殊情况而造成的停车,称为紧急停车。如一些设备的损坏、电气设备的电源发生故障、仪表失灵等,都会造成生产装置的紧急停车。

发生紧急停车时,首先应停止加料,调节塔釜加热蒸汽和凝液采出量,使操作处于待生产的状态,此时,应积极抢修,排除故障,待故障排除后,按开车程序恢复生产。

(3) 全面紧急停车　当生产过程中突然停电、停水、停蒸汽或其他重大事故时,则要全面紧急停车。

对于自动化程度较高的生产装置,为防止全面紧急停车的发生,一般化工厂均有备用电源,当生产断电时,备用电源立即送电。

二、精馏塔的运行调节

精馏操作中,精馏塔的塔顶、塔釜温度、回流比、精馏塔的压力是影响精馏质量的主要参数,在大型装置中均已采用集散控制系统DCS和计算机对精馏塔的操作进行自动控制。下面说明各工艺参数的调节。

1. 塔压的调节

精馏塔的正常操作中,稳定压力是操作的基础。在正常操作中,如果加料量、釜温以及塔顶冷凝器的冷凝量等条件都不变化,则塔压将随采出量的多少而发生变化。采出量太少的话,塔压将会升高;反之,若采出量太大,塔压降低。因此,可适当地采取调节塔顶采出量来控制塔压。

操作中有时釜温、加料量及塔顶采出量都未变化,塔压却升高,可能是冷凝器的冷剂量不足或冷剂温度升高,或冷剂压力下降所致,此时应尽快联系供冷单位予以调节。若一时冷剂不能恢复到正常操作情况,则应在允许的条件下,塔压可维持高一点或适当加大塔顶采出,并降低釜温,以保证不超压。

一定温度有与之相应的压力。在加料量和回流量及冷剂量不变的情况下,塔顶或塔釜温度的波动，引起塔压的相应波动，这是正常的现象。如果塔釜温度突然升高，塔内上升蒸气量增加，必然导致塔压的升高。这时除调节塔顶冷凝器的冷剂和加大采出量外，更重要的是设法降低塔釜温度，使其回归正常温度。如果处理不及时，重组分带到塔顶，会使塔顶产品不合格。如果单纯考虑调节压力，加大冷剂量，不去恢复釜温，则易产生液泛；如果单从采出量方便来调节压力，则会破坏塔内各板上的物料组成，严重影响塔顶产品质量。当釜温突然降低，情况与上述情况恰恰相反，其处理方法也对应地变化。至于塔顶温度的变化引起塔压的变化，这种可能性较小。

若是设备问题引起塔压的变化，则应适当地改变其他操作因素，进行适当调节，严重时停车修理。

2. 塔釜温度的调节

影响塔釜温度的主要因素有釜液组成、釜压、再沸器的蒸汽量和蒸汽压力等。因此，在釜温波动时，除了分析再沸器的蒸汽量和蒸汽压力的变动外，还应考虑其他因素的影响。例如，塔压的升高或降低，也能引起釜温的变化，当塔压突然升高，虽然釜温随之升高，但上升蒸气量却下降，使塔釜轻组分变多，此时，要分析压力变高的原因并加以排除。如果塔压突然下降，此时釜温随之下降，上升蒸气量却增大，塔釜液可能被蒸空，重组分就会带到塔顶。

在正常操作中，有时釜温会随加料量或回流量的改变而改变。因此，在调节加料量或回流量时，要相应地调节塔釜温度和塔顶采出量，使塔釜温度和操作压力平稳。

3. 回流量的调节

回流量是直接影响产品质量和塔的分离效果的重要因素，回流比是生产中用来调节产品质量的主要手段。在精馏操作中，回流的形式有强制回流和位差回流两种。

一般，回流量是根据塔顶产品量按一定比例来调节的。位差回流是冷凝器按其回流比将塔顶蒸出的气体冷凝，冷凝液借冷凝器与回流入口的位差（静压头）返回塔顶的。因此，回流量的波动与冷凝的效果有直接的关系。冷凝效果不好，蒸出的气体不能按其回流比冷凝，回流量将减少。另外，采出量不均，也会引起压差的波动而影响回流量的波动。强制回流是借泵把回流液输送到塔顶，这样能克服压差的波动，保证回流量的平稳，但冷凝器的冷凝好坏及塔顶采出量的情况也会影响回流。

回流量增加，塔压差明显增大，塔顶产品纯度会提高；回流量减少，塔压差变小，塔顶产品纯度变差。在操作中，往往就是依据这两方面的因素来调节回流比。

4. 塔压差的调节

塔压差是判断精馏塔操作加料、出料是否均衡的重要指标之一。在加料、出料保持平衡和回流量保持稳定的情况下，塔压差基本上变化很小。

如果塔压差增大，必然会引起塔身各板温度的变化，塔压差增大的原因可能是因塔板堵塞，或是采出量太少，塔内回流量太大所致。此时，应提高采出量来平衡操作，否则，塔压差将逐渐增大，会引起液泛。当塔压差减小时，釜温不太好控制，这可能是塔内物料太少，精馏塔处于干板操作，起不到分离作用，必然导致产品质量下降。此时，应减少塔顶产出量，加大回流量，使塔压差保持稳定。

5. 塔顶温度的调节

在精馏操作中，塔顶温度是由回流温度来控制。影响回流温度的直接因素是塔顶蒸气组成和塔顶冷凝器的冷凝效果，间接因素则有多种。

在正常操作中，若加料量、回流量、釜温及操作压力都一定的情况下，塔顶温度处于正常状态。当操作压力提高时，塔顶温度会下降。反之，塔顶温度会上升。如遇到这种情况，必须恢复正常操作压力，方能使塔顶温度正常。另外，在操作压力正常的情况下，塔顶温度随塔釜温度的变化而变化。塔釜温度稍有下降，塔顶温度随之下降，反之亦然。遇到这种情况，且操作压力适当，产品质量很好时，可适当调节釜温，恢复塔顶温度。

生产中，如果由于塔顶冷凝器效果不好，或冷剂条件差，使回流温度升高而导致塔顶温度上升，进而塔压提高不易控制时，则应尽快解决塔顶冷凝器的冷却效果，否则，会影响精馏的正常运行。

6. 塔釜液面的调节

精馏操作中，应控制塔釜液面高度一定，这样可起到塔釜液封的作用，使被蒸发的轻组分蒸气，不致从塔釜排料管跑掉；另外，使被蒸发的液体混合物在釜内有一定的液面高度和塔釜蒸发空间，并使塔釜液体在再沸器的蒸发液面与塔釜液面有一个位差高度，保证液体因静压头作用而不断循环去再沸器内进行蒸发。

塔釜的液面一般通过塔釜排出量来控制，正常操作中，当加料、采出、产品、回流比等条件一定时，塔釜液的排出量也应该是一定的。但是，塔釜液面随温度、压力、回流量等条件的变化而改变。如这些条件发生变化，将会引起塔釜排出物组成的改变，塔釜液面也随之改变，此时，应适当调整釜液排出量。例如，当加料量不变时，塔釜温度下降，塔釜液中易挥发组分增多，促使塔釜液增加，如不增大釜液排出量，塔釜必然被充满，此时，应提高釜温，或增大釜液排出量来稳定塔釜液面。

三、精馏操作中不正常现象及处理方法

实际生产中，由于原料及产品的性质不同，质量要求各异，因此流程和塔型的选择及精馏形式，随之产生的不正常现象和处理方法也就不同。精馏操作中，常出现的不正常现象和处理方法见表3-3。

需要明确的是，一种异常现象发生的原因往往有多种，因此，必须了解这些原因，并在实际过程中，结合其他参数进行分析判断，采取正确措施处理。

表3-3　精馏操作中常出现的不正常现象和处理方法

不正常现象	原　因	处理方法
釜温及压力不稳	①蒸汽压力不稳 ②疏水器不畅通 ③加热器漏	①调整蒸汽压力至稳定 ②检查疏水器 ③停车检查漏处
塔压差增大	①负荷升高 ②回流量不稳定 ③液泛 ④设备堵塞	①降低负荷 ②调节回流量，使其稳定 ③查找原因，相应处理 ④疏通
釜温突然下降，提不起温度	开车升温 ①疏水器失灵 ②蒸发器内冷凝液未排除，蒸汽无法加入 ③蒸发器内水不溶物多 正常操作 ①循环管堵，蒸发釜内没有循环液 ②蒸发器列管堵 ③排水阻气阀失灵 ④塔板堵，液体回不到塔釜	①检查疏水器 ②吹除冷凝液 ③清理蒸发器 ①通循环管 ②疏通列管 ③检修或予以更换 ④停车检查清洗

续表

不正常现象	原　　因	处理方法
塔顶温度不稳定	①釜温太高 ②回流液温度不稳 ③回流管不畅通 ④操作压力波动 ⑤回流比小	①调节釜温至规定值 ②检查冷剂温度和冷剂量 ③疏通回流管 ④稳定操作压力 ⑤调节回流比
系统压力增高	①冷剂温度高或循环量小 ②采出量太小 ③塔釜温度突然上升 ④设备有损坏或堵塞	①与供冷单位联系 ②增大采出量 ③调节加热蒸汽 ④停车检修
液泛	①釜温突然升高 ②回流比大 ③液体下降不畅,降液管局部被污物堵塞 ④塔釜列管漏	①调节加料量,降釜温 ②减少回流,增大采出量 ③清理污物 ④停车检修
塔釜液面不稳定	①塔釜排出量不稳定 ②塔釜温度不稳定 ③加料组成有变化	①稳定塔釜排出量 ②稳定釜温 ③稳定加料组成

本章注意点

　　液体蒸馏是化工生产中用来分离液体混合物较为常见的单元操作,要理解蒸馏特别是精馏的分离原理,明确各种蒸馏方式的特点和适用场合,学会根据生产任务确定和调整精馏的操作条件,并能够分析与解决操作中出现的常见问题。学习中要注意如下方面。

　　1. 精馏是如何实现的,其流程包含哪些主要设备。
　　2. 如何选取适宜的蒸馏方式,以达到既能完成任务又较为经济合理。
　　3. 物料平衡与热量平衡对维持精馏操作的意义及对生产的指导作用。
　　4. 操作中,进料状况、回流比的变化会带来怎样的影响,如何根据需要进行调节。
　　5. 如何确保精馏操作正常进行。
　　6. 间歇精馏与连续精馏;连续精馏与特殊精馏;间歇精馏与简单蒸馏等之间的异同。
　　7. 连续精馏的开车与停车程序、生产中不正常现象的分析和处理。

本章主要符号说明

英文字母

　　c——比热容,kJ/(kg·K);
　　D——塔顶产品（馏出液）流量,kmol/h 或 kg/h;
　　E——塔板效率;
　　F——原料液流量,kmol/h 或 kg/h;
　　i——液体的焓,kJ/kg;

I——蒸气的焓，kJ/kg；
L——塔内下降液体流量，kmol/h；
m——塔板序号；
M——摩尔质量，kg/kmol；
n——精馏段塔板序号；
N——塔板数；
p——系统的总压或外压，kPa；
q——进料热状况参数；
Q——传热速率或热负荷，kJ/h；
r——汽化潜热，kJ/kg；
R——回流比；
t——温度，℃；
T——热力学温度，K；
V——塔内上升蒸气流量，kmol/h；
W——塔底产品（残液）流量，kmol/h 或 kg/h；
x——液相中易挥发组分摩尔分数；

y——气相中易挥发组分摩尔分数。

希腊字母

α——相对挥发度；
ρ——密度，kg/m^3。

下标

D——馏出液的；
F——原料液的；
h——加热蒸汽的；
i, j——塔板序号；
L——液相；
min——最小；
q——q 线与平衡线交点处的；
R——回流液的；
T——理论的；
V——气相的；
W——残液的。

思 考 题

1. 蒸馏分离液体混合物的依据是什么？蒸馏的目的是什么？
2. 精馏过程为什么必须要有上升蒸气和回流液体？
3. 进料量大小对确定精馏塔塔板数有无影响？为什么？
4. 精馏塔的操作线关系与平衡关系有何不同，有何实际意义及作用？
5. 什么是理论板？用图解法求理论板时，为什么一个梯级代表一层理论板？
6. 欲使精馏操作正常进行，应注意哪些问题？
7. 根据高产、优质、节能、降耗的原则，生产中应采用何种进料热状况最为合适？
8. 最适宜的回流比的选取应考虑哪些因素？
9. 若精馏塔加料偏离适宜位置（其他操作条件均不变），将会导致什么结果？
10. 塔顶温度发生变化时，说明什么问题，如何处理？
11. 精馏操作出现压力过高时，可能有哪些原因引起，应如何调节？
12. 精馏操作出现釜温过高时，可能有哪些原因引起，应如何调节？

习 题

3-1 含乙醇 18%（质量分数）的水溶液，其质量流量为 1500kg/h，试求：(1) 乙醇的摩尔分数；(2) 乙醇水溶液的平均相对分子质量；(3) 乙醇水溶液的摩尔流量。[(1) 0.079；(2) 20.21；(3) 74.2kmol/h]

3-2 某精馏塔的进料成分为丙烯 40%、丙烷 60%，进料量为 1500kg/h。塔底产品中丙烯含量为 15%（以上均为质量分数），流量为 750kg/h。试求塔顶产品的产量及组成。[$D=750$kg/h；65%（质量分数）]

3-3 某连续精馏操作的精馏塔，每小时蒸馏 5000kg 含甲醇 15%（质量分数，下同）的水溶液，塔底残液内含甲醇 3%，试求每小时可获得多少千克甲醇 95% 的馏出液及残液量。乙醇的回收率是多少？($D=652.2$kg/h；$W=4347.8$kg/h；82.6%)

3-4 在连续精馏塔中分离由二硫化碳和四氯化碳所组成的混合液。已知原料液流量为 3500kg/h，组成为 0.3（二硫化碳的质量分数，下同）。若要求釜液组成不大于 0.05，塔顶回收率为 88%，试求馏出液的流量和组成，分别以摩尔流量和摩尔分数表示。(12.5kmol/h；0.971)

3-5 在连续操作的精馏塔中，每小时要求蒸馏 2200kg 含水 90%（质量分数，下同。）的甲醇水溶液。馏出液含甲醇 88%，残液含水 98%，若操作回流比为 2.7，问回流量为多少？(18.9kmol/h)

3-6 将含 24%（摩尔分数，下同）易挥发组分的某混合液送入连续操作的精馏塔。要求馏出液中含 95% 的易挥发组分，残液中含 3% 易挥发组分。塔顶每小时送入全凝器 850kmol 蒸汽，而每小时从冷凝器流入精馏塔的回流量为 670kmol。试求每小时能抽出多少 kmol 残液量。回流比为多少？(608.6kmol/h，3.7)

3-7 某混合液含易挥发组分 0.24（摩尔分数，下同），在泡点状态下连续送入精馏塔。塔顶馏出液组成为 0.95，釜液组成为 0.03，求（1）塔顶产品的采出率 D/F；（2）采用回流比 $R=2.5$ 时，精馏段的液气比 L/V 及提馏段的气液比 V'/L'。[(1) 0.23；(2) $L/V=0.71$，$V'/L'=0.51$]

3-8 用某精馏塔分离丙酮-正丁醇混合液。料液含 30% 丙酮，馏出液含 95%（以上均为质量分数）的丙酮，加料量为 1250kg/h，馏出液量为 300kg/h，进料为饱和液体。回流比为 1.8。求精馏段操作线方程和提馏段操作线方程。

$$y=0.64x+0.34, \quad y=2.13x-0.19$$

3-9 在常压下欲用连续操作精馏塔将含甲醇 33%、含水 67% 的混合液分离，以得到含甲醇 95% 的馏出液与含甲醇 4% 的残液（以上均为摩尔分数），操作回流比为 2.3，饱和液体进料。（1）试用图解法求理论板层数与加料板位置；（2）若精馏塔的总板效率为 67.1%，试确定其实际塔板数。（常压下甲醇-水的相平衡数据见书后附表二十二）。[(1) 精馏段 4 块板，提馏段 3 块板（含塔釜 1 块），第五块板为进料板；(2) 共 9 块板，其中，精馏段 6 块板，提馏段 3 块板（不含塔釜）]

3-10 在常压操作的连续精馏塔中，分离含甲醇 0.4、含水 0.6（以上均为摩尔分数）的溶液，要求塔顶产品含甲醇 0.95 以上，塔底含甲醇 0.035 以下，物料流量 20kmol/s，采用回流比为 3，试求以下各种进料状况下的 q 值以及精馏段和提馏段的气、液相流量。
（1）进料温度为 30℃；（2）饱和液体进料；（3）饱和蒸气进料。

[(1) $q=1.09$，$V=32$kmol/s，$L=24$kmol/s，$V'=33.8$kmol/s，$L'=45.8$kmol/s (2) $q=1$，$V=V'=32$kmol/s，$L=24$kmol/s，$L'=44$kmol/s (3) $q=0$，$V=32$kmol/s，$L=24$kmol/s，$V'=12$ kmol/s，$L'=24$kmol/s]

3-11 在某二元混合物连续精馏操作中，若进料组成及流量不变，总理论塔板数及加料板位置不变，塔顶馏出液量 D 及回流比 R 不变。试定性分析在进料热状况参数 q 增大，x_D、x_W、L、L' 及塔釜蒸发量的变化趋势。(L 不变、L' 增大、V' 增大、x_D 增大、x_W 减小)

3-12 今欲在连续精馏塔中将甲醇 40% 与水 60% 的混合液在常压下加以分离，以得到含甲醇 95%（均为摩尔分数）的馏出液。若进料为饱和液体，试求最小回流比。若取回流比为最小回流比的 1.8 倍，求实际回流比 R。

3-13 若在原来操作的基础上，仅改变回流比，即 R 增大至 R'，其他操作条件不变，D/F 亦不变，问：改变后的 x_D、x_W 的变化趋势如何？(x_D 增大、x_W 减小)

3-14 在连续精馏塔的操作中，由于上工序原因使加料组成 x_F 减小，若保持其他操作条件不变，D/F 亦不变，试分析 x_D、x_W 的变化趋势。(x_D 减小、x_W 减小)

3-15 利用实习或假日，对拥有精馏装置的化工厂进行调查，内容如下：
(1) 该厂有多少个精馏塔，各塔的作用、分离何种物系；
(2) 选择一座精馏塔进行物料衡算，计算全塔板效率；
(3) 该精馏塔操作过程中控制产品质量的措施有哪些？生产过程中常见的故障有哪些？如何处理？
(4) 该厂精馏塔的塔板形式有几种？各有何特点？
(5) 写出调研报告，班级召开一次交流会，交流并讨论调研结果。

第四章 吸　　收

> **学习目标**
>
> 1. 了解：吸收（absorption）的有关概念、分类、特点及应用；吸收设备的构成及各部分作用。
> 2. 理解：吸收原理、双膜理论及吸收速率方程的物理意义、应用。
> 3. 掌握：亨利定律、相平衡关系式、物料衡算式及操作线方程的意义、应用；能够运用相平衡关系判断传质进行的方向、确定推动力及传质的极限；能运用物料衡算式、操作线方程、速率方程进行塔径、填料层高度、吸收剂用量等的计算；吸收操作、故障分析及处理要点。

第一节　概　　述

日常生活中，当我们到集市上买鱼时，经常可以看到鱼贩子在用一种小型气泵向水中输送空气，这是为什么呢？我们知道，鱼的生存离不开水中溶解的氧，溶解氧有两个来源，一是来源于浮游植物的光合作用，二是来源于空气的溶解。鱼贩子在鱼的运输、交易过程中因怕鱼的死亡而影响售价，因此采用人工增氧的办法来保持鱼的鲜活。

通过以上所述可以知道，气体可溶解于液体中，但在同一种液体中，不同的气体其溶解能力有差别。工业生产中，通过选用合适的液体，使其与气体混合物接触，可使一种或几种组分的气体溶于液体中，而其他组分的气体不溶或很少溶于液体中，这样就可分离气体混合物。这种操作我们称为吸收（absorption）。

一、吸收案例

1. 氯化氢吸收案例

某化工厂生产盐酸，采用稀酸液吸收工厂自产的氯化氢气体（组成：HCl 90%～95%，O_2<0.5%，其余为 H_2，体积分数），其工艺流程如图 4-1 所示。含有氢气、氧气的氯化氢气体由第一级膜式吸收器的顶部进入，与来自二级膜式吸收器的稀酸并流接触，氯化氢溶于水中变成盐酸（31%～33%），进入盐酸成品槽，未被溶解的氯化氢从第一级膜式吸收器底部出来，进入第二级膜式吸收器的顶部，与尾气塔下来的稀酸接触，稀酸浓度进一步增浓。未被溶解的氯化氢和其他气体从二级膜式吸收器底部出来，进入尾气填料塔，被从稀酸循环槽来的稀酸水进一步溶解，剩余尾气从尾气塔顶部被水流泵抽吸走处理后放空。一、二级膜式吸收器中，氯化氢溶解于水中放出的热量由吸收管外冷却水带走。膜式吸收器外观如图 4-2 所示。

2. 二氧化碳吸收案例

某合成氨厂经一氧化碳变换工序后变换气的主要成分为 N_2、H_2、CO_2，此外还含有少

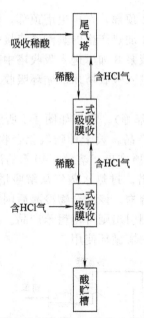

图 4-1 稀酸液吸收氯化氢制盐酸工艺流程方框图

图 4-2 膜式吸收器外观图

量的 CO、甲烷等杂质，其中以二氧化碳含量最高，二氧化碳既是氨合成催化剂的有害物质，又是生产尿素、碳酸氢铵产品的原料，须在合成前去除，工厂采用如图 4-3 的工艺来实现。

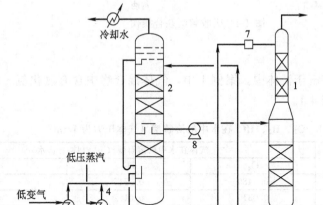

图 4-3 热钾碱法脱除二氧化碳工艺流程示意图

1—吸收塔；2—再生塔；3—低变气再沸器；4—蒸汽再沸器；5—锅炉给水预热器；
6—贫液泵；7—机械过滤器；8—半贫液泵；9—水力透平

如图 4-3 所示，含二氧化碳 18% 左右的低温变换气从吸收塔 1 底部进入，在塔内分别与塔中部来的半贫液和塔顶部来的贫液进行逆流接触，溶解进入贫液和半贫液的二氧化碳与液相中的碳酸钾发生反应被吸收，出塔净化气的二氧化碳含量低于 0.1%，经分离器分离掉气体夹带的液滴后进入下一工序。

吸收了二氧化碳的溶液称为富液，从吸收塔的底部引出。为了回收能量，富液先经过水力透平 9 减压膨胀，然后利用自身残余压力流到再生塔 2 顶部，在再生塔顶部，溶液闪蒸出部分水蒸气和二氧化碳后沿塔流下，与由低变气再沸器 3 加热产生的蒸汽逆流接触，受热后进一步释放二氧化碳。由塔中部引出的半贫液，经半贫液泵 8 加压进入吸收塔中部，再生塔底部贫液，经锅炉给水预热器 5 冷却后由贫液泵 6 加压进入吸收塔顶部循环吸收。

3. 吸收解吸联合案例

某化工厂从焦炉煤气中回收粗苯（苯、甲苯、二甲苯等），采用如图 4-4 所示的工艺流程。焦炉煤气在吸收塔内与洗油（焦化工厂生产中的副产品，数十种碳氢化合物的混合物）逆流接触，气相中粗苯蒸气溶于洗油中，脱苯煤气从塔顶排出。溶解了粗苯的洗油称为富油，从塔底排出。富油经换热器升温后从塔顶进入解吸塔。过热水蒸气从解吸塔底部进塔。在解吸塔顶部排出的气相为过热水蒸气和粗苯蒸气的混合物。该混合物冷凝后因两种冷凝液不互溶，并因密度不同而分层，粗苯在上，水在下。分别引出则可得粗苯产品。从解吸塔底部出来的洗油称为贫油，贫油经换热器降温后再进入吸收塔循环使用。

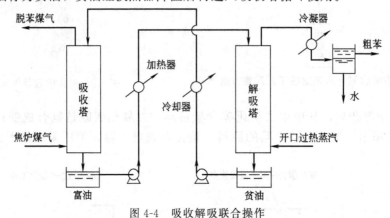

图 4-4 吸收解吸联合操作

4. 案例分析

我们知道，气体可溶解于液体中。案例 1 中，气体混合物中含有氯化氢、氢气、氧气，它们在水中的溶解度见表 4-1。

表 4-1 O_2、H_2、HCl 在水中的溶解度（气体压力为 1atm）

温度/℃	气体在水中的溶解度/(m^3 气体/ m^3 水)		
	O_2	H_2	HCl
0	0.0489	0.0215	507
20	0.0310	0.0182	442
30	0.0261	0.0170	413
35	0.0244	0.0167	—

分析表 4-1 可知，0℃时，氯化氢在水中的溶解度是氢气的 23581 倍，是氧气的 10368 倍，30℃时，氯化氢在水中的溶解度是氢气的 24294 倍，是氧气的 15823 倍，如此大的溶解度差异使得当水与氯化氢、氢气、氧气的混合气体接触时，可以认为与氯化氢溶解于水的量相比，氢气、氧气溶解在水中的量极少，这样就可以采用水来分离氯化氢与氢气、氧气。

案例 2 中，当碳酸钾溶液与合成气接触时，合成气中的二氧化碳溶解于液相中并与碳酸钾发生化学反应，$CO_2 + K_2CO_3 + H_2O \Longrightarrow 2KHCO_3$，这样使得液相中的二氧化碳不断被化学反应"消耗"掉，从而使气相中的二氧化碳不断溶解进入液相。其他气体与二氧化碳相比，因为不与二氧化碳反应，溶解在碳酸钾溶液中的量很少，这样就可以将混合气体中的二氧化碳与其他气体分离。

以上介绍的工厂案例，都包含了将气体混合物中一种或若干种组分转入液相的操作，这种操作称为吸收。吸收的实质是选用适当的溶剂溶解气体混合物中的某一个或某几个组分，利用气相中各组分在该溶剂中溶解度的差异，实现气相各组分的分离。吸收过程是在吸收塔（吸收器）中实现的，通常情况下，溶剂从塔顶部喷淋而下，混合气体从塔底部进入，二者在塔内逆流接触，发生物质的传递，从而将混合气体中的组分分离。

二、吸收概述

化工生产上采用吸收分离气体混合物，目的如下。

① 回收气体中的有用组分以制取产品。如案例1中采用稀酸液吸收氯化氢气体制取盐酸。

② 除去气体中的有害成分，净化气体，以便进入下一工序操作，如案例2中合成气中的 CO_2 为合成氨催化剂的毒物，进入氨合成塔之前必须脱除；或工业尾气中有害组分的脱除，以免污染环境。

在气体吸收操作中，由气相较易转至液相的组分叫易溶组分或溶质（solute）气体，气相中难以转移至液相的组分叫难溶组分或惰性气体（inert gas）。液体吸收剂称为溶剂（solvent）；吸收剂吸收了溶质气体则成为溶液（solution）。若溶质气体为多种组分，该吸收为多组分吸收，若溶质气体为单种组分，该吸收为单组分吸收。

根据吸收质与溶剂之间是否发生化学反应可将吸收分为物理吸收（physical absorption）和化学吸收（chemical absorption）。如案例1这样吸收质与吸收剂之间没有明显化学反应发生的吸收称为物理吸收。属于物理吸收的实例还有用水吸收二氧化碳、丙酮等。如案例2这样吸收质与吸收剂之间发生化学反应的吸收称为化学吸收。由于化学反应"消耗"了部分溶入液相的溶质，使液相中溶质浓度降低，促使气相中的溶质更快、更多地转移到液相，因此化学吸收能增强吸收效果，并具有更好的选择性。

案例3属吸收与解吸（desorption）联合操作的实例。解吸是吸收的逆过程，是溶解在溶液中的溶质气体从液相释放到气相的过程。溶质气体在液体溶剂中的溶解度与温度、压力有关，一般温度低时溶解度大，有利于吸收，故吸收操作通常在较低温度下进行。但温度过低，液体黏度增大，不利于吸收，故吸收温度要综合考虑确定。吸收后的溶液可在提高温度条件下使已溶的溶质气体释出。若将吸收与解吸联合操作，一方面可使吸收后的溶质气体通过解吸获得纯度较高的该溶质产品，另一方面可使解吸后的吸收剂循环使用。

吸收操作中吸收剂的选择是极为重要的。显然，为了取得比较好的吸收效果，吸收剂的选择应从以下几方面考虑。

① 吸收剂对吸收质的溶解度大，这样处理一定量混合气体所需的吸收剂少，减少设备尺寸。

② 吸收剂对混合气体中其他组分的溶解度小，即吸收剂对吸收质有更好的选择性，可使混合气体分离得比较完全。

③ 吸收质在吸收剂中的溶解度随温度的变化率大，即低温时溶解度大，高温时溶解度迅速下降，便于溶剂解吸循环使用。

④ 吸收剂的蒸气压低，这样吸收及再生时吸收剂的挥发损失小。

此外，吸收剂还应满足良好的化学稳定性、无毒、价廉、黏度低等要求。实际上很难找到这样一种完美的吸收剂能够满足所有要求，实际生产中应对吸收剂进行筛选、全面评价、综合考虑。

为了更简明地阐述吸收原理及操作，本章仅讨论单组分、物理吸收过程，且假定吸收剂对惰性气体完全不溶，吸收剂不挥发。

第二节 吸收设备

一、吸收流程

在布置吸收流程时,首先应考虑气液两相在吸收塔内的流向,原则上气液两相可为逆流或并流。通常,液体作为分散相,总是依靠重力作用自上而下流动。气体依靠压力差流经全塔。逆流操作时气体自塔底进从塔顶出,并流操作则相反。在相同的条件下,气液逆流操作时,气液两相传质的平均推动力最大,可减少设备尺寸,提高吸收效率,降低吸收剂用量。由于逆流操作的优点,大多数吸收都采用逆流操作。

工业生产中的吸收流程大体有以下几种。

1. 部分吸收剂循环流程

当吸收剂喷淋密度很小,填料表面难以完全润湿,有效传质面积小,或者塔中需排除的热量很大时,工业上可采用部分吸收剂循环的吸收流程。

图 4-5 所示为部分吸收剂循环的吸收流程,用泵自塔底部抽出的吸收剂,部分取出作为产品,部分经冷却器冷却降温,然后与补充的新鲜吸收剂混合后循环使用,补充的新鲜吸收剂量应与取出的产品量相等,以保持物料的平衡。

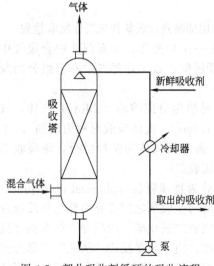

图 4-5 部分吸收剂循环的吸收流程

这种流程,可以在不增加吸收剂用量的情况下增大喷淋密度,且可由循环的吸收剂将塔内的热量带入冷却器带走,以减少塔内升温。因此,可保证在吸收剂耗用量较少的情况下保证吸收的正常进行。

2. 吸收塔串联流程

当所需塔的尺寸过高,或从塔底流出的溶液温度过高,不能保证塔在适宜的温度下操作时,可将一个大塔分成几个小塔串联起来使用,组成串联流程。

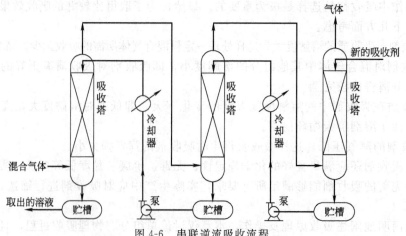

图 4-6 串联逆流吸收流程

如图 4-6 所示为串联逆流吸收流程。操作时,气体从前一个吸收塔流至后一个吸收塔,而吸收剂则用泵从最后的吸收塔逐塔向前流动,气液两相呈逆流流动。

在吸收塔串联流程中,可根据操作的需要,在塔间的液体管路上设置冷却器,或使吸收塔系的全部或部分采取吸收剂部分循环的操作。

3. 吸收解吸联合流程

工业生产中,吸收解吸常联合进行,这样,既可得到纯度较高的吸收质气体,吸收剂又可循环使用。

在第一节吸收案例中介绍的热钾碱法脱除二氧化碳及采用洗油脱除煤气中的粗苯,均采用了吸收解吸联合流程。在这种流程中,需设置吸收塔及解吸塔,从吸收塔底部流出的溶液经加热或减压后送入解吸塔,在解吸塔释放出所溶解的组分气体。经解吸后的吸收剂从解吸塔出来,通常经过降温后再次进入吸收塔循环使用。

二、吸收设备

目前,工业生产中使用的吸收塔的主要类型有板式塔、填料塔、湍球塔、喷洒塔和喷射式吸收器等,其中以填料塔应用最为广泛。填料塔具有结构简单、压降低等优点,尤其是近年来由于新型填料的开发和塔内分布器等附件的改进,填料塔的应用范围愈为广泛,不仅用于中小型塔,也可用于直径为几米甚至十几米的大型塔。本节主要介绍填料塔的结构与性能特点。

1. 填料塔

填料塔(packed tower)是吸收操作中使用最广泛的一种塔型。其结构如图 4-7 所示,填料塔由填料、塔内件及塔体构成。塔体一般为直立圆柱形筒体,两端有封头,并装有气液体进、出口接管,塔下部装有支承栅板,板上填充一定高度的填料,填料可以乱堆,亦可以有规则地放置于塔内。塔顶有填料压板和液体喷洒装置,以保证液体均匀地喷淋到整个塔的截面上。由于填料层中的液体在向下流动过程中有向塔壁流动的倾向,故填料层较高时,常将其分成若干段,段与段之间设有液体再分布装置,可将向塔壁流动的液体重新喷洒到截面中心,保证整个填料表面都能得到很好的湿润。

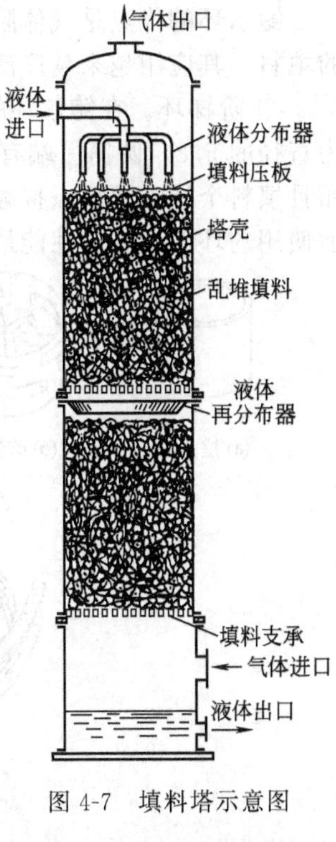

在填料塔的操作中,气体在压力差的推动下,自下而上通过填料的间隙,由塔的底部流向顶部;吸收剂则由塔顶喷淋装置喷出,分布于填料层上,靠重力作用沿填料表面向下流动形成液膜,由塔底引出。气液两相在塔内互成逆流接触,两相的传质通常是在填料表面的液体与气体间的界面上进行。填料塔属于连续接触式的气液传质设备,两相组成沿塔高连续变化,在正常操作状态下,气相为连续相,液相为分散相。

图 4-7 填料塔示意图

填料塔的优点是生产能力大、分离效率高、阻力小、操作弹性大、结构简单、易用耐腐蚀材料制作、造价低。缺点是当塔径较大时,气液两相接触易不均匀、效率低。但近年来,随着各种性能优越的新型填料被开发出来,大塔径填料塔已经并不少见。

2. 填料

(1) 填料(packing)的类型 根据堆放方式的不同,填料可分为两类:乱堆填料和整砌填料。乱堆填料由小块状填料，如拉西环、鲍尔环等无规则堆放于塔内而成。整砌填料由规整填料砌成，或制成规整填料放置在塔内。根据填料的集材，又大致可以分为实体填料与网体填料两大类。实体填料包括环形填料（如拉西环、鲍尔环和阶梯环）、鞍形填料（如弧鞍、矩鞍）以及栅板填料和波纹填料等，由陶瓷、金属、塑料等材质制成。网体填料主要是由金属丝网制成的各种填料，如鞍形网、θ 网、波纹网等。常用填料的形状见图 4-8。

下面分别介绍工业上常用的填料。

① 拉西环。拉西环（Rasching ring）是工业上最老的应用最广泛的一种填料。它的构造如图 4-8（a）所示，是外径和高度相等的空心圆柱，可用陶瓷和金属制造。由于拉西环形状简单、制造容易，在工业上曾得到极为广泛的应用。

在工业上的应用表明，拉西环存在着较大的缺点，主要原因是拉西环在填料塔内呈直立状时，填料内外表面都是气、液传质表面，且气流阻力小；但当其横卧或呈倾斜状时，填料部分内表面不能成为有效的气液传质区，而且使气流阻力增大。对气体流速的变化敏感、操作弹性范围较窄；气体阻力较大等。这些都使得拉西环在工业上的应用已很少。

② 鲍尔环。鲍尔环（Pall ring）是针对拉西环存在的缺点加以改进而研制成功的一种填料。它的构造如图 4-8（b）所示。在普通拉西环的壁上开上下两层长方形窗孔，窗孔部分的环壁形成叶片向环中心弯入，在环中心相搭，上下两层小窗位置交叉。由于鲍尔环填料在环壁上开了许多窗孔，使得填料塔内的气体和液体能够从窗孔自由通过，填料层内气体和液体分布得到改善，同时降低了气体流动阻力。

鲍尔环的优点是气体阻力小，压力降小，液体分布比较均匀，是国内外公认的性能优良的填料，其应用越来越广泛。鲍尔环可采用陶瓷、金属或塑料制造。

③ 阶梯环。在鲍尔环的基础上，又发展了一种叫做"阶梯环"的填料。阶梯环的总高为直径的 5/8，圆筒一端有向外翻卷的喇叭口，如图 4-8（c）所示。这种填料的孔隙率大，而且填料个体之间呈点接触，可使液膜不断更新。具有压力降小和传质效率高等特点，是目前使用的环形填料中性能最为良好的一种。阶梯环多用金属及塑料制造。

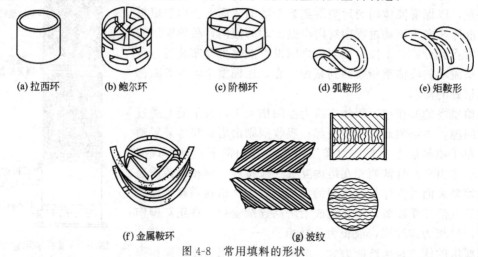

(a) 拉西环　　(b) 鲍尔环　　(c) 阶梯环　　(d) 弧鞍形　　(e) 矩鞍形

(f) 金属鞍环　　(g) 波纹

图 4-8　常用填料的形状

④ 矩鞍形填料。矩鞍形填料（Intalox saddle）的形状像马鞍，结构不对称，填料两面大小不等，使得两个鞍形填料不论以何种方式接触都不会叠合，如图 4-8（e）所示。其优点是有较大的空隙率，阻力小，效率较高，且因液体流道通畅，不易被悬浮物堵塞，制造也比较容易，并能采用价格便宜又耐腐蚀的陶瓷和塑料等。实践证明，矩鞍形填料是工业上较为

理想而且很有发展前途的一种填料。

⑤ 波纹填料与波纹网填料。波纹填料是由许多层波纹薄板制成，各板高度相同但长短不等，搭配排列而成圆饼状，波纹与水平方向成45°倾角，相邻两板反向叠靠，使其波纹倾斜方向互相垂直。圆饼的直径略小于塔壳内径，各饼竖直叠放于塔内。相邻的上下两饼之间，波纹板片排列方向互成90°，见图4-8（g）所示。波纹填料的特点是结构紧凑，比表面积大，流体阻力小，液体经过一层都得到一次再分布，故流体分布均匀，传质效果好。同时，制作方便，容易加工，可用多种材料制造，以适应各种不同腐蚀性、不同温度、压力的场合。

丝网波纹填料是用丝网制成一定形状的填料。这是一种高效率的填料，其形状有多种。优点是丝网细而薄，做成填料体积较小，比表面积和空隙率都比较大，因而传质效率高。

波纹填料的缺点是制造价格很高，通道较小，清理不方便，容易堵塞，不适宜于易结垢和含固体颗粒的物料，故它的应用范围受到很大限制。

(2) 选择填料的原则　填料是填料塔的核心构件，它提供了气液两相接触传质的相界面，是决定填料塔性能的主要因素。填料的特性参数主要有尺寸、比表面积和空隙率。为了使吸收操作高效进行，对填料的基本要求有以下几点。

① 有较大的比表面积。单位体积填料层所具有的表面积称为比表面积，用符号 a 表示，单位为 m^2/m^3。在吸收塔中，填料的表面只有被流动的液相所润湿，才可能构成有效的传质面积。填料的比表面积越大，所提供的气液传质面积越大，对吸收越有利。因此应选择比表面积大的填料，此外还要求填料有良好的润湿性能及有利于液体均匀分布的形状。

② 有较高的空隙率。单位体积填料层具有的空隙体积称为空隙率，用符号 ε 表示，单位为 m^3/m^3。气体是通过填料的空隙流动的，当填料的空隙率较高时，气流阻力小，气体通过的能力大，气液两相接触的机会多，对吸收有利。同时，填料层质量轻，对支承板要求低，也是有利的。

③ 具有适宜的填料尺寸和堆积密度。单位体积填料的质量为填料的堆积密度，单位为 kg/m^3。在机械强度许可的条件下，填料厚度要尽量薄，这样可以减小堆积密度，增大空隙率，降低成本。单位体积内堆积填料的数目与填料的尺寸有关。对同一种填料而言，填料尺寸小，堆积的填料数目多，比表面积大，空隙率小，则气体流动阻力大；反之，填料尺寸过大，在靠近塔壁处，由于填料与塔壁之间的空隙大，易造成气体由此短路通过或液体沿壁下流，使气液两相沿塔截面分布不均匀，为此，一般要求塔径与填料的尺寸之比 D/d 大于8（此比值在 8~15 之间为宜）。

④ 机械强度及化学稳定性好。为使填料在堆砌过程及操作中不被压碎，要求填料具有足够的机械强度，此外，对于液体和气体均须具有化学稳定性，不易腐蚀。

⑤ 制造容易，价格便宜。

(3) 填料的安装　填料的安装对保证塔的分离效率至关重要。填料在塔内的堆积形式有整砌（规整）和乱堆（散装）两种。整砌填料是将金属丝网、实体波纹板、平行板等叠成圆筒形整块放入塔内，也有将几何尺寸较大的颗粒状填料进行整砌的。对于直径小于800mm的小塔，整砌填料通常做成整圆盘由法兰孔装入。对于直径大于800mm的塔，整砌填料通常分成若干块，由人孔装入塔内，在塔内组装。整砌填料造价高，易被杂物堵塞且难以清洗，但对气体阻力较小。尺寸小的颗粒状填料一般采用乱堆，这是一种无规则的堆积，装填方便，但所形成的填料层阻力较大。容易造成填料填充密度不均，甚至可造成金属填料变形，陶瓷填料破碎，从而引起气液分布不均匀，使分离效率下降。

3. 填料塔的辅助设备

填料塔的辅助设备包括液体喷淋装置、除沫装置、液体再分布器及填料支承装置、填料压紧装置、气液体进口及出口装置等塔内件，这些塔内件的结构尺寸是否合理，对填料塔的操作影响很大。塔内件设计的好坏直接影响填料性能的发挥和传质分离效果。

(1) 液体喷淋器　液体喷淋器放置在填料塔的顶部，是填料塔中加入液体的装置。我们知道，使液体均匀喷淋在填料层整个截面上对填料塔的操作影响很大，若液体分布不均匀，则填料层内的有效润湿面积会减少，并可能出现偏流和沟流现象，影响传质效果。理想的液体分布装置应具备以下条件。

① 与填料相匹配的分布点密度和均匀的分布质量。填料比表面积越大，分离要求越精密，则液体分布器分布点密度应越大。

② 操作弹性较大，适应性好。

③ 为气体提供尽可能大的自由截面，实现气体的均匀分布，且阻力小。

④ 结构合理，便于制造、安装、调整和检修。

液体分布器的种类多样，有喷头式、盘式、管式、槽式及槽盘式等。

喷头式分布器（莲蓬式）如图 4-9 所示。一般用于直径小于 600mm 的塔中。其优点是结构简单。缺点是小孔易于堵塞，因而不适用于处理污浊液体，操作时液体的压头必须维持恒定，否则喷淋半径改变，影响液体分布的均匀性，此外，当气量较大时，会产生并夹带较多的液沫。

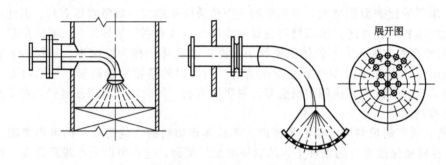

图 4-9　喷头式分布器（莲蓬式）

盘式分布器如图 4-10 所示。液体加至分布盘上，盘底装有许多直径及高度均相同的溢流短管，称为溢流管式。在溢流管的上端开有缺口，这些缺口位于同一水平面上，便于液体均匀地流下。盘底开有筛孔的称为筛孔式，筛孔式的分布效果较溢流管式好，但溢流管式的自由截面积较大，且不易堵塞。

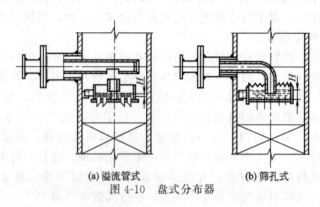

(a) 溢流管式　　　　(b) 筛孔式

图 4-10　盘式分布器

多孔管式分布器由不同结构形式的开孔管制成。其突出的特点是结构简单，供气体流过的自由截面积大，阻力小。但小孔易堵塞，弹性一般较小。管式液体分布器使用十分广泛，多用于中等以下液体负荷的填料塔中。在减压精馏及丝网波纹填料塔中，由于液体负荷较小，故常用之，如图4-11（a）所示。

槽式液体分布器通常是由分流槽和分布槽构成的，如图4-11（b）所示。其特点是具有较大的操作弹性和极好的抗污堵性，特别适合于大气液负荷及含有固体悬浮物、黏度大的液体的分离场合，应用范围非常广泛。

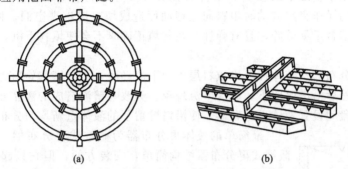

图4-11　多孔管式分布器（a）及槽式分布器（b）

（2）填料支承板　填料支承板的作用是支承塔内填料床层。对填料支承装置的要求是：第一应具有足够的强度和刚度，能承受填料的质量、填料层的持液量以及操作中附加的压力等；第二应具有大于填料层空隙率的开孔率，防止在此首先发生液泛，进而导致整个填料层的液泛；第三结构要合理，以利于气液两相均匀分布，阻力小，便于拆装。

常用的填料支承装置有栅板型、孔管型、驼峰型等，如图4-12所示，选择哪种支承装置，主要根据塔径、使用填料的种类及型号、塔体及填料的材质、气液流量等而定。

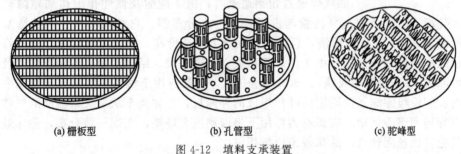

图4-12　填料支承装置

（3）填料压紧装置　为保持操作中填料床层为一恒定的固定床，从而必须保持均匀一致的空隙结构，使操作正常、稳定，故填料装填后在其上方要安装填料压紧装置。这样，可以防止在高压降、瞬时负荷波动等情况下填料床层发生松动和跳动。

填料压紧装置分为填料压板和床层限制板两大类，图4-13中示出了几种常用的填料压

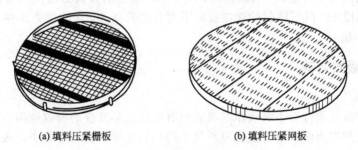

图4-13　填料压紧装置

紧装置。填料压板自由放置于填料层上端，靠自身重量将填料压紧，它适用于陶瓷、石墨制的散装填料。它的作用是在高气速（高压降）和负荷突然波动时，阻止填料产生相对运动，从而避免填料松动、破损。由于填料易碎，当碎屑淤积在床层填料的空隙间时，能使填料层的空隙率下降，此时填料压板可随填料层一起下落，紧紧压住填料而不会形成填料的松动，降低填料塔的生产能力及分离效率。

床层限制板用于金属散装填料、塑料散装填料及所有规整填料。它的作用是防止高气速、高压降或塔的操作突然波动时填料向上移动而造成填料层出现空洞，使传质效率下降。由于金属及塑料填料不易破碎，且有弹性，在装填正确时不会使填料下沉，故床层限制板要固定在塔壁上。

（4）液体再分布器　液体在乱堆填料层内向下流动时，由于塔壁处阻力较小，液体会逐渐向塔壁偏流，然后沿塔壁留下，称为壁流现象。为改善壁流造成的液体分布不均，可将填料层分段堆放，段间设置液体再分布器，使沿塔壁留下的液体重新均匀分布。

最简单的液体再分布器为截锥式再分布器，如图 4-14 所示。截锥式再分布器结构简单，安装方便，但它只起到将壁流向中心汇集的作用，无液体再分布的功能，一般用于直径小于 0.6m 塔中。

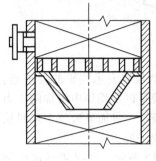

图 4-14　截锥式再分布器

（5）除沫装置　除沫装置是用来除去由填料层顶部逸出的气体中的液滴，安装在液体分布器上方。当塔内气速不大，工艺过程又无严格要求时，一般可不设除沫装置。

常用的除沫装置有折板除沫器、丝网除沫器、旋流板除沫器等。折板除沫器由 50mm×50mm×3mm 的角钢制成。夹带液体的气体通过角钢通道时，由于碰撞及惯性作用达到碰撞截留及惯性分离。分离下来的液体由导液管与进料一起进入分布器。它结构简单、不易堵塞、压降小，只能除去 50μm 以下的液滴，且金属耗用量大，造价高，小塔有时使用。丝网除沫器是用金属丝或塑料丝编结而成，由于比表面积大、空隙率大、结构简单、使用方便以及除沫效率高（可除去 5μm 的微小液滴）、压降小等优点，广泛应用于填料塔的除雾沫操作中，缺点是造价高。旋流板除沫器由固定的叶片组成的外向板，形如风车状。夹带液滴的气体通过叶片时产生旋转和离心运动，在离心力作用下将液滴甩至塔壁，实现气液分离，除沫效率可达 99%。其造价比丝网便宜，除沫效果比折板好。

（6）液体出口及气体进口装置　液体的出口装置既要便于从塔内排液，又要防止气体从液体出口外泄，常用的液体出口装置可采用液封装置，如图 4-15（a）所示。若塔的内外压差较大时，又可采用倒 U 形管密封装置，如图 4-15（b）所示。

填料塔的气体进口装置应具有防止塔内下流的液体进入管内，又能使气体在塔截面上分布均匀两个功能。对于塔径在 500mm 以下的小塔，常见的方式是使进气管伸至塔截面的中心位置，管端作成 45°向下倾斜的切口或向下弯的喇叭口，对于大塔可采用盘管式结构的进气装置，如图 4-16 所示。

三、其他吸收方式

1. 化学吸收

化学吸收是指吸收过程中吸收质与吸收剂有明显化学反应的吸收过程，如在第一节案例中介绍的采用碳酸钾溶液吸收合成氨原料气中的二氧化碳。化工生产中的吸收操作多为化学吸收，这是因为化学吸收具有以下特点。

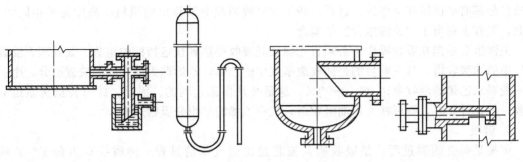

(a) 液封　　　　　　(b) 倒U形管　　　(a) 伸到塔中心线位置的进气管　(b) 管前端切成向下切口的进气管

图 4-15　液体的出口装置　　　　　　　　　图 4-16　气体进口装置

① 由于选用的吸收剂能够有选择性地与溶解在液相中的溶质进行反应，使得化学吸收具有较高的选择性。

② 化学反应消耗了进入液相中的吸收质，使吸收质的有效溶解度显著增加而平衡分压降低，从而增大了吸收过程的推动力。同时，由于部分溶质在液膜内扩散的途中即因化学反应而消耗，使过程阻力减小，吸收系数增大，可加快吸收速率，从而减少设备容积。

③ 反应增加了溶质在液相中的溶解度，减少了吸收剂用量。

④ 反应降低了溶质在气相中的平衡分压，可较彻底地除去气相中很少量的有害气体。

⑤ 化学吸收解吸较困难，解吸时需要消耗较多能量，当化学反应不可逆时，则吸收剂无法循环使用。

⑥ 对于属于液膜控制的吸收过程，采用化学吸收增强吸收效果明显。这是因为当吸收过程属液膜控制时，液相的化学反应能显著地减小液膜阻力，从而增大总传质系数。对于属于气膜控制的吸收过程，采用化学吸收增强吸收效果益处不大。

2. 高浓度吸收

当进塔混合气体中吸收质浓度高于 10% 时，工程上常称为高浓度气体吸收。由于吸收质的含量较高，在吸收过程中吸收质从气相向液相的转移量较大，因此，高浓度气体吸收有自己的特点。

(1) 气液两相的摩尔流量沿塔高有较大的变化　吸收过程中，塔内不同截面处混合气摩尔流量和吸收剂摩尔流量是不相同的，沿塔高有显著变化，不能再视为常数。但惰性气摩尔流量沿塔高基本不变，若不考虑吸收剂的挥发性，纯吸收剂的摩尔流量亦为常数。

(2) 吸收过程有显著的热效应　由于被吸收的溶质较多，产生的溶解热也较多，使气液两相的温度升高。若吸收过程的液气比较小或者是吸收塔的散热效果不好，将会使吸收液温度明显升高，此时气体吸收为非等温吸收。但若溶质的溶解热不大，吸收的液气比较大或吸收塔的散热效果较好，此时气体吸收仍可视为等温吸收。

(3) 吸收系数不是常数　由于受气速的影响，吸收系数从塔底至塔顶是逐渐减小的。但当塔内不同截面气液相摩尔流量的变化不超过 10% 时，吸收系数可取塔顶与塔底吸收系数的平均值，并视为常数进行有关计算。

3. 多组分吸收

所谓多组分吸收指原料气中有两个或两个以上的组分被吸收剂吸收。由于其他组分的存在，使得吸收质在气液两相中的平衡关系发生了变化。所以，多组分吸收的计算较单组分吸收过程复杂。但是，对于喷淋量很大的低浓度气体吸收，可以忽略吸收质间的相互干扰，其平衡关系仍可认为服从亨利定律，因而可分别对各吸收质组分进行单独计算。不同吸收质组分的相平衡常数不相同，在进、出吸收设备的气体中各组分的浓度也不相同，因此，每一吸收质组分都有平衡线和操作线。这样，按不同吸收质组分计算出的填料层高度是不相同的。为此，工程上提出了"关键组分"的概念。

关键组分是指在吸收操作中必须首先保证其吸收率达到预定指标的组分。如处理石油裂解气中的油吸收塔，其主要目的是回收裂解气中的乙烯，乙烯即为此过程的关键组分，生产上一般要求乙烯的回收率达 98%～99%，这是必须保证达到的。因此，此过程虽属多组分吸收，但在计算时，则可视为用油吸收混合气中乙烯的单组分吸收过程。

4. 解吸

解吸是吸收的逆过程，是吸收质从液相逸出到气相的过程。传质推动力是 Y^*-Y 或 $X-X^*$。在生产中解吸过程有两个目的：

① 获得所需较纯的气体溶质；

② 使溶剂得以再生，返回吸收塔循环使用，经济上更合理。

解吸是溶质从液相转入气相的过程，因此，解吸的必要条件是气相溶质的实际分压 p（或 Y）必须小于液相中溶质的平衡分压 p^*（或 Y^*），其差值即为解吸过程的推动力。当气液在塔内逆流解吸时，操作线位于平衡线的下方。工业上常采用的解吸方法如下。

（1）加热解吸　加热溶液升温可增大溶液中溶质的平衡分压，减小溶质的溶解度，则必有部分溶质从液相中释放出来，从而有利于溶质与溶剂的分离。如采用"热力脱氧"法处理锅炉用水，就是通过加热使溶解氧从水中逸出。

（2）减压解吸　若吸收过程在加压下进行，则解吸可采用减压的方法，因总压降低后气相中溶质的分压也相应降低，溶质从吸收液中释放出来。溶质被解吸的程度取决于解吸操作的最终压力和温度。

（3）通入惰性气体解吸　将溶液加热后送至解吸塔顶使与塔底部通入的惰性气体（或水蒸气）进行逆流接触，由于入塔惰性气体中溶质的分压 $p=0$，有利于解吸过程的进行。

按逆流方式操作的解吸过程类似于逆流吸收。吸收液从解吸塔的塔顶喷淋而下，惰性气体（空气、水蒸气或其他气体）从底部通入自下而上流动，气液两相在逆流接触的过程中，溶质将不断地由液相转移到气相，混于惰性气体中从塔顶送出，经解吸后的溶液从塔底引出。若溶质为不凝性气体或溶质冷凝液不溶于水，则可通过蒸汽冷凝的方法获得纯度较高的溶质组分。如用水蒸气解吸溶解了苯与甲苯的洗油溶液，便可把苯与甲苯从冷凝液中分离出来。解吸塔的浓端在顶部，稀端在底部，正好与吸收相反。

（4）采用精馏方法　溶质溶于溶剂中，所得的溶液可通过精馏的方法将溶质与溶剂分开，达到回收溶质，又得新鲜的吸收剂循环使用的目的。

第三节　吸收过程分析

一、吸收过程的限度

吸收是气体混合物中某一种或某几种组分转入液相的操作，以实现气相中各组分的分离。为什么吸收能够分离气体混合物，就在于气相中各组分在同一种液体中的溶解度存在着差异。那么，当某种气体被液体吸收时，吸收过程的限度是什么呢？在探寻这个问题之前，首先来了解摩尔比的概念。

无论是气相混合物还是液相混合物，我们都可用质量分数或摩尔分数表示其组成，对气相混合物，还可用体积分数表示其组成，以上组成的表示都是将混合物作为一个整体，各组分组成是在混合物中所占的质量、摩尔或体积分数。但在吸收操作中,我们将引入一个表示组成的新概念——摩尔比。

1. 摩尔比

在吸收操作中,气体总量和溶液总量都随吸收的进行而改变,但惰性气体和吸收剂的量则始终保持不变,因此,吸收操作引入摩尔比这一概念表示相的组成,以简化吸收过程的计算。

摩尔比是指混合物中一组分物质的量值与另一组分物质的量值的比值,用 X 或 Y 表示。

吸收液中吸收质 A 对吸收剂 S 的摩尔比可以表示为:

$$X_A = n_A/n_S \tag{4-1}$$

摩尔比与摩尔分数的换算关系为

$$X_A = x_A/(1-x_A) \tag{4-2}$$

式中 X_A——组分 A 对组分 S 的摩尔比;

n_A,n_S——组分 A 与 S 的物质的量,kmol;

x_A——组分 A 的摩尔分数。

混合气体中吸收质 A 对惰性组分 B 的摩尔比可以表示为 Y_A

$$Y_A = n_A/n_B = y_A/(1-y_A) \tag{4-3}$$

式中 Y_A——组分 A 对组分 B 的摩尔比;

n_A,n_B——组分 A 与 B 的物质的量,kmol;

y_A——组分 A 的摩尔分数。

【例 4-1】 某混合气中含有氨和空气。其总压为 100kPa,氨的体积分数为 0.07。试求氨的分压、摩尔分数和摩尔比。

解 氨的分压可用道尔顿分压定律确定,即 $p_A = p y_A$,其中 p 为 100kPa,y_A 为氨在混合气中的摩尔分数,它在数值上等于其体积分数,则氨的分压为

$$p_A = p y_A = 100 \times 0.07 = 7kPa$$

氨对空气的摩尔比为

$$Y_A = y_A/(1-y_A) = 0.07/(1-0.07) = 0.075$$

2. 气液相平衡

案例 1 中,采用水吸收氯化氢气体,氯化氢气体不断地从气相转移到液相,显然,这个过程不可能是无限进行下去的,那么,吸收过程的最大限度是什么?要解决这个问题,必须研究气液相平衡。

图 4-17 所示为最简单的气液两相平衡情况:在密闭容器内当溶质 A 与惰性气体 B 的混合气体与溶剂 S 接触时,由于分子的运动和扩散,溶质会溶解于溶剂中,随着溶解的进行,液相中的溶质浓度逐渐增大。与此同时,溶解在溶剂中的气体也可以返回气相。当经过足够长的时间后,气体中的溶质溶于液相的速度与液相中的溶质返回气相的速度相等,此时气液两相达到了动态平衡,气相和液相组分不再发生变化,这个极限值称为平衡溶解度,简称溶解度。此时,溶液上方的溶质组分的分压,称为平衡分压。气液相平衡是吸收过程的极限,它们之间的关系称为相平衡关系。

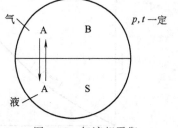

图 4-17 气液相平衡

在一定温度下,当气相总压力不高(一般不超过 506.5kPa)时,稀溶液中溶质的液相组成和稀溶液上方溶质平衡分压的关系可用亨利定律表示:

$$p^* = Ex \text{ 或 } p = Ex^*$$ (4-4)

式中 p^*, p——溶质在气相中的平衡分压、实际分压，Pa；

x, x^*——溶质在液相中的实际浓度、平衡浓度（均为摩尔分数）；

E——亨利系数，其数值与物系及温度有关，Pa。

对于给定物系，亨利系数 E 随温度升高而增大。在同一溶剂中，易溶气体的 E 值很小，而难溶气体的 E 值很大。常见物系的亨利系数可从有关物理化学手册中查到。

由于气液两相组成可采用不同的表示法，因而亨利定律有不同的表达式。

$$Y^* = \frac{mX}{1+(1-m)X}$$ (4-5)

式中 Y^*——平衡时溶质在气相中的摩尔比；

m——相平衡常数，无量纲；

X——溶质在液相中的摩尔比。

对于一定的物系，相平衡常数与温度和压力有关。温度越高，m 越大；压力越高，m 越小。易溶性气体的 m 值小，难溶性气体的 m 值大。

对于极稀溶液，式（4-5）可以简化为

$$Y^* = mX$$ (4-6)

在较宽的含量范围内，溶质在两相中含量的平衡关系一般可写成某种函数关系：

$$y^* = f(x)$$ (4-7)

式（4-5）和式（4-6）称为相平衡方程。

【例 4-2】 含氨 3%（体积分数）的混合气体，在填料塔中被水吸收。试求氨溶液的最大浓度。塔内操作压为 202.6kPa，汽液平衡关系为 $p^* = 267x$。

解 氨吸收质的实际分压

$$p = p_t y = 202.6 \times 0.03 = 6.078 \text{(kPa)}$$

氨溶液的最大浓度选用 $p = 267x^*$ 的汽液平衡关系求取

$$x^* = p/267 = 6.078/267 = 0.0228$$

溶液中氨的最大浓度为 0.0228（摩尔分数）

3. 吸收平衡线

吸收平衡线是表明吸收中气液相平衡关系的图线。在吸收操作中，通常用 $Y\text{-}X$ 图表示。将 Y^* 与 X 的关系标绘在 $Y\text{-}X$ 图上，得通过原点的一条曲线，称为吸收平衡线，如图 4-18 所示。对于极稀溶液，式（4-5）所表明的平衡线是一条过圆点的直线，其斜率为 m，如图 4-19 所示。

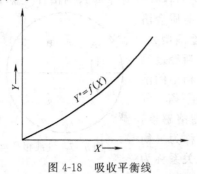

图 4-18 吸收平衡线

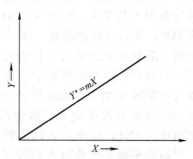

图 4-19 吸收平衡线（极稀溶液）

4. 气液相平衡关系在吸收操作中的应用

（1）判断过程进行的方向

【例 4-3】 设在 101.3kPa、20℃下稀氨水溶液的相平衡方程为 $y^* = 0.94x$，若有含氨 7% 的混合气体与氨摩尔分数为 0.04 的溶液接触，试判断过程发生的方向。

解 首先计算与实际液相组成 $x=0.04$ 成平衡的气相组成：
$$y^* = 0.94x = 0.94 \times 0.04 = 0.0376$$

$Y = 0.07 > y^* = 0.0376$，因此，氨将从气相转移到液相，可判断发生吸收过程。

亦可计算与气相成平衡的液相组成：$x^* = y/0.94 = 0.07/0.94 = 0.074$

实际液相组成 0.04 小于平衡组成 0.074，同样可判断发生吸收过程。

当溶质在气相中实际组成大于和液相成平衡的气相组成时，即 $y > y^*$ 时，发生吸收过程。从相图上看，实际状态点位于平衡曲线上方。

当溶质在气相中实际组成小于和液相成平衡的气相组成时，即 $y < y^*$ 时，发生解吸过程。从相图上看，实际状态点位于平衡曲线下方。

(2) 判明过程进行的限度 如图 4-20 所示，采用溶质含量为 x_2 的吸收剂吸收自塔底部流入的溶质含量为 y_1 的混合气体，出塔的吸收剂及混合气体中溶质含量分别为 x_1、y_2，根据气液相平衡原理可以判断，即使吸收塔无限高，吸收至多达到平衡，因此从吸收塔底部流出的吸收剂中吸收质含量不会大于与 y_1 成平衡的液相组成 x_1^*，即 $x_1 < x_1^*$，出塔混合气体中溶质含量 y_2 最多只能降低到与进塔溶质含量 x_2 相平衡的气相组成，即 $y_2 > y_2^*$。

(3) 计算过程的推动力 当溶质在气相中的实际分压（组成）等于和液相成平衡的分压（组成）时，气液两相达到平衡状态，无传质过程发生。当一相的组成与另一相的平衡组成不等时，两相接触就会发生气体的吸收或解吸。实际组成与平衡组成之差，即为吸收或解吸的推动力。实际组成距平衡组成越远，推动力越大，过程速率越快。

推动力可以用 $p - p^*$ 表示，也可用 $y - y^*$、$x^* - x$ 或 $Y - Y^*$ 等来表示，如图 4-21 所示。

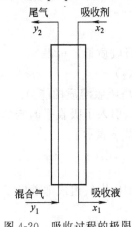

图 4-20 吸收过程的极限

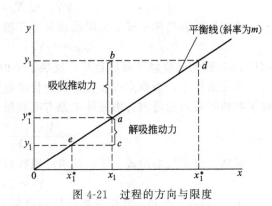

图 4-21 过程的方向与限度

【例 4-4】 在总压为 1200kPa、温度为 303K 的条件下，含二氧化碳 5%（体积分数）的气体与含二氧化碳 1.0g/L 的水溶液接触，试判断二氧化碳的传递方向。已知 $E = 1.88 \times 10^5$ kPa。

解 判断二氧化碳的传递方向（吸收还是解吸），实际上是比较溶质在气相中的实际分压与平衡分压的大小。

二氧化碳在气相中的实际分压为
$$p = p_t y = 1200 \times 0.05 = 60 (\text{kPa})$$

二氧化碳在气相中的平衡分压则由亨利定律求取。由于溶液很稀，其摩尔质量及密度认为与水相同。查附录三得水在 303K 时，密度为 996kg/m³，摩尔质量为 18kg/kmol，二氧化碳的摩尔质量为 44kg/kmol。

$$p^* = Ex = 1.88 \times 10^5 \times (1/44)/(996/18) = 77.3(kPa)$$

由于 $p^* > p$，故二氧化碳必由液相传递到气相，进行解吸。

二、吸收剂用量的确定

案例 2 中，采用碳酸钾溶液吸收变换气中的二氧化碳。生产中，对于流量一定、其中二氧化碳的组成也一定的变换气，碳酸钾溶液的用量为多少才比较合适？实现该吸收过程所需的吸收塔塔径、塔高应如何确定？让我们从吸收的物料衡算出发寻求如何解决这些问题。

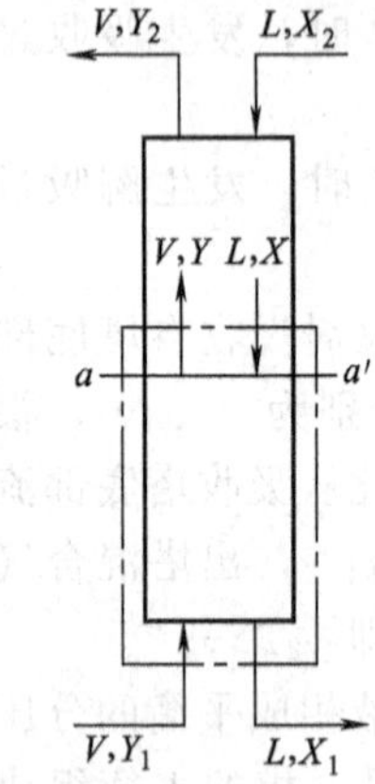

1. 全塔物料衡算

图 4-22 所示为逆流连续操作的吸收塔。当进塔混合气中的溶质浓度不高（小于 3%～10%）时，为低浓度气体吸收。

图 4-22 中　V——单位时间内通过吸收塔的惰性气体量，kmol 惰性气/h；

　　　　　L——单位时间内通过吸收塔的吸收剂量，kmol 吸收剂/h；

　　　　　Y, Y_1, Y_2——任一截面、进塔及出塔气体的组成，kmol 吸收质/kmol 惰性气；

　　　　　X, X_1, X_2——任一截面、进塔及出塔液体的组成，kmol 吸收质/kmol 吸收剂。

图 4-22　逆流吸收塔操作示意图

在稳态操作下，对全塔作物料衡算，根据单位时间内进塔的吸收质的量等于出塔的吸收质的量，可得

$$VY_1 + LX_2 = VY_2 + LX_1 \tag{4-8}$$

或依据混合气体中减少的吸收质量等于溶液中增加的吸收质量，可得

$$G_A = V(Y_1 - Y_2) = L(X_1 - X_2) \tag{4-9}$$

式中，G_A 称为吸收塔的吸收负荷，反映了单位时间内吸收塔吸收溶质的能力。

吸收操作中，为确定吸收任务或评价吸收效果的好坏，引入了吸收率的概念，即气体中被吸收的吸收质的量与进塔气体中原有吸收质的量之比，以 φ 表示。

$$\varphi = \frac{V(Y_1 - Y_2)}{VY_1} = \frac{Y_1 - Y_2}{Y_1}$$

显然，进塔气的组成一定，要求的吸收效果确定后，则出塔气组成即确定了。

$$Y_2 = Y_1(1 - \varphi) \tag{4-10}$$

由式（4-8）可知，六个参数中只要已知其中五个就可以计算出第六个。一般情况下，进塔混合气的组成 Y_1 与流量是由吸收任务规定的，而吸收剂的初始组成 X_2 和流量往往根据生产工艺要求确定，如果吸收任务又规定了吸收率，那么出塔气的组成也就确定了。

【例 4-5】　用纯水逆流吸收空气-丙酮混合气体中的丙酮。如果吸收塔混合气进料为 200kg/h，丙酮摩尔分数为 10%，纯水进料为 1000kg/h，操作在 293K 和 101.3kPa 下进行，要求吸收率为 98%。设惰性气体不溶于水（$M_B = 29$kg/kmol），试问吸收塔溶液出口浓度是多少？若纯水进料增大 10%，其他条件不变，则溶液出口浓度又为多少？

解　① 根据题意，首先将组成换算为摩尔比

进塔气体组成 $Y_1 = y_1/(1-y_1) = 0.1/0.9 = 0.11$

出塔气体组成 $Y_2 = Y_1(1-\varphi) = 0.11 \times (1-0.98) = 0.0022$

进塔吸收剂组成 $X_2=0$（纯水）

吸收剂水的摩尔流量 $L=$ 质量流量/摩尔质量$=1000/18=55.56$（kmol/h）

混合气体平均分子量 $M_M=M_A y_a+M_b y_b=58\times0.1+29\times0.9=31.9$

塔内惰性气体的摩尔流量

$V=$ 混合气摩尔流量$\times(1-y_1)=200/31.9\times(1-0.1)=5.64$（kmol/h）

吸收塔溶液出口浓度由全塔物料衡算求得

$$V(Y_1-Y_2)=L(X_1-X_2)$$

即 $X_1=\dfrac{V(Y_1-Y_2)}{L}+X_2=5.64\times(0.11-0.0022)/55.56+0=0.011$

② 纯水进料增大 10%，则 $L=55.56\times(1+10\%)=61.12$（kmol/h）

则 $X_1=5.64\times(0.11-0.0022)/61.12+0=0.0099$

故溶液出口浓度为 0.0099 kmol 丙酮/kmol 水。

2. 吸收操作线

在塔内任取 $a-a'$ 截面与塔底进行物料衡算（见图 4-22），则单位时间内进出吸收塔的吸收质的量相等

$$VY_1+LX=VY+LX_1$$
$$VY=LX+VY_1-LX_1$$
$$Y=\frac{L}{V}X+Y_1-\frac{L}{V}X_1 \tag{4-11}$$

式（4-11）称为吸收操作线方程式，它表明塔内任一截面上的气相组成 Y 与液相组成 X 之间的关系，稳态操作情况下 V、L、Y_1、X_1 为定值，则 Y 与 X 之间的函数关系为直线关系，直线的斜率为 L/V，且直线通过 $B(X_1,Y_1)$ 及 $T(X_2,Y_2)$ 两点。标绘在图 4-23 中的直线 BT，即为操作线。操作线上的任意一点，代表吸收塔内某一截面上的气液相组成 Y 及 X。端点 B 代表塔底情况，端点 T 代表塔顶情况。用气相浓度差表示的塔底推动力为 $(Y_1-Y_1^*)$；用液相浓度差表示的推动力为 $(X_1^*-X_1)$。用气相浓度差表示的塔顶推动力为 $(Y_2-Y_2^*)$，用液相浓度表示的推动力为 $(X_2^*-X_2)$。可见，在吸收塔内推动力的变化规律是由操作线与平衡线共同决定的。

操作线是由物料衡算推出，与系统的平衡关系、吸收塔的结构型式、气液相接触状况以及温度、压力等条件无关。由于吸收操作时溶质在气相中的实际浓度总是大于与液相平衡的气相浓度，故操作线总是位于平衡线的上方。反之，解吸过程的操作线总是位于平衡线的下方。吸收过程操作线与平衡线的示意图如图 4-23 所示。

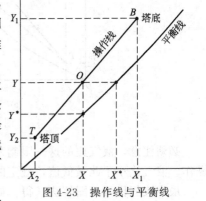

图 4-23 操作线与平衡线

【例 4-6】 用清水吸收混合气体中的氨，进塔气体中含氨 6%（体积分数，下同），吸收后离塔气体含氨 0.4%，溶液出口浓度 $X_1=0.012$，此系统平衡关系 $Y^*=2.52X$，求气体进出口处推动力？

解 进塔气体实际浓度 $Y_1=y_1/(1-y_1)=\dfrac{0.06}{0.94}=0.064$

出塔气体实际浓度 $Y_2=y_2/(1-y_2)=\dfrac{0.004}{0.996}=0.004$

进塔气体平衡浓度 $Y_1^*=2.52X_1=2.52\times0.012=0.030$

出塔气体平衡浓度 $Y_2^* = 2.52X_2 = 2.52 \times 0 = 0$

气体进口处推动力 $\Delta Y_1 = Y_1 - Y_1^* = 0.034$

气体出口处推动力 $\Delta Y_2 = Y_2 - Y_2^* = 0.004$

3. 吸收剂用量

通常，吸收操作中所处理的气体流量、气体的初始和最终组成（V、Y_1、Y_2）及吸收剂的初始组成（X_2）由生产任务和分离要求决定，应综合考虑吸收剂对吸收过程的影响，合理选择吸收剂的用量。

(1) 液气比 操作线斜率 L/V 称为液气比，它是吸收剂与惰性气体摩尔流量之比，反映了单位气体处理量的吸收剂消耗量的大小。当气体处理量一定时，确定吸收剂用量就是确定液气比。液气比对于吸收来说，是一个重要的控制参数，其值大小影响吸收效果、操作费用及塔设备的尺寸。

(2) 最小液气比 如图 4-24 所示，由于 X_2、Y_2 一定，所以操作线的端点 T 已固定，另一端点 B 则可在 $Y = Y_1$ 的水平线上移动。B 点的横坐标将取决于操作线的斜率，亦即随吸收剂用量的不同而变化。当 V 值一定时，吸收剂用量减少，操作线斜率将变小，点 B 便沿水平线 $Y = Y_1$ 向右移动，其结果是使出塔吸收液的组成增大，吸收的推动力相应减小，吸收将变得困难。当吸收剂用量继续减小，使 B 点移至水平线与平衡线的交点时，图 4-24 (a)，塔底流出液组成与刚进塔的混合气组成达到平衡，此时吸收过程的推动力为零。为达到最高组成，两相接触的时间无限长，相际接触面积无限大，吸收塔需要无限高的填料层。这在实际上是办不到的，只能用来表示一种极限情况，此种状况下吸收操作线的斜率称为最小液气比，以 $(L/V)_{min}$ 表示。即在液气比下降时，只要塔内某一截面处气液两相趋于平衡，达到指定分离要求所需的塔高为无穷大，此时的液气比即为最小液气比。

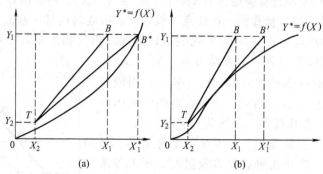

图 4-24　吸收塔的最小液气比

必须注意，液气比的这一限制来自规定的分离要求，并非吸收塔不能在更低的液气比下操作。液气比小于此最低值，规定的分离要求将不能达到。

最小液气比可用图解法求得。如果平衡曲线与平衡线相交或相切，只要读出交点的横坐标，就可根据操作线斜率求得最小液气比，见图 4-24 (b)。

若平衡关系符合亨利定律，则可直接计算最小液气比。即

$$(L/V)_{min} = (Y_1 - Y_2)/(X_1^* - X_2) = \frac{Y_1 - Y_2}{Y_1/m - X_2} \tag{4-12}$$

(3) 吸收剂用量 吸收剂用量的选择应作经济上的权衡。当 V 值一定的情况下，吸收剂用量减小，液气比减小，操作线靠近平衡线，吸收过程的推动力减小，吸收速率降低，在完成同样生产任务的情况下，吸收塔必须增高，设备费用增多。吸收剂用量增大，操作线离平衡线越远，吸收过程的推动力越大，吸收速率越大，在完成同样生产任务的情况下，设备

尺寸可以减小，但吸收剂消耗增大，液体的输送功率和再生费用增大，而且，造成塔底吸收液浓度的降低，将增加解吸的难度。

适宜的液气比应使设备折旧费及操作费用之和最小。根据生产实践经验，一般情况下取适宜的液气比为最小液气比的 1.1~2.0 倍，即

$$L/V = (1.1 \sim 2.0)(L/V)_{min}$$

或

$$L = (1.1 \sim 2.0) L_{min}$$

此外，为了确保填料层的充分湿润，应考虑喷淋密度（单位时间单位塔截面积上喷淋的吸收剂量）大于最低允许值 [5~12m³/(m²·h)]，若低于此允许值，不能保证填料层的充分润湿，应适当增大吸收剂用量或使部分吸收剂循环使用。

【例 4-7】 在填料吸收塔中用水洗涤某混合气，以除去其中的 SO_2。已知混合气中含 SO_2 为 9%（摩尔分数），进入吸收塔的惰性气体量为 37.8kmol/h，要求 SO_2 的吸收率为 90%，作为吸收剂的水不含 SO_2，取实际吸收剂用量为最小用量的 1.2 倍，操作条件下 $X_1^* = 0.032$，试计算每小时吸收剂用量，并求溶液出口浓度。

解 气体进口组成 $Y_1 = y_1/(1-y_1) = 9/(100-9) = 0.099$

气体出口组成 $Y_2 = Y_1(1-\varphi) = 0.099 \times (1-90\%) = 0.0099$

吸收剂进口组成 $X_2 = 0$

惰性气体摩尔流量 $V = 37.8$ kmol/h

最小吸收剂用量

$$(L/V)_{min} = (Y_1 - Y_2)/(X_1^* - X_2) = (0.099 - 0.0099)/(0.0032 - 0) = 27.84$$

$$L_{min} = 1052 \text{kmol/h}$$

$$L = 1.2 L_{min} = 1.2 \times 1052 = 1263 (\text{kmol/h}) = 1263 \times 18 (\text{kg/h}) = 22734 \text{kg/h}$$

实际吸收剂用量为 22734kg/h

溶液出口浓度可由全塔物料衡算求得

$$V(Y_1 - Y_2) = L(X_1 - X_2)$$

即

$$X_1 = 37.8 \times (0.099 - 0.0099)/1263 + 0 = 0.00267$$

溶液出口浓度为 0.00267 kmol·SO_2/kmol·H_2O。

4. 适宜的操作气速

气体在吸收塔内的操作气速，可用下式进行计算：

$$u = \frac{V_{混}}{\frac{\pi}{4} D^2} \tag{4-13}$$

由于混合气体在塔内的流量是变化的，计算时可取塔顶、塔底的平均值。显然，气速越高，气体的流量越大，生产能力越大。但气速不能过高，过高容易造成液泛。适宜的操作气速一般取泛点气速的 0.6~0.8 倍。

三、吸收速率

气液平衡关系只解决了吸收（解吸）能否进行以及进行的方向和限度。实际工程上，必须研究吸收的快慢问题。一个从气液平衡关系来看推动力较大的吸收过程，若实际吸收速率极慢，则工程上意义不大，因为这需要极长的时间或庞大的设备，经济上是不合算的。吸收速率是衡量吸收快慢的物理量，其大小关系到设备的尺寸和过程的经济性。因此应该研究哪些因素影响吸收速率，以选取适宜的吸收条件。吸收过程属于气液相间的传质过程（或扩散过程），因此，应了解扩散的基本方式。

1. 扩散的基本方式：分子扩散与涡流扩散

作一对比实验，在两个烧杯中分别倒入等量的水，使其静止不动，搅动其中一杯水使水在杯中旋转流动起来，同时向两个烧杯中各滴入 1 滴红墨水，观察两个烧杯中水的颜色变化。若将水静止的烧杯称为 A 杯，水流动的烧杯称为 B 杯，可以看到，A 杯中滴入的红墨水缓慢地向周围"移动"，慢慢使整杯水变红。我们知道，一切物质的分子都处于不断地无规则的热运动状态，像这种物质以分子运动的方式通过静止流体或层流流体的转移称为分子扩散。分子扩散速率主要决定于扩散物质和静止流体的温度及其某些物理性质。

B 杯中滴入的红墨水随着旋转的水流而流动，很快使整杯水变红。像这种通过流体质点的相对运动来传递物质的现象称为涡流扩散。通常比分子扩散速率快，涡流扩散速率主要决定于流体的流动形态。

应该指出，流体中的物质传递往往是两种方式的综合贡献，因为在涡流扩散时，分子扩散是不能避免的。因此常常合在一起讨论，并称为对流扩散，对流扩散时，扩散物质不仅依靠本身的分子扩散作用，更主要的是依靠湍流流体的涡流扩散作用。

在吸收操作中，常用扩散系数来表示物质在介质中的扩散能力，它是物系特性之一。其值随物系的种类和温度不同而不同，亦随压力和浓度而异，对流扩散时还与湍动程度有关。

2. 双膜理论

为了强化吸收过程，人们对吸收过程中溶质如何从气相转移至液相进行了研究，提出了多种吸收模型，其中以双膜理论（two-film theory）应用最为普遍，其基本要点如下。

① 气液两相间有一稳定的相界面，在相界面的两侧分别存在稳定的气膜和液膜。膜内流体做层流流动，双膜以外的区域为气相主体和液相主体，主体内流体处于湍动状态。

② 气液两相的界面上，吸收质在两相间总是处于平衡状态。

③ 主体内因湍动而浓度分布均匀，双膜内层流主要依靠分子扩散传递物质，浓度变化大。因此，阻力主要集中在双膜内，故得此名。

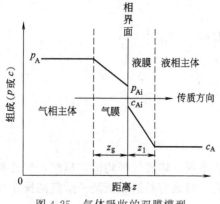

图 4-25　气体吸收的双膜模型

根据双膜理论，吸收质从气相转移到液相的过程为：吸收质从气相主体扩散（主要为涡流扩散）到气膜，在气膜内扩散（分子扩散）到界面，在界面上溶解，在液膜内扩散（分子扩散）到液相主体，最后扩散（主要是涡流扩散）到液相主体中。通常把流体与界面间的物质传递称为对流扩散，于是，气体溶质从气相主体到液相主体，共经历了三个过程，即对流扩散、溶解和对流扩散。这非常类似于冷热两流体通过器壁进行的换热过程，如图 4-25 所示。

3. 吸收速率

吸收速率（rate of absorption）是指单位时间内通过单位气液接触面积所吸收的溶质的量，通常用 N_A 表示。与传热等其他传递过程一样，吸收过程的速率关系也可用"过程速率 = 过程推动力/过程阻力"形式表示，或表示为"过程速率＝系数×推动力"的形式。由于吸收的推动力可以用各种不同形式的浓度差来表示，所以，吸收速率方程式也有多种形式，以下举几例说明。

气膜吸收速率方程为

$$N_A = k_Y(Y_A - Y_i) \tag{4-14}$$

式中　N_A——吸收速率，kmol/（m²·h）；

k_Y——以摩尔比差表示推动力的气膜吸收分系数，kmol/（m²·h）；
Y_A——气相主体吸收质的摩尔比；
Y_i——相界面处气相中吸收质的摩尔比。

液膜吸收速率方程为

$$N_A = k_X(X_i - X_A) \tag{4-15}$$

式中 k_X——以摩尔比差表示推动力的液膜吸收分系数，kmol/（m²·h）；
X_i——相界面处，液相中吸收质的摩尔比；
X_A——液相主体内吸收质的摩尔比。

气相或液相的吸收总速率方程式为

$$N_A = K_Y(Y_A - Y_A^*) \tag{4-16}$$

$$N_A = K_X(X_A^* - X_A) \tag{4-17}$$

$$N_A = K_G(p_A - p_A^*) \tag{4-18}$$

式中 K_Y——以气相摩尔比差表示推动力的气相吸收总系数，kmol/（m²·h）；
K_X——以液相摩尔比差表示推动力的液相吸收总系数，kmol/（m²·h）；
K_G——以气相分压差表示推动力的气相吸收总系数，kmol/（m²·h·kPa）；
Y_A^*——与液相主体浓度 X_A 相平衡的气相摩尔比；
X_A^*——与气相主体浓度 Y_A 相平衡的液相摩尔比；
p_A^*——与液相主体浓度 c_A 成平衡的气相平衡分压。

膜速率方程式中的推动力为主体浓度与界面浓度之差，如（$Y_A - Y_i$）和（$X_i - X_A$）等，而吸收总速率方程式中的推动力为气液两相主体的浓度之差，如（$Y_A - Y_A^*$）、（$X_A^* - X_A$）和（$p_A - p_A^*$）等。

将 $N_A = k_Y(Y_A - Y_i)$ 写成推动力除以阻力的形式，则为

$$N_A = k_Y(Y_A - Y_i) = \frac{Y_A - Y_i}{\frac{1}{k_Y}}$$

式中，$\frac{1}{k_Y}$ 为总阻力，经推导可得吸收的总阻力表达式为

$$1/K_Y = 1/k_Y + m/k_X \tag{4-19}$$

即总阻力＝气膜阻力＋液膜阻力
同样可推得

$$1/K_X = 1/mk_Y + 1/k_X \tag{4-20}$$

即总阻力＝气膜阻力＋液膜阻力。

这表明，吸收过程的总阻力也等于气膜阻力与液膜阻力的叠加，由于吸收速率与吸收系数成正比，吸收系数又是吸收阻力的倒数，因而降低吸收阻力可提高吸收系数，进而提高吸收速率。

根据双膜理论，吸收过程阻力主要集中于气膜和液膜，由于气体在液相中的溶解度不同，导致吸收阻力并非均布于气膜和液膜，若气膜阻力远大于液膜阻力，则吸收阻力主要集中于气膜，这种情况称为"气膜控制"。若液膜阻力远大于气膜阻力，则吸收阻力主要集中于液膜，这种情况称为"液膜控制"。

4. 影响吸收速率的因素

根据式（4-16）、式（4-17）可知，吸收系数、吸收推动力影响吸收速率，此外，吸收塔内气液两相的接触状况对吸收速率也有影响。

（1）**吸收系数**　吸收阻力包括气膜阻力和液膜阻力。由于膜内阻力与膜的厚度成正比，因此加大气液两流体的相对运动速度，使流体内产生强烈的搅动，都能减小膜的厚度，从而降低吸收阻力，增大吸收系数。对溶解度大的易溶气体，相平衡常数 m 很小。由式（4-19）简化可得 $K_Y \approx k_Y$，表明易溶气体的液膜阻力小，气膜阻力远大于液膜阻力，吸收过程的速率主要是受气膜阻力控制。反之，对于难溶气体，液膜阻力远大于气膜阻力，吸收阻力主要集中在液膜上，即吸收速率主要受液膜阻力控制。表 4-2 中列举了一些吸收过程的控制因素。

表 4-2　吸收过程的控制因素

气膜控制	液膜控制	气膜和液膜同时控制
用氨水或水吸收氯气	用水或弱碱吸收二氧化碳	用水吸收二氧化硫
用水或稀盐酸吸收氯化氢	用水吸收氧气或氢气	用水吸收丙酮
用碱液吸收硫化氢，用稀硫酸吸收三氧化硫成为浓硫酸	用水吸收氯气	用浓硫酸吸收二氧化氮

要提高液膜控制的吸收速率关键在于加大液体流速和湍动程度，减少液膜厚度。如当气体鼓泡穿过液体时，气泡中湍动相对较少，而液体受到强烈的搅动，因此液膜厚度减小，可以降低液膜阻力，这适用于受液膜控制的吸收过程。

要提高气膜控制的吸收速率，关键在于降低气膜阻力，增加气体总压，加大气体流速，减少气膜厚度。如当液体分散成液滴与气体接触时，液滴内湍动相对较少，而液滴与气体做相对运动，气体受到搅动，气膜变薄，适用于受气膜控制的吸收过程。

由以上讨论可知，要想提高吸收速率，应分析吸收过程何种阻力起控制作用，降低起控制作用的阻力才是有效的，这与强化传热类似。

【**例 4-8**】　在填料塔中用清水吸收混于空气中的甲醇蒸气。若操作条件（101.3kPa 及 293K）下平衡关系符合亨利定律，相平衡常数 $m=0.275$。塔内某截面处的气相组成 $Y=0.025$，液相组成 $X=0.009$，气膜吸收分系数 $k_Y=0.058$kmol/（m² · h），液膜吸收分系数 $k_X=0.076$kmol/（m² · h）。试求该截面处的吸收推动力、吸收速率，通过计算说明该吸收过程的控制因素。

解　① 该截面处的吸收推动力
$$\Delta Y_A = Y_A - Y_A^* = Y_A - mX_A = 0.025 - 0.275 \times 0.009 = 0.0225$$
吸收速率 $N_A = K_Y(Y_A - Y_A^*)$
$$1/K_Y = 1/k_Y + m/k_X$$
$$1/K_Y = 1/0.058 + 0.275/0.076$$
$$K_Y = 0.048$$
$$N_A = 0.048 \times 0.0225 = 0.00108 \text{kmol/(m}^2 \cdot \text{h)}$$

② 气膜阻力为 $1/k_Y = 1/0.058 = 17.24$
总阻力为 $1/K_Y = 1/0.048 = 20.8$
气膜阻力占总阻力的百分数　$\dfrac{17.24}{20.8} \times 100\% = 82.9\%$

说明该吸收过程为气膜控制。

（2）**增大吸收推动力**　增大吸收推动力 $(p - p^*)$，可以通过两种途径，即提高吸收质在气相中的分压 p，或降低与液相平衡的气相中吸收质的分压 p^* 来实现。然而提高吸收质在气相中的分压常与吸收的目的不符，因此应采取降低与液相平衡的气相中吸收质的分压的措施，即选择溶解度大的吸收剂，降低吸收温度，提高系统压力都能增大吸收的推动力。

（3）**增大气液接触面积**　增大气液接触面积的方法有：增大气体或液体的分散度；选用

比表面积大的高效填料等。

以上的讨论仅就影响吸收速率诸因素中的某一方面来考虑。由于影响因素之间还存在相互制约、相互影响，因此对具体问题要作综合分析，选择适宜条件。例如，降低温度可以增大推动力，但低温又会影响分子扩散速率，增大吸收阻力。又如将吸收剂喷洒成小液滴可增大气液接触面积，但液滴小，气液相对运动速度小，气膜和液膜厚度增大，也会增大吸收阻力。此外，在采取强化吸收措施时，应综合考虑技术上的可行性及经济上的合理性。

四、塔径的确定

填料塔的内径是根据通过填料塔的混合气体的体积流量及允许的气体空塔速度而定。

$$D=\sqrt{\frac{4V_s}{\pi u}} \tag{4-21}$$

式中　D——塔内径，m；
　　　V_s——操作条件下塔底混合气体的体积流量，m^3/s；
　　　u——气体空塔速度，m/s。

由于混合气体在吸收过程中，吸收质从气相转移到液相，其流量是变化的。可取最大的流量，即操作条件下塔底混合气体的体积流量。

计算塔径的关键在于确定适宜的空塔速度，在填料塔内适宜的空塔速度必须不使塔内发生"液泛现象"。当气体流速较低时，气液两相几乎不互相干扰。但气速较大时，随着气速的增加，填料的持液量增加，液体下降时遇到的阻力也增加。当气速增大到一定值时，气流给予液体的摩擦阻力使液体不能顺畅流下，从而在填料层顶部或内部产生积液。这时塔内气液两相间由原来气相是连续相、液相是分散相变为液相是连续相、气相是分散相，气体便以泡状通过液体，填料失去作用，两相接触面积变为气泡的表面积，这种现象称为液泛。相应的气速称为液泛速度 u_{max}。泛点气速是空塔气速的上限，所以在实际生产中，所选空塔速度必须小于液泛速度，一般取 $u=(0.6\sim0.8)u_{max}$。液泛速度可以从关联图查取，也可用经验公式计算。

用式 (4-21) 算出的塔径后，还应按压力容器公称直径标准进行圆整，参见有关书籍。

五、填料层高度的确定

填料层高度的确定方法有等板高度法和传质单元数法。

1. 等板高度法

等板高度法又称理论级模型法，是依据理论级的概念来计算填料层高度的，即

$$填料层高度 = 等板高度 \times 理论板层数$$

等板高度是指分离效果相当于一个理论级（或一层理论板）的填料层高度。等板高度与分离物系的物性、操作条件及填料的结构参数有关，一般由实际吸收装置的实测数据求取。理论板与蒸馏一章理论板的概念相似，指从下一块板上升的气体与从上一块板下流的液体在该板上接触传质后，离开该板的气液两相呈平衡，这样的塔板称为理论板。理论板层数可采用逐板计算法、图解法、解析法求取理论级数。如图 4-26 所示，在吸收操作线与平衡线之间画梯级，达到生产规定的要求时，所画的梯级总数，即是所需的理论板数。

图 4-27 为逆流吸收理论级模型示意图。设填料层由 N 级组成，吸收剂组成为 X_0 从塔顶进入第 1 级，逐级向下流动，每经过一级，吸收质的含量都要增大一点，最后从塔底第 N 级流出；组成为 Y_{N+1} 的原料气则从塔底进入第 N 级，逐级向上流动，每经过一级，原料气中溶质含量都要降低一点，最后从塔顶第 1 级排出，气体组成降低到要求的 Y_1。在每一级

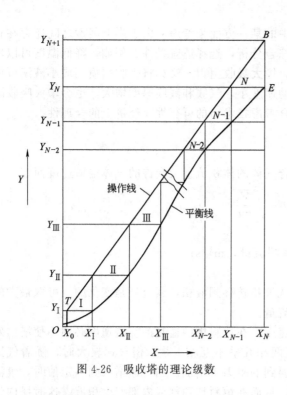 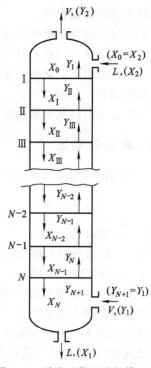

图 4-26 吸收塔的理论级数　　　　图 4-27 逆流吸收理论级模型

上,气液两相密切接触,溶质组分由气相向液相转移。离开每一级时,气液两相达到相平衡。N 就是该吸收过程所需的理论级数。

2. 传质单元数法

传质单元数法又称传质速率模型法,该方法是依据传质速率方程来计算填料层高度。该法计算填料层高度涉及物料衡算、传质速率与相平衡三种关系式的应用。经推导,传质单元数法计算填料层高度的通式为

$$填料层高度 = 传质单元高度 \times 传质单元数$$

式中,传质单元高度表示完成一个传质单元分离效果所需的塔高,反映了吸收设备效能的高低,其大小与设备的型式、设备的操作条件及物系性质有关。吸收过程的传质阻力越大,填料层有效比表面积越小,则每个传质单元所相当的填料层高度就越大。选用高效填料及适宜的操作条件可使传质单元高度减小。常用吸收设备的传质单元高度为 0.2～1.2m。

传质单元数反映了吸收任务的难易程度,其大小只与物系的相平衡关系及分离任务、液气比有关,而与设备的型式、操作条件（如流速）等无关。生产任务所要求的塔顶塔底组成变化越大,或操作线离平衡线越近,吸收过程的推动力越小,则吸收过程的难度越大,所需的传质单元数也就越多。

传质单元数的计算根据平衡关系是直线还是曲线有几种不同的解法:解析法、对数平均推动力法、图解法。

下面以平均推动力法说明填料层高度的计算。

对于相平衡线为直线（$Y^* = mX + b$）时,可采用平均推动力法计算填料层高度。当用气相组成表示时,此法计算填料层高度的计算式为

$$Z = 4V(Y_1 - Y_2)/\pi D^2 a K_Y \Delta Y_m \tag{4-22}$$

$$\Delta Y_m = (\Delta Y_1 - \Delta Y_2)/\ln(\Delta Y_1/\Delta Y_2) \tag{4-23}$$

式中　a——单位体积填料层所提供的有效吸收面积，m^2/m^3；

Z——填料层高度，m；

ΔY_1——塔底的气相总推动力，$\Delta Y_1 = Y_1 - Y_1^*$；

ΔY_2——塔顶的气相总推动力，$\Delta Y_2 = Y_2 - Y_2^*$。

当 $0.5 \leq \Delta Y_1/\Delta Y_2 \leq 2$ 时，平均推动力可用算术平均值代替。

同理，当用液相组成表示时，填料层高度的计算式为

$$Z = 4L(X_1 - X_2)/\pi D^2 a k_X \Delta X_m$$

$$\Delta X_m = (\Delta X_1 - \Delta X_2)/\ln(\Delta X_1/\Delta X_2)$$

式中　ΔX_1——塔底的气相总推动力，$\Delta X_1 = X_1^* - X_1$；

ΔX_2——塔顶的气相总推动力，$\Delta X_2 = X_2^* - X_2$。

【例 4-9】 在直径为 0.8m 的填料塔中用洗油吸收焦炉气中的芳烃。混合气体进塔组成为 0.02kmol 氨/kmol 惰性气，要求芳烃的吸收率不低于 95%，进入吸收塔顶的洗油中不含有芳烃，每小时进入的惰性气体流量为 35.6kmol/h，实际吸收剂用量为最小用量的 1.4 倍。操作条件下的平衡关系为 $Y^* = 0.75X$，吸收总系数 $K_Y a = 0.0088$ kmol/($m^2 \cdot s$)，求每小时的吸收剂用量及所需的填料层高度。

解　① 求吸收剂用量

$$Y_1 = 0.02$$
$$Y_2 = Y_1(1-\varphi) = 0.02 \times (1-0.95) = 0.001$$
$$X_2 = 0$$
$$V = 35.6 \text{kmol/h}$$
$$X_1^* = Y_1/m = 0.02/0.75 = 0.0267$$
$$L_{\min} = V(Y_1 - Y_2)/(X_1^* - X_2) = 35.6 \times (0.02 - 0.001)/(0.0267 - 0) = 25.3 \text{(kmol/h)}$$
$$L = 1.4 L_{\min} = 1.4 \times 25.3 = 35.4 \text{ (kmol/h)}$$

每小时洗油用量为 35.4kmol

② 求填料层高度

$$V(Y_1 - Y_2) = L(X_1 - X_2)$$
$$X_1 = 35.6 \times (0.02 - 0.001)/35.4 + 0 = 0.0191$$
$$Y_1^* = 0.75 X_1 = 0.75 \times 0.0191 = 0.0143$$
$$Y_2^* = 0$$
$$\Delta Y_1 = Y_1 - Y_1^* = 0.02 - 0.0143 = 0.057$$
$$\Delta Y_2 = Y_2 - Y_2^* = 0.001 - 0 = 0.001$$
$$\Delta Y_m = (\Delta Y_1 - \Delta Y_2)/\ln(\Delta Y_1/\Delta Y_2) = (0.057 - 0.001)/\ln(0.057/0.001) = 0.0139$$
$$Z = 4V(Y_1 - Y_2)/\pi D^2 K_Y a \Delta Y_m$$
$$= 4 \times 35.6 \times (0.02 - 0.001)/3600 \times 3.14 \times 0.8^2 \times 0.0088 \times 0.0139 = 3.06 \text{(m)}$$

填料层高度为 3.06m。

第四节　吸收塔的操作

填料吸收塔的操作主要有原始开车、正常开车；短期停车、长期停车、紧急停车等。填料塔的原始开车与精馏塔的原始开车有相似之处，故不重复介绍。

一、填料吸收塔的开、停车

1. 正常开车

(1) 准备工作　检查仪器、仪表、阀门等是否齐全、正确、灵活，做好开车前的准备。

(2) 送液　启动吸收剂泵，调节塔顶喷淋量至生产要求。

(3) 调节液位　调节填料塔的排液阀，使塔底液面保持规定的高度。

(4) 送气　启动风机，向填料塔送入原料气。

2. 停车

(1) 短期停车

① 通告系统前后工序或岗位。

② 停止送气。逐渐关闭鼓风机调节阀，停止送入原料气，同时关闭系统的出口阀。启动吸收剂泵，调节塔顶喷淋量至生产要求。

③ 停止送液。关闭吸收剂泵的出口阀，停泵后关闭进口阀。

④ 关闭其他设备的进出口阀门。

(2) 长期停车

① 按短期停车操作步骤停车，然后开启系统放空阀，卸掉系统压力。

② 将系统中的溶液排放到溶液贮槽，用清水清洗设备。

③ 若原料气中含有易燃、易爆的气体，要用惰性气体对系统进行置换，当置换气中含氧量小于0.5%，易燃气总含量小于5%时为合格。

④ 用鼓风机向系统送入空气，置换气中氧含量大于20%即为合格。

二、吸收操作的调节

吸收的目的虽然各不相同，但对吸收过程来讲，都希望吸收尽可能完全，即希望有较高的吸收率。

吸收率的高低，不但与吸收塔的结构、尺寸有关，也与吸收时的操作条件有关，正常条件下，吸收塔的操作应维持在一定的工艺条件范围内，然而，由于各种原因，日常操作有时会偏离工艺条件范围，因此，必须加以调节。在吸收塔已确定的前提下，影响吸收操作的因素有气液流量、吸收温度、吸收压力及液位等。

1. 流量的调节

(1) 进气量的调节　进气量反映了吸收塔的操作负荷。由于进气量是由上一工序决定的，因此一般情况下不能变动；若吸收塔前设有缓冲气柜，可允许在短时间内作幅度不大的调节，这时可在进气管线上安装调解阀，通过开大或关小调节阀来调节进气量。正常操作情况下应稳定进气量。

(2) 吸收剂流量的调节　吸收剂流量越大，单位塔截面积的液体喷淋量越大，气液的接触面越大，吸收效率提高。因此，在出塔气中溶质含量超标的情况下可适度增大吸收剂流量来调节。但吸收剂用量也不能够过大，过大一是增加了操作费用，二是若塔底溶液作为产品时，则产品浓度就会降低。

2. 温度与压力的调节

(1) 吸收温度的调节　吸收温度对吸收率的影响很大。温度越低，气体在吸收剂中的溶解度越大，越有利于吸收。

由于吸收过程要释放热量，为了降低吸收温度，对于热效应较大的吸收过程，通常在塔内设置中间冷却器，从吸收塔中部取出吸收过程放出的热量。若吸收剂循环使用，则在吸收剂吸收完毕出塔后，通过冷却器冷却降温，再次入塔吸收。

低温虽有利于吸收，但应适度，因温度控制得过低，势必消耗冷剂流量，增大操作费用，且吸收剂黏度随温度的降低而增大，输送消耗的能量也大，且在塔内流动不畅，会使操作困难。因此吸收温度应综合考虑。

(2) 吸收压力的调节　提高操作压力，可提高混合气体中被吸收组分的分压，增大吸收的推动力，有利于气体的吸收，但加压吸收需要耐压设备，需要压缩机，增大操作费用，因此是否采用加压操作应作全面考虑。

生产中，吸收的压力是由压缩机的能力和吸收前各设备的压降所决定。多数情况下，吸收压力是不可调的，生产中应注意维持塔压。

3. 塔底液位的调节

塔底液位要维持在一定高度上。液位过低，部分气体可进入液体出口管，造成事故或环境污染。液位过高，超过气体入口管，使气体入口阻力增大。通常采用调节液体出口阀开度来控制塔底液位。

【例 4-10】　某常压操作填料塔用清水吸收焦炉气中的氨，夏季操作时吸收率不低于 95%。若冬季操作，维持其他操作条件不变，氨的吸收率如何变化？在冬季操作时，若仍保持 95% 的吸收率，操作上应采取什么措施？

解　(1) 由于冬季温度下降，相平衡常数减小，平衡线下移，操作线与平衡线的距离增加，塔内各截面处推动力增加，有利于吸收，故吸收率提高。

(2) 冬季操作仍维持吸收率为 95%，操作上可采取如下措施。

① 减少吸收剂的用量，这样做可以使操作线向平衡线靠近，从而减少吸收的推动力。

② 增加混合气的处理量，这样做使出塔气体中溶质浓度增加，从而减少吸收的推动力。

三、吸收操作不正常现象及处理方法

填料吸收塔系统在运行过程中，由于工艺条件发生变化、操作不慎或设备发生故障等原因造成不正常现象。一经发现，应迅速处理，以免造成事故。常见的不正常现象及处理方法见表 4-3。

表 4-3　吸收操作中常出现的不正常现象及处理方法

异常现象	原因	处理方法
尾气夹带液体量大	① 原料气量过大 ② 吸收剂量过大 ③ 吸收塔液面太高 ④ 吸收剂太脏、黏度大 ⑤ 填料堵塞	① 减少进塔原料气量 ② 减少进塔喷淋量 ③ 调节排液阀，控制液面高度 ④ 过滤或更换吸收剂 ⑤ 停车检查，清洗或更换填料
尾气中溶质含量超标	① 进塔原料气溶质含量高 ② 吸收剂量不够 ③ 吸收温度过高或过低 ④ 喷淋效果差 ⑤ 填料堵塞	① 与上一工序联系，降低原料气中溶质含量 ② 加大吸收剂用量 ③ 调节吸收剂入塔温度 ④ 清理、更换喷淋装置 ⑤ 停车检修或更换填料
塔内压差太大	① 进塔原料气量大 ② 吸收剂用量大 ③ 吸收剂脏、黏度大 ④ 填料堵塞	① 降低原料气进塔量 ② 降低吸收剂进塔量 ③ 过滤或更换吸收剂 ④ 停车检修或清洗、更换填料
吸收剂用量突然下降	① 溶液槽液位低、泵抽空 ② 吸收剂泵损坏 ③ 吸收剂压力低或中断	① 补充溶液 ② 启动备用泵或停车检修 ③ 使用备用吸收剂源或停车
塔液面波动	① 原料气压力波动 ② 吸收剂用量波动 ③ 液面调节器出故障	① 稳定原料气压力 ② 稳定吸收剂用量 ③ 修理或更换

本章注意点

气体吸收是化工生产中用来分离气体混合物的单元操作，应理解吸收分离的原理，明确吸收的工业用途，学会根据生产任务确定和调整吸收的工艺条件，并能处理操作中出现的异常问题。

1. 吸收与蒸馏均能分离混合物，要明确两者的异同点。
2. 理解相平衡关系，并利用相平衡关系能分析和判断过程进行的方向（吸收或解吸）、限度和难易程度，会选择适宜的吸收条件。
3. 明确影响吸收速率的因素及吸收速率是由阻力大的过程控制的，要能够根据不同的情况分析控制因素，从而选择适宜的吸收操作条件。
4. 能运用操作线与平衡线的关系对吸收过程进行分析。
5. 操作条件变化对塔的性能影响很大，能根据生产任务选取和控制吸收塔的操作条件。
6. 明确吸收操作的开、停车步骤，吸收操作中异常现象的处理方法。

本章主要符号说明

英文字母

- D —— 塔内径，m；
- K_G —— 气相吸收总系数，mol/(m²·s·Pa)；
- k_Y —— 气膜吸收分系数，mol/(m²·s)；
- K_Y —— 气相吸收总系数，mol/(m²·s)；
- K_X —— 液相吸收总系数，mol/(m²·s)；
- k_X —— 液膜吸收分系数，mol/(m²·s)；
- L —— 单位时间内通过吸收塔的吸收剂量，kmol 吸收剂/h；
- m —— 相平衡常数，无量纲；
- N_A —— 吸收速率，mol/(m²·s)；
- p^*、p —— 溶质在气相中的平衡分压、实际分压，Pa；
- u —— 气体空塔速度，m/s；
- V_s —— 操作条件下塔底混合气体的体积流量，m³/s；
- x、x^* —— 溶质在液相中的实际浓度、平衡浓度（均为摩尔分数）；
- E —— 亨利系数，其数值随物系的特性及温度而异，Pa；
- X —— 溶质在液相中的摩尔比；
- X_i —— 相界面处液相中吸收质摩尔比；
- X_A —— 液相主体吸收质摩尔比；
- X_A^* —— 与气相浓度 Y_A 相平衡的液相摩尔比；
- X、X_1、X_2 —— 任一截面、进塔及出塔液体的组成，kmol 吸收质/kmol 吸收剂；
- Y^* —— 与液相浓度 X_A 相平衡的气相摩尔比；
- Y_A —— 气相主体吸收质摩尔比；
- Y_i —— 相界面处气相中吸收质摩尔比；
- Y、Y_1、Y_2 —— 任一截面、进塔及出塔气体的组成，kmol 吸收质/kmol 惰性气。

希腊字母

- φ —— 吸收率；
- ε —— 空隙率，m³/m³。

思 考 题

1. 吸收的目的是什么？吸收操作的主要费用花费在何处？
2. 吸收和蒸馏都涉及混合物的分离，试比较其分离对象、分离原理、设备、流程有何异同？
3. 亨利系数和相平衡常数与温度、压力有何关系？如何根据它们的大小判断吸收操作的难易程度？

4. 溶解度小的气体（难溶气体）的吸收过程应在加压条件下进行，还是在减压条件下进行？为什么？

5. 试分析气体或液体的流动情况如何影响吸收速率？

6. 用水吸收混合气体中的二氧化碳，它是气膜控制还是液膜控制？用什么方法增加水吸收二氧化碳的速率？

7. 吸收过程的阻力主要由哪两部分构成？如何降低吸收阻力？

8. 温度对吸收操作有何影响？生产中调节、控制吸收操作温度的措施有哪些？

9. 吸收剂的进塔条件有哪三个要素？操作中调节这三要素，分别对吸收效果有何影响？

10. 化学吸收与物理吸收的本质区别是什么？化学吸收有何特点？

11. 如何判断过程进行的是吸收还是解吸？解吸的目的是什么？解吸的方法有几种？

12. 试写出吸收塔并流操作时的操作线方程，并在X-Y坐标图上画出相应的操作线。

13. 分析液气比对吸收过程的影响，说明适宜吸收剂用量是如何确定的。

14. 用填料塔处理低浓度气体混合物，现因生产要求希望气体处理量增大吸收率不下降，有人说只要按比例增大吸收剂的流量（即液气比不变）就能达到目的，这是否正确？

15. 液泛现象产生的原因是什么？有何危害？

16. 传质单元高度的物理含义是什么？常用吸收设备的传质单元高度约为多少？

17. 传质单元数的含义是什么？如何计算？

18. 填料塔中填料的作用是什么？填料有哪些主要类型？各有什么特点？如何选择填料？

19. 填料塔由哪些主要构件组成？其作用是什么？

20. 吸收的流程有哪几种？

21. 吸收的开停车步骤是怎样的？

22. 吸收过程的不正常现象有哪些？分别由哪些因素引起？如何处理？

习　　题

4-1　空气和二氧化碳的混合气体中含二氧化碳10%（体积分数），试求二氧化碳的摩尔分数和摩尔比。($y=0.1$，$Y=0.11$)

4-2　100g纯水中含有15g氯化氢，试以摩尔比表示该水溶液中氯化氢的组成。($X=0.074$)

4-3　在25℃及总压为101.3kPa的条件下，氨水溶液的相平衡关系为$p^*=93.9kPa$，试求100g水中溶解1g氨时溶液上方氨气的平衡分压和相平衡常数。(1.03kPa，0.93)

4-4　在总压为101.3kPa，温度为30℃的条件下，二氧化硫组成为$y=0.100$的混合空气与二氧化硫组成为$x=0.002$的水溶液接触，试判断二氧化硫的传递方向。已知操作条件下气液相平衡关系为$y^*=47.9x$。若混合空气与二氧化硫组成为$x=0.003$的水溶液接触，二氧化硫的传递方向又如何？(从气相向液相传递；从液相向气相传递)

4-5　总压101.3kPa、含CO_2为5%（体积分数）的空气，在293K下与CO_2浓度为3mol/m³的水溶液接触，试判别其传质方向。若要改变传质方向，可采取哪些措施？(从液相到气相；加压、降低温度)

4-6　CO_2及其水溶液的平衡关系符合亨利定律，求气相总压为101.3kPa和温度293K时的平衡线方程。($y^*=1421x$)

4-7　吸收塔的某一截面上，含氨3%（体积分数）的气体与$X_2=0.018$的氨水相遇，若已知气膜吸收分系数为$k_Y=0.0005$kmol/(m²·s)，液膜吸收分系数为$k_X=0.00833$kmol/(m²·s)。平衡关系可用亨利定律表示，平衡常数为$m=0.753$。求该截面处的气相总阻力和吸收速率。[2090.4 (m²·s)/kmol；$8.4×10^{-6}$kmol/m²·s]

4-8　某吸收塔内用清水逆流吸收混合气中的低浓度甲醇，操作条件（101.3kPa、300K）下，于塔内某截面处取样分析可知，气相中甲醇分压为 5kPa，液相中甲醇组成为 $X=0.02$，该系统平衡关系为 $Y^* = 2.5X$。求该截面处的吸收推动力。（$\Delta Y=0.002$）

4-9 某工厂欲用水洗塔吸收某混合气体中的 SO_2，原料气的流量为 100kmol/h，SO_2 的含量为 10%（体积分数），并允许尾气中 SO_2 含量大于 1%。试求吸收率和吸收塔的吸收负荷。（90.9%；9kmol/h）

4-10 混合气中含丙酮为 10%（体积分数），其余为空气。现用清水吸收其中丙酮的 95%，已知进塔空气量为 50kmol/h。试求尾气中丙酮的含量和吸收塔的吸收负荷。（0.0055；5.225kmol/h）

4-11 从矿石焙烧炉送出气体含 9%（体积分数）SO_2、其余视为空气，冷却后送入吸收塔用清水吸收其中所含 SO_2 的 95%。吸收塔操作温度为 300K，压力为 100kPa，处理的炉气量为 1200m³/h，水用量为 1000kg/h。求塔底吸收液浓度。（0.074）

4-12 在一填料塔中，用洗油逆流吸收混合气体中的苯。已知混合气体的流量为 1500m³/h，进塔气体中含苯 5%（体积分数），要求吸收率为 90%，洗油中不含苯。操作温度为 298K，操作压力为 101.3kPa，相平衡关系为 $Y^*=26X$，操作液气比为最小液气比的 1.5 倍。求吸收剂用量和出塔洗油中苯的含量。（2042.8kmol/h；0.00136）

4-13 在某填料吸收塔中，用清水处理含 SO_2 的混合气体。进塔气体中含 SO_2 8%（摩尔分数），吸收剂用量比最小用量大 65%，要求每小时从混合气体中吸收 1000kg 的 SO_2，在操作条件下气液平衡关系为 $Y^*=26.7X$。试计算每小时吸收剂用量为若干 m³。（142.4m³/h）

4-14 用洗油吸收焦炉气中的芳烃。焦炉气流量为 5000m³/h（标准状况），其中含芳烃的体积分数为 4%，要求芳烃的吸收率不低于 98%。进入吸收塔顶的洗油中含芳烃 $X_2=0.005$，若取吸收剂用量为最小用量的 1.8 倍，与 Y 成平衡的 $X_1^*=0.176$。求每小时送入吸收塔顶的洗油量及塔底流出的吸收液浓度。（96.5kmol/h；0.1）

4-15 在 101.3kPa，300K 下，用清水吸收混合气中的 H_2S，将其浓度由 2% 降至 0.1%（体积分数）。该系统符合亨利定律，亨利系数 $E=55200$kPa。若吸收剂用量为理论最小用量的 1.2 倍，试计算操作液气比及出口液相组成 X_1。若操作压力改为 1013kPa，而其他条件不变，再求液气比及出口液相组成。（327.3×10^{-5}；32.7，3×10^{-4}）

4-16 在填料吸收塔中，用清水吸收混于空气中的氨，操作条件（101.3kPa、313K）下空气处理量为 0.556m³/s，氨的摩尔分数为 0.1，空塔气速为 1.2m/s。吸收剂用量为最小理论用量的 1.1 倍，氨的吸收率为 95%，操作条件下气液平衡关系为 $Y^*=2.6X$，吸收总系数 $K_Ya=0.1112$kmol/(m³·s)，试求塔径及填料层高度。（$D=0.81$m；$H=5.4$m）

4-17 调查你所在的城市某化工厂生产过程中产生哪些有害气体？工厂是否采取措施处理？可否采用吸收的方法处理？请写出调研论文。

第五章 非均相物系的分离

> **学习目标**
>
> 1. 了解：非均相物系分离的主要方法、分离过程、主要特点与工业应用；常见重力沉降设备、离心沉降设备及过滤设备的结构特点与用途；重力沉降设备生产能力与沉降面积、沉降高度的关系；沉降速度。
> 2. 理解：影响沉降、过滤的主要因素；离心沉降相对于重力沉降的优势；重力沉降设备做成多层的依据。
> 3. 掌握：非均相物系分离方法的选择；板框压滤机的操作；转筒真空过滤机的操作。

第一节 概 述

化工生产中的原料、半成品、排放的废物等大多为混合物，为了进行加工、得到纯度较高的产品以及环保的需要等，常常要对混合物进行分离。混合物可分为均相（混合）物系和非均相（混合）物系。均相（混合）物系是指不同组分的物质混合形成一个相的物系，如不同组分的气体组成的混合气体、能相互溶解的液体组成的各种溶液、气体溶解于液体得到的溶液等；非均相（混合）物系是指存在两个或两个以上相的混合物，如雾（气相-液相）、烟尘（气相-固相）、悬浮液（液相-固相）、乳浊液（两种不同的液相）等。非均相物系中，有一相处于分散状态，称为分散相，如雾中的小水滴、烟尘中的尘粒、悬浮液中的固体颗粒、乳浊液中分散成小液滴的那个液相；另一相必然处于连续状态，称为连续相（或分散介质），如雾和烟尘中的气相、悬浮液中的液相、乳浊液中处于连续状态的那个液相。本章将介绍非均相物系的分离，即如何将非均相物系中的分散相和连续相分离开，至于均相混合物的分离，将在其他章节进行介绍。

一、非均相物系分离案例

图 5-1 为实验室分离液固体系最为常用的减压抽滤装置。

图 5-2 为工业生产上，采用减压抽滤原理设计的真空带式过滤机。例如在氧化铝生产过程中，将固液混合料经进料斗分布均匀后，真空切换阀开启真空，经过集液罐联通滤室，使滤布与滤室之间形成真空，同时滤布与滤盘在头轮电机的带动下同步前进，固液混合料液在真空的作用下，抽至集液罐收集。直到滤盘前进到头，真空切换阀关闭，滤盘在主气缸的作用下开始返回，同时集液罐开始排液，滤盘返回到尾部，真空切换阀再次开启真空，重新开始抽滤过程。

案例分析：工业生产和生活中，燃烧产生的烟道气中存在着大量的粉尘，我们通常采用

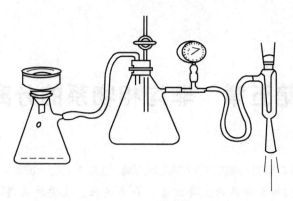

图 5-1 减压抽滤装置

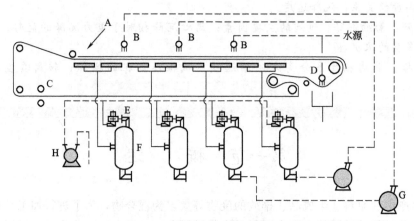

(a) 工作原理及工艺流程图

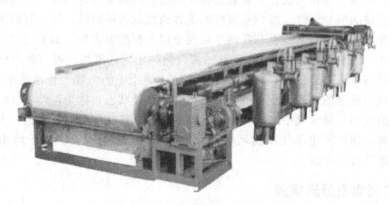

(b) 仪器外形

图 5-2 水平真空带式过滤机在氧化铝生产上的应用
A—加料装置；B—洗涤装置；C—纠偏装置；D—洗布装置；
E—切换阀；F—排液分离器；G—返水泵；H—真空泵

烟囱来进行分离。烟道气中主要为气固体系，气体和固体密度不同，因此采用重力原理进行分离。图 5-3 (a) 为工业烟囱，多为圆柱体，高度通常在 50m 以上，为下粗上细结构，排放出来的气体才能满足环保要求，图 5-3 (b)、(c) 为高度不符合要求的工业烟囱，因此排放出来的气体不满足要求。

 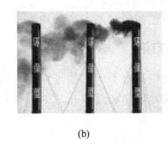 

(a) (b) (c)

图 5-3　烟囱

又如硫酸钾的工业生产中，主要粉尘污染物有硫酸钾干燥工序的硫酸钾粉尘、副产品氯化钠干燥工序的氯化钠粉尘、硫酸钾包装工序的硫酸钾粉尘。根据环评要求，生产粉尘执行标准《大气污染物综合排放标准》，排放浓度 120mg/Nm^3，排放量 5.9kg/h（20m），23kg/h（30m）。为确保粉尘处理达到标准要求，必须对其处理，工艺流程如图 5-4 所示。

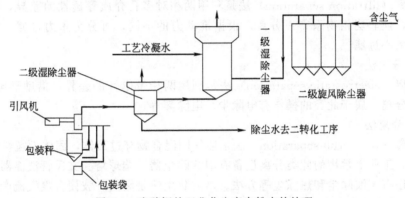

图 5-4　硫酸钾的工业化生产中粉尘的处理

将从气流干燥器出来的含尘气体经一、二级旋风分离器分离后，将含尘气引入一级湿除尘器，除尘水来自系统工艺冷凝水。除尘后的含尘水利用设备布置上的位差，直接进入二级湿除尘器，在二级除尘器里，净化来自包装机及包装工房的含尘气。在二级湿除尘器出来的含尘水利用位差直接进入二转化工艺水储罐，废气经水洗后排空。氯化钠相对颗粒大于硫酸钾，粉尘经旋风除尘器后进入水浴除尘器，废气从 15m 高处排空。

干燥尾气中含有的粉尘和包装过程空中飘逸的粉尘，进行溶解除尘，合理利用工艺水和设备布置上的位差，使同种物质多处粉尘源的粉尘集中处理，既节省能源，又解决系统内的水平衡和产品回收。

非均相物系的分离在生产中的主要作用，概括起来，有如下几个方面。

① 满足对连续相或分散相进一步加工的需要。从悬浮液中分离出产品。
② 回收有价值的物质。由旋风分离器分离出最终产品。
③ 除去对下一工序有害的物质。如气体在进压缩机前，必须除去其中的液滴或固体颗粒，在离开压缩机后也要除去油沫或水沫。
④ 减少对环境的污染。

在化工生产中，非均相物系的分离操作常常是从属的，但却是非常重要的，有时甚至是关键的。要正确选用非均相物系的分离方法、操作及设备,应该具备如下知识和能力。

① 常见非均相物系的分离方法及适用场合。
② 沉降、过滤分离的过程原理与影响因素。
③ 典型分离设备的结构特点、操作与选用。

本章将围绕以上几个方面,介绍非均相物系分离的内容。

二、常见非均相物系的分离方法

由于非均相物系中分散相和连续相具有不同的物理性质,故工业生产中多采用机械方法对两相进行分离。其方法是设法造成分散相和连续相之间的相对运动,其分离规律遵循流体力学基本规律。

常见方法有如下几种。

1. 沉降分离法

沉降分离(settlement separation)法是利用连续相与分散相的密度差异,借助某种机械力的作用,使颗粒和流体发生相对运动而得以分离。根据机械力的不同,可分为重力沉降、离心沉降和惯性沉降。

2. 过滤分离法

过滤分离(filtration separation)法是利用两相对多孔介质穿透性的差异,在某种推动力的作用下,使非均相物系得以分离。根据推动力的不同,可分为重力过滤、加压(或真空)过滤和离心过滤。

3. 静电分离法

静电分离(electrostatic separation)法是利用两相带电性的差异,借助于电场的作用,使两相得以分离。属于此类的操作有电除尘、电除雾等。

4. 湿洗分离法

湿洗分离(wet scrub separation)法是使气固混合物穿过液体,固体颗粒黏附于液体而被分离出来。工业上常用的此类分离设备有泡沫除尘器、湍球塔、文氏管洗涤器等。

此外,还有声波除尘和热除尘等方法。声波除尘法是利用声波使含尘气流产生振动,细小颗粒相互碰撞而团聚变大,再由离心分离等方法加以分离。热除尘是使含尘气体处于一个温度场(其中存在温度差)中,颗粒在热致迁移力的作用下从高温处迁移至低温处而被分离。在实验室内,应用此原理已制成热沉降器来采样分析,但尚未运用到工业生产中。

第二节 沉 降

沉降是借助于某种外力作用,使两相发生相对运动而实现分离的操作。根据外力的不同,沉降又分为重力沉降、离心沉降和惯性沉降。

一、重力沉降设备及计算

在重力作用下使流体与颗粒之间发生相对运动而得以分离的操作,称为重力沉降(gravity settling)。重力沉降既可分离含尘气体,也可分离悬浮液。常用的重力沉降设备有降尘室和连续沉降槽等。

1. 降尘室及其设计

凭借重力沉降以除去气体中的尘粒的设备称为降尘室,如图 5-5 所示。对于降尘室的设计应从生产能力、物料的停留时间和尺寸等方面来研究。

(1) 沉降时间的确定　如图 5-5 (b) 所示，含尘气体沿水平方向缓慢通过降尘室，气流中的颗粒除了与气体一样具有水平速度 u 外，受重力作用，还具有向下的沉降速度 u_t。设含尘气体的流量为 q_V （m³/s），降尘室的高为 H，长为 L，宽为 B，三者的单位均为 m。若气流在整个流动截面上分布均匀，则流体在降尘室的平均停留时间（从进入降尘室到离开降尘室的时间）为

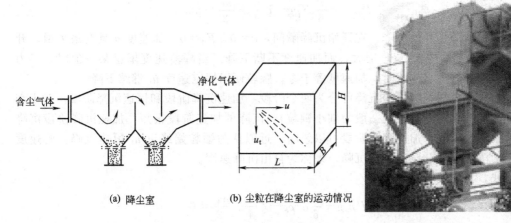

(a) 降尘室　　　(b) 尘粒在降尘室的运动情况

图 5-5　降尘室

$$\theta = \frac{L}{u} = \frac{L}{(q_V/BH)} = \frac{BHL}{q_V}$$

若要使气流中直径大于等于 d 的颗粒全部除去，则需在气流离开设备前，使直径为 d 的颗粒全部沉降至器底。气流中位于降尘室顶部的颗粒沉降至底部所需时间最长，因此，沉降所需时间 θ_t 应以顶部颗粒计算。

$$\theta_t = \frac{H}{u_t}$$

(2) 沉降速度的计算　根据颗粒在沉降过程中是否受到其他粒子、流体运动及器壁的影响，可将沉降分为自由沉降和干扰沉降。颗粒在沉降过程中不受周围颗粒、流体及器壁影响的沉降称为自由沉降 (free settling)，否则称非理想的沉降状态，实为干扰沉降 (interfered settling)。

很显然，实际生产中的沉降几乎都是干扰沉降。但由于自由沉降的影响因素少，为了了解沉降过程的规律，通常从自由沉降入手进行研究。

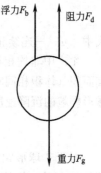

图 5-6　沉降颗粒的受力情况

将直径为 d，密度为 ρ_s 的光滑球形颗粒置于密度为 ρ 的静止流体中，由于所受重力的差异，颗粒将在流体中降落。如图 5-6 所示，在垂直方向上，颗粒将受到 3 个力的作用，即向下的重力 F_g、向上的浮力 F_b 和与颗粒运动方向相反的阻力 F_d。对于一定的颗粒与流体，重力、浮力恒定不变，阻力则随颗粒的降落速度而变。三个力的大小为

重力　　　　　　　　　　　$F_g = \frac{\pi}{6} d^3 \rho_s g$

浮力　　　　　　　　　　　$F_b = \frac{\pi}{6} d^3 \rho g$

阻力
$$F_d = \zeta A \frac{\rho u^2}{2}$$

式中　ζ——阻力系数，无量纲；
　　　A——颗粒在垂直于其运动方向上平面上的投影面积，$A=(\pi/4)d^2$，m^2；
　　　u——颗粒相对于流体的降落速度，m/s。

根据牛顿第二定律，可得
$$F_g - F_b - F_d = ma$$

即
$$\frac{\pi}{6}d^3\rho_s g - \frac{\pi}{6}d^3\rho g - \zeta\frac{\pi}{4}d^2\frac{\rho u^2}{2} = ma$$

假设颗粒从静止开始沉降，在开始沉降瞬间，$u=0$，$F_d=0$，加速度 a 具有最大值。开始沉降以后，u 不断增大，F_d 增大，而加速度不断下降。当降落速度增至某一值时，三力达到平衡，即合力为零。此时，加速度等于零，颗粒便以恒定速度 u_t 继续下降。

由以上分析可知，颗粒的沉降可分为两个阶段：加速沉降阶段和恒速沉降阶段。对于细小颗粒（非均相物系中的颗粒一般为细小颗粒），沉降的加速阶段很短，加速沉降阶段沉降的距离也很短。因此，加速沉降阶段可以忽略，近似认为颗粒始终以 u_t 恒速沉降，此速度称为颗粒的沉降速度，对于自由沉降，则称为自由沉降速度。

由前式，当 $a=0$ 时，有
$$\frac{\pi}{6}d^3\rho_s g - \frac{\pi}{6}d^3\rho g - \zeta\frac{\pi}{4}d^2\frac{\rho u^2}{2} = 0$$

则
$$u_t = \sqrt{\frac{4d(\rho_s - \rho)}{3\zeta\rho}g} \tag{5-1}$$

式中　u_t——自由沉降速度，m/s。

在式（5-1）中，阻力系数是颗粒与流体相对运动时的雷诺数的函数，即
$$\zeta = f(Re_t)$$
$$Re_t = \frac{du_t\rho}{\mu} \tag{5-2}$$

式中　μ——连续相的黏度，Pa·s。

生产中非均相物系中的颗粒有时并非球形颗粒。由于非球形颗粒的表面积大于球形颗粒的表面积（体积相同时），因此，沉降时非球形颗粒遇到的阻力大于球形颗粒，其沉降速度小于球形颗粒的沉降速度，非球形颗粒与球形颗粒的差异用球形度（Φ_s）表示，球形度的定义为

$$\Phi_s = \frac{与实际颗粒体积相等的球形颗粒的表面积}{实际颗粒的表面积} \tag{5-3}$$

对于非球形颗粒，计算雷诺数时，应以当量直径 d_e（与实际颗粒具有相同体积的球形颗粒的直径）代替 d，d_e 的计算式为

$$d_e = \sqrt[3]{\frac{6V_p}{\pi}} \tag{5-4}$$

式中　V_p——实际颗粒的体积，m^3。

由上述介绍可知，沉降速度不仅与雷诺数有关，还与颗粒的球形度有关。颗粒的球形度由实验测定。很显然，球形颗粒的球形度为1。图5-7表达了由实验测得的不同 Φ_s 下 ζ 与 Re_t 的关系。

对于球形颗粒（$\Phi_s=1$），曲线可分为三个区域：

层流区（斯托克斯区）$10^{-4} < Re_t \leqslant 2$
$$\zeta = \frac{24}{Re_t} \tag{5-5}$$

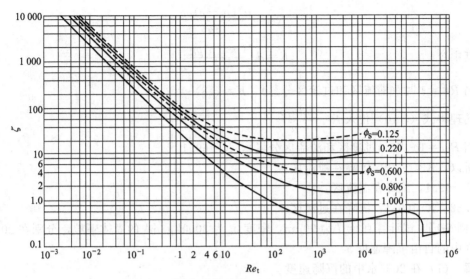

图 5-7 不同球形度下的 ζ 与 Re_t 的关系曲线

过渡区（艾伦区）$2<Re_t\leqslant 10^3$ $\qquad\zeta=\dfrac{18.5}{Re_t^{0.6}}$ (5-6)

湍流区（牛顿区）$10^3\leqslant Re_t<2\times 10^5$ $\qquad\zeta=0.44$ (5-7)

将以上三式分别代入式（5-1），即可得到不同沉降区域的自由沉降速度 u_t 的计算式，分别称为斯托克斯定律（Stokes law）、艾伦定律（Allen law）和牛顿定律（Newton law）。

层流区——斯托克斯定律 $\qquad u_t=\dfrac{d^2(\rho_s-\rho)}{18\mu}g$ (5-8)

过渡区——艾伦定律 $\qquad u_t=0.27\sqrt{\dfrac{d(\rho_s-\rho)}{\rho}Re_t^{0.6}g}$ (5-9)

湍流区——牛顿定律 $\qquad u_t=1.74\sqrt{\dfrac{d(\rho_t-\rho)}{\rho}g}$ (5-10)

要计算沉降速度 u_t，必须先确定沉降区域，但由于 u_t 待求，则 Re_t 未知，沉降区域无法确定。为此，需采用试差法，先假设颗粒处于某一沉降区域，按该区公式求得 u_t，然后算出 Re_t，如果在所设范围内，则计算结果有效；否则，需另选一区域重新计算，直至算得 Re_t 与所设范围相符为止。由于沉降操作中所处理的颗粒一般粒径较小，沉降过程大多属于层流区，因此，进行试差时，通常先假设在层流区。

在给定介质中颗粒沉降速度的计算采用如下方法。

① 试差法。由于计算 u_t 时需预先知道阻力系数 ζ 或等速沉降时的 Re_t，而 Re_t 中又会有待求的 u_t，所以 u_t 的计算需要采用试差法。步骤如下：

a. 先假设沉降属于某一流型，选用与该流型相应的沉降速度公式计算 u_t；

b. 按求出的 u_t，检验 Re_t 是否在原设的流型区，如果与原设一致，则求得的 u_t 有效，否则按算出的 Re 值另选流型，并改用相应的公式求 u_t，直至求得的 Re_t 与所选用公式的 Re_t 相符为止。

② 用无量纲群 K 判断流型。计算已知直径的球形颗粒沉降速度时，可根据 K 值判别沉降区，然后选用相应的沉降速度公式求 u_t。

将式（5-8）代入 $Re_t=\dfrac{du_t\rho}{\mu}$

$$Re_t = \frac{d^3(\rho_s - \rho)\rho g}{18\mu^2}$$

其中令
$$K = d\left[\frac{(\rho_s - \rho)\rho g}{\mu^2}\right]^{\frac{1}{3}}$$

当 $Re_t = 1$ 时（滞流区和过渡区分界），$K = (18)^{\frac{1}{3}} = 2.62$

同理将式（5-10）代入 $Re_t = \frac{du_t\rho}{\mu}$

当 $Re_t = 10^3$ 时（过渡区和湍流区分界），$K = 69.1$

所以，$K < 2.62$，沉降在滞流区；

$K > 69.1$，沉降在湍流区；

$2.62 < K < 69.1$，沉降在过渡区。

【**例 5-1**】 试计算直径 d 为 $90\mu m$，密度 ρ_s 为 $3000 kg/m^3$ 的固体颗粒，分别在 $20°C$ 的水和空气中的自由沉降速度。

解 （1）在 $20°C$ 水中的沉降速度

假设颗粒在滞流区沉降，故应用式（5-8）试算。

查得 $20°C$ 水：$\rho = 998.2 kg/m^3$

$$\mu = 1.005 Pa \cdot s$$

$$u_t = \frac{d^2(\rho_s - \rho)}{18\mu}g = \frac{(9\times10^{-5})^2 \times (3000 - 998.2)}{18 \times 1.005 \times 10^{-3}} \times 9.81 = 8.79 \times 10^{-3} (m/s)$$

核算：$Re_t = \frac{du_t\rho}{\mu} = \frac{9\times10^{-5} \times 8.79\times10^{-3} \times 998.2}{1.005\times10^{-3}} = 0.7857 < 1$

故原设滞流区正确，求得 u_t 有效。

（2）在 $20°C$ 空气中的沉降速度

根据 K 值判断流型，然后选择相应公式求 u_t

查得 $20°C$ 空气：$\rho = 1.205 kg/m^3$

$$\mu = 1.81 \times 10^{-5} Pa \cdot s$$

$$K = d\left[\frac{(\rho_s - \rho)\rho g}{\mu^2}\right]^{\frac{1}{3}} = 9\times10^{-5}\left[\frac{(3000-1.205)\times1.205\times9.81}{(1.81\times10^{-5})^2}\right]^{\frac{1}{3}} = 4.284$$

K 值大于 2.62，小于 69.1，故沉降在过渡区，可用式（5-9）计算 u_t

$$u_t = 0.27\sqrt{\frac{d(\rho_s-\rho)g}{\rho}Re_t^{0.6}} = 0.27\sqrt{\frac{d(\rho_s-\rho)g}{\rho}\left(\frac{du_t\rho}{\mu}\right)^{0.6}}$$

$$u_t = \frac{0.154 g^{\frac{1}{1.4}} d^{\frac{1.6}{1.4}}(\rho_s-\rho)^{\frac{1}{1.4}}}{\rho^{\frac{0.4}{1.4}}\mu^{\frac{0.6}{1.4}}} \approx \frac{0.154\times 9.81^{\frac{1}{1.4}}\times(9\times10^{-5})^{\frac{1.6}{1.4}}\times(3000)^{\frac{1}{1.4}}}{(1.205)^{\frac{0.4}{1.4}}\times(1.81\times10^{-5})^{\frac{0.6}{1.4}}} = 0.582 (m/s)$$

由以上计算可知，同一颗粒在不同介质中沉降时，具有不同的沉降速度，且属于不同流型，所以沉降速度 u_t 由颗粒特性和介质特性综合因素决定。

【**例 5-2**】 某厂拟用重力沉降法净化河水。河水密度为 $1000 kg/m^3$，黏度为 1.1×10^{-3} $Pa \cdot s$，其中颗粒可近似视为球形，密度为 $2600 kg/m^3$，粒径为 $0.1mm$。求颗粒的沉降速度。

解 先假设沉降处于层流区，由斯托克斯定律，有

$$u_t = \frac{d^2(\rho_s - \rho)}{18\mu}g = \frac{(10^{-4})^2 \times (2600 - 1000)}{18 \times 1.1 \times 10^{-3}} \times 9.81 = 7.93 \times 10^{-3} (m/s)$$

校核 Re_t

$$Re_t = \frac{du_t\rho}{\mu} = \frac{10^{-4} \times 7.93 \times 10^{-3} \times 1000}{1.1 \times 10^{-3}} = 0.721 < 2$$

假设成立，所以 $u_t = 7.93 \times 10^{-3}\,\text{m/s}$

(3) 实际沉降及其影响因素　实际沉降即为干扰沉降，如前所述，颗粒在沉降过程中将受到周围颗粒、流体、器壁等因素的影响，一般来说，实际沉降速度小于自由沉降速度。下面对各方面的影响因素加以分析，以便我们能够选择较优的操作条件，正确地进行操作。

① 颗粒含量的影响。实际沉降过程中，颗粒含量较大，周围颗粒的存在和运动将改变原来单个颗粒的沉降，使颗粒的沉降速度较自由沉降时小，例如，由于大量颗粒下降，将置换下方流体并使之上升，从而使沉降速度减小。颗粒含量越大，这种影响越大，达到一定沉降要求所需的沉降时间越长。

② 颗粒形状的影响。对于同种颗粒，球形颗粒的沉降速度要大于非球形颗粒的沉降速度。

③ 颗粒大小的影响。从斯托克斯定律可以看出：其他条件相同时，粒径越大，沉降速度越大，越容易分离。如果颗粒大小不一，大颗粒将对小颗粒产生撞击，其结果是大颗粒的沉降速度减小，而对沉降起控制作用的小颗粒的沉降速度加快，甚至因撞击导致颗粒聚集而进一步加快沉降。

④ 流体性质的影响。流体与颗粒的密度差越大，沉降速度越大；流体黏度越大，沉降速度越小，因此，对于高温含尘气体的沉降，通常需先散热降温，以便于获得更好的沉降效果。

⑤ 流体流动的影响。流体的流动会对颗粒的沉降产生干扰，为了减少干扰，进行沉降时要尽可能控制流体流动处于稳定的低速。因此，工业上的重力沉降设备，通常尺寸很大，其目的之一就是降低流速，消除流动干扰。

⑥ 器壁的影响。器壁对沉降的干扰主要有两个方面：一是摩擦干扰，使颗粒的沉降速度下降；二是吸附干扰，使颗粒的沉降距离缩短。因此，器壁的影响是双重的。

需要指出的是，为简化计算，实际沉降可近似按自由沉降处理，由此引起的误差在工程上是可以接受的。只有当颗粒含量很大时，才需要考虑颗粒之间的相互干扰。

(4) 生产能力的确定　要达到沉降要求，停留时间必须大于等于沉降时间，即 $\theta \geqslant \theta_t$，亦即

$$\frac{BLH}{q_V} \geqslant \frac{H}{u_t}$$

整理，得

$$q_V \leqslant BLu_t \tag{5-11}$$

即

$$q_{V\max} = BLu_t \tag{5-12}$$

由上式可知，降尘室的生产能力（达到一定沉降要求单位时间所能处理的含尘气体量）只取决于降尘室的沉降面积（BL），而与其高度（H）无关。因此，降尘室一般都设计成扁平形状，或设置多层水平隔板，称为多层降尘室。但必须注意控制气流的速度不能过大，一般应使气流速度小于 $1.5\,\text{m/s}$，以免干扰颗粒的沉降或将已沉降的尘粒重新卷起。

【例 5-3】　用一长 4m、宽 2.6m、高 2.5m 的降尘室处理某含尘气体，要求处理的含尘气体量为 $3\,\text{m}^3/\text{s}$，气体密度为 $0.8\,\text{kg/m}^3$，黏度为 $3\times 10^{-5}\,\text{Pa·s}$，尘粒可视为球形颗粒，其密度为 $2300\,\text{kg/m}^3$。试求：(1) 能 100% 沉降下来的最小颗粒的直径；(2) 若将降尘室改为间距为 500mm 的多层降尘室，隔板厚度忽略不计，其余参数不变，若要达到同样的分离效果，所能处理的最大气量为多少（注意防止流动的干扰和重新卷起）？

解　(1) 由式 (5-12) 有

$$u_t = \frac{q_{Vmax}}{BL} = \frac{3}{2.6 \times 4} = 0.288 \text{ (m/s)}$$

假设沉降处于斯托克斯区，由式（5-8）有

$$d = \sqrt{\frac{18\mu u_t}{(\rho_s - \rho)g}} = \sqrt{\frac{18 \times 3 \times 10^{-5} \times 0.288}{(2300 - 0.8) \times 9.81}} = 8.3 \times 10^{-5} \text{(m)}$$

校核流型

$$Re_t = \frac{du_t\rho}{\mu} = \frac{8.3 \times 10^{-5} \times 0.288 \times 0.8}{3 \times 10^{-5}} = 0.637 < 2$$

假设正确，即能 100% 沉降下来最小颗粒的直径为 8.3×10^{-5}m $= 83\mu$m。

（2）改成多层结构后，层数为 $2.5/0.5 = 5$，即降尘室的沉降面积为原来单层的 5 倍，先不考虑流动干扰和重新卷起，则要达到同样的分离效果，所能处理的最大气量为单层处理量的 5 倍。要防止流动对沉降的干扰和重新卷起，应使气流速度 <1.5m/s，当处理量为原来的 5 倍时，气流速度为

$$u = \frac{q_V}{BH} = \frac{5 \times 3}{2.6 \times 2.5} = 2.31\text{m/s} > 1.5\text{m/s}$$

所以，应以 $u = 1.5$m/s 来计算此时的最大气体处理量，即

$$q_{Vmax} = BHu_{max} = 2.6 \times 2.5 \times 1.5 = 9.75\text{m}^3/\text{s}$$

最大处理量，即降尘室的生产能力。

$$V_s \leqslant BLu_t = A_0 u_t$$

式中 V_s——含尘气体通过降尘室的体积流量，即降尘室的生产能力，m³/s；

A_0——降尘室的底面积，m²。

该式给出了颗粒能被除去的条件：即颗粒的沉降速度要大于处理量与底面积之商。显然，该式取等号时，对应着能被除去的最小颗粒的沉降速度。

（注：因为考虑的是最小颗粒直径，所以可以认为沉降运动处于滞流区）

能被除去的最小颗粒直径

$$u_t = \frac{d_{min}^2(\rho_s - \rho)g}{18\mu} = \frac{V_s}{A_0}$$

即

$$d_{min} = \sqrt{\frac{18\mu}{g(\rho_s - \rho)} \times \frac{V_s}{A_0}}$$

该式说明：能被全部除去的最小颗粒尺寸不仅与颗粒和气体的性质有关，还与处理量和降尘室底面积有关，却与降尘室的高度无关。

显然，粒子直径越大，越容易被除去，下面考虑如何确定能被除去的最小颗粒直径。由式（5-12）可知

$$u_t = \frac{Hu}{L} = \frac{HBu}{BL} = \frac{V_s}{A_0}$$

u_t 应根据需要分离下来的最小颗粒尺寸计算。同时，气体在降尘室内的速度不应过高，一般应使气体流动的雷诺数处于滞流流区，以免干扰颗粒的沉降或把已沉降下来的颗粒重新扬起。

说明：

① 含尘气体的最大处理量与某一粒径对应，是指这一粒径及大于该粒径的颗粒都 100% 被除去时的最大气体量。

② 最大的气体处理量不仅与某一粒径对应，还与降尘室底面积有关。底面积越大，处理量越大，但处理量与高度无关。因此，降尘室都做成扁平型，为提高气体处理量，室内以

水平隔板将降尘室分割成若干层,称为多层降尘室,如图5-8所示。

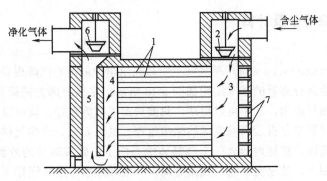

图5-8 多层降尘室
1—隔板;2,6—调节闸阀;3—气体分配道;4—气体收集道;5—气道;7—清灰道

若降尘室内共设置 n 层水平隔板,则多层降尘室的气体处理量为:
$$V_s \leqslant (n+1)A_0 u_t$$

降尘室结构简单,流动阻力小,但其体积庞大,分离效率低,通常只适用于分离粒径大于 $50\mu m$ 的较粗颗粒,故作为预除尘使用。多层降尘室虽能分离较细颗粒且节省地面,但清灰比较麻烦。

2. 连续沉降槽

沉降槽又称增稠器或澄清器,是用来处理悬浮液以提高其浓度或得到澄清液的重力沉降设备。

如图5-9所示,沉降槽是一个带锥形底的圆形槽,悬浮液于沉降槽中心液面下 $0.3\sim 1m$ 处连续加入,颗粒向下沉降至器底,底部缓慢旋转的齿耙将沉降颗粒收集至中心,然后从底部中心处出口连续排出;沉降槽上部得到澄清液体,清液由四周连续溢出。

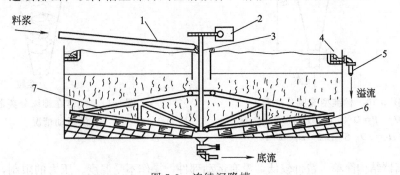

图5-9 连续沉降槽
1—进料槽道;2—转动机构;3—料井;4—溢流槽;5—溢流管;6—叶片;7—转耙

为使沉降槽在澄清液体和增稠悬浮液两方面都有较好的效果,应保证有足够大的直径以获取清液,同时还应有一定的深度,使颗粒有足够停留时间,以获得指定增稠浓度的沉渣。

为加速分离常加入聚凝剂或絮凝剂,使小颗粒相互结合成大颗粒。聚凝是通过加入电解质,改变颗粒表面的电性,使颗粒相互吸引而结合;絮凝则是加入高分子聚合物或高聚电解质,使颗粒相互团聚成絮状。常见的聚凝剂和絮凝剂有 $AlCl_3$、$FeCl_3$ 等无机电解质,聚丙烯酰胺、聚乙胺和淀粉等高分子聚合物。

沉降槽一般用于大流量、低浓度、较粗颗粒悬浮液的处理。工业上大多数污水处理都采用连续沉降槽。

二、离心沉降设备及计算

1. 旋风分离器

旋风分离器（cyclone separator）是从气流中分离出尘粒的离心沉降设备，因此，又称为旋风除尘器。标准型旋风分离器的基本结构如图 5-10 所示。主体上部为圆筒形，下部为圆锥形。各部分尺寸比例见图号说明，从中可以得知，只要确定了圆筒直径，就可以按比例确定出其他各部分的尺寸。下面简单分析旋风除尘器的除尘过程。见图 5-11，含尘气体由圆筒形上部的切向长方形入口进入筒体，在器内形成一个绕筒体中心向下作螺旋运动的外漩流，在此过程中，颗粒在离心力的作用下，被甩向器壁与气流分离，并沿器壁滑落至锥底排灰口，定期排放；外漩流到达器底后（已除尘）变成向上的内漩流，最终，内漩流（净化气）由顶部排气管排出。

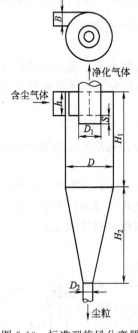
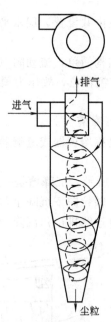

图 5-10　标准型旋风分离器
$h=D/2$；$B=D/4$；$D_1=D/2$；$H_1=2D$；
$H_2=2D$；$S=D/8$；$D_2=D/4$

图 5-11　气体在旋风分离器内的运动情况

旋风分离器结构简单，造价较低，没有运动部件，操作不受温度、压力的限制，因而广泛用作工业生产中的除尘分离设备。旋风分离器一般可分离 $5\mu m$ 以上的尘粒，对 $5\mu m$ 以下的细微颗粒分离效率较低，可在其后接袋滤器和湿法除尘器来捕集。其离心分离因数在 5~2500 之间。旋风分离器的缺点是气体在器内的流动阻力较大，对器壁的磨损比较严重，分离效率对气体流量的变化比较敏感，且不适合用于分离黏性的、湿含量高的粉尘及腐蚀性粉尘。

评价旋风分离器的主要指标是所能分离的最小颗粒直径——临界粒径、离心沉降速度、分离效率和压降。

（1）临界粒径　指理论上能够完全被旋风分离器分离下来的最小颗粒直径，临界粒径 d_c 可用下式计算

$$d_c=\sqrt{\frac{9\mu B}{\pi N\rho_s u}} \tag{5-13}$$

式中 μ——气体黏度，Pa·s；
d_c——临界粒径，m；
B——进口管宽度，m；
N——气体在旋风分离器中的旋转圈数，对标准型旋风分离器，可取 $N=5$；
u——气体做螺旋运动的切向速度，通常可取气体在进口管中的流速，m/s；
ρ_s——固体颗粒的密度，kg/m³。

从式(5-13)可以看出：

① 临界粒径随气速增大而减小，表明气速增加，分离效率提高。但气速过大会将已沉降颗粒卷起，反而降低分离效率，同时使流动阻力急剧上升。② 临界粒径随设备尺寸的减小而减小，因旋风分离器的各部分尺寸成一定比例，尺寸越小，则 B 越小，从而临界粒径越小，分离效率越高。

(2) 离心沉降速度　离心沉降(centrifugal settling)是依靠惯性离心力的作用而实现的沉降。重力沉降中，颗粒的重力沉降速度 u_t 与颗粒的直径 d 及两相的密度差 $\rho_s-\rho$ 有关，d 越大，两相密度差越大，则 u_t 越大。若 d、ρ_s、ρ 一定，则颗粒的重力沉降速度 u_t 一定。换言之，对一定的非均相物系，其重力沉降速度是恒定的，人们无法改变其大小。因此，在分离要求较高时，用重力沉降就很难达到要求。此时，若采用离心沉降，则可大大提高沉降速度，使分离效率提高，设备尺寸减小。

当流体围绕某一中心轴作圆周运动时，便形成惯性离心力场。现对其中一个颗粒的受力与运动情况进行分析。

设颗粒为球形颗粒，其直径为 d，密度为 ρ_s，旋转半径为 R，圆周运动的线速度为 u_T，流体密度为 ρ，且 $\rho_s>\rho$。颗粒在圆周运动的径向上将受到三个力的作用，即惯性离心力、向心力和阻力。其中，惯性离心力方向从旋转中心指向外周，向心力的方向沿半径指向中心，阻力方向与颗粒运动方向相反，也沿半径指向中心。三个力的大小为

$$惯性离心力 = \frac{\pi}{6}d^3\rho_s\frac{u_T^2}{R}$$

$$向心力 = \frac{\pi}{6}d^3\rho\frac{u_T^2}{R}$$

$$阻力 = \zeta\frac{\pi}{4}d^2\frac{\rho u_R^2}{2}$$

式中 u_R——径向上颗粒与流体的相对速度，m/s。

和重力沉降一样，在三力作用下，颗粒将沿径向发生沉降，其沉降速度即是颗粒与流体的相对速度 u_R。在三力平衡时，同样可导出其计算式，若沉降处于斯托克斯区，离心沉降速度的计算式为

$$u_R = \frac{d^2(\rho_s-\rho)}{18\mu}\times\frac{u_T^2}{R} \tag{5-14}$$

比较式(5-8)和式(5-14)，离心沉降速度与重力沉降速度计算式形式相同，只是将重力加速度 g（重力场强度）换成了离心加速度 u_T^2/R（离心力场强度）。但重力场强度 g 是恒定的，而离心力场强度 u_T^2/R 却随半径和切向速度而变，即可以人为控制和改变，这就是采用离心沉降的优点——选择合适的转速与半径，就能够根据分离要求完成分离任务。

离心沉降速度远大于重力沉降速度，其原因是离心力场强度远大于重力场强度。对于离心分离设备，通常用两者的比值来表示离心分离效果，称为离心分离因数，用 K_c 表示，即：

$$K_c = \frac{u_T^2/R}{g} = \frac{(2\pi R n_s)^2/R}{g} \approx \frac{Rn^2}{900} \tag{5-15}$$

式中，n_s 和 n 均表示转速，其单位分别为 r/s（转/秒）和 r/min（转/分）。

例如，旋转半径为 0.4m，切向速度为 20m/s，分离因数为：

$$K_c = \frac{u_T^2/R}{g} = \frac{20^2/0.4}{9.8} = 102$$

要提高 K_c，可通过增大半径 R 和转速 n_s 来实现，但出于对设备强度、制造、操作等方面的考虑，实际上，通常采用提高转速并适当缩小半径的方法来获得较大的 K_c。例如对 $R=0.2$m 的设备，当 $n=800$r/min 时，其 K_c 就可达到 142，如有必要，还可以提高其转速。目前，超高速离心机的离心分离因数已经达到 500000，甚至更高。尽管离心分离沉降速度大、分离效率高，但离心分离设备较重力沉降设备复杂，投资费用大，且需要消耗能量，操作严格而费用高。因此，综合考虑，不能认为对任何情况，采用离心沉降都优于重力沉降，例如，对分离要求不高或处理量较大的场合，采用重力沉降更为经济合理，有时，先用重力沉降再进行离心分离也不失为一种行之有效的方法。

(3) 分离效率

① 总效率 η_0

$$\eta_0 = \frac{C_{进} - C_{出}}{C_{进}}$$

式中，$C_{进}$、$C_{出}$ 分别为进出旋风分离器气体颗粒的质量浓度，g/m³。

总效率并不能准确地代表旋风分离器的分离性能。因为气体中颗粒大小不等，各种颗粒被除下的比例也不相同。颗粒的尺寸越小，所受的离心力越小，沉降速度也越小，所以能被除下的比例也越小。因此，总效率相同的两台旋风分离器，其分离性能却可能相差很大，这是因为被分离的颗粒具有不同粒度分布的缘故。

② 粒级效率 η_i

$$\eta_i = \frac{C_{i进} - C_{i出}}{C_{i进}}$$

式中，$C_{i进}$、$C_{i出}$ 分别为进出旋风分离器气体中粒径为 d_{pi} 的颗粒的质量浓度，g/m³。

总效率与粒级效率的关系为：

$$\eta_0 = \sum x_i \eta_i$$

式中，x_i 为进口气体中粒径为 d_{pi} 颗粒的质量分数。

通常将经过旋风分离器后能被除下 50% 的颗粒直径称为分割直径 d_{pc}，某些高效旋风分离器的分割直径可小至 3～10μm。不同粒径 d_{pi} 的粒级分离效率 η_i 不同，其与 $\dfrac{d_{pi}}{d_{Pc}}$ 的关系如图 5-12 所示。

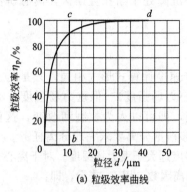
(a) 粒级效率曲线

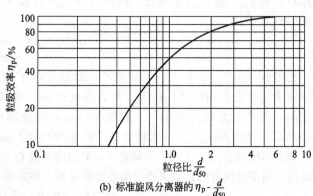
(b) 标准旋风分离器的 η_p-$\dfrac{d}{d_{50}}$

图 5-12　粒级效率与粒径比关系图

从式（5-13）可以看出：

临界粒径随气速增大而减小，表明气速增加，分离效率提高。但气速过大会将已沉降颗粒卷起，反而降低分离效率，同时使流动阻力急剧上升。

临界粒径随设备尺寸的减小而减小，因旋风分离器的各部分尺寸成一定比例，尺寸越小，则 B 越小，从而临界粒径越小，分离效率越高。

(4) 压降 气体通过旋风分离器的压降可用下式计算

$$\Delta p = \zeta \frac{\rho u^2}{2} \tag{5-16}$$

式中，阻力系数 ζ 决定于旋风分离器的结构和各部分尺寸的比例，与筒体直径大小无关，一般由经验式计算或实验测取。对于标准型旋风分离器，可取 $\zeta=8$。旋风分离器压降一般为 500~2000Pa。

压降大小是评价旋风分离器性能好坏的一个重要指标。受整个工艺过程对总压降的限制及节能降耗的需要，气体通过旋风分离器的压降应尽可能低。压降的大小除了与设备的结构有关外，主要决定于气体的速度，气体速度越小，压降越低，但气速过小，又会使分离效率降低。因而要选择适宜的气速以满足对分离效率和压降的要求。一般进口气速以 10~25m/s 为宜，最高不超过 35m/s，同时压降应控制在 2kPa 以下。

除了前面提到的标准型旋风分离器，还有一些其他型式的旋风分离器，如 CLT、CLT/A、CLP/A、CLP/B 以及扩散式旋风分离器，其结构及主要性能可查阅有关资料。

2. 旋风分离器的结构型式与选用

旋风分离器的分离效率不仅受含尘气的物理性质、含尘浓度、粒度分布及操作的影响，还与设备的结构尺寸密切相关。只有各部分结构尺寸恰当，才能获得较高的分离效率和较低的压降。

近年来，在旋风分离器的结构设计中，主要对以下几个方面进行改进，以提高分离效率或降低气流阻力。

① 采用细而长的器身，减小器身直径可增大惯性离心力，增加器身长度可延长气体停留时间，所以，细而长的器身有利于颗粒的离心沉降，使分离效率提高。

② 减小涡流的影响，含尘气体自进气管进入旋风分离器后，有一小部分气体向顶盖流动，然后沿排气管外侧向下流动，当达到排气管下端时汇入上升的内旋气流中，这部分气流称为上涡流。分散在这部分气流中的颗粒由短路而逸出器外，这是造成旋风风离器低效的主要原因之一。采用带有旁路分离室或采用异形进气管的旋风分离器，可以改善上涡流的影响。

在标准旋风分离器内，内旋流旋转上升时，会将沉积在锥底的部分颗粒重新扬起，这是影响分离效率的另一重要原因。为抑制这种不利因素，设计了扩散式旋风分离器。

此外，排气管和灰斗尺寸的合理设计都可使除尘效率提高。

鉴于以上考虑，对标准旋风分离器加以改进，设计出一些新的结构型式。现列举几种化工中常见的旋风分离器类型。

(1) CLT/A 型 这是具有倾斜螺旋面进口的旋风分离器，其结构如图 5-13 (a) 所示。这种进口结构型式，在一定程度上可以减小涡流的影响，并且气流阻力较低（阻力系数 ζ 值可取 5.0~5.5）。

(2) CLP/B 型 CLP 型是带有旁路分离室的旋风分离器，采用蜗壳式进气口，其上沿较器体顶盖稍低。含尘气进入器内后即分为上、下两股旋流。"旁室"结构能迫使被上旋流带到顶部的细微尘粒聚积并由旁室进入向下旋转的主气流而得以捕集，对 $5\mu m$ 以上的尘粒具有较高的分离效果。根据器体及旁路分离室形状的不同，CLP 型又分为 A 和 B 两种型式，如图 5-13 (b) 所示，其阻力系数 ζ 值可取 4.8~5.8。

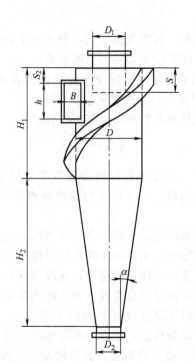
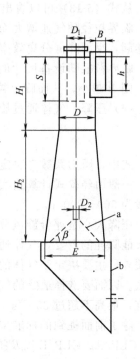

(a) CLT/A 型旋风分离器
$h=0.66D$;$B=0.26D$;
$D_1=0.6D$;$D_2=0.3D$;
$H_2=2D$;
$H=(4.5\sim 4.8)D$

(b) CLP/B 型旋风分离器
$h=0.6D$;$B=0.3D$;$D_1=0.6D$;
$D_2=0.43D$;$H_1=1.7D$;
$H_2=2.3D$;$S=0.28D+0.3h$;
$S_2=0.28D$;$\alpha=14°$

(c) 扩散式旋风分离器
$h=D$;$B=0.26D$;$D_1=0.5D$;
$D_2=0.1D$;$H_1=2D$;$H_2=3D$;
$S=1.1D$;$E=1.65D$;$\beta=45°$

图 5-13 工业上常见的旋风分离器类型

(3) 扩散式 扩散式旋风分离器的结构如图 5-13（c）所示，其主要特点是具有上小下大的外壳，并在底部装有挡灰盘（又称反射屏）。挡灰盘 a 为倒置的漏斗形，顶部中央有孔，下沿与器壁底圈留有缝隙。沿壁面落下的颗粒经此缝隙降至集尘箱 b 内，而气流主体被挡灰盘隔开，少量进入箱内的气体则经挡灰盘顶部的小孔返回器内，与上升旋流汇合后经排气管排出。挡灰盘有效地防止了已沉下的细粉被气流重新卷起，因而使效率提高，尤其对 $10\mu m$ 以下的颗粒，分离效果更为明显。其阻力系数 ζ 值可取 7~8。

面对分离含尘气体的具体任务，决定应采用的旋风分离器型式、尺寸与台数时，要首先根据系统的物性与任务要求，结合各型设备的特点，选定旋风分离器的型式，而后通过计算决定尺寸与个数。

旋风分离器计算的主要依据有三个方面，一是含尘气的体积流量，二是要求达到的分离效率，三是允许的压降。严格地按照上述三项指标计算指定型式的旋风分离器尺寸与台数，需要知道该型设备的粒级效率及气体含尘的粒度分布数据或曲线。但实际往往缺乏这些数据。此时则不能对分离效率作出较为确切的计算，只能在保证满足规定的生产能力及允许压降的同时，对效率作粗略的考虑。

具体步骤如下：

在选定旋风分离器的型式之后，便可查阅该型旋风分离器的主要性能。表中载有各种尺寸的该型设备在若干个压降数值下的生产能力，可据以确定型号。型号是按圆筒直径大小编排的。CLT/A、CLP/B 及扩散式旋风分离器的性能见表 5-1～表 5-3。表中所列生产能力的数值为气体流量，单位为 m^3/h；所列压降是当气体密度为 $1.2kg/m^3$ 时的数值，当气体密度不同时，压降数值应予校正。

表 5-1 CLT/A 型旋风分离器的生产能力

型 号	圆筒直径 D /mm	进口气速 u_i/(m/s)		
		12	15	18
		压降 Δp/Pa		
		755	1187	1707
CLT/A-1.5	150	170	210	250
CLT/A-2.0	200	300	370	440
CLT/A-2.5	250	400	580	690
CLT/A-3.0	300	670	830	1000
CLT/A-3.5	350	910	1140	1360
CLT/A-4.0	400	1180	1480	1780
CLT/A-4.5	450	1500	1870	2250
CLT/A-5.0	500	1860	2320	2780
CLT/A-5.5	550	2240	2800	3360
CLT/A-6.0	600	2670	3340	4000
CLT/A-6.5	650	3130	3920	4700
CLT/A-7.0	700	3630	4540	5440
CLT/A-7.5	750	4170	5210	6250
CLT/A-8.0	800	4750	5940	7130

表 5-2 CLP/B 型旋风分离器的生产能力

型 号	圆筒直径 D /mm	进口气速 u_i/(m/s)		
		12	16	20
		压降 Δp/Pa		
		412	687	1128
CLP/B-3.0	300	700	930	1160
CLP/B-4.2	420	1350	1800	2250
CLP/B-5.4	540	2200	2950	3700
CLP/B-7.0	700	3800	5100	6350
CLP/B-8.2	820	5200	6900	8650
CLP/B-9.4	940	6800	9000	11300
CLP/B-10.6	1060	8550	11400	14300

表 5-3 扩散式旋风分离器的生产能力

型 号	圆筒直径 D /mm	进口气速 u_i/(m/s)			
		14	16	18	20
		压降 Δp/Pa			
		785	1030	1324	1570
1	250	820	920	1050	1170
2	300	1170	1330	1500	1670
3	370	1790	2000	2210	2500
4	455	2620	3000	3380	3760
5	525	3500	4000	4500	5000
6	585	4380	5000	5630	6250
7	645	5250	6000	6750	7500
8	695	6130	7000	7870	8740

化工生产中常用的几种类型旋风除尘器主要性能列于表5-4中。

表 5-4　若干种旋风分离器的性能

主要性能	CLT 型	CLP 型	CLK 型
适宜气速/(m/s)	12～18	12～20	12～20
除尘范围/μm	>10	>5	>5
含尘浓度/(g/m³)	4.0～50	>0.5	1.7～200
阻力系数ζ值	5.0～5.5	4.8～5.8	7～8

按照规定的允许压降，可同时选出几种不同的型号。若选直径小的分离器，效率较高，但可能需要数台并联才能满足生产能力的要求。反之，若选直径大的，则台数可以减少，但效率要低些。

采用多台旋风分离器并联使用时，须特别注意解决气流的均匀分配及排除出灰口的窜漏问题，以便在保证气体处理量的前提下兼顾分离效率与气体压降的要求。

选用旋风分离器时，一般是先确定其类型，然后根据气体的处理量和允许压降，选定具体型号。如果气体处理量较大，可以采用多个旋风分离器并联操作。

已经规定了分离含尘气体的具体任务，要求决定拟采用的旋风分离器类型、尺寸与个数时，首先应根据被处理物系的物质与任务要求，结合各类型设备特点，选定适宜旋风分离器类型，然后通过计算决定尺寸及个数。

选用旋风分离器需要注意如下三点。

① 按照规定的允许压降，可以同时选出几种不同型号的旋风分离器。若选用小尺寸的旋风分离器，分离效率高，但需要数台并联方可满足生产能力要求；反之，选用大直径的旋风分离器，则可减少台数，然而效率下降。此时，需要在投资和效率之间做出选择。

② 当选用数台小尺寸旋风分离器并联操作时，特别注意解决气体均匀分配及排除出灰口的窜漏问题。

③ 旋风分离器性能表中的压降是当气体密度为 1.2kg/m³ 时的数据，当气体密度不同时，应校正压降数据。

3. 其他离心沉降设备

旋风分离器是分离气态非均相物系的典型离心沉降设备，除此之外，还有分离液态非均相物系的旋液分离器、离心沉降机等，其中旋液分离器的结构和作用原理与旋风分离器相类似。

旋液分离器又称水力旋流器，是利用离心沉降原理从悬浮液中分离出固体颗粒的设备。其结构与操作原理和旋风分离器相似，如图5-14所示。但是由于固液间密度差较小，所以旋液分离器的结构特点是直径小，而圆锥部分长。在一定的切向进口速度下，小直圆筒有利于增大惯性离心力，可以提高沉降速度；锥形部分加长，可增大液流的行程，延长悬浮液在器内的停留时间。悬浮液经入口管切向进入圆筒，向下作螺旋运动，增浓液从底部排出管排出，称为底流，清液或含有细微颗粒的液体成为上升的内旋流，从顶部中心管排出，称为溢流。旋液分离器既可用于悬浮液增浓，也可用于不同粒径的颗粒或不同密度的颗粒分级。根据增浓或分级的不同途径，各部分尺寸比例也有相应的变化，如图5-14中标注。同时旋液分离器还可用于互不相溶液体的分离、气液分离以及传热、传质和雾化等操作中，因此广泛应用于工业领域中。旋

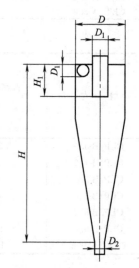

图 5-14　旋液分离器

D_1	D/4	D/7
D_1	D/3	D/7
H	5D	2.5D
H_1	0.3～0.4D	0.3～0.4D

锥形段倾斜角一般为 10°～20°

液分离器中，颗粒沿壁面快速运动时，产生严重磨损，故旋液分离器应采用耐磨材料制造或采用耐磨材料作内衬。

【例 5-4】 用一筒体直径为 0.8m 的标准型旋风分离器处理从气流干燥器出来的含尘气体，含尘气体流量为 $2m^3/s$，气体密度为 $0.65kg/m^3$，黏度为 $3\times10^{-5}Pa\cdot s$，尘粒可视为球形，其密度为 $2500kg/m^3$。求：(1) 临界粒径；(2) 气体通过旋风分离器的压降。

解 (1) 进口气速 $u=\dfrac{q_V}{BH}=\dfrac{2}{(0.8/4)\times(0.8/2)}=25$ (m/s)

临界直径 $d_c=\sqrt{\dfrac{9\mu B}{\pi N\rho_s u}}=\sqrt{\dfrac{9\times3\times10^{-5}\times(0.8/4)}{\pi\times5\times2500\times25}}=7.42\times10^{-6}(m)=7.4\mu m$

(2) 压降 $\Delta p=\zeta\dfrac{\rho u^2}{2}=8\times\dfrac{0.65\times25^2}{2}=1625$ (Pa)

第三节 过 滤

过滤主要是用来分离液固非均相物系的一种单元操作。与沉降相比，过滤具有操作时间短，分离比较完全等特点。尤其是当液固非均相物系含液量较少时，沉降法已不大适用，而适宜采用过滤进行分离。此外，在气体净化中，若颗粒微小且浓度极低，也适宜采用过滤操作。本节主要介绍悬浮液的过滤。

一、过滤设备

过滤设备种类繁多，结构各异，按产生压差的方式不同可分为重力式、压（吸）滤式和离心式三类，其中重力过滤设备较为简单，下面主要介绍压（吸）滤（filter-press, vacuumfiltration）和离心过滤（centrifugal filtration）设备。

1. 压（吸）滤设备

(1) 板框压滤机 板框压滤机（plate-and-frame press filter）是一种古老却仍在广泛使用的过滤设备，间歇操作，其过滤推动力为外加压力。它是由多块滤板和滤框交替排列组装于机架而构成，如图 5-15 所示。滤板和滤框的数量可在机座长度内根据需要自行调整，过滤面积一般为 $2\sim80m^2$。

滤板和滤框的结构如图 5-15 所示，板和框的 4 个角端均开有圆孔，组装压紧后构成四个通道，可供滤浆、滤液和洗涤液流通。组装时将四角开孔的滤布置于板和框的交界面，再利用手动、电动或液压传动压紧板和框。图中 (b) 为一个滤框，中间空，起积存滤渣用，滤框右上角圆孔中有暗孔与框中间相通，滤浆由此进入框内，(a) 和 (c) 均为滤板，但结构有所不同，其中 (a) 称为非洗涤板，(c) 称为洗涤板，洗涤板左上角圆孔中有侧孔与洗涤板两侧相通，洗涤液由此进入滤板，非洗涤板则无此暗孔，洗涤液只能从圆孔通过而不能进入滤板。滤板两面均匀地开有纵横交错的凹槽，可使滤液或洗液在其中流动。为了将三者区别，一般在板和框的外侧铸上小钮之类的记号，例如 1 个钮表示洗涤板，2 个钮表示滤框，3 个钮表示非洗涤板。组装时板和框的排列顺序为非洗涤板—框—洗涤板—框—非洗涤板……一般两端均为非洗涤板，通常也就是两端机头。

图 5-16 为过滤过程示意图。过滤时，悬浮液在一定压差下经滤浆通道 1 由滤框角端的暗孔进入滤框内；滤液分别穿过两侧的滤布，再经相邻板的凹槽汇集进入滤液通道 3 排走，固相则被截留与框内形成滤饼。过滤后即可进行洗涤。洗涤时，关闭进料阀和滤液排放阀，

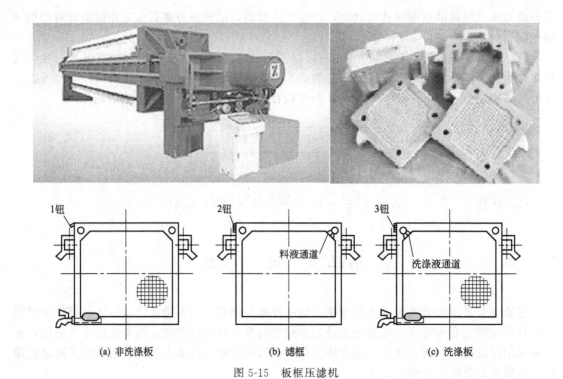

图 5-15 板框压滤机

然后将洗涤液压入洗涤液入口通道 2，经洗涤板角端侧孔进入两侧板面，之后穿过一层滤布和整个滤饼层，对滤饼进行洗涤，再穿过一层滤布，由非洗涤板的凹槽汇集进入洗涤液出口通道排出。洗涤完毕后，即可旋开压紧装置，卸渣、洗布、重装，进入下一轮操作。

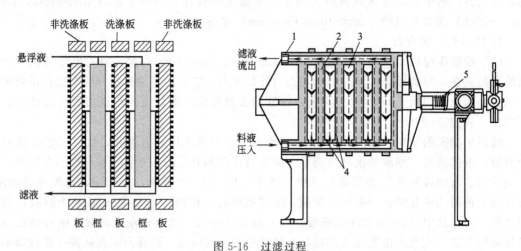

图 5-16 过滤过程

1—滤浆通道；2—洗涤液入口通道；3—滤液通道；4—洗涤液出口通道；5—压紧螺栓

(2) 转筒真空过滤机　转筒真空过滤机（rotary vacuum filter）为连续操作过滤设备。如图 5-17 所示，其主体部分是一个卧式转筒，表面有一层金属网，网上覆盖滤布，筒的下部浸入滤浆中。转筒沿径向分成若干个互不相通的扇形格，每格端面上的小孔与分配头相通。凭借分配头的作用，转筒在旋转一周的过程中，每格可按顺序完成过滤、洗涤、卸渣等操作。

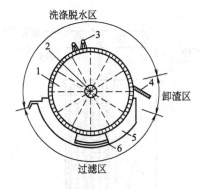
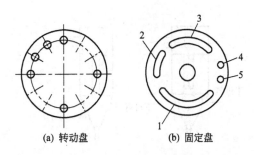

图 5-17 转筒真空过滤机操作示意图
1—转筒；2—分配头；3—洗涤液喷嘴；4—刮刀；
5—滤浆槽；6—摆式搅拌器

图 5-18 分配头示意图
1,2—与真空滤液罐相通的槽；3—与真空洗涤液罐
相通的槽；4,5—与压缩空气相通的圆孔

分配头是关键部件，由固定盘和转动盘构成（见图 5-18），两者借弹簧压力紧密贴合。转动盘与转筒一起旋转，其孔数、孔径均与转筒端面的小孔相一致，固定盘开有 5 个槽（或孔），槽 1 和 2 分别与真空滤液罐相通，槽 3 和真空洗涤液罐相通，孔 4 和孔 5 分别与压缩空气管相连。转动盘上的任一小孔旋转一周，都将与固定盘上的 5 个槽（孔）连通一次，从而完成不同的操作。

当转筒中的某一扇形格转入滤浆中时，与之相通的转动盘上的小孔也与固定盘上槽 1 相通，在真空状态下抽吸滤液，滤布外侧则形成滤饼；当转至与槽 2 相通时，该格的过滤面已离开滤浆槽，槽 2 的作用是将滤饼中的滤液进一步吸出；当转至与槽 3 相通时，该格上方有洗涤液喷淋在滤饼上，并由槽 3 抽吸至洗涤液罐。当转至与孔 4 相通时，压缩空气将由内向外吹松滤饼，迫使滤饼与滤布分离，随后由刮刀将滤饼刮下，刮刀与转筒表面的距离可调；当转至与孔 5 相通时，压缩空气吹落滤布上的颗粒，疏通滤布孔隙，使滤布再生。然后进入下一周期的操作。

转筒直径为 0.3～5m，长为 0.3～7m。滤饼层薄的为 3～6mm，厚的可达 100mm。操作连续、自动、节省人力，生产能力大，能处理浓度变化大的悬浮液，在制碱、造纸、制糖、采矿等工业中均有应用。但转筒真空过滤机结构复杂，过滤面积不大，滤饼含液量较高（10%～30%），洗涤不充分，能耗高，不适宜处理高温悬浮液。

(3) 袋滤器 袋滤器（bag filter）是利用含尘气体穿过做成袋状而由骨架支撑起来的滤布，以滤除气体中尘粒的设备。袋滤器可除去 1μm 以下的尘粒，常用作最后一级的除尘设备。

袋滤器的型式有多种，含尘气体可以由滤袋内向外过滤，也可以由外向内过滤。图 5-19 为各种形式袋滤器的结构示意图。含尘气体由下（上）部进入袋滤器，气体由外（内）向内（外）穿过支撑于骨架上的滤袋，洁净气体汇集于上（下）部由出口管排出，尘粒被截留于滤袋外表面。清灰操作时，开启压缩空气以反吹系统，使尘粒落入灰斗。

袋滤器具有除尘效率高、适应性强、操作弹性大等优点，但占用空间较大，受滤布耐温、耐腐蚀的限制，不适宜于高温（>300℃）的气体，也不适宜带电荷的尘粒和黏结性、吸湿性强的尘粒的捕集。图 5-20 为脉冲式袋滤器结构示意图，清灰时，由袋的上部输入压缩空气，通过文氏喉管进入袋内。气流速度较高，清灰效果比较理想。

2. 离心过滤设备

离心过滤机主要部件是转鼓，转鼓上开有许多小孔，鼓内壁敷以滤布，悬浮液加入鼓内

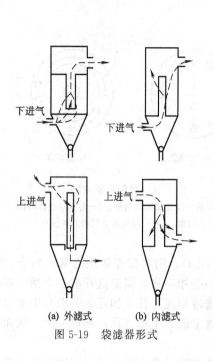

(a) 外滤式　　(b) 内滤式

图 5-19　袋滤器形式

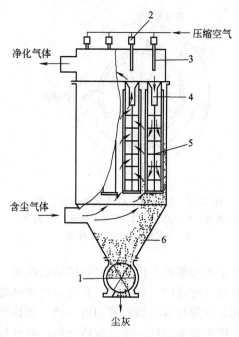

图 5-20　脉冲式袋滤器

1—滤袋；2—电磁阀；3—喷嘴；
4—自控器；5—骨架；6—灰斗

并随之旋转，液体受离心力作用被甩出而固体颗粒被截留在鼓内。

离心过滤也可分为间歇操作和连续操作两种，间歇操作又分为人工卸料和自动卸料两种。

（1）三足式离心机　图 5-21 为一种常用的人工卸料的间歇式离心机。其主要部件为一篮式转鼓，整个机座和外罩借三根拉杆弹簧悬挂于三足支柱上，以减轻运转时的振动。操作时，先将料浆加入转鼓，然后启动，滤液穿过滤布和转鼓集中于机座底部排出，滤渣沉积于转鼓内壁，待一批料液过滤完毕，或转鼓内滤渣量达到设备允许的最大值时，可不再加料，并继续运转一段时间以沥干滤液或减少滤饼中含液量。必要时也可进行洗涤，然后停车卸料，清洗设备。三足式离心过滤机的转鼓直径大多在 1m 左右，设备结构简单，运转周期可灵活掌握。多用于小批量物料的处理，颗粒破损较轻。缺点是卸料不方便，转动部件位于机座下部，检修不方便。

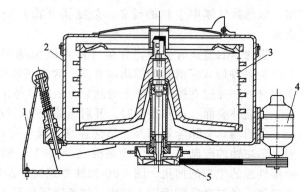

图 5-21　三足式离心机

1—支脚；2—外壳；3—转鼓；4—电机；5—皮带轮

(2) 刮刀卸料离心机　这种离心机的特点是在转鼓连续全速运转下，能按序自动进行加料、分离、洗涤、甩干、卸料、洗网等工序的操作，各工序的操作时间可在一定范围内根据实际需要进行调整，且全部自动控制。

其操作原理见图 5-22，进料阀定时开启，悬浮液经加料管进入，均匀地分布在全速运转的转鼓内壁；滤液经滤网和转鼓上的小孔被甩到鼓外，固体颗粒则被截留在鼓内；当滤饼达到一定厚度时，停止加料，进行洗涤、甩干；然后刮刀在液压传动下上移，将滤饼刮入卸料斗卸出；最后清洗转鼓和滤网，完成一个操作周期。

卧式刮刀卸料离心机每一工作周期为 35～90s，连续运转，生产能力大，适用于大规模生产。但在刮刀卸料时，颗粒会有一定程度的破损。

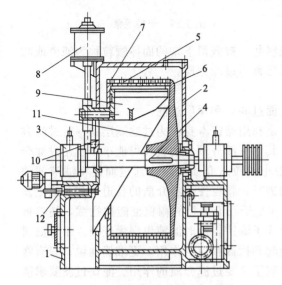

图 5-22　刮刀卸料离心机示意图
1—机座；2—机壳；3—轴承；4—轴；5—转鼓体；
6—底板；7—拦液板；8—油缸；9—刮刀；
10—加料管；11—斜槽；12—振动器

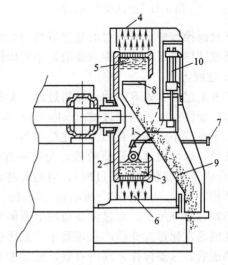

图 5-23　活塞往复式卸料离心机
1—转鼓；2—滤网；3—进料管；4—滤饼；5—活塞推送器；
6—进料斗；7—滤液出口；8—冲洗管；9—固体排出；
10—洗水出口

(3) 活塞往复式卸料离心机　这也是一种自动卸料连续操作的离心机。加料、过滤、洗涤、沥干、卸料等操作同时在转鼓内的不同部位进行。

其操作原理如图 5-23 所示，料液由旋转的锥形料斗连续地进入转鼓底部（图中左边），在一小段范围内进行过滤，转鼓底部有一与转鼓一起旋转的推料盘，推料盘与料斗一起作往复运动（其冲程较短，约为转鼓全长的 1/10，往复次数约为 30 次/min），将底部得到的滤渣沿轴向逐步推至卸料口（图中右边）卸出。滤饼在被推移过程中，可进行洗涤、沥干。

活塞往复式卸料离心机生产能力大，颗粒破损程度小，与卧式刮刀卸料离心机相比，控制系统较为简单，但对悬浮液的浓度较为敏感，若料浆太稀，则来不及过滤，料浆直接流出转鼓，若料浆太稠，则流动性差，使滤渣分布不均，引起转鼓振动。此种离心机常用于食盐、硫酸铵、尿素等生产中。

二、过滤的基本知识

过滤（filtration）是利用两相对多孔介质穿透性的差异，在某种推动力的作用下，使非均相物系得以分离的操作。悬浮液的过滤是利用外力使悬浮液通过一种多孔隔层，其中的液相从隔层的小孔中流过，固体颗粒则被截留下来，从而实现液固分离（如图 5-24 所示）。过滤过程的外力（即过滤推动力）可以是重力、惯性离心力和压差，其中尤以压差为推动力在化工生产中应用最广。

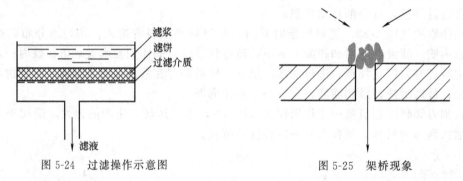

图 5-24　过滤操作示意图　　　　图 5-25　架桥现象

在过滤操作中，所处理的悬浮液称为滤浆或料浆，被截留下来的固体颗粒称为滤渣或滤饼，透过固体隔层的液体称为滤液，所用固体隔层称为过滤介质。

1. 过滤方式

工业上过滤方式有两种：滤饼过滤（又称表面过滤）和深层过滤。

(1) 滤饼过滤　滤饼过滤（cake filtration）是利用滤饼本身作为过滤隔层的一种过滤方式。由于滤浆中固体颗粒的大小往往很不一致，其中一部分颗粒的直径可能小于所用过滤介质的孔径，因而在过滤开始阶段，会有一部分细小颗粒从介质孔道中通过而使得滤液浑浊（此部分应送回滤浆槽重新过滤）。但随着过滤的进行，颗粒便会在介质的孔道中和孔道上发生"架桥"现象（如图 5-25 所示），从而使得尺寸小于孔道直径的颗粒也能被拦截，随着被拦截的颗粒越来越多，在过滤介质的上游侧便形成了滤饼，同时滤液也慢慢变清。由于滤饼中的孔道通常比过滤介质的孔道要小，滤饼更能起到拦截颗粒的作用。更准确地说，只有在滤饼形成后，过滤操作才真正有效，滤饼本身起到了主要过滤介质的作用。滤饼过滤要求能够迅速形成滤饼，常用于分离固体含量较高（固体体积分数＞1%）的悬浮液。

(2) 深层过滤　当过滤介质为很厚的床层且过滤介质直径较大时（如纯净水生产中用活性炭过滤水），固体颗粒通过在床层内部的架桥现象被截留或被吸附在介质的毛细孔中，在过滤介质的表面并不形成滤饼。在这种过滤方式中，起截留颗粒作用的是介质内部曲折而细长的通道（如图 5-26 所示）。可以说，深层过滤是利用介质床层内部通道作为过滤介质的过滤操作。在深层过滤（deep layer filtration）中，介质内部通道会因截留颗粒的增多逐渐减少和变小，因此，过滤介质必须定期更换或清洗再生。深层过滤常用于处理固体含量很少（固体体积分数＜0.1%）且颗粒直径较小（＜5μm）的悬浮液。

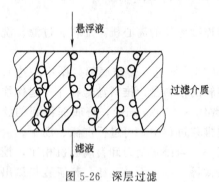

图 5-26　深层过滤

(3) 动态过滤　在滤饼过滤中，随着过滤的进行，滤饼的厚度不断增加，导致过滤速率不断下降。为了解决这一问题，1977 年蒂勒（Tiller）提出一种新的过滤方式，即让料浆沿着过滤介质平面高速流动，使大部分滤饼得以在剪切力的作用下移去，从而维持较高的过滤速率。这种过滤被称为动态过滤（kinetic filtration）或无滤饼过滤。

在化工生产中得到广泛应用的是滤饼过滤，本节主要讨论滤饼过滤。

2. 过滤介质

过滤操作是在外力作用下进行的，过滤介质必须具有足够的机械强度来支撑越来越厚的滤饼。此外，还应具有适宜的孔径使液体的流动阻力尽可能小，并使颗粒容易被截留，以及相应的耐热性和耐腐蚀性，以满足各种悬浮液的处理。工业上常用的过滤介质（filteringmedium）有如下几种。

(1) 织物介质 织物介质又称滤布，用于滤饼过滤操作，在工业上应用最广。包括由棉、毛、丝、麻等天然纤维和由各种合成纤维制成的织物，以及由玻璃丝、金属丝等织成的网。织物介质造价低、清洗、更换方便，可截留的最小颗粒粒径为 $5\sim65\mu m$。

(2) 粒状介质 粒状介质又称堆积介质，一般由细砂、石粒、活性炭、硅藻土、玻璃碴等细小坚硬的粒状物堆积成一定厚度的床层构成。粒状介质多用于深层过滤，如城市和工厂给水的滤池中。

(3) 多孔固体介质 多孔固体介质是具有很多微细孔道的固体材料，如多孔陶瓷、多孔塑料、由纤维制成的深层多孔介质、多孔金属制成的管或板。此类介质具有耐腐蚀、孔隙小、过滤效率比较高等优点，常用于处理含少量微粒的腐蚀性悬浮液及其他特殊场合。

3. 滤饼和助滤剂

(1) 滤饼 滤饼（filter cake）是由被截留下来的颗粒积聚而形成的固体床层。随着操作的进行，滤饼的厚度和流动阻力都逐渐增加。若构成滤饼的颗粒为不易变形的坚硬固体（如硅藻土、碳酸钙等），则当滤饼两侧的压差增大时，颗粒的形状和床层的空隙都基本不变，故单位厚度滤饼的流动阻力可以认为恒定，此类滤饼称为不可压缩滤饼。反之，若滤饼由较易变形的物质（如某些氢氧化物之类的胶体）构成，当压差增大时，颗粒的形状和床层的空隙都会有不同程度的改变，使单位厚度的滤饼的流动阻力增大，此类滤饼称为可压缩滤饼。

(2) 助滤剂 对于可压缩滤饼，在过滤过程中会被压缩，使滤饼的孔道变窄，甚至堵塞，或因滤饼粘嵌在滤布中而不易卸渣，使过滤周期变长，生产效率下降，介质使用寿命缩短。为了改善滤饼结构，克服以上不足，通常需要使用助滤剂（filtration aid）。助滤剂一般是质地坚硬的细小固体颗粒，如硅藻土、石棉、炭粉等。可将助滤剂加入悬浮液中，在形成滤饼时便能均匀地分散在滤饼中间，改善滤饼结构，使液体得以畅通，或预敷于过滤介质表面，以防止介质孔道堵塞。

对助滤剂的基本要求为：①在过滤操作压差范围内，具有较好的刚性，能与滤渣形成多孔床层，使滤饼具有良好的渗透性和较低的流动阻力；②具有良好的化学稳定性，不与悬浮液反应，也不溶解于液相中。助滤剂一般不宜用于滤饼需要回收的过滤过程。

4. 过滤速率及其影响因素

(1) 过滤速率与过滤速度 过滤速率是指过滤设备单位时间内所能获得的滤液体积，表明了过滤设备的生产能力；过滤速度是指单位时间单位过滤面积所能获得的滤液体积，表明了过滤设备的生产强度，即设备性能的优劣。同其他过程类似，过滤速率与过滤推动力成正比，与过滤阻力成反比。在压差过滤中，推动力就是压差，阻力则与滤饼的结构、厚度以及滤液的性质等诸多因素有关，比较复杂。

(2) 恒压过滤与恒速过滤 在恒定压差下进行的过滤称为恒压过滤。此时，由于随着过滤的进行，滤饼厚度逐渐增加，阻力随之上升，过滤速率则不断下降。维持过滤速率不变的过滤称为恒速过滤。为了维持过滤速率恒定，必须相应地不断增大压差，以克服由于滤饼增厚而上升的阻力。由于压差要不断变化，因而恒速过滤较难控制，所以生产中一般采用恒压过滤，有时为了避免过滤初期因压差过高引起滤布堵塞和破损，也可以采用先恒速后恒压的操作方式，过滤开始后，压差由较小值缓慢增大，过滤速率基本维持不变，当压差增大至系统允许的最大值后，维持压差不变，进行恒压过滤。

(3) 影响过滤速率的因素　如上所述，过滤速率与过滤推动力和过滤阻力有关，下面具体介绍各方面的影响因素以及在实际生产中如何利用好这些影响因素。

① 悬浮液的性质。悬浮液的黏度对过滤速率有较大影响。黏度越小，过滤速率越快。因此对热料浆不应在冷却后再过滤，有时还可将滤浆先适当预热；由于滤浆浓度越大，其黏度也越大，为了降低滤浆的黏度，某些情况下也可以将滤浆加以稀释再进行过滤，但这样会使过滤容积增加，同时稀释滤浆也只能在不影响滤液的前提下进行。

② 过滤推动力。要使过滤操作得以进行，必须保持一定的推动力，即在滤饼和介质的两侧之间保持有一定的压差。如果压差是靠悬浮液自身重力作用形成的，则称为重力过滤，如化学实验中常见的过滤；如果压差是通过在介质上游加压形成的，则称为加压过滤；如果压差是在过滤介质的下游抽真空形成的，则称为减压过滤（或真空抽滤）；若压差是利用离心力的作用形成的，则称为离心过滤。重力过滤设备简单，但推动力小，过滤速率慢，一般仅用来处理固体含量少且容易过滤的悬浮液；加压过滤可获得较大的推动力，过滤速率快，并可根据需要控制压差大小，但压差越大，对设备的密封性和强度要求越高，即使设备强度允许，也还受到滤布强度、滤饼的压缩性等因素的限制，因此，加压操作的压力不能太大，以不超过 500kPa 为宜。真空过滤也能获得较大的过滤速率，但操作的真空度受到液体沸点等因素的限制，不能过高，一般 85kPa 以下。离心过滤的过滤速率快，但设备复杂，投资费用和动力消耗都较大，多用于颗粒粒度相对较大、液体含量较少的悬浮液的分离。一般来说，对不可压缩滤饼，增大推动力可提高过滤速率，但对可压缩滤饼，加压却不能有效地提高过程的速率。

③ 过滤介质与滤饼的性质。过滤介质的影响主要表现在对过程的阻力和过滤效率上，金属网与棉毛织品的空隙大小相差很大，生产能力和滤液的澄清度的差别也就很大。因此，要根据悬浮液中颗粒的大小来选择合适的过滤介质。滤饼的影响因素主要有颗粒的形状、大小、滤饼紧密度和厚度等，显然，颗粒越细，滤饼越紧密、越厚，其阻力越大。当滤饼厚度增大到一定程度，过滤速率会变得很慢，操作再进行下去是不经济的，这时只有将滤饼卸去，进行下一个周期的操作。

5. 过滤操作周期

过滤操作可以连续进行，但以间歇操作更为常见，不管是连续过滤还是间歇过滤，都存在一个操作周期。过滤过程的操作周期主要包括以下几个步骤：过滤、洗涤、卸渣、清理等，对于板框过滤机等需装拆的过滤设备，还包括组装。有效操作步骤只是"过滤"这一步，其余均属辅助步骤，但却是必不可少的。例如，在过滤后，滤饼空隙中还存有滤液，为了回收这部分滤液，或者因为滤饼是有价值的产品，不允许被滤液所沾污时，都必须将这部分滤液从滤饼中分离出来，因此，就需要用水或其他溶剂对滤饼进行洗涤。对间歇操作，必须合理安排一个周期中各步骤的时间，尽量缩短辅助时间，以提高生产效率。

第四节　气体的其他净制方法与非均相物系分离方法的选择

一、气体的其他分离方法与设备

气体的净制是化工生产过程中较为常见的分离操作。实现气体的净制除可利用前面介绍的沉降与过滤方法外，还可利用惯性、静电、洗涤等分离方法。下面对这些分离方法及设备作概略介绍。

1. 惯性分离器

惯性分离器（inertia separator）是利用夹带于气流中的颗粒或液滴的惯性进行分离。在气体流动的路径上设置障碍物，气流或液流绕过障碍物时发生突然的转折，颗粒或液滴便撞击在障碍物上被捕集下来，如图 5-27 所示。

惯性分离器的操作原理与旋风分离器相近，颗粒的惯性愈大，气流转折的曲率半径愈小，则其分离效率愈高。所以颗粒的密度与直径愈大，则愈易分离；适当增大气流速度及减小转折处的曲率半径也有利于提高分离效率。一般来说，惯性分离器的分离效率比降尘室略高，可作为预除尘器使用。

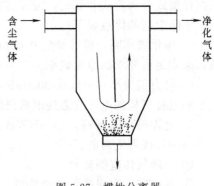

图 5-27　惯性分离器

2. 静电除尘器

当对气体的除尘（雾）要求极高时，可用静电除尘器（electrostatic dust separator）进行分离。

静电除尘器（如图 5-28）的工作原理：含有粉尘颗粒的气体，在接有高压直流电源的阴极线（又称电晕极）和接地的阳极板之间所形成的高压电场通过时，由于阴极发生电晕放电、气体被电离，此时，带负电的气体离子，在电场力的作用下，向阳极板运动，在运动中与粉尘颗粒相碰，则使尘粒荷以负电，荷电后的尘粒在电场力的作用下，亦向阳极板运动，到达阳极板后，放出所带的电子，尘粒则沉积于阳极板上，而得到净化的气体排出防尘器外。

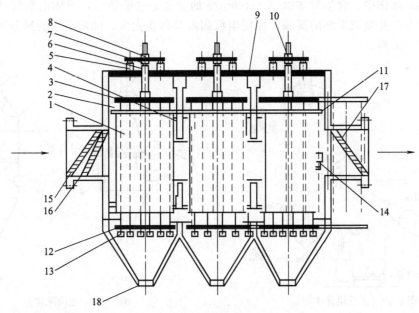

图 5-28　静电除尘器

1—阳极；2—阴极；3—阴极上架；4—阳极上部支架；5—绝缘支座；6—石英绝缘管；7—阴极悬吊管；8—阴极支撑架；9—顶板；10—阴极振打装置；11—阳极振打装置；12—阴极下架；13—阳极吊锤；14—外壳；15—进口第一块分布板；16—进口第二块分布板；17—出口分布板；18—排灰装置

根据目前常见的电除尘器型式可概略地分为以下几类：按气流方向分为立式和卧式，按沉淀极型式分为板式和管式，按沉淀极板上粉尘的清除方法分为干式和湿式等。

电除尘器的优点如下。

① 净化效率高，能够捕集 $0.01\mu m$ 以上的细粒粉尘。在设计中可以通过不同的操作参数，来满足所要求的净化效率。

② 阻力损失小，一般在 $20mmH_2O$ （196Pa）以下，和旋风除尘器比较，即使考虑供电机组和振打机构耗电，其总耗电量仍比较小。

③ 允许操作温度高，如 SHWB 型电除尘器允许操作温度 250℃，其他类型还有达到 350~400℃ 或者更高的。

④ 处理气体范围量大。

⑤ 可以完全实现操作自动控制。

电除尘器的缺点如下。

① 设备比较复杂，要求设备调运和安装以及维护管理水平高。

② 对粉尘比电阻有一定要求，所以对粉尘有一定的选择性，不能使所有粉尘都能获得很高的净化效率。

③ 受气体温、湿度等操作条件影响较大，同是一种粉尘如在不同温度、湿度下操作，所得的效果不同，有的粉尘在某一个温度、湿度下使用效果很好，而在另一个温度、湿度下由于粉尘电阻的变化，几乎不能使用电除尘器了。

④ 一次投资较大，卧式电除尘器占地面积较大。

3. 文丘里除尘器

文丘里除尘器是一种湿法除尘设备。其结构如图 5-29 所示，由收缩管、喉管及扩散管三部分组成，喉管四周均匀地开有若干径向小孔，有时扩散管内设置有可调锥，以适应气体负荷的变化。操作中，含尘气体以 50~100m/s 的速度通过喉管时，液体由喉管外经径向小孔进入喉管内，并喷成很细的雾滴，促使尘粒润湿并聚积变大，随后引入旋风分离器或其他分离设备进行分离。

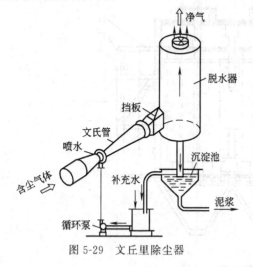

图 5-29 文丘里除尘器

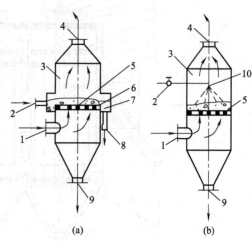

图 5-30 泡沫除尘器

1—烟气入口；2—洗涤液入口；3—泡沫除尘器；
4—净气出口；5—筛板；6—水堰；7—溢流槽；
8—溢流水管；9—污泥排出口；10—喷头

文丘里除尘器结构简单紧凑、造价较低、操作简便，但阻力较大，其压降一般为 2000~5000Pa，需与其他分离设备联合使用。

4. 泡沫除尘器

泡沫除尘器（foam dust separator）也是常用的湿法除尘设备之一，其结构如图 5-30 所示，外壳为圆形或方形筒体，中间装有水平筛板，将内部分成上下两室。液体由上室的一侧靠近筛板处进入，并水平流过筛板，气体由下室进入，穿过筛孔与板上液体接触，在筛板上形成泡沫层，泡沫层内气液混合剧烈，泡沫不断破灭和更新，从而创造了良好的捕尘条件。气体中的尘粒一部分（较大尘粒）被从筛板泄漏下来的液体吸去，由器底排出，另一部分（微小尘粒）则在通过筛板后被泡沫层所截留，并随泡沫液经溢流板流出。

泡沫除尘器具有分离效率高、构造简单、阻力较小等优点，但对设备的安装要求严格，特别是筛板的水平度对操作影响很大。

二、非均相物系分离方法的选择

非均相物系的分离方法及设备选择，应从生产要求、物系性质以及生产成本等多方面综合考虑。

1. 气-固非均相物系的分离方法及设备选择

下面主要从生产中要求除去的最小颗粒大小出发，简略介绍气-固非均相物系的分离设备的选择。

① $50\mu m$ 以上的颗粒：降尘室。

② $5\mu m$ 以上的颗粒：旋风分离器。

③ $5\mu m$ 以下的颗粒：湿法除尘设备、电除尘器、袋滤器等。其中文丘里除尘器可除去 $1\mu m$ 以上的颗粒，袋滤器可除去 $0.1\mu m$ 以上的颗粒，电除尘器可除去 $0.01\mu m$ 以上的颗粒。

2. 液-固非均相物系的分离方法及设备选择

对于液-固非均相物系的分离方案及设备选择，主要从分离目的出发，进行介绍。

（1）以获得固体产品为目的

颗粒浓度<1%（体积分数，下同）：以连续沉降槽、旋液分离器、离心沉降机等进行浓缩，以便于进一步进行分离。

颗粒浓度>10%、粒径>$50\mu m$：离心过滤机。

颗粒粒径<$50\mu m$：压差式过滤机。颗粒浓度>5%，可采用转筒真空过滤机；颗粒浓度较低时，可采用板框过滤机。

（2）以澄清液体为目的　本着节能、高效的原则，分别选用各种分离设备对不同大小的颗粒进行分离。为提高澄清效率，可在料液中加入助滤剂或絮凝剂，若澄清要求非常高，可用深层过滤作为澄清操作的最后一道工序。

第五节　转筒真空过滤机的操作

以图 5-31 所示的转筒真空过滤机说明其操作。

一、开、停车

1. 开车前的准备工作

① 检查滤布。滤布应清洁无缺损，注意不能有干浆。

② 检查滤浆。滤浆槽内不能有沉淀物或杂物。

③ 检查转鼓与刮刀之间的距离，一般为 1~2mm。

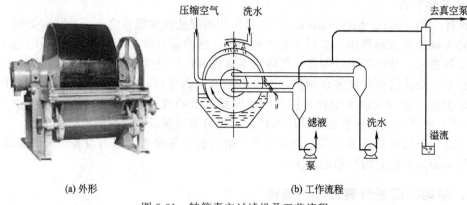

(a) 外形　　　　　　　　　(b) 工作流程

图 5-31　转筒真空过滤机及工艺流程

④ 查看真空系统真空度大小和压缩空气系统压力大小是否符合要求。

⑤ 给分配头、主轴瓦、压辊系统、搅拌器和齿轮等传动机构加润滑脂和润滑油，检查和补充减速机的润滑油。

2. 开车

① 点车启动。观察各传动机构运转情况，如平稳、无振动、无碰撞声，可试空车和洗车 15min。

② 开启进滤浆阀门向滤槽中注入滤浆，当液面上升到滤槽高度的 1/2 时，再打开真空、洗涤、压缩空气等阀门。开始正常生产。

3. 停车

① 关闭滤浆入口阀门，再依次关闭洗涤水阀门、真空和压缩空气阀门。

② 洗车。除去转鼓和滤槽内的物料。

二、正常操作

① 经常检查滤槽内的液面高低，保持液面高度为滤槽的 60%～75%，高度不够会影响滤饼的厚度。

② 经常检查各管路、阀门是否有渗漏，如有渗漏应停车修理。

③ 定期检查真空度、压缩空气压力是否达到规定值，洗涤水分布是否均匀。

④ 定时分析过滤效果，如滤饼的厚度、洗涤水是否符合要求。

三、转鼓真空过滤机操作常见异常现象与处理

见表 5-5。

表 5-5　转鼓真空过滤机操作常见异常现象与处理

异　常　现　象	原　　　　因	处　理　方　法
滤饼厚度达不到要求,滤饼不干	真空度达不到要求; 滤槽内滤浆液面低; 滤布长时间未清洗或清洗不干净	查真空管路有无漏气,增加进料量
真空度过低	①分配头磨损漏气 ②真空泵效率低或管路漏气 ③滤布有破损 ④错气窜风	①修理分配头 ②检修真空泵和管路 ③更换滤布 ④调整操作区域

四、转鼓真空过滤机的使用与维护

① 要保持各转动部位有良好的润滑状态,不可缺油。
② 随时检查紧固件的工作情况,发现松动,及时拧紧,发现振动,及时查明原因。
③ 滤槽内不允许有物料沉淀和杂物。
④ 备用过滤机应每隔 24h 转动一次。

本章注意点

非均相物系分离是化工生产中应用极为广泛的单元操作,特别是在环境保护方面更见优势。它主要是依靠两相物理性质的不同,借助机械方式造成两相的相对运动来实现的,因此,具有简单易行,投资少,能耗低的优点。学习中要分清不同分离方法的特点与应用场合,做到学以致用,弄清以下内容。

1. 重力沉降与离心沉降的实现方式,要注意两者的异同点。如何提高沉降速率?
2. 如何解决重力沉降占地面积大的问题。
3. 离心机与旋风分离器的工作过程,两者的异同点。
4. 有效过滤概念;如何提高过滤速率?
5. 板框压滤机的操作要点。
6. 非均相物系分离方法的选择。

本章主要符号说明

英文字母

a——加速度,m/s^2;
B——降尘室宽度,m;
d——颗粒直径,m;
d_c——旋风分离器的临界粒径,m;
H——降尘室高度,m;
K_c——分离因数;
L——降尘室长度,m;
n——离心分离设备的转速,r/min;
q_V——体积流量,m^3/s;

u——流速,m/s;
u_R——径向速度或离心沉降速度,m/s;
u_t——沉降速度,m/s。

希腊字母

θ——停留时间,s;
θ_t——沉降时间,s;
μ——流体的黏度,Pa·s
ρ——流体的密度,kg/m^3
ρ_s——颗粒的密度,kg/m^3
Φ_s——颗粒的球形度。

思 考 题

1. 非均相物系分离在化工生产中有哪些应用?举例说明?
2. 非均相物系的分离方法有哪些类型?各是如何实现两相分离的?
3. 影响实际沉降的因素有哪些?在操作中要注意哪些方面?
4. 确定降尘室高度要注意哪些问题?
5. 离心沉降与重力沉降有何异同?
6. 如何提高离心分离因数?
7. 简述板框压滤的操作要点。
8. 过滤一定要使用助滤剂吗?为什么?

9. 工业生产中，提高过滤速率的方法有哪些？

10. 影响过滤速率的因素有哪些？过滤操作中如何利用好这些影响因素？

11. 简述转鼓真空过滤机的工作过程。

12. 如何根据生产任务，合理选择非均相物系的分离方法？

习　题

5-1　某药厂用降尘室回收气体中所含的球形固体颗粒。已知降尘室的底面积为 $10m^2$，宽和高均为 $2m$，在操作条件下气体密度为 $0.75kg/m^3$，黏度为 $2.6×10^{-5} Pa·s$，固体密度为 $3000kg/m^3$。降尘室生产能力为 $4m^3/s$，试确定：(1) 理论上能完全收集下来的最小颗粒的直径；(2) 粒径为 $40\mu m$ 的颗粒的回收率。[(1) $80\mu m$，(2) 25.15%]

5-2　直径为 $800mm$ 的离心机，旋转速度为 $1200r/min$，求其离心分离因数。(1280)

5-3　气流干燥器送出的含尘空气量为 $10000m^3/h$，空气温度 $80℃$。现用直径为 $1m$ 的标准型旋风分离器收集空气中的粉尘，粉尘密度为 $1500kg/m^3$，计算 (1) 临界粒径；(2) 压力降。[(1) $9.53×10^{-6} m$，(2) $1971Pa$]

5-4　降尘室高 $2m$、宽 $2m$、长 $5m$，用于矿石焙烧炉炉气的除尘。操作条件下气体的流量为 $2500m^3/h$，密度为 $0.6kg/m^3$，黏度为 $0.03mPa·s$。(1) 求能除去的氧化铁灰尘（相对密度4.5）的最小直径；(2) 若把上述降尘室用隔板分成10层（不考虑隔板的厚度），如需除尘的尘粒直径相同，则含尘气体的处理量为多大？反之，若生产能力相同，则除去尘粒的最小颗粒直径为多大？[(1) $100\mu m$ 以下，(2) $69.4m^3/h$，$29.1\mu m$]

5-5　某淀粉厂的气流干燥器每小时送出 $10000m^3$ 带有淀粉的热空气，拟采用扩散式旋风分离器收取其中的淀粉，要求压力降不超过 $1373Pa$。已知气体密度为 $1.0kg/m^3$，试选择合适的型号。（答案略）

第六章 固体干燥

> **学习目标**
> 1. 了解：固体物料的去湿方法、干燥方法及特点；常用干燥设备类型、结构和特点。
> 2. 理解：干燥原理、干燥速率及影响因素；干燥器的选择要求。
> 3. 掌握：湿空气的性质、湿物料中水分性质的有关计算、空气消耗量的计算；能够正确操作常用干燥设备，进行事故分析及处理。

第一节 概　述

一、固体物料的去湿方法

日常生活中，洗涤、晾晒衣物是我们经常从事的家务劳动之一。当衣物漂洗干净后，传统的方法是人工用手拧挤掉大部分水分，再放到室外进行晾晒。随着洗衣机在我国的不断普及，也可采用具有烘干功能的洗衣机脱水、烘干。下面用带有箭头的文字表示漂洗后的衣物如何成为干衣物的过程。

传统方法：含水衣物→手工拧挤→空气中晾晒→干衣物

现代方法：含水衣物→洗衣机脱水→洗衣机烘干→干衣物

无论是采用手工拧挤、空气中晾晒、洗衣机脱水还是洗衣机烘干，对湿衣物来讲，都是将湿衣服中的水分不断去除的过程，这个过程我们称为去湿。

分析传统方法和现代方法，虽都能去除水分，但不同的过程，去湿原理不同。像手工拧挤、洗衣机脱水这种去湿方法，我们称为机械去湿法，机械去湿法是采用挤压、过滤、离心分离等去除湿分的方法。像空气中晾晒、洗衣机烘干这样利用热能使湿分汽化加以去除的方法为加热去湿法，加热去湿法也称为干燥。

除机械去湿法、加热去湿法以外，还有一种物理去湿法。如儿童喜爱的很多膨化食品，其食品包装袋中除食品以外，往往还有一个小纸袋，上面有"干燥剂，请勿食用"字样。这些干燥剂往往采用生石灰或硅胶，利用生石灰或硅胶的吸湿性来保持食品干燥，从而保持食品的原有风味与口感。物理去湿法是利用某种吸湿性能比较强的化学药品（如无水氯化钙、苛性钠）或吸附剂（如分子筛、硅胶）来吸收或吸附湿物料中的水分的。

机械去湿法、加热去湿法、物理去湿法虽然都能去除湿分（水或其他液体），但各有不同的特点，适用场合不同。机械去湿法去湿过程湿分不发生相变，能耗少、费用低，但去除湿分不彻底，适用于物料间大量水分的去除，一般用于初步去湿。物理去湿法因吸湿剂或吸附剂吸湿能力有限，适用于去除物料中微量水分。加热干燥法干燥过程湿分发生相变，耗能高，但去除湿分比较彻底，可去除物料表面乃至内部的水分。

生产过程一般首先采用机械去湿法，然后采用干燥法，以降低能耗。

干燥（drying）在工业生产中应用极为广泛，除应用于化工生产外，在农副产品的加工、纺织、造纸、陶瓷、医药、矿产加工及食品工业都是必不可少的操作。根据生产工艺的需要，干燥可用于原料、半成品及成品中湿分的去除。干燥的目的是为了使固体物料便于加工、使用、运输和贮藏，如聚氯乙烯树脂水分含量要求低于0.3%，否则其制品容易起泡。再如涤纶切片的干燥，是为了防止后期纺丝出现气泡而影响丝的质量。

二、干燥案例

1. 洗衣粉干燥案例

固体洗衣粉是人们洗涤衣物经常使用的洗涤剂，洗衣粉的主要成分包含烷基苯磺酸钠、三聚磷酸钠、非离子表面活性剂、无水硫酸钠、碳酸钠、硅酸钠等，工业生产将其按一定比例配制好后成为固体含量为60%左右的料浆，其余为水分，要想得到颗粒状的洗衣粉，工厂采用如图6-1所示的工艺流程来实现。

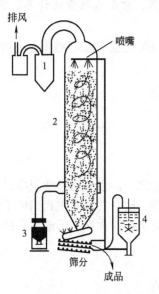

图6-1 洗衣粉干燥工艺流程示意图
1—旋风分离器；2—喷雾干燥塔；
3—热风炉；4—料浆槽

在图6-1所示的工艺流程中，有两股物料，即热空气与洗衣粉浆料。由热风炉3产生的温度为280～430℃的热风通过管路进入喷雾干燥塔2的底部，由各热风口均匀进入喷雾干燥塔内。

经前一工序配制好的料浆除去杂质，由均化磨将料浆中的颗粒磨碎，得到均匀、细腻的料浆，由高压泵从料浆槽4以2～8MPa的压力输送至塔顶喷枪环路，在喷枪喷嘴的作用下雾化，下落的雾滴与上升的热空气接触，雾滴中的水分蒸发，形成空心球形的洗衣粉颗粒，落到塔底的洗衣粉经皮带输送机输送到塔外送入下一工序。

自喷雾干燥塔上部出来夹带着少量洗衣粉细粒的空气送至旋风分离器1，在旋风分离器中依靠离心力的作用，洗衣粉细粒撞击到旋风分离器器壁上，从旋风分离器底部收集。废气从旋风分离器上部经排风口排出。

2. 聚氯乙烯树脂干燥案例

某聚氯乙烯（PVC）生产厂家，其产品聚氯乙烯树脂中水分含量要求低于0.3%，而前一工序得到的聚氯乙烯浆料中含有大量的水分，工厂采用如图6-2所示的工艺流程完成这一目的。

聚氯乙烯干燥工艺流程中，有两股物料，一股物料为热空气，一股物料为树脂。

空气经空气过滤器过滤后，由鼓风机经空气加热器加热，将螺旋输送器中经离心脱水后的湿树脂（含水≤25%）吹送气流干燥管，在140～150℃的热气流中，PVC颗粒表面水分急速汽化，同时气流温度也急速下降，物料水分降低到3%以下。

经气流干燥后的湿树脂（含水≤3%，温度≥55℃）以较高的速度进入旋风干燥器中干燥，出干燥器的物料（含水≤0.3%）在一级旋风分离器中绝大部分PVC沉降，在下料口被送至回旋筛，过筛后进入料仓待包装。

湿树脂挥发出的水分和热风经一级旋风分离器分离后，进入二级旋风分离器，由抽风机出口排入大气，在二级旋风分离器中分离的少量细粒子由二级旋风分离器下料口放掉，包装。

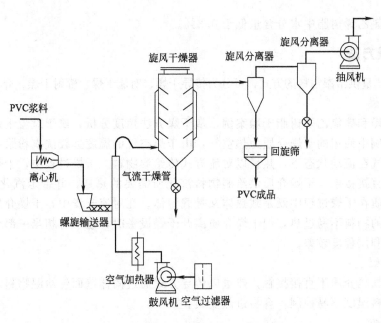

图 6-2　聚氯乙烯树脂干燥工艺流程图

3. 案例分析

洗衣粉干燥案例中，固体含量在 60% 左右、温度为 70~80℃ 的洗衣粉料浆，在 2~8MPa 的压力输送至塔顶喷枪环路，在喷枪喷嘴的作用下雾化，下落的雾滴与温度为 280~430℃ 上升的热空气接触，雾滴在塔内徐徐下降，并发生热量与质量的传递，热空气将热量传给雾滴，使其中的水分汽化，当颗粒内部的水分一经与热风入口附近的高温气体接触后，因水分汽化膨胀而形成空心球形的洗衣粉颗粒。被汽化的水蒸气被热空气带走，从而使洗衣粉中水分及挥发物含量低于 15%。

聚氯乙烯树脂干燥案例中，自前一工序来的聚氯乙烯浆料中含有大量的水分，为了达到最终产品水分含量低于 0.3% 的要求，生产中首先采用离心机脱除大部分水分，然后湿聚氯乙烯树脂先后进入气流干燥管、旋风干燥器。图 6-3 所示为用热空气除去湿树脂中水分的干燥过程，由于空气的温度高（气流干燥管入口处空气温度可达 140~150℃），树脂的温度低，热空气以对流方式将热量传给湿树脂颗粒表面，再由颗粒表面进一步传至颗粒内部，这是一个热量传递过程，传热的推动力是温差；与此同时，由于树脂颗粒表面水分受热汽化，使得水在颗粒内部与表面之间出现了浓度差，在此浓度差作用下，水分从颗粒内部扩散至表面并汽化，汽化后的蒸汽

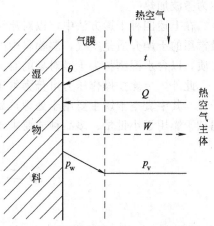

图 6-3　热空气与湿物料之间的传热和传质
θ—湿物料表面温度；t—热空气温度；
p_w—湿物料表面水汽分压；p_v—热空气中水汽分压；Q—热空气传给湿物料的热量；W—汽化水分

再通过湿树脂与空气之间的气膜扩散到空气主体内，这是一个质量传递过程，传质的推动力是水的浓度差或水蒸气的分压差。由此可见，对流干燥过程是一个热质同时传递的过程，两者传递方向相反，相互影响。热空气既是载热体又是载湿体，热空气将热量传给湿聚氯乙烯树脂，使其中的水分汽化，被汽化的水蒸气从树脂内部向树脂表面扩散，最后被热空气带

走,从而使聚氯乙烯树脂中水分含量低于 0.3%。

三、干燥方法

干燥按其热量供给湿物料的方式,可分为传导干燥、对流干燥、辐射干燥、介电加热干燥。

1. 对流干燥

洗衣粉干燥和聚氯乙烯树脂干燥案例,从干燥方法角度分析,属于对流干燥。我们可以看到,两个案例中使用的干燥介质为热空气,由于热空气的温度远较洗衣粉浆料和湿树脂的温度高,热空气在流动状态下,热量以对流方式传给湿物料。干燥过程中,干燥介质(热空气)与湿物料直接接触,干燥介质供给湿物料汽化所需要的热量,并带走汽化后的湿蒸汽。所以,干燥介质在干燥过程中既是载热体又是载湿体。在对流干燥中,干燥介质的温度容易调控,被干燥的物料不易过热,但干燥介质离开干燥设备时,还带有相当一部分热能,故对流干燥的热能利用程度较差。

2. 传导干燥

湿物料与加热介质不直接接触,热量以传导方式通过固体壁面传给湿物料。此法热能利用率高,但物料温度不易控制,容易过热变质。

3. 辐射干燥

热能以电磁波的形式由辐射器发射至湿物料表面,被湿物料吸收后再转变为热能,将湿物料中的湿分汽化并除去。如红外线干燥器。辐射干燥生产强度大,产品洁净且干燥均匀,但能耗高。

4. 介电加热干燥

将湿物料置于高频电场内,在高频电场的作用下,物料内部分子因振动而发热,从而达到干燥目的。电场频率在 300MHz 以下的称为高频加热,频率在 $300 \sim (300 \times 10^5)$ MHz 的称为微波加热。

在上述四种干燥方法中,以对流干燥在工业生产中应用最为广泛。在对流干燥过程中,最常用的干燥介质是空气,湿物料中的湿分大多为水。因此,本章主要讨论以湿空气为干燥介质,以含水湿物料为干燥对象的对流干燥过程。

此外,干燥按操作压力可分为常压干燥和真空干燥;按操作方式可分为连续干燥和间歇干燥。其中真空干燥主要用于处理热敏性、易氧化或要求干燥产品中湿分含量很低的物料;间歇干燥用于小批量、多品种或要求干燥时间很长的场合。

第二节 干燥设备

一、干燥流程

通过对于洗衣粉干燥案例和聚氯乙烯树脂干燥案例的学习,我们已对干燥工艺流程建立了初步的认识。干燥设备 (drying eauipment) 主要为干燥器(图 6-1 中的喷雾干燥塔和图 6-2 中的气流干燥管和旋风干燥器),湿物料和热空气需输送到干燥器中以发生热质的传递,使湿物料得以干燥。空气取自于大气,为了增强空气的干燥能力,空气要经过预热器加热(图 6-1 中的热风炉和图 6-2 中的空气加热器),此外,还需输送空气的设备如鼓风机等。图 6-4 所示为对流干燥流程方框示意图,空气由预热器加热至一定温度后进入干燥器,与进入干燥器的湿物料相接触,空气将热量以对流传热的方式传给湿物料,湿物料表面水分被加热汽化成蒸汽，然后扩散进入空气，最后由干燥器的另一端排出。空气与湿物料在干燥器内的接触可以是并流、逆流或其他方式（图6-1中洗衣粉浆料与热空气为逆流接触，图6-2中树脂与热空气为并流接触）。

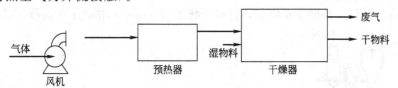

图 6-4　对流干燥流程

二、干燥设备

1. 干燥器的分类

在聚氯乙烯干燥工艺流程中，我们已接触到了两种干燥器：气流干燥器和旋风干燥器。除这两种干燥器以外，工业上还有多种其他种类的干燥器。这是由于被干燥物料的形态（块状、膏状、粉状、粒状等）和性质（如耐热性、分散性、黏性等）各不相同，干燥后的要求（含水量、外观、强度、粒径等）也不相同，因而需采用不同的干燥器来满足不同的要求。根据不同的方法，可对干燥器进行分类。

根据传热方式的不同，可分为传导加热、对流加热、辐射加热、微波和介电加热干燥器。根据干燥容器的类型，可分为厢式、转筒、流化床、气流或喷雾干燥器等。也可按原料的物理形态来分类。根据产品在干燥器中的停留时间，可分为停留时间很短（<1min）的喷雾、转鼓干燥器等；停留时间较长的（>1h）的隧道、小推车或带式干燥器。大多数干燥器中的停留时间居于其间。

2. 工业上常用的干燥器（dryer）

下面介绍几种常用的对流干燥器。

（1）厢式干燥器　厢式干燥器为外形像箱子的干燥器，为间歇式干燥设备。图6-5为厢式干燥器（compartment dryer）的结构示意图。干燥器外壁为绝热保温层，内部主要结构有逐层存放物料的盘子、框架、蒸汽加热翅片管（或无缝钢管）或裸露电热元件加热器。空气经风机引入到干燥器，经加热器加热后吹到湿物料表面而达到干燥的目的。也有的厢式干燥器把物料盘分为上、中、下三组，每组有若干层，组间设有中间加热器，使空气分段加热和废气部分循环使用，可使厢内空气温度均匀，提高热量利用率。

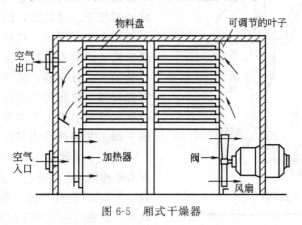

图 6-5　厢式干燥器

厢式干燥器结构简单，适应性强，可用于干燥小批量的粒状、片状、膏状、不允许粉碎和较贵重的物料。干燥程度可以通过改变干燥时间和干燥介质的状态来调节。但厢式干燥器具有干燥时间长、产品质量不稳定、装卸劳动强度大、操作条件差、热效率低等缺点。主要用于实验室和小规模生产。

(2) 转筒干燥器 如图 6-6 所示，转筒干燥器（rotary cylinder dryer）主体是一个与水

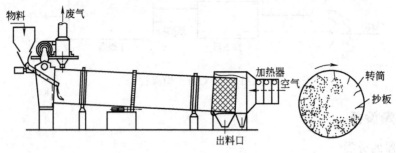

图 6-6 转筒干燥器

平面稍成倾角的钢制圆筒。转筒外壁装有两个滚圈，整个转筒的重量通过这两个滚圈由托轮支承。转筒由腰齿轮带动缓缓转动，转速一般为 1～8r/min。转筒干燥器是一种连续式干燥设备。湿物料由转筒较高的一端加入，随着转筒的转动，不断被其中的抄板抄起并均匀地洒下，以便湿物料与干燥介质能够均匀接触。同时物料在重力作用下不断地向出口端移动。干燥介质可用热空气、烟道气或其他气体，可与物料作并流或逆流流动。

转筒干燥器的生产能力大，气体阻力小，操作比较稳定，操作弹性大，与气流干燥器、流化床干燥器相比，对物料含水量、粒度等变动的适应强。可用于干燥粒状和块状物料。其缺点是钢材耗用量大，设备笨重，基建费用高，占地面积大。主要用于干燥硫酸铵、硝酸铵、复合肥以及碳酸钙等物料。

(3) 气流干燥器（pneumatic conveying dryer） 气流干燥也称为"瞬间干燥"，它是利用高速流动的热空气，使物料悬浮于空气中，在气力输送状态下完成干燥过程。干燥器结构如图 6-7 所示。操作时，热空气由风机送入干燥管下部，以 20～40m/s 的速度向上流动，湿物料由加料器加入，物料在干燥管中被高速上升的气流分散并呈悬浮状，与热空气一起向上流动，由于物料与空气的接触非常充分，且两者都处于运动状态，因此，气固之间的传热和传质系数都很大，物料中的水分得以很快干燥。被干燥后的物料和废气一起进入气流管出口处的旋风分离器，废气由分离器的升气管上部经袋滤器回收粉尘后排出，干燥产品则由分离器的下部引出。在本章第一节介绍的聚氯乙烯干燥工艺中就采用了气流干燥器进行干燥。

气流干燥器是一种干燥速率很高的干燥器。具有结构简单，造价低，占地面积小，干燥时间仅 0.5～2s，操作稳定，便于实现自动化控制等优点。其缺点是气流阻力大，动力消耗多，设备太高（干燥管通常在 10m 以上），产品易磨碎，

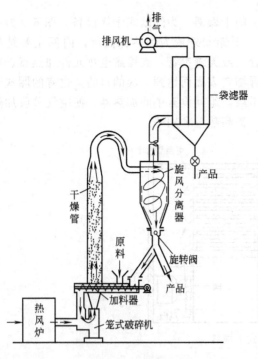

图 6-7 气流干燥器

旋风分离器负荷大。由于干燥速率快，干燥时间短，对某些热敏性物料在较高温度下干燥也不会变质，适宜干燥不严重黏结，不怕磨损的颗粒状物料。气流干燥器广泛用于化肥、塑料、制药、食品和染料等工业部门，干燥粒径在 10mm 以下含非结合水分较多的物料。

（4）沸腾床干燥器　沸腾床干燥器（fluidized-bed dryer）又称流化床干燥器，是固体流态化技术在干燥中的应用。工业上常用的沸腾床干燥器类型，从结构上可分为单层圆筒形、多层圆筒形、卧式多室形、喷雾形等。

图 6-8 为卧式沸腾床干燥器结构示意图。干燥器内用垂直挡板分隔成 4~8 室，挡板与水平空气分布板之间留有一定间隙（一般为几十毫米），使物料能够从一室进入下一室。湿物料由第一室加入，依次流过各室，最后越过出口堰板排出。热空气通过空气分布板分别进入各室，通过物料层，并使物料处于流态化，由于物料上下翻滚，互相混合，与热空气接触充分，从而使物料能够得到快速干燥。干燥后的物料由最后一室的卸料口卸出，产品得到迅速冷却，以便包装、贮藏。

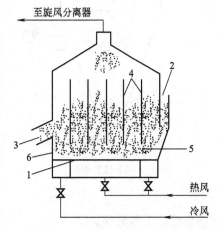

图 6-8　卧式沸腾床干燥器
1—多孔分布板；2—加料口；3—出料口；
4—挡板；5—物料通道；6—出口堰板

沸腾床干燥器结构简单，活动部件少，造价和维修费用较低；物料在干燥器内的停留时间长短可以调节；气固接触好，干燥速率快，热能利用率高，能得到较低的最终含水量；空气的流速较小，物料与设备的磨损较轻，压降较小。多用于干燥粒径在 6~30mm 的物料。由于沸腾床干燥器优点较多，适应性较广，在生产中得到广泛应用。

（5）喷雾干燥器　喷雾干燥器（spray dryer）是直接将溶液、悬浮液、浆状物料或熔融液干燥成固体产品的一种干燥设备。它将物料喷成细微的雾滴分散在热气流中，使水分迅速汽化而达到干燥目的。

图 6-9（a）、(b) 分别为喷雾干燥器的原理示意图和喷雾干燥流程图。操作时，高压溶液从喷嘴呈雾状喷出，雾状的液滴能均匀地分布在热空气中。与从干燥器上端进入的热空气接触，由于液滴表面积很大，与高温热风接触后水分迅速蒸发，极短时间内成为干燥产品，从干燥器底部排出。废气经旋风分离器和排风机排出。

喷雾干燥器的干燥速率快，完成干燥一般只需 20~30s，适用于热敏性物料；可以从料浆直接得到粉末产品；产品质量好，具有良好的分散性、流动性；劳动条件较好；操作稳定，便于实现连续化和自动化生产。其缺点是设备庞大，能量消耗大，热效率较低。喷雾干燥器常用于牛奶、蛋品、血浆、洗涤剂、抗生素、染料等的干燥。

3. 干燥器的选择

由于工业生产中被干燥的物料种类繁多，对产品质量的要求又各不相同，因此选择合适的干燥器非常重要。若选择不当，将导致产品质量达不到要求，或是热量利用率低，动力消耗高，甚至设备不能正常运行。

通常，可根据被干燥物料的性质和工业要求选择几种适用的干燥器，然后对所选干燥器的设备费用和操作费用进行技术经济核算，加之与工业设备相似的设备进行试验，最终确定干燥器的类型。具体地说，选择干燥器类型时需要满足以下条件。

① 保证产品的质量要求。指产品经干燥后能达到规定的干燥程度，同时满足对产品形态、物理化学性质等的要求。例如，有的产品要求保持一定的结晶形状和色泽，有的产品要

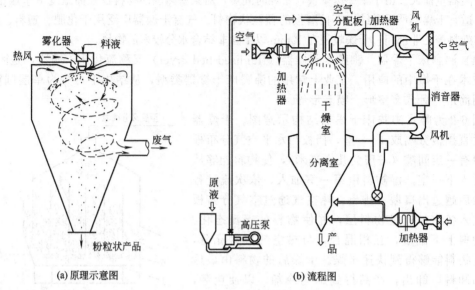

图 6-9 喷雾干燥器

求不变性、不龟裂等。

② 干燥速率高，干燥时间短，以减小设备尺寸，降低能耗。

③ 热量的利用率高。干燥的热效率是干燥装置的重要经济指标。不同类型的干燥器的热效率不同。选择干燥器时，在满足干燥基本要求的条件下，应尽量选择热效率高的干燥器。

④ 干燥系统的流体阻力小，以降低输送加热介质的动力消耗。

⑤ 选择干燥器时还应考虑操作简单、易于控制、劳动条件好、维修方便等因素。

表 6-1 可作为干燥器选型时的参考。

表 6-1 干燥器选型参考

加热方式	干燥器	溶液 无机盐类、牛奶、萃取液、橡胶乳液等	泥浆 颜料、纯碱、洗涤剂、碱石灰、高岭土、黏土	膏糊状 滤饼、沉淀物、淀粉、染料等	粒径100目以下 离心机滤饼、颜料、黏土、水泥等	粒径100目以上 合成纤维、结晶、矿砂、合成橡胶等	特殊形状 陶瓷、砖瓦、木材、填料等	薄膜状 塑料薄膜、玻璃、纸张、布匹等	片状 薄板、泡沫塑料、照相、印刷材料、皮革、三夹板
对流加热	气流	5	3	3	4	1	5	5	5
	流化床	5	3	3	4	1	5	5	5
	喷雾	1	1	4	5	5	5	5	5
	转筒	5	5	3	1	1	5	5	5
	盘架	5	4	1	1	1	5	5	1
传导加热	耙式真空	4	1	1	1	1	5	5	5
	滚筒	1	1	4	4	5	5	适用于多滚筒	5
	冷冻	2	2	2	2	2	5	5	5
辐射加热	红外线	2	2	2	2	2	1	1	1
介电加热	微波	2	2	2	2	2	1	2	2

注：表中符号 1—适合；2—经费许可时才适合；3—特定条件下适合；4—适当条件时才应用；5—不适合。

第三节　湿空气的性质及湿物料中水分的性质

由于干燥过程涉及湿物料与热空气，因此，物料的干燥速率、干燥效果，与湿物料和热空气之间的接触状况，热空气的温度、水汽含量，湿物料的结构、物料与水分的结合方法等有关，因此，有必要研究湿空气的性质及湿物料中水分的性质。

一、湿空气的性质

在对流干燥过程中，最常用的干燥介质是空气，通过对洗衣粉和聚氯乙烯树脂干燥案例的学习可以发现，取自于大气中的空气，并没有直接送入干燥器，而是经加热器加热后才送入干燥器中，这是为什么呢？

此外，在夏季梅雨季节，尽管气温较高，晾晒的衣物却并不容易干，如此看来，温度高，衣物不一定干燥得快。

有些人喜欢吃酥脆的饼干，但当把饼干的包装袋打开，放置一段时间再吃的时候，饼干已经不脆了，这又是为什么呢？

以上问题的解决，需要了解人类须臾不能离开的物质——空气的性质。

我们周围的大气为绝干空气和水蒸气的混合物，称为湿空气。作为干燥介质的湿空气，其温度应高于被干燥物料的温度，同时必须未被水汽饱和，所谓未被水汽饱和是指空气水汽分压小于同温度下水的饱和蒸气压，这样的空气才具有干燥能力。由于干燥操作的压力通常都较低（常压或真空），故可将湿空气按理想气体处理。在干燥过程中，湿空气中的水汽量是不断增加的，但其中绝干空气的质量流量始终不变，因此，为了计算方便，表征湿空气各项性质的参数，均以单位质量干空气作为基准。

1. 湿度 H（湿含量）和相对湿度 φ

（1）湿度 H（湿含量）　湿空气中单位质量干空气含有的水汽质量，称为湿空气的湿含量或绝对湿度，简称湿度（humidity），用符号 H 表示，其单位为 kg（水汽）/kg（干空气）。

根据湿度的定义，其计算式为

$$H=\frac{n_w M_w}{n_g M_g}=\frac{18 n_w}{29 n_g} \tag{6-1}$$

式中　n_g——湿空气中干空气的物质的量，kmol；

　　　n_w——湿空气中水汽的物质的量，kmol；

　　　M_w——水蒸气的摩尔质量，18kg/kmol；

　　　M_g——绝对干燥空气的摩尔质量，29kg/kmol。

设湿空气的总压为 p，其中的水汽分压为 p_w，则干空气的分压为 $p_g=p-p_w$。水汽与干空气的摩尔比，在数值上应等于其分压之比，即

$$\frac{n_w}{n_g}=\frac{p_w}{p-p_w}$$

将上式代入式（6-1），整理得

$$H=0.622\frac{p_w}{p-p_w} \tag{6-2}$$

式 (6-2) 说明湿度 H 与湿空气的总压以及其中水汽的分压 p_w 有关,当总压 p 一定时,湿度 H 随水汽 p_w 分压增大而增大。

当湿空气呈饱和状态,即湿空气中水蒸气分压 p_w 与该空气温度下水的饱和蒸气压 p_s 相等时,其湿度称为饱和湿度,用 H_s 表示。

$$H_s = 0.622 \frac{p_s}{p - p_s}$$

因饱和水蒸气压仅与温度有关,所以空气的饱和湿度与总压及温度有关。饱和湿度是一定温度下湿空气所能含有的最大水蒸气量。

(2) 相对湿度　湿度仅能表示每千克干空气所含的水蒸气的绝对量,无法表示该湿空气是否为水蒸气饱和,因此,需要引入相对湿度 (relative humidity) 的概念。

在一定总压下,湿空气中水汽的分压 p_w 与同温度下水的饱和蒸气压 p_s 之比的百分数称为湿空气的相对湿度,用 φ 表示,计算式为

$$\varphi = \frac{p_w}{p_s} \times 100\% \tag{6-3}$$

相对湿度可以用来衡量湿空气的不饱和程度。φ 值越小,湿空气的不饱和程度越大,干燥能力越强。当 $p_w = p_s$,$\varphi = 100\%$,表明该湿空气已被水汽所饱和,不再具有吸湿能力,因而不能作为干燥介质。

由此可见,湿度只能表示湿空气中水汽含量的多少,而相对湿度则能反映空气吸水能力的大小。

水的饱和蒸气压 p_s 随温度的升高而增大,对于具有一定水汽分压 p_w 的湿空气,温度升高,相对湿度 φ 必然下降。因此,在干燥操作中,为提高湿空气的吸湿能力和传热的推动力,通常将湿空气先进行预热再送入干燥器。

由式 (6-2) 和式 (6-3) 可得

$$H = 0.622 \frac{\varphi p_s}{p - \varphi p_s} \tag{6-4}$$

或

$$\varphi = \frac{pH}{(0.622 + H) p_s} \tag{6-5}$$

由上式可知,在一定总压 p 下,相对湿度 φ 与湿度 H 和饱和蒸气压 p_s 有关,而饱和蒸汽压 p_s 又是温度 t 的函数,所以当总压 p 一定时,相对湿度 φ 是湿度 H 和温度 t 的函数。

【例 6-1】 聚氯乙烯树脂干燥工艺中,以热空气作为干燥介质,观察图 6-2 可以发现,该工艺中空气取自于大气,且经过空气加热器加热后才送到气流干燥管,试求空气在经过空气加热器前后的湿度及相对湿度。

解 首先求空气在经过空气加热器之前的湿度和相对湿度。由于空气取自于大气,而大气的气压、温度和湿度等参数是随季节和天气的情况而变化的,工程上可取当地气压、气温等的平均值。

以某地为例,查取当地气压、气温、相对湿度的平均值分别为 $p = 103.2 \text{kPa}$

$t = 15℃$,$\varphi = 65\%$,

查得 15℃ 下的 $p_s = 1.706 \text{kPa}$

则空气中的水汽分压 $p_w = \varphi \times p_s = 0.65 \times 1.706 = 1.11$ (kPa)

空气的湿度

$$H = 0.622 \frac{p_w}{p - p_w} = 0.622 \times \frac{1.11}{103.2 - 1.11} = 0.00676 \, [\text{kg(水汽)/kg(干空气)}]$$

其次求取空气在经过空气加热器后的湿度和相对湿度，由前面聚氯乙烯树脂干燥工艺流程说明可知，出加热器的热空气温度达150℃，查得此温度下的 $p_s = 476.1 \text{kPa}$

相对湿度为
$$\varphi = \frac{p_w}{p_s} \times 100\% = \frac{1.11}{476.1} \times 100\% = 0.23\%$$

由于空气在加热后只是温度升高，单位质量绝干空气所含的水汽质量并未发生变化，因此空气加热至150℃后，湿度不改变。但湿空气的相对湿度显著下降，由65%下降至0.23%，其吸湿能力大大增加，聚氯乙烯干燥工艺流程中设置加热器预热空气道理就在此。

2. 湿空气的比容和比热容

(1) 湿空气的比容　单位质量干空气及其所含有水汽的总体积称为湿空气的比容和湿容积，用符号 v_H，单位为 m^3/kg（干空气）。

常压下，干空气在温度为 t℃时的比容 (v_g) 为

$$v_g = \frac{22.4}{28.96} \times \frac{t+273}{273} = 0.773 \times \frac{t+273}{273}$$

水汽的比容 (v_w) 为

$$v_w = \frac{22.4}{18} \times \frac{t+273}{273} = 1.244 \times \frac{t+273}{273}$$

根据湿空气比容的定义，其计算式应为

$$v_H = v_g + H v_w = (0.773 + 1.244H) \times \frac{t+273}{273} \tag{6-6}$$

由式 (6-6) 可知，湿空气的比容与湿空气温度及湿度有关，温度越高，湿度越大，比容越大。

【例6-2】聚氯乙烯树脂干燥工艺流程中，试求鼓风机入口处的湿空气100kg所具有的体积。

解　由例6-1可知，鼓风机入口处湿空气的状态为 $p = 103.2 \text{kPa}$，$t = 15$℃，$\varphi = 65\%$

$$H = 0.00676 \text{kg}（水汽）/\text{kg}（干空气）$$

则该湿空气的比容为

$$v_H = (0.773 + 1.244H) \times \frac{t+273}{273} = (0.733 + 1.244 \times 0.00676) \times \frac{15+273}{273}$$

$$= 0.782 \, [m^3/\text{kg}（干空气）]$$

100kg 湿空气中干空气的含量 (L) 为

$$L = \frac{100}{1+H} = \frac{100}{1+0.00676} = 99.33 \, (\text{kg})$$

则100kg湿空气的体积 (V) 为

$$V = L v_H = 99.33 \times 0.782 = 77.68 \, (m^3)$$

(2) 湿空气的比热容　常压下，单位质量干空气及其含有的 H kg 水汽，温度升高 1K

所需要的热量，称为湿空气的比热容，简称湿热，用符号 C_H 表示，单位为 kJ/(kg 干空气·K)。

若以 C_g、C_w 分别表示干空气和水汽的比热容，根据湿空气比热容的定义，其计算式为

$$C_H = C_g + C_w H$$

工程计算中，常取 $C_g = 1.01$ kJ/(kg·K)，$C_w = 1.88$ kJ/(kg·K)，代入上式，得

$$C_H = 1.01 + 1.88H \tag{6-7}$$

由式（6-7）可知，湿空气的比热容仅与湿度有关。

3. 湿空气的焓

单位质量干空气和其所含有的 H kg 水汽共同具有的焓，称为湿空气的焓，简称为湿焓，用符号 I_H 表示，单位为 kJ/kg（干空气）。

若以 I_g、I_w 分别表示干空气和水汽的焓，根据湿空气的焓的定义，其计算式为

$$I_H = I_g + I_w H$$

若上式中的焓值以干空气和水（液态）在 0℃ 时的焓等于零为基准（工程计算中，常用此基准），又有水在 0℃ 时的汽化潜热 $r_0 = 2490$ kJ/(kg·K)，则

$$I_g = C_g t = 1.01t \qquad I_w = C_w t + r_0 = 1.88t + 2490$$

代入上式，整理得

$$I_H = (1.01 + 1.88H)t + 2490H = C_H t + 2490H \tag{6-8}$$

由式（6-8）可知，湿空气的焓与其温度和湿度有关，温度越高，湿度越大，焓值越大。

【例 6-3】 聚氯乙烯树脂干燥工艺中，用空气加热器将 5000kg/h 的空气加热，求所需供给的热量。

解 5000kg/h 湿空气中干空气的量为

$$L = \frac{5000}{1+H} = \frac{5000}{1+0.00676} = 4966.4 \text{ kg/h}$$

用比热容进行计算：将 5000kg/h 的湿空气（含有 4966.4kg/h 干空气）从 15℃ 加热至 150℃ 所需热量为

$$Q = LC_H \Delta t = L(1.01 + 1.88H)(t_2 - t_1) = \frac{4966.4}{3600} \times (1.01 + 1.88 \times 0.00676) \times (150 - 15)$$

$$= 190.5 \text{ (kW)}$$

通过计算加热空气所需的热量，可以进一步对加热器进行选型。

也可以用湿空气的焓进行计算，读者可尝试一下。

4. 干球温度和湿球温度

用普通温度计测得的湿空气的温度称为湿空气的干球温度，用符号 t 表示，单位为 ℃ 或 K，干球温度为湿空气的真实温度。

如图 6-10 所示，用湿纱布包裹温度计的感温球，湿纱布的下端浸在水中（注意感温球不能与水接触），使湿纱布始终保持湿润，这种温度计称为湿球温度计。湿球温度计测得的温度为该空气的湿球温度，用 t_w 表示，单位为 ℃ 或 K。

将湿球温度计置于温度为 t、湿度为 H 的不饱和空气中,可以发现测得的湿球温度低于干球温度。这是因为不饱和空气与水分间存在着湿度差,湿纱布中的水分汽化,水汽向空气主流扩散,汽化所需的热量只能由水分自身温度下降供给,水温下降后,与空气间出现温差,空气将热量传给水分。当空气传给水分的显热与水分汽化的潜热相等时,湿球温度计上的温度保持稳定,此即为湿球温度。湿球温度决定于湿空气的干球温度和湿度,因此是湿空气的性质。饱和湿空气的湿球温度等于其干球温度,不饱和湿空气的湿球温度总是小于其干球温度,而且,湿空气的相对湿度越小,两温度的差距越大。

5. 露点

将未饱和的湿空气在总压 p 和湿度 H 不变的情况下冷却降温至饱和状态时($\varphi=100\%$)的温度称为该空气的露点,用符号 t_d 表示,单位为℃或K。

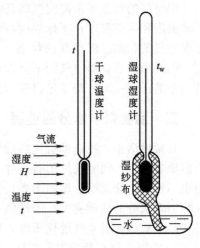

图 6-10 干湿球温度计

露点时空气的湿度为饱和湿度,其数值等于原空气的湿度。湿空气中的水汽分压 p_w 应等于露点温度下水的饱和蒸气压 p_{st_d}。由式(6-2)有

$$p_{st_d} = \frac{Hp}{0.622+H} \tag{6-9}$$

在确定露点温度时,只需将湿空气的总压 p 和湿度 H 代入式(6-9)即可求得,然后查饱和水蒸气表,查出与饱和蒸气压 p_{st_d} 相对应的温度,即为该湿空气的露点 t_d。由式(6-9)可知,在总压一定时,湿空气的露点只与其湿度有关。

若将已达到露点的湿空气继续冷却,则湿空气会析出水分,湿空气中的湿含量开始减少。冷却停止后,每 kg 干空气析出的水分量等于湿空气原来的湿度与终温下的饱和湿度之差。

湿空气的干球温度 t、湿球温度 t_w 和露点 t_d 之间的关系为

未饱和湿空气

$$t > t_w > t_d$$

饱和湿空气

$$t = t_w = t_d$$

【例 6-4】 聚氯乙烯树脂干燥工艺流程中,旋风干燥器内热空气的温度为 50℃,相对湿度为 85%,若旋风干燥器壁温度为 20℃,问器壁上是否有水析出?

解 查得 50℃时水的饱和蒸气压 $p_s=12.34$ kPa,则该湿空气的水汽分压为

$$p_w = \varphi p_s = 0.85 \times 12.34 = 10.489 \text{ (kPa)}$$

此分压即为露点下的饱和蒸气压,即 $p_{st_d}=10.489$ kPa。由此蒸气压查得对应的饱和温度为 46.6℃,即该湿空气的露点为 $t_d=46.6$℃。

由于旋风干燥器器壁温度为 20℃,已低于湿空气的露点温度 46.6℃,器壁上必然有水分析出。

若旋风干燥器不进行保温,器壁上析出的水分会影响树脂的干燥效果,因此,旋风干燥器外部设有热水夹套,夹套内热水水温控制在 55℃以上,以保证干燥器内无水分析出。

湿空气的状态可由湿空气的任意两个独立的性质参数确定。例如干球温度和湿球温度；干球温度和露点温度；干球温度与相对湿度等。由于干、湿球温度易于测量，所以常用其确定湿空气的状态。湿空气的状态一旦确定，湿空气的各项性质均可用计算或查图的方法求出。但必须注意，湿空气的下列性质不是彼此独立的：t_d-H、t_d-p_w、t_w-I_H 等，知道这 3 对性质中的任何一对，都不足以确定湿空气的状态。

二、湿物料中水分的性质

日常生活中，我们都有这样的生活经验，刚洗好的衣物，在晴好天气下晾比阴雨天晾，衣服要容易干；同时洗好的若干件不同质地的衣服，在同样的天气状况下晾晒，衣服干的快慢也不相同。这说明衣服的干燥快慢和干燥效果，既与湿空气的性质和流动状态有关，也与衣物所含水分的性质有关。同样的道理也适用于工业生产中湿物料的干燥。因此，研究干燥过程除了要研究湿空气的性质外，还要研究湿物料中水分的性质。

1. 物料中含水量的表示方法：湿基含水量和干基含水量

（1）湿基含水量　单位质量湿物料所含水分的质量，即湿物料中水分的质量分数，称为湿物料的湿基含水量，用符号 w 表示，其单位为 kg（水）/kg（湿物料）。即

$$w = \frac{湿物料中水分的质量}{湿物料的总质量}$$

（2）干基含水量　干基含水量指单位绝干物料中所含水分的质量，用符号 X 表示，单位为 kg（水）/kg（绝干料）。即

$$X = \frac{湿物料中水分的质量}{湿物料的总质量 - 湿物料中水分的质量}$$

干基含水量常用于干燥过程的计算，这是由于湿物料在干燥过程中，水分不断被汽化移走，湿物料的总质量在不断变化，用湿基含水量有时很不方便。考虑到湿物料中的绝干物料量在干燥过程中始终不变（不计损失），因而以绝干物料量为基准的干基含水量，使用起来比较方便。

两种含水量之间的换算关系为

$$X = \frac{w}{1-w} \quad 或 \quad w = \frac{X}{1+X} \tag{6-10}$$

2. 平衡水分与自由水分

当湿物料与一定状态的湿空气接触时，可能有以下几种情况发生：①当湿物料表面所产生的水汽分压大于空气中的水分分压，湿物料中的水分将向空气中传递，湿物料得以干燥；②当湿物料表面所产生的水汽分压小于空气中的水汽分压，则物料将吸收空气中的水分，物料增湿；③当湿物料中表面产生的水汽分压等于空气中的水汽分压时，两者处于平衡状态，湿物料中的水分不会因为与湿空气接触时间的延长而有增减，湿物料中水分含量为一定值，该含水量就称为该物料在此空气状态下的平衡含水量（equilibrium moisture content），又称平衡水分，用 X^* 表示，单位为 kg（水）/kg（绝干料）。湿物料中的水分含量大于平衡水分时，则其含水量与平衡水分之差称为自由水分（free moisture）。可见，用一定温度和湿度的空气干燥物料时，自由水分是采用干燥方法除去水分的最大量，平衡水分不能采用干燥的方法去除。

湿物料的平衡水分，可由实验测得，通常是测定在一定温度下，物料的平衡水分与空气

的相对湿度之间的关系。图 6-11 为实验测得的几种物料在 25℃时的平衡水分 X^* 与湿空气相对湿度 φ 之间的关系——干燥平衡曲线。从图中可以看出，不同的湿物料在相同的空气相对湿度下，其平衡水分不同；同一种湿物料的平衡水分，随着空气的相对湿度的减小而降低，当空气的相对湿度减小为零时，各种物料的平衡水分均为零。也就是说，要想获得一个绝干物料，就必须有一个绝干的空气（$\varphi=0$）与湿物料进行长时间的充分接触，实际生产中是很难达到这一要求的。反之，若使湿物料与具有一定湿度的空气进行接触，则湿物料中总有一部分水分不能被除去，平衡水分是在一定空气状态下，湿物料可能达到的最大干燥限度，但在实际干燥操作中，干燥往往不能进行到干燥的最大限度，因此自由水分也只能有一部分被除去。

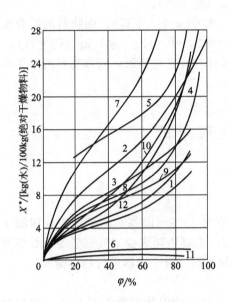

图 6-11　在 25℃时某些物料的平衡水分

X^* 与空气湿度 φ 的关系

1—新闻纸；2—羊毛；3—硝化纤维；4—丝；
5—皮革；6—陶土；7—烟叶；8—肥皂；
9—牛皮胶；10—木材；11—玻璃丝；
12—棉花

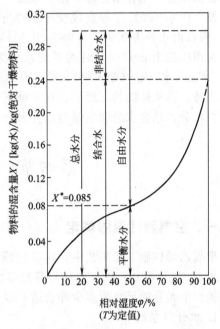

图 6-12　固体物料（丝）中所含水分的性质

3. 结合水分与非结合水分

根据湿物料中水分与固体物料结合的形式，可将物料中的水分分为结合水分（bond water）和非结合水分（unbond water）两大类。

结合水分是指以化学力、物理化学力或生物化学力等与物料结合的水分，如存在于物料中毛细管内的水分、细胞壁内的水分、结晶水以及物料内可溶固体物溶液中的水分，都是结合水分。结合水因受化学力或物理化学力的作用，其饱和蒸气压低于同温度下纯水的饱和蒸气压。

非结合水分是指机械地附着在物料表面或积存于大孔中的水分，不受固体物料的作用，其饱和蒸气压等于同温度下纯水的饱和蒸气压。

显然，干燥过程中，除去结合水分比除去非结合水分难。

在一定温度下，平衡水分与自由水分的划分是根据湿物料的性质以及与之接触的空气的状态而定，而结合水分与非结合水分的划分则完全由湿物料自身的性质而定，与空气的状态无关。对于一定温度下的一定湿物料，结合水分不会因空气的相对湿度不同而发生变化，它是一个固定值，分析可知，同温下 $\varphi=100\%$ 时的平衡水分即为湿物料的结合水分。

图 6-12 示出了物料丝中几种水分的关系，从图中可以看出，该温度下丝的结合水分为 0.24kg（水）/kg（绝干料），为一常数。平衡水分随湿空气相对湿度的增大而增大。

【例 6-5】 固体物料（丝）在一定温度下的平衡曲线如图 6-12 所示，已知物料的总含水量 $X=0.30$kg（水）/kg（绝干料），若与 $\varphi=50\%$ 时的湿空气接触，试划分该物料的平衡水分和自由水分，结合水分和非结合水分。

解 由 $\varphi=50\%$ 作垂直线交平衡线于一点，读出平衡水分为 0.085kg（水）/kg（绝干料），则自由水分为 $0.30-0.085=0.215$kg（水）/kg（绝干料）。

由图中读出 $\varphi=100\%$ 时的平衡水分为 0.24kg（水）/kg（绝干料），则物料的结合水分为 0.24kg（水）/kg（绝干料），非结合水分为 $0.30-0.24=0.06$kg（水）/kg（绝干料）。

思考：若固体物料（丝）在该温度下与 $\varphi=70\%$ 时的湿空气接触，问该物料的平衡水分和自由水分，结合水分和非结合水分又为多少？

第四节　干燥过程分析

一、空气消耗量的确定

聚氯乙烯树脂干燥工艺中，将一定质量流率含水为 15%（湿基）的聚氯乙烯树脂干燥到含水 0.3%（湿基）以下，需要蒸发多少水分？相应需要消耗多少空气？需要什么型号的鼓风机？干燥器的尺寸为多少才合适？以上问题的解决需要对干燥器进行物料衡算。

1. 水分蒸发量

图 6-13 为干燥系统的物料流动示意图。设进入干燥器的湿物料量为 G_1kg/s，湿基含水量为 w_1，干基含水量为 X_1；出干燥器的干燥产品量为 G_2kg/s，湿基含水量为 w_2，干基含水量为 X_2；湿物料中绝干物料量为 $G_c$kg/s，水分蒸发量为 Wkg/s。

以干燥器为系统作水的物料衡算：

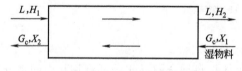

图 6-13　干燥器的物料衡算

$$G_c H_1 + L H_1 = G_c H_2 + L H_2 \quad (6-11)$$

整理上式得

$$W = G_c(X_1 - X_2) = L(H_2 - H_1) \quad (6-12)$$

由式（6-12）可知，既可以通过湿物料干燥前后的干基含水量计算水分蒸发量，也可以通过湿空气进出干燥器的湿度的变化计算水分蒸发量。从湿物料中需要除去的水分量 W 决定于物料的初始含水量 X_1 和最终干燥程度 X_2，在干燥程度 X_2 一定的前提下，水分蒸发量大小取决于物料的初始含水量 X_1，X_1 越大，水分蒸发量越大，需用 L 越大，干燥操作费用越高。因此，干燥前采用能耗较低的机械去湿法除去湿分，降低物料的初始含水量 X_1，从而降低干燥操作费用（参看第一节聚氯乙烯树脂干燥案例）。

2. 空气消耗量

经预热后的湿空气（湿度为 H_1）进入干燥器，在干燥过程中，湿空气不断吸收湿物料所蒸发的水分，湿度不断增加，出口时的湿度为 H_2。干燥的结果是湿物料蒸发的水分全部被湿空气所吸收，因此，进入干燥器的湿空气所含水量加上湿物料蒸发的水分量必然与离开干燥器的湿空气所含水分量相等。设干燥所需绝干空气消耗量为 L，则有

$$LH_1 + W = LH_2$$

绝干空气消耗量为

$$L = \frac{W}{H_2 - H_1} \tag{6-13}$$

每蒸发 1kg 水分所需的绝干空气消耗量称为单位蒸汽消耗量，用符号 l 表示，单位为 kg（干空气）/kg（水）。其计算式为

$$l = \frac{1}{H_2 - H_1} \tag{6-14}$$

由于进出预热器的湿空气的湿度不变，H_1 与进预热器时的湿度 H_0 相等同，即 $H_1 = H_0$。则式（6-13）和式（6-14）又可写为

$$L = \frac{W}{H_2 - H_0} \qquad l = \frac{1}{H_2 - H_0}$$

由此可见，对于一定的水分蒸发量而言，空气的消耗量只与空气的最初湿度 H_0 和最终湿度 H_2 有关，而与经历的过程无关；当要求空气出干燥器的湿度 H_2 不变时，空气的消耗量决定于空气的最初湿度 H_0，H_0 越大，空气消耗量越大。空气的最初湿度 H_0 与气候条件有关，通常情况下，同一地区夏季空气的湿度大于冬季空气的湿度，也就是说，一般而言，干燥过程中空气消耗量在夏季要比在冬季为大。因此，在干燥过程中，选择输送空气所需鼓风机等装置时，应以全年中所需最大空气消耗量为依据。

鼓风机所需风量根据湿空气的体积流量 V 而定，湿空气的体积流量可由干空气的质量流量 L 与湿比容的乘积来确定，即

$$V = L v_H = L(0.773 + 1.244H) \times \frac{t + 273}{273} \tag{6-15}$$

式中，空气的湿度 H 和温度 t 与鼓风机所安装的位置有关。例如，鼓风机安装在干燥器的出口，H 和 t 就应取干燥器出口空气的湿度和温度。

【例 6-6】 用空气干燥含水量为 15%（湿基）的湿聚氯乙烯树脂，每小时处理湿物料量 4375kg，干燥后产品含水量为 0.3%（湿基）。空气的初温为 15℃，相对湿度为 65%，经预热至 150℃ 后进入干燥器，离开干燥器时的温度为 40℃，相对湿度为 85%。试求：①水分蒸发量；②绝干空气消耗量和单位空气消耗量；③鼓风机装在预热器进口处，风机的风量；④干燥产品量。

解 ① 水分蒸发量

已知 $G_1 = 4375$kg/h，$w_1 = 0.15$，$w_2 = 0.003$，则物料的干基含水量为

$$X_1 = \frac{w_1}{1-w_1} = \frac{0.15}{1-0.15} = 0.176$$

$$X_2 = \frac{w_2}{1-w_2} = \frac{0.003}{1-0.003} = 0.003$$

绝干物料量为：

$$G_c = G_1(1-w_1) = 4375 \times (1-0.15) = 3721.3 \text{ (kg/h)}$$

水分蒸发量为：

$$W = G_c(X_1 - X_2) = 3721.3 \times (0.176 - 0.003) = 643.8 \text{ (kg/h)}$$

② 在例 6-1 中，我们已计算出 $H_0 = 0.00676$ kg（水）/kg 绝干气，又由本题知 $\varphi_2 = 80\%$；$t_2 = 40℃$；查饱和水蒸气表得：40℃时，$p_s = 7.375$ kPa；则

$$H_2 = 0.622 \frac{\varphi p_s}{p - \varphi p_s} = 0.622 \times \frac{0.80 \times 7.375}{100 - 0.80 \times 7.375} = 0.039 \text{ [kg(水)/kg(绝干气)]}$$

故

$$L = \frac{W}{H_2 - H_0} = \frac{643.8}{0.039 - 0.00676} = 20118.8 \text{ [kg(绝干气)/h]}$$

$$l = \frac{1}{H_2 - H_0} = \frac{1}{0.039 - 0.00676} = 31.25 \text{ [kg(绝干气)/kg（水）]}$$

③ 鼓风机风量

因风机装在预热器进口处，输送的是新鲜空气，其温度 $t_0 = 15℃$，湿度 $H_0 = 0.00676$ kg（水）/kg（绝干气），则湿空气的体积流量为

$$V = L(0.773 + 1.244H) \times \frac{t+273}{273} = 20118.8 \times (0.773 + 1.244 \times 0.00676) \times \frac{15+273}{273}$$

$$= 16576 \text{ (m}^3\text{/h)}$$

④ 干燥产品量

$$G_2 = G_1 - W = 4375 - 643.8 = 3731.2 \text{ (kg/h)}$$

二、干燥速率

干燥速率（drying rate）指湿物料单位时间内、单位干燥面积上汽化的水分质量，是衡量干燥快慢的物理量。由于影响干燥速率的因素很多，目前人们仍无法用数学关系式来定量描述干燥速率与影响因素间的关系，在设计干燥器时，通常需要进行干燥实验以获得有关数据。

1. 干燥实验

为了简化影响因素，干燥实验通常在恒定的干燥条件下进行，即用大量的空气干燥少量的物料，此时，可认为干燥介质的温度、湿度、流速及与物料的接触方式在干燥过程中保持不变，干燥条件接近恒定。

实验装置如图 6-14 所示。实验时，记录不同时间湿物料的质量。实验测定进行到物料的质量恒定不变，物料与空气间的传质达到一种动态平衡，此时，物料中所含水分为此空气状态下的平衡水分 X^*。实验结束后将物料烘干至恒重，称出绝干物料质量，量出干燥面积。

将实验所得数据整理后，可绘出干燥曲线图如图 6-15 所示。

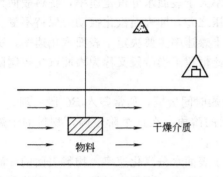

图 6-14 实验装置示意图

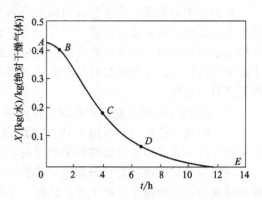

图 6-15 恒定干燥条件下的干燥曲线图

干燥曲线图中，横坐标为干燥时间 t，纵坐标为湿物料的干基含水量 X，从图中可直接读出将含水量为 X_1 的湿物料干燥至含水量 X_2 所需的时间。

2. 干燥速率

干燥速率指湿物料单位时间内、单位干燥面积上汽化的水分质量，用符号 U 表示，单位为 kg（水）/(m²·s)。则

$$U = \frac{dW'}{S d\tau} \qquad (6-16)$$

因

$$dW' = -G'_c dX$$

故

$$U = -\frac{G'_c dX}{S d\tau} \qquad (6-17)$$

上三式中　W'——水分汽化量，kg；
　　　　　S——湿物料与干燥介质的接触面积；
　　　　　τ——干燥时间，s；
　　　　　G'_c——绝干物料量，kg。

式中负号表示物料含水量 X 随时间增加而减少。

dX/dt 为干燥曲线的斜率，因而通过干燥曲线图可求取不同 X 下的干燥速率，可得干燥速率曲线图，如图 6-16 所示。

干燥速率曲线表明，在一定干燥条件下，干燥速率 U 与物料含水量 X 的关系。从干燥速率曲线可以看出，干燥过程明显地分为两个阶段——恒速干燥阶段和降速干燥阶段。

（1）恒速干燥阶段　如图 6-16 中 BC 段所表示的阶段。在这个阶段中，干燥速率保持恒定值，且为最大值，干燥速率不随物料含水量的减少而变化。这是由于在此阶段物料的表面非常润湿，含有大量的非结合水分。物料表面水分汽化后，物料内部水分可源源不断地进行补充，物料表面与空气之间

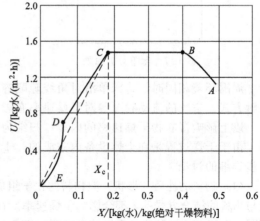

图 6-16 干燥速率曲线（curve of drying rate）

的传热和传质情况与测定湿球温度时相同。物料表面温度基本保持为空气的湿球温度。

在恒速干燥阶段，由于物料内部水分的扩散速率大于表面水分汽化速率，物料表面始终被水分所湿润。表面水分的蒸气压与空气水蒸气分压之差，即表面汽化推动力保持不变。空气传给物料的热量等于水分汽化所需热量。此时，干燥速率主要决定于表面汽化速率，决定于湿空气的性质，而与湿物料的性质关系很小，因此恒速干燥阶段又称为表面汽化控制阶段或干燥第一阶段。

图 6-16 中 AB 段为物料预热段，该阶段所需干燥时间极短，通常归入 BC 段处理。

(2) 降速干燥阶段　如图 6-16 中 CD 段所表示的阶段。在这个阶段内，物料的干燥速率不断下降，并近似地与湿物料中的自由水分成正比。

在降速干燥阶段，物料内部水分的扩散速率小于表面水分汽化速率，物料表面的湿润程度不断减小，干燥速率不断下降。此时，干燥速率主要决定于物料本身的结构、形状和大小等性质，而与空气的性质关系很小。因此，降速干燥阶段也称为内部水分扩散控制阶段或干燥第二阶段。

在降速干燥阶段，由于空气传给湿物料的热量大于水分汽化所需的热量，湿物料温度不断上升，与空气的温度之差逐渐减小，最终接近于空气的温度。

干燥速率曲线由恒速干燥阶段转为降速干燥阶段的转折点（C 点）称为临界点，与该点对应的湿物料含水量称为临界含水量（或临界水分），用 X_c 表示。临界含水量由实验测定。

干燥速率曲线与横轴的交点 E 点所表示的物料含水量为该空气条件下的平衡含水量（平衡水分）X^*。

综上所述，当物料的含水量大于临界含水量 X_c 时，属于恒速干燥阶段；当物料含水量小于临界含水量 X_c 时，属于降速干燥阶段。当物料含水量为平衡含水量 X^* 时，干燥速率等于零。在工业生产中，物料不会被干燥到 X^*，而是在 X_c 和 X^* 之间，视生产要求和经济核算而定。

3. 影响干燥速率的因素

影响干燥速率的因素有多种，仍以湿衣物的干燥为例，讨论影响因素有哪些。衣物在晴好干燥的天气下比阴雨天干得快，说明干燥介质的温度与湿度对干燥有影响。在同样的环境下，化纤、真丝类衣物一般比棉质衣物要干得快，说明物料的组成、结构、与水分的结合方式等会影响干燥。再看图 6-17 及图 6-18，判断哪种状况下床单干得快？

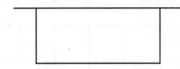

图 6-17　床单对折晾晒

图 6-18　床单沿对角线折晾晒

周围环境相同时，将床单沿对角线晾晒容易干（想想这是为什么？），说明空气与床单的接触方式、空气的流动状况等对干燥速率有影响。

以上影响湿衣物干燥速率的因素可归结为两点：干燥介质与湿物料。此外，在工业生产中，由于干燥过程是在干燥设备内完成的，干燥设备的结构对干燥速率也有影响。下面作进一步详细的讨论。

(1) 物料的性质和形状　湿物料的化学组成、物理结构、形状和大小、物料层的厚薄，以及与物料的结合方式等，都会影响干燥速率。在不同的干燥阶段，物料的性质对干燥速率影响不同。在恒速干燥阶段，干燥速率主要决定于表面汽化速率，决定于湿空气的性质，物料的性质对干燥速率影响很小。在降速干燥阶段，物料的性质和形状对干燥速率有决定性的影响。

(2) 物料的温度　物料的温度越高，干燥速率越大。但干燥过程中，物料的温度与干燥介质的温度和湿度有关。

(3) 干燥介质的温度和湿度　干燥介质温度越高、湿度越低，则干燥第一阶段的干燥速率越大，但应以不损坏物料为原则，特别是对热敏性物料，更应注意控制干燥介质的温度。干燥介质温度过高，可能会损坏物料，造成临界含水量的增加，会使后期的干燥速率降低。

(4) 干燥操作条件　主要指干燥介质与物料的接触方式，及干燥介质与物料的相对运动方向和流动状况。

(5) 干燥器的构造　许多新型干燥器为了改进干燥介质与物料的接触方式，干燥介质与物料的相对运动方向和流动状况而设计，因此干燥器的构造也是影响干燥速率的因素之一。

第五节　干　燥　操　作

一、干燥操作条件分析

干燥生产中，在确定合适的干燥器后，还应确定适宜的工艺条件，以达到既完成干燥任务，同时又做到优质、高产、低耗的目的。

由于工业生产中对流干燥采用的干燥介质不一，待干燥物料及干燥设备的多样性，加之干燥机理复杂，因此，至今仍主要依靠实验手段和经验来确定干燥过程的最适宜的工艺条件。在此仅介绍人们通过长期生产实践总结出来的对干燥过程进行调节和控制的一般原则。

对于一个特定的干燥过程，干燥器一定，干燥介质一定，湿物料进出干燥器的含水量X_1、X_2、进料温度是由工艺条件决定的；空气的湿度一般取决于当地大气状况，有时也采用部分废气循环以调节进入干燥器的空气湿度。这样，能调节的参数只有干燥介质的流量，干燥介质进出干燥器的温度t_1和t_2，出干燥器时废气的湿度H_2。但这四个参数是相互关联和影响的，当任意规定其中的两个参数时，另外两个参数也就由物料衡算和热量衡算所确定了。选择哪两个作为控制参数根据实际生产状况而定。

1. 干燥介质的进口温度和湿度

干燥介质的进口温度高，可强化干燥过程，提高其经济性，因此干燥介质预热后的温度应尽可能高一些，但要注意保持在物料允许的最高温度范围内，以避免物料性状发生改变。

同一物料在不同类型的干燥器中干燥时，允许的介质进口温度不同。例如，在厢式干燥器中，由于物料静止，干燥速率慢，时间长，干燥不易均匀，因此，应控制较低的介质的进口温度；而在转筒、沸腾、气流等干燥器中，由于物料在不断翻动，表面更新快，干燥过程均匀、速率快、时间短，因此，介质的进口温度可较高。

根据式(6-13)，在水蒸发量一定的前提下，降低干燥介质的进口湿度H_1，可降低所需空气流量L，从而降低操作费用。H_1降低的同时可降低物料的平衡含水量X^*，加快干燥速率，因而在可能的条件下应设法降低干燥介质的进口湿度。但应注意的是，对于某些物料而言，H_1过低，干燥速率过快，会导致物料产生龟裂、结疤等现象。此时可采用部分废汽循环的流程，既提高了H_1，又提高了热量利用率。

2. 干燥介质的流量

增加空气的流量可以增加干燥过程的推动力，提高干燥速率。但空气流量的增加，会造成热损失增加，热量利用率下降，同时还会使动力消耗增加；气速的增加，会造成产品回收负荷增加。生产中，要综合考虑流量的变化对干燥速率、操作费用等的影响，合理选择。

3. 干燥介质的出口温度和湿度

提高干燥介质的出口湿度，可使一定量的干燥介质带走的水汽量增加，并减少空气用量及传热量，从而降低操作费用；但空气中水蒸气分压增大，传质推动力降低。如果要维持相同的干燥能力，必然要增大设备尺寸，因而设备投资费用增大。因此，必须作经济上的核算才能确定最佳的干燥介质出口湿度。对气流干燥器，由于物料在设备内的停留时间短，为完成干燥任务，要求有较大的推动力以提高干燥速率，因此，一般控制出口介质中的水汽分压低于出口物料表面水汽分压的50%；对转筒干燥器，则出口介质中的水汽分压可高些，可达到与之接触的物料表面水汽分压的50%～80%。

干燥介质的出口温度提高，废气带走的热量多，热损失大；如果介质的出口温度太低，则含有相当多水汽的废气可能在出口处或后面的设备中析出水滴（达到露点），这将破坏正常的干燥操作。实践证明，对于气流干燥器，要求介质的出口温度较物料的出口温度高10～30℃或较其进口时的绝热饱和温度高20～50℃，以避免物料返潮，造成管道堵塞、设备材料腐蚀。

对于一台干燥设备，干燥介质的最佳出口温度和湿度应通过操作实践来确定，生产上控制、调节介质的出口温度和湿度主要是通过控制、调节介质的预热温度和流量来实现。例如，对同样的干燥任务，加大介质的流量或提高其预热温度，可使介质的相对湿度降低，出口温度上升。

在有废气循环使用的干燥装置中，通常将循环的废气与新鲜空气混合后进入预热器加热后，再送入干燥器，以提高传热和传质系数，减少热损失，提高热能的利用率。但循环气的加入，使进入干燥器的湿度增加，将使过程的传质推动力下降。因此，采用循环废气操作时，应根据实际情况，在保证产品质量和产量的前提下，调节适宜的循环比。

二、常用干燥设备的使用与维护

干燥器的种类较多，下面仅介绍几种常用干燥设备的使用与维护。

1. 气流干燥器的使用与维护

气流干燥装置主要由空气加热器、加料器、干燥管、旋风分离器和风机等设备组成。其主要设备是直立圆筒形的干燥管，其长度一般为10～20m，热空气进入干燥管底部，将加料器连续送入的湿物料吹散，并悬浮在其中。干燥后的物料随气流进入旋风分离器，产品由下部收集，湿空气经袋式过滤器（或湿法、电除尘等）收回粉尘后排出。

(1) 正确使用

① 准备工作：查看风机、抽风机周围无障碍物，地脚螺栓牢固；干燥系统管路应完整无损。

② 启动抽风风机、送风机。

③ 打开空气加热器加热源，对空气进行加热。

④ 待入干燥器气流温度达到工艺要求后，启动加料器加料。

⑤ 正常操作期间，控制干燥器内温度就可得到水分含量合格的产品。

(2) 常见故障及其处理方法

故障名称	发生原因	处理方法
气流风压偏高或偏低	干燥风管或弯头堵塞 风机挡板移动 空气过滤介质脏	停车清理 调整风机挡板 更换或清洗过滤介质

续表

故障名称	发生原因	处理方法
干燥器物料过多	未开抽风机	开抽风机
成品水分过高	风温低 风量不合适 空气加热器漏损 加料速度过快	调节风温 调节风量 修理空气加热器 调整炉料速度

2. 喷雾干燥设备的使用与维护

喷雾干燥设备由高压供料泵、雾化器、干燥塔、出料机、加热器和风机等组成。通过雾化器（喷嘴）将溶液（乳浊液）喷洒成细小的液滴，随后与热气流混合，迅速蒸发干燥而形成成品，如一些奶粉、药物、尿素造粒、合成洗涤剂生产等属于此种生产工艺。

(1) 正确使用

① 准备工作：检查供料泵、雾化器、送风机及出料机是否运转正常；检查蒸汽、溶液阀门是否灵活好用，各种管路是否畅通；清理塔内积料和杂物；刮掉塔壁挂疤；排除加热器和管路中的积水，并进行预热，向塔内送热风；清理雾化器，达到流道通畅。

② 启动供料泵向雾化器输送溶液，观察压力大小和输送量，以保证雾化器需要。

③ 经常检查、调节雾化器的喷嘴位置和转速，确保雾化颗粒大小合格。

④ 经常查看和调节干燥塔的负压数值，控制在规定的范围。

⑤ 定时巡回检查各种管路与阀门是否渗漏，各转动设备密封装置是否泄漏，及时调整和拧紧。

(2) 维护保养

① 雾化器、输送溶液管路和阀门停止使用时应及时放净溶液，防止凝固堵塞。

② 进入塔内的热风流速不可过高，防止塔壁表皮碎裂。

③ 经常清理塔内黏附的物料。

④ 保持供料泵、风机、雾化器及出料机等转动设备的零部件齐全，定时检修。

(3) 常见故障及其处理方法

故障名称	发生原因	处理方法
产品含水量高	溶液雾化不均匀,喷出的颗粒大 热风的相对湿度过大 溶液供量大,雾化效果差	提高溶液压力和雾化器转速 升高送风温度 调节雾化器进料量或更换雾化器
雾化不良	喷嘴局部堵塞 喷嘴内部构件不合要求 压力不稳	拆洗喷嘴 更换喷嘴 检查喷嘴,通知高压泵岗位配合调整
料浆压力突然升高	喷嘴堵塞 回流管堵 压力表失灵	拆洗喷嘴 疏通回流管线 更换压力表
塔壁粘有积粉	进料过多,蒸发不充分 气流分布不均匀 个别喷嘴堵塞 塔壁预热温度不够	减少进料量 调节热风分布器 清洗或更换喷嘴 升高热风温度
产品颗粒过细	溶液的浓度低 喷嘴孔径过小 溶液压力过高 离心盘转速过快	增大溶液浓度 换大孔喷嘴 适当降低压力 降低转速

续表

故障名称	发生原因	处理方法
尾气含粉尘过多	分离器堵塞或积料多,分离效果差 过滤袋破裂 风速大,细粉含量大	清理物料 修补破口 降低风速

3. 沸腾干燥器的使用与维护

沸腾干燥炉是自 20 世纪 60 年代发展起来的干燥设备,干燥过程固体颗粒悬浮于干燥介质中,传热效率高,能够连续生产和便于调节,沸腾干燥器密封性能好,干燥过程无杂质混入,目前在化工、轻工、医药、食品等工业上得到了广泛应用。

(1) 正确使用

① 开炉前首先试送风机和引风机,检查有无摩擦和碰撞声,轴承的润滑油是否充足够用和风压是否正常。

② 对沸腾炉投料前应先打开加热器疏水阀、风箱室的排水阀和炉体的放空阀,然后逐渐开大蒸汽阀门和进风阀门进行烤炉,除去炉内湿气,直到炉内石子和炉壁达到规定温度,结束烤炉操作。

③ 停下送风机和引风机,敞开入孔,向炉内铺撒干料,料层高度约 250mm,此时,已完成开炉的准备工作。

④ 再次开动送风机和引风机,关闭有关阀门,向炉内送热风,并开动给料机抛洒潮湿料物,要求进料量由少增多,布料应均匀。

⑤ 根据进料量,调节风量和热风温度,保证成品干湿度合格。

⑥ 经常检查卸出的物料有无结块,观察炉内物料面的沸腾情况,发现有死角,调节各风箱室的进风量和风压大小。

⑦ 经常检查风机的轴承温度,机身有无振动以及风道有无漏风,发现问题及时解决。

⑧ 经常检查引风机出口的带料情况和尾气管线的腐蚀程度,及时解决。

(2) 维护保养

① 停炉时应将炉内物料清理干净,并保持干燥。

② 保持保温层完好,有破裂时应补修好。

③ 加热器停用时应打开疏水阀门,排净冷凝水,防止锈蚀。

④ 经常清理引风机内部黏附的物料和送风机进口的防护网。

⑤ 经常检查并保持炉内分离器畅通和炉壁不锈蚀。

(3) 常见故障及其处理方法

故障名称	产生原因	处理方法
发生死床	入炉物料过湿或块多 热风量少或温度低 床面干料层高度不够 热风量分配不均匀	降低物料的含水量 增加风量,升高温度 缓慢出料,增加干料层厚度 调整进风阀开度
尾气含尘量大	分离器破损,效率下降 风量大或炉内温度高 物料颗粒变细小	检查修理 调整风量和温度 检查操作指标变化
沸腾流动不好	风压低或物料多 热风温度低 风量分布不合理	调节风量和物料 加大加热蒸汽量 调节进风板阀开度

本章注意点

固体干燥是将热量施加于湿物料并排除挥发性湿分，最终获得一定湿含量固体产品的过程，在这个过程中，传质与传热同时发生。干燥可用于对原料、中间产品和最终产品的去湿，以满足运输、贮藏和使用的需要。学习中要注意如下内容。

1. 对流干燥的过程特点和干燥介质的作用。
2. 湿空气，饱和湿空气，绝干空气概念及相互关系。
3. 湿物料中水分的划分及与干燥的关系。平衡水分和自由水分划分与物料性质及干燥介质状态有关，结合水分和非结合水分的划分则完全由湿物料自身的性质而定，与空气的状态无关。
4. 物料湿含量、水分蒸发量、空气湿度、空气消耗量间的关系。
5. 影响干燥速率的因素，根据控制干燥速率的步骤确定适宜的干燥条件。
6. 常用干燥器的使用。

本章主要符号说明

英文字母

C——比热容，kJ/(kg·K)；
G——湿物料的质量流量，kg/s；
G_c——绝干物料的质量流量，kg/s；
G_c'——绝干物料量，kg；
H——湿空气的湿度，kg（水汽）/kg（干空气）；
I——焓，kJ/kg；
l——单位空气消耗量，kg（干空气）/kg（水）；
L——空气消耗量，kg（干空气）/s；
M——摩尔质量，kg/kmol；
n——物质的量，mol；
r——汽化潜热，kJ/kg；
t——温度，℃；
U——干燥速率，kg/(m²·s)；
v——比容，m³/kg；
V——体积流量，m³/s；
w——湿基含水量，kg（水）/kg（湿物料）；
W——水分蒸发量，kg/s；
X——干基含水量，kg（水）/kg（绝干料）。

希腊字母

φ——相对湿度。

思 考 题

1. 常用的干燥方法有哪几种？对流干燥的实质是什么？
2. 湿空气的性质有哪些？它们之间的相互关系如何？
3. 为什么湿空气要经预热后再送入干燥器？
4. 湿物料中平衡水分与自由水分，结合水分与非结合水分是如何划分的？在干燥过程中哪些水分可以去除？
5. 要想获得绝干物料，干燥介质应具备什么条件？实际生产中能否实现？为什么？
6. 对干燥设备的基本要求是什么？常用对流干燥器有哪些？各有什么特点？
7. 根据干燥速率曲线，干燥过程可分为哪两个阶段？影响各阶段速率的因素分别是什么？
8. 采用废气循环的目的是什么？废气循环对干燥操作会带来什么影响？

习 题

6-1 已知湿空气的总压为100kPa，温度为120℃，相对湿度为20%，试求（1）湿空气中水汽的分压；

(2) 湿度；(3) 湿空气的密度。[(1) 39.6kPa；(2) 0.41kg（水汽）/kg（干空气）；(3) 0.75m³/kg]

6-2 湿空气的总压为101.3kPa，温度为30℃，其中水汽分压为2.5kPa，试求(1) 湿空气的比容和相对湿度；(2) 将湿空气预热到150℃时的相对湿度；(3) 根据本题说明干燥前为什么要预热湿空气。[(1) 0.88m³/kg（干空气）；58.9%；(2) 0.52%；(3) 略]

6-3 已知湿空气的总压为100kPa，温度为40℃，相对湿度为50%，试求：(1) 水汽分压、湿度、焓和露点；(2) 将500kg/h的湿空气加热至80℃时所需的热量；(3) 加热后的体积流量为多少？[(1) 3.7kPa；0.024kg（水汽）/kg（干空气）；101.96kJ/kg（干空气）；27℃；(2) 5.7kW；(3) 512.7m³/h]

6-4 将温度为150℃，湿度为0.2kg（水汽）/kg（干空气）的湿空气150m³在100kPa下恒压冷却。试分别计算冷却至以下温度时，空气析出的水量：(1) 50℃；(2) 30℃。[(1) 10.55kg；(2) 16.13kg]

6-5 干球温度为60℃和相对湿度为20%的空气在逆流列管换热器内，用冷却水冷却至露点。冷却水温度从15℃上升至20℃。若换热器的传热面积为20m²，传热系数为48.5W/(m²·℃)。试求：(1) 被冷却的空气量；(2) 空气中的水汽分压。[(1) 0.74kg/s；(2) 3.98kPa]

6-6 在恒定干燥条件下进行干燥试验，已知干燥面积为0.2m²，绝对干燥物料质量为16kg，测得试验数据如下表，试绘出干燥速率曲线，并求出临界含水量和平衡含水量。(答案略)

时间 t/h	0	0.2	0.4	0.6	0.8	1.0	1.2	1.4
湿物料质量 G/kg	44.1	37.0	30.0	24.0	19.0	17.5	17.0	17.0

6-7 用一干燥器干燥湿物料，已知湿物料的处理量为1800kg/h，含水量由27%降至4%（均为湿基）。试求水分汽化量和干燥产品量。($w=431$kg/h；$G_2=1369$kg/h)

6-8 25℃下，含水量为0.02kg（水）/kg（干新闻纸）的新闻纸长期置于湿度为60%的空气中，试求新闻纸的最终含水量，新闻纸是吸湿还是被干燥？吸收（或去除）了多少水分？(用图6-11解答)(答案略)

6-9 一常压（100kPa）干燥器干燥湿物料，已知湿物料的处理量为1800kg/h，含水量由40%降至5%（湿基）。采用当地空气，经预热后温度升至90℃后送入干燥器，出口废气的相对湿度为70%，温度为55℃。试求：(1) 绝干空气消耗量；(2) 风机安装在预热器入口时的风量（m³/h）。(答案略)

第七章 蒸　发

学习目标

1. 了解：多效蒸发流程的特点与适应性；蒸发设备的结构及各部分的作用。
2. 理解：蒸发操作的基本原理、蒸发的实质、特点；单效蒸发的流程；多效蒸发对节能的意义。
3. 掌握：工艺条件变化对蒸发操作的影响，标准蒸发器的操作要点及事故分析处理。

第一节　概　述

食盐是我们日常生活经常用到的调味品，食盐的生产多采用海盐作原料进行进一步的精制。作为海盐生产的一种原始方式——晒盐，已在我国延续了数千年，这种方法是在平坦的沿海地段，把海水引入盐池，在阳光的照射下，海水吸收热量使水分汽化，即可得到白色的氯化钠结晶颗粒。图 7-1 为盐场工人在晒盐。

工业生产上，把采用加热方法，将含有不挥发性溶质（通常为固体）的溶液在沸腾状态下浓缩的单元操作称为蒸发（evaporation）。蒸发操作广泛应用于化工、轻工、食品、医药等工业领域，其主要目的有以下几个方面。

① 浓缩稀溶液直接制取产品或将浓溶液再处理（如冷却结晶）制取固体产品。

图 7-1　盐场工人晒盐

例如，在化工生产中，用电解法制得的烧碱（NaOH 溶液）的浓度一般只在 10% 左右，要得到 42% 左右符合工艺要求的浓碱液，可以采用蒸发操作。由于稀碱液中的溶质 NaOH 不具有挥发性，而溶剂水具有挥发性，因此生产上可将稀碱液加热至沸腾状态，使其中大量的水分发生汽化并除去，这样原碱液中的溶质 NaOH 的浓度就得到了提高。又如，食品工业中利用蒸发操作将一些果汁加热，使一部分水分汽化并除去，以得到浓缩的果汁产品。

② 同时浓缩溶液和回收溶剂，例如有机磷农药苯溶液的浓缩脱苯，中药生产中酒精浸出液的蒸发等。

③ 为了获得纯净的溶剂，例如海水淡化等。

图 7-2 为典型的蒸发流程示意图，蒸发器主要由加热室和蒸发室两部分组成，加热室设

有蛇管、列管或夹套等加热装置。蒸发室又称为分离室，它是溶液与蒸汽分离的场所。在加热室内，通入的加热蒸汽冷凝所放出的热量，促使溶液升温沸腾，汽化出的溶剂在分离室中与溶液主体分离，并以蒸汽的形式进入冷凝器与冷却水直接混合，混合液由冷凝器底部排出，不凝性气体则从顶部排出。当蒸发器中的溶液达到规定浓度时即由蒸发器底部排出，此时的溶液又称为完成液。

又如，在制药生产企业，注射用水的制备，就是利用蒸发的原理。

多效蒸馏水器是近年发展起来的制备注射用水的主要设备，具有产量高、耗能低、质量优及自动化程度高等特点。多效蒸馏水器见图7-3所示，由圆柱形蒸馏塔、冷凝器及控制元件组成，其蒸发器的个数多为3～5个，不同的蒸馏水器工作原理相同，即纯化水先进入冷凝器预热后，再依次进入各级塔内，最后进入第1蒸发塔，此时进料水温度已达130℃以上，第1蒸发塔内进料水经高压蒸汽加热而蒸发，蒸汽经隔膜装置作为热源进入第2蒸发塔

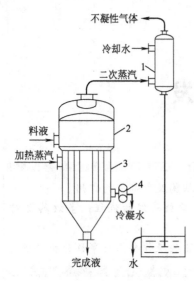

图 7-2　单效蒸发流程示意图
1—直接冷凝混合器；2—蒸发室；
3—加热室；4—疏水阀门

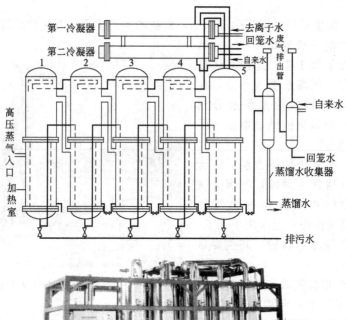

图 7-3　多效蒸馏水器示意图

加热室，第2蒸发塔内进料水再次被蒸发，而蒸汽在其底部冷凝为蒸馏水，同样的方法供给第3蒸发塔、第4蒸发塔。由第2蒸发塔、第3蒸发塔、第4蒸发塔生成的蒸馏水和第4蒸发塔的蒸汽被冷凝后生成的蒸馏水，汇集于蒸馏水收集器而成为质量符合要求的蒸馏水。进料水经蒸发后所聚集的含有杂质的浓缩水从最后的蒸发器底部排出，废气则自排气管排出。多效蒸馏水器的工作性能主要取决于加热蒸汽的压力和个数，一般塔个数越多，热利用率越高，压力越大，则产量越高，因此应选用4个蒸发塔以上的蒸馏水器。

多效蒸馏水器的性能取决于加热蒸气的压力和蒸发器个数，压力越大，产量越大；蒸发塔数越多，热的利用率越高。从出水质量、能源消耗、占地面积、维修能力等因素考虑，常选用四效以上蒸馏水器。多效蒸馏水器的主要特点是耗能低、产量高、质量优，并有自动控制系统，是近年发展起来制备注射用水的主要设备。

第二节 蒸发设备

蒸发过程只是从溶液中分离出部分溶剂，而溶质仍留在溶液中，因此，蒸发操作即为使溶液中的挥发性溶剂与不挥发性溶质进行分离的过程。由于溶剂的汽化速率取决于传热速率，故蒸发操作属传热过程，蒸发设备为传热设备。

一、蒸发特点

在工业生产中应用蒸发操作时，需认识蒸发如下几方面的特点。

① 蒸发的目的是为了使溶剂汽化，因此被蒸发的溶液应由具有挥发性的溶剂和不挥发性的溶质组成，这一点与蒸馏操作中的溶液是不同的。整个蒸发过程中溶质数量不变，这是本章物料衡算的基本依据。

② 溶剂的汽化可分别在低于沸点和沸点时进行。在低于沸点时进行，称为自然蒸发。如海水制盐用太阳晒，此时溶剂的汽化只能在溶液的表面进行，蒸发速率缓慢，生产效率较低，故该法在其他工业生产中较少采用。若溶剂的汽化在沸点温度下进行，则称为沸腾蒸发，溶剂不仅在溶液的表面汽化，而且在溶液内部的各个部分同时汽化，蒸发速率大大提高。本章只讨论工业生产中普遍采用的沸腾蒸发。

③ 蒸发操作是一个传热和传质同时进行的过程，蒸发的速率决定于过程中较慢的那一步过程的速率，即热量传递速率，因此工程上通常把它归类为传热过程。

④ 由于溶液中溶质的存在，在溶剂汽化过程中溶质易在加热表面析出而形成污垢，影响传热效果。当该溶质为热敏性物质时，还有可能因此而分解变质。

⑤ 蒸发操作需在蒸发器中进行。沸腾时，由于液沫夹带而可能造成物料的损失，因此蒸发器在结构上与一般加热器是不同的。

⑥ 蒸发操作中要将大量溶剂汽化，需要消耗大量的热能，因此，蒸发操作的节能问题将比一般传热过程更为突出。由于目前工业上常用水蒸气作为加热热源，而被蒸发的物料大多为水溶液，汽化出来的蒸汽仍然是水蒸气，为区别起见，我们把用来加热的蒸汽称为生蒸汽，把从蒸发器中蒸发出的蒸汽称为二次蒸汽。

二、蒸发操作的分类

按照不同的分类方法，可将蒸发操作分成下列类型。

1. 单效蒸发和多效蒸发

根据二次蒸汽是否用作另一个蒸发器的加热蒸汽，可将蒸发分为单效蒸发和多效蒸发。若蒸发出来的二次蒸汽直接冷凝而不再利用，称为单效蒸发（single-effect evaporation）；将几个蒸发器按一定方式组合起来，利用前一个蒸发器的二次蒸汽作为后一个蒸发器的加热蒸汽进行操作，称为多效蒸发（multiple-effect evaporation）。利用多效蒸发是减小加热蒸汽消耗量，节约热能的主要途径。

2. 常压蒸发、加压蒸发和减压蒸发

根据操作压力的不同，可将蒸发分为常压蒸发（normal pressure evaporation）、加压蒸发（pressurized evaporation）和减压蒸发（reduced pressure evaporation，又称真空蒸发，vacuum evaporation）。常压蒸发的特点是可采用敞口设备，二次蒸汽可直接排放在大气中，但会造成对环境的污染，适用于临时性或小批量的生产。加压操作则可提高二次蒸汽的温度，从而提高其利用价值，但要求加热蒸汽的压力相对较高，在多效蒸发中，前面几效通常采用加压操作。

减压蒸发是指在低于大气压的条件下进行的蒸发，具有如下的优点：

① 在加热蒸汽压力相同的情况下，减压蒸发时溶液的沸点低，传热温差可以增大，当传热量一定时，蒸发器的传热面积可以相应地减小；

② 可以蒸发不耐高温的溶液；

③ 可以利用低压蒸汽或废汽作为加热剂；

④ 操作温度低，损失于外界的热量也相应地减小。

但是，减压蒸发也有一定的缺点，这主要是由于溶液沸点降低，黏度增大，导致总的传热系数下降，同时还要有减压装置，需配置真空泵、缓冲罐、气液分离器等辅助设备，使基建费用和操作费用相应增加。

3. 间歇蒸发和连续蒸发

根据操作过程是否连续，蒸发可分为间歇蒸发（batch evaporation）和连续蒸发（continuous evaporation）。间歇蒸发系指分批进料或出料的蒸发操作。间歇操作的特点是：在整个过程中，蒸发器内溶液的浓度和沸点随时间改变，故间歇蒸发为非稳态操作。适用于小规模、多品种的场合。连续蒸发为稳定操作，适用于大规模的生产过程。

4. 自然蒸发和沸腾蒸发

根据蒸发的方式，可以分为自然蒸发（spontaneous evaporation）和沸腾蒸发（boiling evaporation）。自然蒸发即溶液在低于沸点温度下蒸发，如海水晒盐，这种情况下，因溶剂仅在溶液表面汽化，溶剂汽化速率低。沸腾蒸发是将溶液加热至沸点，使之在沸腾状态下蒸发。工业上的蒸发操作基本上皆是此类。

三、蒸发流程

蒸发既是一个传热过程，同时又是一个溶剂汽化，产生大量蒸汽的传质过程。所以，要使蒸发连续进行，必须做到两个方面：①不断地向溶液提供热能，以维持溶剂的汽化；②及时移走产生的蒸汽，否则，蒸汽与溶液将逐渐趋于平衡，使汽化不能继续进行。图7-4为单效真空蒸发流程示意图。

蒸发操作的主体设备蒸发器，它的下部是由若干加热管组成的加热室1，加热蒸汽在管间（壳方）被冷凝，它所释放出来的冷凝潜热通过管壁传给被加热的料液，使溶液沸腾汽化。在沸腾汽化过程中，将不可避免地夹带一部分液体，为此，在蒸发器的上部设置了一个称为分离室2的分离空间，并在其出口处装有除沫装置，以便将夹带的液体分离开，蒸汽则进入冷凝器4内,被冷却水冷凝后排出。在加热室管内的溶液中,随着溶剂的汽化,溶液浓度得到提高,浓缩以后的完成液从蒸发器的底部出料口排出。

在单效蒸发过程中,由于所产生的二次蒸汽直接被冷凝而除去,使其携带的能量没有被充分利用,因此能量消耗大,它只在小批量生产或间歇生产的场合下使用。

四、常用的蒸发设备及适用的范围

蒸发过程是一个传热过程,蒸发时还需要不断地除去过程中所产生的二次蒸汽。因此,它除了需要传热的加热室之外,还需要有一个进行汽液分离的分离室,蒸发所用的主体设备蒸发器(evaporator),就是由加热室和分离室这两个基本部分组成。由于加热室的结构形式和溶液在加热室中运动情况不同,因此蒸发器可采用多种形式,

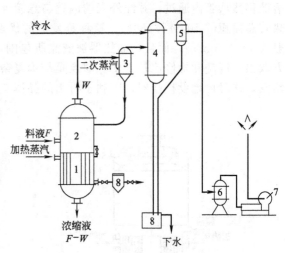

图 7-4 单效真空蒸发流程
1—加热室;2—分离室;3—二次分离器;4—混合冷凝器;5—汽液分离器;6—缓冲罐;
7—真空泵;8—冷凝水排除器

分为自然循环型蒸发器、强制循环型蒸发器、膜式蒸发器以及浸没燃烧蒸发器等。此外,蒸发设备还包括使液沫进一步分离的除沫器、排除二次蒸汽的冷凝器,以及减压蒸发时采用的真空泵等辅助装置。

下面我们重点介绍一些工业上常用的蒸发器类型。

1. 循环型蒸发器

这类蒸发器的特点是:溶液在加热室被加热的过程中产生密度差,形成自然循环。其加热室有横卧式和竖式两种,竖式应用最广,它包括以下几种主要结构型式。

(1) 中央循环管式(标准式)蒸发器 这种蒸发器目前在工业上应用最为广泛,其结构如图7-5所示,加热室如同列管式换热器一样,为1~2m长的竖式管束组成,称为沸腾管,中间有一个直径较大的管子,称为中央循环管,它的截面积大约等于其余加热管总截面积的40%~100%,由于它的截面积较大,管内的液体量比小管中要多;而小管的传热面积相对较大,使小管内液体的温度比大管中高,因而造成两种管内液体存在密度差,再加上二次蒸汽在上升时的抽吸作用,使得溶液从沸腾管上升,从中央循环管下降,构成一个自然对流的循环过程。

蒸发器的上部为分离室,也称蒸发室。加热室内沸腾溶液所产生的蒸汽带有大量的液沫,到了蒸发室的较大空间内,液沫相互碰撞结成较大的液滴而落回到加热室的列管内,这样,二次蒸汽和液沫分开,蒸汽从蒸发器上部排出,经浓缩以后的完成液从下部排出。

中央循环管蒸发器的主要优点是:结构简单、紧凑,制造方便,操作可靠,投资费用少。缺点是:清理和检修麻烦,溶液循环速度较低,一般仅在0.5m/s以下,传热系数小。它适用于黏度适中,结垢不严重,有少量的结晶析出,及腐蚀性不大的场合。中央循环管式蒸发器在工业上的应用较为广泛。

(2) 悬筐式蒸发器 其结构如图7-6所示,它的加热室像个篮筐,悬挂在蒸发器壳体的下部,作用原理与中央循环管式相同,加热蒸汽从蒸发器的上部进入到加热管的管隙之间,

溶液仍然从管内通过，并经外壳的内壁与悬筐外壁之间的环隙中循环，环隙截面积一般为加热管总面积的100%～150%。这种蒸发器的优点是溶液循环速度比中央循环管式要大（一般为1～1.5m/s），而且，加热器被液流所包围，热损失也比较小。此外，加热室可以由上方取出，清洗和检修比较方便。缺点是结构复杂，金属耗量大。它适用于容易结晶的溶液的蒸发，这时可增设析盐器，以利于析出的晶体与溶液分离。

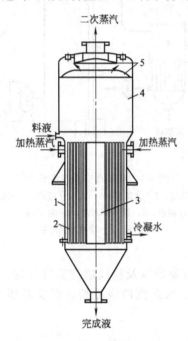
图7-5 中央循环管式蒸发器结构示意图
1—外壳；2—加热室；3—中央循环管；
4—蒸发室；5—除沫器

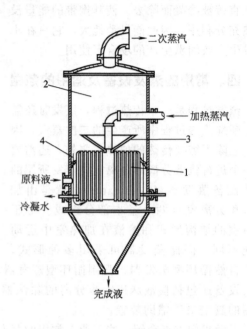
图7-6 悬筐式蒸发器结构示意图
1—加热室；2—分离室；3—除沫器；4—环形循环通道

（3）外加热式蒸发器 其结构如图7-7所示，它的特点是把管束较长的加热室装在蒸发器的外面，即将加热室与蒸发室分开。这样，一方面降低了整个设备的高度，另一方面由于循环管没有受到蒸汽加热，增大了循环管内与加热管内溶液的密度差，从而加快了溶液的自然循环速度，同时还便于检修和更换。

（4）列文蒸发器 列文蒸发器（如图7-8）是自然循环蒸发器中比较先进的一种形式，主要部件为加热室、沸腾室、循环管和分离室。它的主要特点是在加热室的上部有一段大管子，即在加热管的上面增加了一段液柱。这样，使加热管内的溶液所受的压力增大，因此溶液在加热管内不至达到沸腾状态。随着溶液的循环上升，溶液所受的压力逐步减小，通过工艺条件的控制，使溶液在脱离加热管时开始沸腾，这样，溶液的沸腾层移到了加热室外进行，从而减少了溶液在加热管壁上因沸腾浓缩而析出结晶或结垢的机会。由于列文蒸发器具有这种特点，所以又称为管外沸腾式蒸发器。

列文蒸发器中循环管的截面积比一般自然循环蒸发器的截面积都要大，通常为加热管总截面积的2～3.5倍，这样，溶液循环时的阻力减小；加之加热管和循环管都相当长，通常可达7～8m，循环管不受热，因此，两个管段中溶液的温差较高，密度差较大，从而造成了比一般自然循环蒸发器要大的循环推动力，溶液的循环速度可以达到2～3m/s，整个蒸发器的传热系数可以接近于强制循环蒸发器的数值，而不必付出额外的动力。因此，这种蒸发器在国内化工企业中，特别是一些大中型电化厂的烧碱生产中应用较广。列文蒸发器的主要缺点是设备相当庞大,金属消耗量大,需要高大的厂房;另外,为了保证较高的溶液循环速度,要求有较大的温度差,因而要使用压力较高的加热蒸汽等。

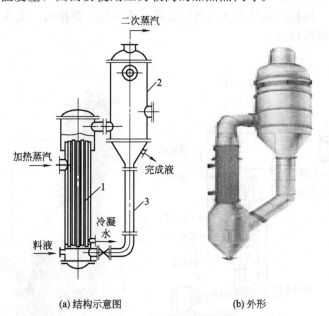

图 7-7 外加热式蒸发器
1—加热室;2—蒸发室;3—循环管

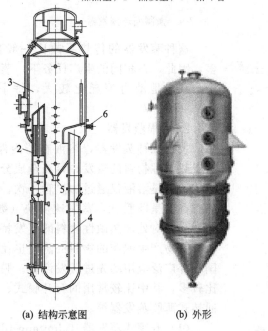

图 7-8 列文蒸发器
1—加热室;2—沸腾室;3—分离室;4—循环管;5—完成液出口;6—加料口

(5) 强制循环蒸发器 在一般自然循环蒸发器中,循环速度比较低,一般都小于 1m/s,为了处理黏度大或容易析出结晶与结垢的溶液,必须加大溶液的循环速度,以提高传热系数,为此,采用了强制循环蒸发器 (forced circulation evaporator),其结构如图 7-9 所示。蒸发器内的溶液,依靠泵的作用,沿着一定的方向循环,其速度一般可达 1.5~3.5m/s,因此,其传热速率和生产能力都较高。溶液的循环过程是这样进行的:溶液由泵自下而上地送入加热室内,并在此流动过程中因受热而沸腾,沸腾的汽液混合物以较高的速度进入蒸发室内,室内的除沫器(挡板)促使其进行汽液分离,蒸汽自上部排出,液体沿循环管下降,被泵再次送入加热室而循环。

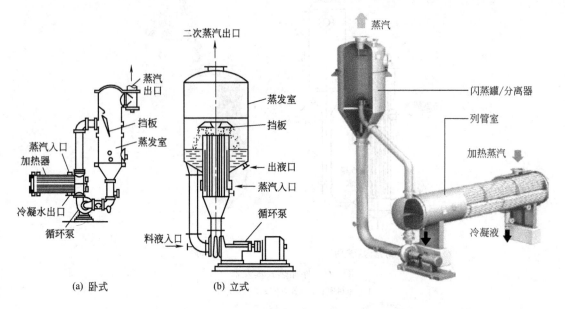

图 7-9 强制循环蒸发器

这种蒸发器的传热系数比一般自然循环蒸发器大得多,因此,在相同的生产任务下,蒸发器的传热面积比较小。缺点是动力消耗比较大,每平方米加热面积需要 0.4~0.8kW。

2. 单程蒸发器

上述几种蒸发器,溶液在器内停留的时间都比较长,对于热敏性物料的蒸发,容易造成分解或变质。膜式蒸发器的特点是溶液仅通过加热管一次,不作循环,溶液在加热管壁上呈薄膜状,蒸发速度快(数秒至数十秒),传热效率高,对处理热敏性物料的蒸发特别适宜,对于黏度较大,容易产生泡沫的物料的蒸发也比较适用。目前已成为国内外广泛应用的先进蒸发设备。膜式蒸发器的结构型式比较多,其中比较常用的有升膜式、降膜式、升降膜式和回转式薄膜蒸发器等。

(1) 升膜式蒸发器(climbing-film evaporator) 其结构如图 7-10 所示,它的加热室由一根或数根垂直长管组成。通常加热管径为 25~50mm,管长与管径之比为 100~150。原料液预热后由蒸发器底部进入加热器管内,加热蒸汽在管外冷凝。当原料液受热后沸腾汽化,生成二次蒸汽在管内高速上升,带动料液沿管内壁成膜状向上流动,并不断地蒸发汽化,加速流动,气液混合物进入分离器后分离,浓缩后的完成液由分离器底部放出。

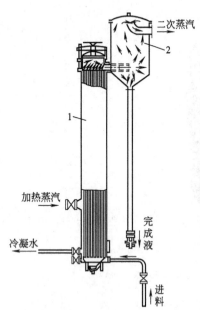

图 7-10 升膜式蒸发器
1—蒸发器; 2—分离器

这种蒸发器需要精心设计与操作，即加热管内的二次蒸汽应具有较高速度，并获较高的传热系数，使料液一次通过加热管即达到预定的浓缩要求。通常，常压下，管上端出口处速度以保持 20~50m/s 为宜，减压操作时，速度可达 100~160m/s。

升膜蒸发器适宜处理蒸发量较大、热敏性、黏度不大及易产生泡沫的溶液，但不适于高黏度、有晶体析出和易结垢的溶液。

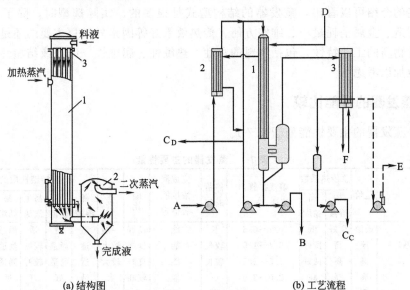

图 7-11 降膜式蒸发器
(a) 1—蒸发器；2—分离器；3—液体分布器
(b) 1—降膜蒸发器；2—预热器；3—冷凝器；A—产品；B—浓缩液；C_D—加热蒸汽冷凝水；C_C—蒸汽冷凝水；D—加热蒸汽；E—脱气；F—冷凝水

(2) 降膜式蒸发器（falling-film evaporator） 降膜式蒸发器的加热室可以是单根套管，也可由管束及外壳组成，其结构如图 7-11 所示。原料液是从加热室的顶部加入，在重力作用下沿管内壁成膜状下降并进行蒸发，浓缩后的液体从加热室的底部进入到分离器内，并从底部排出，二次蒸汽由顶部逸出。在该蒸发器中，每根加热管的顶部必须装有降膜分布器，以保证每根管子的内壁都能为料液所润湿，并不断有液体缓缓流过，否则，一部分管壁出现干壁现象，不能达到最大生产能力，甚至不能保证产品质量。

降膜式蒸发器同样适用于热敏性物料，可用于蒸发黏度较大（0.05~0.45Pa·s）、浓度较高的溶液，但不适于处理易结晶和易结垢的溶液，这是因为这种溶液形成均匀液膜较困难，传热系数也不高。

(3) 回转式薄膜蒸发器（agitated-film evaporator） 回转式薄膜蒸发器具有一个装有加热夹套的壳体，在壳体内的转动轴上装有旋转的搅拌桨，搅拌桨的形式很多，常用的有刮板、甩盘等。这里介绍一种刮板式蒸发器，其结构如图 7-12 所示。刮板紧贴壳体内壁，其间隙只有

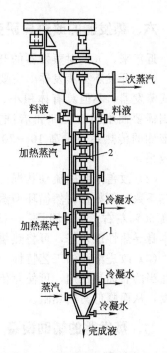

图 7-12 刮板式蒸发器结构示意图
1—夹套；2—刮板

0.5～1.5mm，原料液从蒸发器上部沿切线方向进入，在重力和旋转刮板的作用下，溶液在壳体内壁上形成旋转下降的薄膜，并不断被蒸发，在底部成为符合工艺要求的完成液。

这种蒸发器的突出优点在于对物料的适应性强，对容易结晶、结垢的物料以及高黏度的热敏性物料都能适用。其缺点是结构比较复杂，动力消耗大，因受夹套加热面积的限制（一般为 $3～4m^2$，最大也不超过 $20m^2$），只能用在处理量较小的场合。

从上述的介绍可以看出，蒸发器的结构型式是很多的，实际选型时，除了要求结构简单、易于制造、金属消耗量小、维修方便、传热效果好等因素外，更主要的还是看它能否适用于所蒸发物料的工艺特性，包括物料的黏性、热敏性、腐蚀性、结晶或结垢性等，然后再全面综合地加以考虑。

五、蒸发器的性能比较

将各种蒸发器的主要性能列于表 7-1。

表 7-1 蒸发器的主要性能

蒸发器型式	造价	总传热系数		溶液在管内流速/(m/s)	停留时间	完成液浓度能否恒定	浓缩比	处理量	对溶液性质的适应性				
		稀溶液	高黏度						稀溶液	高黏度	易生泡沫	易结垢	热敏性	有结晶析出
标准型	最廉	良好	低	0.1～0.5	长	能	良好	一般	适	适	适	尚适	尚适	稍适
外热型（自然循环）	廉	高	良好	0.4～1.5	较长	能	良好	较大	适	尚适	较好	尚适	尚适	稍适
列文式	高	高	良好	1.5～2.5	较长	能	良好	较大	适	尚适	较好	尚适	尚适	稍适
强制循环式	高	高	高	2.0～3.5	—	能	较高	大	适	好	好	适	尚适	适
升膜式	廉	高	良好	0.4～1.0	短	较难	高	大	适	尚适	好	良好	良好	不适
降膜式	廉	良好	—	0.4～1.0	短	尚能	高	大	较适	好	适	不适	不适	不适
刮板式	最高	高	高	—	短	尚能	高	较小	较适	好	较好	不适	良好	不适
浸没燃烧	廉	高	高	—	短	较难	良好	较大	适	适	适	适	不适	适

六、蒸发器的改进与研究

近年来，人们对蒸发器的开发与研究，归纳起来主要有以下几个方面。

（1）开发新型蒸发器　主要是通过改进传热面的结构来提高传热效果。例如新近出现的板式蒸发器，不但具有体积小、传热效率高、溶液停留时间短等优点，而且其加热面积可根据需要而增减，装卸和清洗方便。又如，在石油化工中采用的表面多孔加热管，可使溶液侧的传热系数提高 10～20 倍。海水淡化中使用的双面纵槽加热管，也可显著提高传热效果。

（2）改善溶液的流动状况　在蒸发器内装入各种形式的湍流构件，以提高溶液侧的对流传热系数。例如在自然循环型蒸发器的加热管内装入铜质填料后，溶液侧的对流传热系数可提高50%左右。其原因是：一方面，由于填料的存在，加剧了液体的湍动；另一方面，填料本身导热性能很好，可将热量直接传到溶液内部。

（3）改进溶液的工艺特性　通过改进溶液的工艺特性，可提高传热效果。研究表明，加入适当的表面活性剂，可使总传热系数提高 1 倍以上；加入适当的阻垢剂，可减小污垢形成速度，从而降低污垢热阻。

七、蒸发器的辅助设备

1. 除沫器

蒸发操作中产生的二次蒸汽，在分离室和液体分离后，仍夹带有一定的液沫或液滴。为了防止液体产品的损失或冷凝液被污染，在蒸发器顶部蒸汽出口附近需要设置除沫器。除沫器的型式很多，图7-13列举了几种常见的除沫器，其（a）～（d）直接装在蒸发器内分离室的顶部，图（e）～（g）则要装在蒸发器的外部。

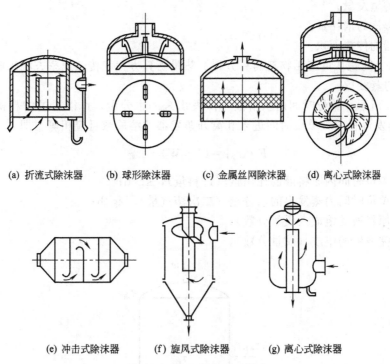

图 7-13　除沫器的主要形式

2. 冷凝器和真空装置

冷凝器的作用是将二次蒸汽冷凝成水后排出。冷凝器有间壁式和直接接触式两类。当二次蒸汽为有价值的产品需要回收，或会严重污染冷却水时，应采用间壁式冷凝器；否则采用直接接触式冷凝器。

当蒸发器采用减压操作时，无论采用哪一种冷凝器，均在冷凝器后安装真空装置，将冷凝液中的不凝性气体抽出，从而维持蒸发操作所需的真空度。常用的真空装置有喷射泵、往复式真空泵等。

3. 疏水器

也称疏水阀，又叫自动排水器或凝结水排器，其分为：蒸汽系统使用和气体系统使用，它的作用是将冷凝水及时排除，且防止加热蒸冷由排出管逃逸造成浪费。疏水器的结构也便于排除不凝性气体。

第三节　蒸发计算

一、单效蒸发的计算

工程上虽然大多数采用多效蒸发操作，但多效蒸发计算较为复杂，可将多效蒸发视为若干个单效蒸发的组合，本章节只讨论单效蒸发的有关计算。

案例：在烧碱制备工艺过程中，得到了组成为 20% 氢氧化钠溶液，如何浓缩到组成为 50% 氢氧化钠溶液？生产中采用蒸发方法，以蒸发水溶液为例讨论有关计算的内容。

单效蒸发，在给定的生产任务和确定了操作条件以后，计算以下这些内容：
① 溶剂的蒸发量；
② 加热蒸汽的消耗量；
③ 蒸发器的传热面积。

要解决以上问题，可应用物料衡算方程、热量衡算方程和传热速率方程来解决。

1. 溶剂的蒸发量

如图 7-14 所示，单位时间内从溶液中蒸发出来的水分量，可以通过物料衡算得出，在稳定连续的蒸发过程中，单位时间进入和离开蒸发器的溶质数量应相等。即

$$F \cdot x_{w1} = (F - W) \cdot x_{w2} \tag{7-1}$$

式中　F——单位时间内原料液的耗用量（进料量），kg/h；
　　　W——单位时间内蒸发出的水分量（二次蒸汽量），kg/h；
　　　x_{w1}——原料液的组成（质量分数）；
　　　x_{w2}——完成液的组成（质量分数）。

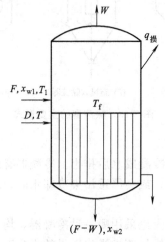

图 7-14　单效蒸发的物料衡算和热量衡算
F—进料量；W—残液量；x_{w1}—原料液质量分数；x_{w2}—完成液质量分数

由式（7-1）可求得水分蒸发量为：

$$W = F\left(1 - \frac{x_{w1}}{x_{w2}}\right) \tag{7-2}$$

【例 7-1】 用一单效蒸发器将每小时 10t、组成为 10% 的 NaOH 溶液浓缩到 20%（组成为质量分数），求每小时需要蒸发的水量。

解　已知：
$$F = 10\text{t/h} = 10000\text{kg/h}$$
$$x_{w1} = 10\%$$
$$x_{w2} = 20\%$$

将以上数值代入式（7-2），得

$$W = 10000 \times \left(1 - \frac{10\%}{20\%}\right) = 5000 \text{ (kg/h)}$$

2. 加热蒸汽的消耗量

蒸发计算中，加热蒸汽消耗量可以通过热量衡算来确定。现对图 7-14 所示的单效蒸发作热量衡算，在稳定连续的蒸发操作中，当加热蒸汽的冷凝液在饱和温度下排出时，单位时间内加热蒸汽提供的热量为：

$$Q = DR \tag{7-3}$$

蒸汽所提供的热量主要用于以下三方面。

① 将原料从进料温度 t_1 加热到沸腾温度 t_f，此项所需要的显热为 Q_1

$$Q_1 = FC_1(t_f - t_1) \tag{7-4}$$

② 在沸腾温度 t_f 下使溶剂汽化，其所需要的潜热为 Q_2

$$Q_2 = Wr \tag{7-5}$$

③ 补偿蒸发过程中的热量损失 Q_L

根据热量衡算的原则有：

$$Q = Q_1 + Q_2 + Q_L$$

即

$$DR = FC_1(t_f - t_1) + Wr + Q_L$$

因此

$$D = \frac{FC_1(t_f - t_1) + Wr + Q_L}{R} \tag{7-6}$$

式中 D——单位时间内加热蒸汽的消耗量，kg/h；

t_f——操作压力下溶液的平均沸腾温度，℃；

t_1——原料液的初始温度，℃；

r——二次蒸汽的汽化潜热，kJ/kg，可根据操作压力和温度从有关附表中查取；

R——加热蒸汽的汽化潜热，kJ/kg；

C_1——原料液在操作条件下的比热容，kJ/(kg·K)。其数值随溶液的性质和浓度不同而变化，可由有关手册中查取，在缺少可靠数据时，可参照下式估算：

$$C_1 = C_s x_{w1} + C_w(1 - x_{w1}) \tag{7-7}$$

式中 C_s，C_w——溶质、溶剂在平均温度下的比热容，kJ/(kg·K)。

表 7-2 中列出了几种常用无机盐的比热容数据，供使用时参考。

表 7-2 某些无机盐的比热容   单位：kJ/(kg·K)

物质	$CaCl_2$	KCl	NH_4Cl	$NaCl$	KNO_3
比热容	0.687	0.679	1.52	0.838	0.926
物质	$NaNO_3$	Na_2CO_3	$(NH_4)_2SO_4$	糖	甘油
比热容	1.09	1.09	1.42	1.295	2.42

当溶液为稀溶液（浓度在 20% 以下）时，比热容可近似的按下式估计：

$$C_1 = C_w(1 - x_{w1}) \tag{7-8}$$

【例 7-2】 求 25% 食盐水溶液的比热容。

解 查得 NaCl 的比热容为 0.838kJ/(kg·K)，水的比热容为 4.187kJ/(kg·K)，则 25% 食盐水溶液的比热容：

$$C_1 = C_s x_{w1} + C_w \cdot (1 - x_{w1})$$

$$= 0.838 \times 0.25 + 4.187 \times (1-0.25)$$
$$= 3.35 \ [\text{kJ}/(\text{kg} \cdot \text{K})]$$

【例 7-3】 今欲将操作条件下比热容为 3.7kJ/(kg·K) 的 11.6%（质量分数）的 NaOH 溶液浓缩到 18.3%，已知溶液的初始温度为 293K，溶液的沸点为 337.2K，加热蒸汽的压力约为 0.2MPa，每小时处理的原料量为 1t，设备的热损失按热负荷的 5% 计算。试求加热蒸汽消耗量。

解 已知 $F = 1000 \text{kg/h}$
$C_1 = 3.7 \text{kJ}/(\text{kg} \cdot \text{K})$
$t_f = 337.2 \text{K}$
$t_1 = 293 \text{K}$
$Q_L = 0.05 \cdot DR$

从附录中可查得：加热蒸汽压力为 0.2MPa 时的汽化热潜热 $R = 2202.7 \text{kJ/kg}$，
温度为 337.2K 时的二次蒸汽的汽化潜热 $r = 2344.7 \text{kJ/kg}$

根据式（7-2）得：
$$W = 1000 \times \left(1 - \frac{0.116}{0.183}\right) = 366 \ (\text{kg/h})$$

根据式（7-6）得：
$$D = \frac{FC_1(t_f - t_1) + Wr + Q_L}{R}$$
$$= \frac{1.05 \times [FC_1(t_f - t_1) + Wr]}{R}$$
$$= \frac{1.05 \times [1000 \times 3.7 \times (337.2 - 293) + 366 \times 2344.7]}{2202.7}$$
$$= 487 \ (\text{kg/h})$$

对式（7-6）进行分析可以看出，加料温度不同，将影响整个操作中加热蒸汽的消耗量。
① 溶液预热到沸点时进料：此时即 $t_1 = t_f$，代入式（7-6）得

$$D = \frac{Wr + Q_L}{R} \tag{7-9}$$

若将热损失 Q_L 忽略不计，则上式可以近似地表示成：

$$\frac{D}{W} = \frac{r}{R} \tag{7-10}$$

式中，$\frac{D}{W}$ 称为单位蒸汽消耗量，即每蒸发 1kg 水所消耗的加热蒸汽量。它是衡量蒸发操作经济性的一个重要指标。由于工业生产中蒸发量很大，尽可能减少单位蒸汽消耗量 $\frac{D}{W}$ 的值，对降低能耗，提高经济效益起重要作用。

② 原料液在低于沸点下进料：即冷液进料，$t_1 < t_f$，由于一部分热量用来预热原料液，致使单位蒸汽消耗量增加。

③ 原料液高于沸点进料：即 $t_1 > t_f$，此时，当溶液进入蒸发器后，温度迅速降到沸点，放出多余热量而使一部分溶剂汽化。对于溶液的进料温度高于蒸发器内溶液沸点的情况，在减压蒸发中是完全可能的。它所放出的热量使部分溶剂自动汽化的现象称为自蒸发。

3. 蒸发器的传热面积

与普通换热器的选型相类似，蒸发器的选型也是依据传热面积。蒸发器的传热面积可由传热基本方程求得，即

$$A = \frac{Q}{K \Delta t_m}$$

式中　A——蒸发器传热面积，m^2；

　　　Q——传热速率，W；

　　　K——传热系数，$W/(m^2 \cdot K)$；

　　　Δt_m——平均传热温差，K。

在进行蒸发器传热面积的计算时，上式中的传热速率 Q 可按加热蒸汽的放热量计算，即 $Q=DR$；K 和 Δt_m 的确定，按前面介绍的计算方法进行计算。

4. 蒸发器的生产能力

蒸发器的生产能力可用单位时间内蒸发的水分量来表示。由于蒸发水分量取决于传热量的大小，因此其生产能力也可表示为

$$W = \frac{Q}{R} = \frac{KA\Delta t_m}{R} \tag{7-11}$$

5. 溶液的沸点和传热温差损失

溶液中含有溶质，故其沸点必然高于纯溶剂在同一压力下的沸点。

溶液的沸点与溶液的种类、浓度和压力有关。蒸发操作的压力通常取冷凝器的压力，由已知条件给定。因此，在该压力下纯水的沸点（即二次蒸气的饱和温度）T' 为已知。由于下述原因，溶液的沸点高于 T'。

① 溶液的沸点升高，记为 Δ'。

② 液体静压头的影响，其引起的沸点上升值记为 Δ''。

③ 二次蒸气流动阻力，其引起的沸点上升值记为 Δ'''。

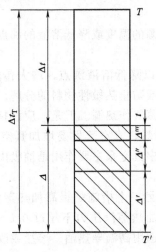

因此，溶液的沸点可由下式计算：

$$t = T' + \Delta' + \Delta'' + \Delta''' = T' + \Delta$$

通常，把加热蒸气的温度和二次蒸气温度的差值称为蒸发器的理论传热温度差，记为 $\Delta t_T = T - T'$；把加热蒸气温度和溶液沸点的差值 $\Delta t = T - t$ 称为有效传热温度差；而把理论

传热温度差和有效传热温度差之间的差值称为蒸发器的传热温度差损失，由定义可得：

$$\Delta t_T - \Delta t = t - T' = \Delta = \Delta' + \Delta'' + \Delta''' \text{ 或 } \Delta t = \Delta t_T - \Delta$$

式中　Δ——蒸发器的传热温度差损失，K；

　　　Δ'——溶液的沸点升高所引起的温度差损失，K；

　　　Δ''——液柱静压头所引起的温度差损失，K；

　　　Δ'''——二次蒸气流动阻力所引起的温度差损失，K。

已知传热温度差损失，即可求得溶液的沸点和有效传热温度差。由以下内容可知，传热温度差损失主要由溶液的沸点升高所引起。

二、蒸发器的生产强度

由上式可以看出蒸发器的生产能力仅反映蒸发器生产量的大小，而引入蒸发强度的概念却可反应蒸发器的优劣。

蒸发器的生产强度简称蒸发强度，是指单位时间单位传热面积上所蒸发的水量，即

$$U = \frac{W}{A} \tag{7-12}$$

式中　U——蒸发强度，$kg/(m^2 \cdot h)$。

蒸发强度通常可用于评价蒸发器的优劣，对于一定的蒸发任务而言，若蒸发强度越大，则所需的传热面积越小，即设备的投资就越低。

若不计热损失和浓缩热，料液又为沸点进料，可得

$$U = \frac{Q}{AR} = \frac{K\Delta t_m}{R} \tag{7-13}$$

由此式可知，提高蒸发强度的主要途径是提高总传热系数 K 和传热温度差 Δt_m。

1. 提高传热温度差

提高传热温度差可从提高热源的温度或降低溶液的沸点等角度考虑，工程上通常采用下列措施来实现。

（1）真空蒸发　真空蒸发可以降低溶液沸点，增大传热推动力，提高蒸发器的生产强度，同时由于沸点较低，可减少或防止热敏性物料的分解。另外，真空蒸发可降低对加热热源的要求，即可利用低温位的水蒸气作热源。但是，应该指出，溶液沸点降低，其黏度会增高，并使总传热系数 K 下降。当然，真空蒸发要增加真空设备并增加动力消耗。图7-4 即为典型的单效真空蒸发流程。其中真空泵主要作用是抽吸由于设备、管道等接口处泄漏的空气及物料中溶解的不凝性气体等。

（2）高温热源　提高 Δt_m 的另一个措施是提高加热蒸汽的压力，但这时要对蒸发器的设计和操作提出严格要求。一般加热蒸汽压力不超过 0.6~0.8MPa。对于某些物料如果加压蒸汽仍不能满足要求时，则可选用高温导热油、熔盐或改用电加热，以增大传热推动力。

2. 提高总传热系数

蒸发器的总传热系数主要取决于溶液的性质、沸腾状况、操作条件以及蒸发器的结构等。这些已在前面论述，因此，合理设计蒸发器以实现良好的溶液循环流动，及时排除加热室中不凝性气体，定期清洗蒸发器（加热室内管），均是提高和保持蒸发器在高强度下操作的重要措施。

三、蒸发器的经济分析

1. 蒸发器加热蒸汽的经济性

由于蒸发过程是一个耗能较大的单元操作。因此，能耗是评价蒸发过程优劣的一个非常重要的指标，通常以加热蒸汽的经济性来表示。

加热蒸汽的经济性是指 1kg 加热蒸汽可蒸发的水量，若原料液在沸点下进入蒸发器，忽略热损失，则由式 (7-6) 可得：

$$e = D/W = r/R$$

式中，e 为单位蒸汽消耗量，表示每蒸发 1kg 水所需消耗的加热蒸汽量，可说明加热蒸汽的利用率，e 越小，利用率越高。

由于水的汽化潜热变化不大，故可近似为 $r \approx R$，则 $e \approx 1$。可知对于单效蒸发，理论上每蒸发 1kg 水约需消耗 1kg 加热蒸汽量，但实际上，由于热损失等因素，e 值约为 1.1 或更大。

为了节约能源，降低能耗，必须提高加热蒸汽的经济性。提高加热蒸汽经济性的方法和途径有多种，其中最主要的途径是采用多效蒸发。

2. 多效蒸发

多效蒸发即是将几个蒸发器按一定的方法组合起来，将前一个蒸发器所产生的二次蒸汽引到后一个蒸发器中作为加热热源使用。大规模、连续生产的场合均采用多效蒸发。

在多效蒸发中，每一个蒸发器称为一效。凡通入加热蒸汽的蒸发器称为第一效，用第一效的二次蒸汽作为加热蒸汽的蒸发器称为第二效，并依次类推。

(1) 多效蒸发的流程　根据加料方式的不同，多效蒸发操作的流程可分为三种，即并流、逆流和平流。下面以三效蒸发为例，分别介绍这三种流程。

① 并流（顺流）加料（forward feed）流程。如图 7-15 所示，这是工业上最常用的一种方法。原料液和加热蒸汽都加入第一效，溶液顺序流过第一、二、三效，从第三效取出完成液。加热蒸汽在第一效加热室中被冷凝后，经冷凝水排除器排出。从第一效出来的二次蒸汽进入第二效加热室供加热用；第二效的二次蒸汽进入第三效加热室，第三效的二次蒸汽进入冷凝器中冷凝后排出。

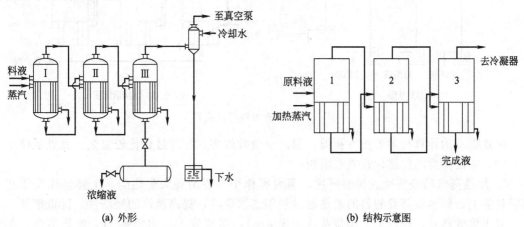

图 7-15　并流加料蒸发流程

并流加料流程的优点是：各效的压力依次降低，溶液可以自动地从前一效流入后一效，不需用泵输送；各效溶液的沸点依次降低，前一效的溶液进入后一效时将发生自蒸发而蒸发出更多的二次蒸汽。缺点是：随着溶液的逐效增浓，温度逐效降低，溶液的黏度则逐效增高，使传热系数逐效降低。因此，顺流加料不宜处理黏度随浓度的增加而迅速加大的溶液。

② 逆流加料（backward feed）蒸发流程。图 7-16 是逆流加料的蒸发流程。原料液从末效加入，然后用泵送入前一效，最后从第一效取出完成液。蒸汽的流向则顺序流过第一、二、三效，料液的流向与蒸汽的流向相反。

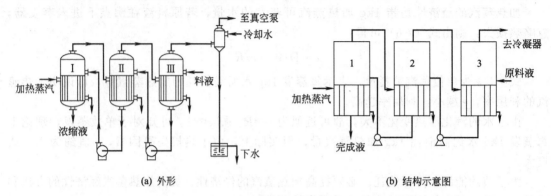

图 7-16　逆流加料蒸发流程

逆流加料的优点是：最浓的溶液在最高的温度下蒸发，各效溶液的黏度相差不致太大，传热系数不致太小，有利于提高整个系统的生产能力；末效的蒸发量比顺流加料时少，减少了冷凝器的负荷。缺点是效与效之间必须用泵输送溶液，增加了电能消耗，使装置复杂化。

③ 平流加料（parallel feed）蒸发流程。图 7-17 是平流加料的蒸发流程。每一效中都送入原料液，放出完成液。这种加料法主要用在蒸发过程中有晶体析出的场合。

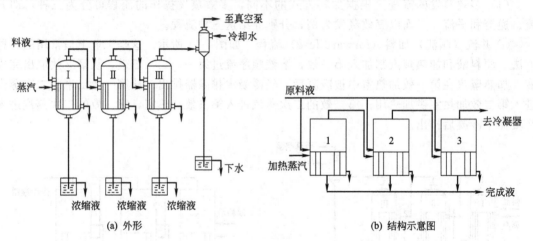

图 7-17　平流加料蒸发流程

多效蒸发的计算与单效蒸发相似，但由于效数较多，计算过程比较复杂，此处从略。

(2) 多效蒸发的经济性及效数限制

① 加热蒸汽的经济性。如前所述，蒸发操作中需要消耗大量热能，主要操作费用花在所需热能上，而多效蒸发的目的就是通过利用二次蒸汽，提高蒸汽的经济性，降低能耗。

对于单效蒸发，理论上，单位蒸汽用量 $e=1$，即蒸发 1kg 水消耗 1kg 加热蒸汽。如果采用多效蒸发，由于除了第一效需要消耗新鲜加热蒸汽外，其余各效都是利用前一效的二次蒸汽，提高了蒸汽的利用程度，并且，效数越多，蒸汽的利用程度越高。对于多效蒸发，理论上不难得出，其单位蒸汽消耗量 $e=1/n$（n 为效数），即蒸发 1kg 水只需要 $1/n$kg 的加热蒸汽。如果考虑热损失，不同压力下汽化潜热的差别等因素，则单位蒸汽消耗量比 $1/n$ 稍大。效数越多，单位蒸汽消耗量越小，则蒸发同样多的水分量，操作费用越低。

② 多效蒸发效数的限制。对于多效蒸发装置，一方面，随着效数的增加，单位蒸汽的消耗量减小，操作费用降低；但另一方面，效数越多，设备投资费用越大。

加热蒸汽量随着效数的增加而降低，但降低的幅度越来越小。例如由单效改为双效时，可节省大约一半的加热蒸汽，而由 4 效改为 5 效时，减小的加热蒸汽量仅为 10%，因此，当效数达到一定程度而再增加时，所节省的加热蒸汽的操作费用与增加设备投资费用相比，可能得不偿失。所以蒸发装置的效数并非越多越好，而要受一定的限制。原则上，多效蒸发的效数应根据设备费用与操作费用之和为最小来确定。

因为每一效都有温度差损失，所以随着效数的增加，总温度差损失增大，总有效传热温度差减小。当效数增加到一定程度时，甚至可能出现总温度差损失大于或等于总理论传热温度差的情况，致使总的有效温度差小于或等于零，此时蒸发操作无法按要求进行。因此，为了保证一定的传热推动力，多效蒸发的效数必须有一定的限制。

多效蒸发装置的效数取决于溶液的性质和温度差损失的大小等多方面的因素，首先，必须保证各效都有一定的传热温度差，通常要求每效的温度差不低于 5~7℃。一般来说，若溶液的沸点升高大，则易采用较少的效数（如 NaOH 水溶液的蒸发，一般采用 2~3 效）；溶液的沸点升高小，可采用较多的效数（如糖水溶液的蒸发，用 4~6 效；而海水淡化的蒸发装置，则可达 20~30 效）。

③ 多效蒸发对节能的意义。由单效蒸发中加热蒸汽消耗量的计算式 (7-6) 可看出，蒸发操作中的操作费用主要是用在将溶剂汽化所需要提供的热能上，对于拥有大规模蒸发操作的工厂来说，该项热量的消耗在全厂蒸汽动力费用中占有相当大的比重。显然，如果每蒸发 1kg 溶剂所消耗的加热蒸汽量 $\dfrac{D}{W}$ 越小，则该蒸发操作的经济性就越好。

依前述的单效蒸发知，如果所处理的物料为水溶液，且是沸点进料以及忽略热损失的理想情况下，则由式 (7-6) 得出 $\dfrac{D}{W} = \dfrac{r}{R} \approx 1$，即每 1kg 的加热蒸汽可以蒸发出约 1kg 的二次蒸汽。倘若采用多效蒸发，把蒸发出的这 1kg 的二次蒸汽作为加热剂引入另一蒸发器中，便又可以蒸发出 1kg 的水，这样，1kg 的原加热蒸汽实际可以蒸发出共 2kg 的水，或者说，平均起来每蒸发 1kg 的水只需要消耗 0.5kg 的加热蒸汽，即可使单位蒸汽消耗量降为 0.5，从而大大提高了蒸发操作的经济性，并且采用多效蒸发的效数越多，$\dfrac{D}{W}$ 越小，即能量消耗就更少。

由此可见，采用多效蒸发时因充分利用了二次蒸汽的余热，从而大大节省了能量的消耗。不过，在实际蒸发过程中，每 kg 加热蒸汽所能蒸发的水分量要少于 1kg，即 $\dfrac{D}{W} > 1$。同样，在二效蒸发中，其 $\dfrac{D}{W} > 0.5$。表 7-3 列出了从单效到五效时的单位蒸汽消耗量的大致情况。

表 7-3 单位蒸汽消耗量概况

效数	单效	双效	三效	四效	五效
D/W	1.1	0.57	0.4	0.3	0.27

从表中可以看出，随着效数的增加，单位蒸汽消耗量越少，因此所能节省的加热蒸汽费

用越多，但效数越多，设备费用也相应增加。目前工业生产中使用的多效蒸发装置一般都是二至三效。

（3）提高加热蒸汽经济性的其他措施 为了提高加热蒸汽的经济性，除采用前面介绍的多效蒸发外，工业上还常常采用其他措施，现简要介绍如下。

① 二次蒸汽的部分利用。将二次蒸汽引出的一部分作为其他加热设备的热源。这样，可使得操作系统消耗的总能量下降，使加热蒸汽的经济性大为提高。同时，由于进入冷凝器的二次蒸汽量降低，从而减小了冷凝器的热负荷。

② 冷凝水显热的利用。蒸发器的加热室排出大量的冷凝水，如果让这些冷凝水直接排放，则浪费了大量的热能。为了充分利用这些冷凝水，可以将其用作预热原料或加热其他物料；也可以通过减压闪蒸的方法，使之产生部分蒸汽再利用其潜热；有时，还可根据生产需要，将其作为其他工艺用水。

③ 热泵蒸发。如图 7-18 所示，将蒸发器的二次蒸汽通过压缩机压缩，提高压力并使蒸汽饱和温度超过溶液的沸点，再送回蒸发器的加热室作为加热蒸汽，这种方法称为热泵蒸发。采用热泵蒸发只需在蒸发器开车阶段供应加热蒸汽，当操作达到稳定后，就不再需要加热蒸汽，只需提供使二次蒸汽升压所需动力，因而可节省大量的加热蒸汽。通常，二次蒸汽的潜热全部由冷凝器中的冷却水带走，而在热泵蒸发的操作中，二次蒸汽的潜热被循环利用，而且不消耗冷却水，这便是热泵蒸发节能的原因所在。

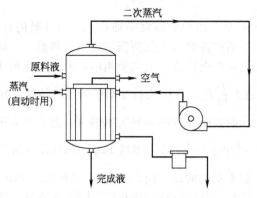

图 7-18 热泵蒸发流程

需要注意的是，热泵蒸发不适合于沸点升高较大的溶液的蒸发。其原因是当溶液沸点升高较大时，为了保证蒸发器有一定的传热推动力，要求压缩后二次蒸汽的压力更高，压缩比增大，这在经济上不合理。此外，压缩机的投资费用大，并且需要经常进行维修和保养。鉴于这些不足，热泵蒸发在生产中的应用多少受到了一些限制。

四、提高蒸发器生产能力的措施

蒸发操作的最终目的是将溶液中大量的水分蒸发出来，使溶液得到浓缩，而要提高蒸发器在单位时间内蒸出的水分，必须做到以下几点。

1. 合理选择蒸发器

蒸发器的选择应考虑蒸发溶液的性质，如溶液的黏度、发泡性、腐蚀性、热敏性，以及是否容易结垢、结晶等情况。如热敏性的食品物料蒸发，由于物料所承受的最高温度有一定极限，因此应尽量降低溶液在蒸发器中的沸点，缩短物料在蒸发器中的滞留时间，可选用膜式蒸发器。对于腐蚀性溶液的蒸发，蒸发器的材料应耐腐蚀。例如，氯碱厂为了将电解后所得的 10% 左右的 NaOH 稀溶液浓缩到 42%，溶液的腐蚀性增强，浓缩过程中溶液黏度又不断增加，因此当溶液中 NaOH 的浓度大于 40% 时，无缝钢管的加热管要改用不锈钢管。溶液浓度在 10%～30%，一段蒸发可采用自然循环型蒸发器；浓度在 30%～40%，一段蒸发由于晶体析出和结垢严重，而且溶液的黏度又较大，应采用强制循环型蒸发器，这样可提高传热系数，并节约钢材。

2. 提高蒸汽压力

为了提高蒸发器的生产能力，提高加热蒸汽的压力和降低冷凝器中二次蒸汽压力，有助于提高传热温度差（蒸发器的传热温度差是加热蒸汽的饱和温度与溶液沸点温度之差）。因为加热蒸汽的压力提高，饱和蒸汽的温度也相应提高。冷凝器中的二次蒸汽压力降低，蒸发室的压力变低，溶液沸点温度也就降低。由于加热蒸汽的压力常受工厂锅炉的限制，所以通常加热蒸汽压力控制在 300～500kPa；冷凝器中二次蒸汽的绝对压力控制在 10～20kPa。假如压力再降低，势必增大真空泵的负荷，增加真空泵的功率消耗，且随着真空度的提高，溶液的黏度增大，使传热系数下降，反而影响蒸发器的传热量。

3. 提高传热系数 K

提高蒸发器的蒸发能力的主要途径是应提高传热系数 K。通常情况下，管壁热阻很小，可忽略不计。加热蒸汽冷凝膜系数一般很大，若在蒸汽中含有少量不凝性气体时，则加热蒸汽冷凝膜系数下降。据测试，蒸汽中含 1% 不凝性气体，传热总系数下降 60%，所以在操作中，必须密切注意和及时排除不凝性气体。

在蒸发操作中，管内壁出现结垢现象是不可避免的，尤其当处理易结晶和腐蚀性物料时，此时传热总系数 K 变小，使传热量下降。在这些蒸发操作中，一方面应定期停车清洗、除垢；另一方面改进蒸发器的结构，如把蒸发器的加热管加工光滑些，使污垢不易生成，即使生成也易清洗，这就可以提高溶液循环的速度，从而可降低污垢生成的速度。

对于不易结晶、不易结垢的物料蒸发，影响传热总系数 K 的主要因素是管内溶液沸腾的传热膜系数。在此类蒸发操作中，应提高溶液的循环速度和湍动程度，从而提高蒸发器的蒸发能力。

4. 提高传热量

提高蒸发器的传热量，必须增加它的传热面积。在操作中，应密切注意蒸发器内液面高低。如在膜式蒸发器中，液面应维持在管长的 $\frac{1}{5}$～$\frac{1}{4}$ 处，才能保证正常的操作。在自然循环式蒸发器中，液面在管长 $\frac{1}{3}$～$\frac{1}{2}$ 处时，溶液循环良好，这时汽液混合物从加热管顶端涌出，达到循环的目的。液面过高，加热管下部所受的静压力过大，溶液达不到沸腾；液面过低，则不能造成溶液循环。

第四节 蒸发操作

蒸发操作以纯碱浓缩为例，采用顺流加料三效蒸发流程，如图 7-19 所示。

一、开、停车

1. 开车前的准备工作

① 详细检查本岗位所属设备、管道、阀门有无盲板、堵塞、泄漏及开关位置是否正确。

② 检查各压力表、真空表、安全阀、视镜是否完好。

第七章 蒸发

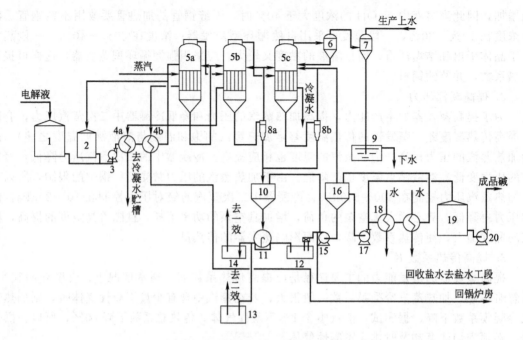

图 7-19 顺流加料三效蒸发流程图

1—电解液贮槽；2—电解液预热循环槽；3—加料泵；4a，4b—预热器；5a～5c—蒸发器；
6—除沫器；7—冷凝器；8a，8b—旋液分离器；9—下水池；10—盐泥高位槽；11—离心机；
12—盐水池；13—母液槽；14—洗涤水槽；15—盐碱泵；16—冷却澄清槽；17—冷却泵；
18—冷却器；19—浓碱贮槽；20—成品碱泵

③ 检查自控仪表（特别是高位报警）是否灵活。
④ 检查各强制循环泵、过料泵、溶液循环泵、热水泵等是否正常。
⑤ 锅炉、水泵等辅助设施能提前投入正常运行。

2. 正常开车操作

① 先启动油泵，调节油压在 1.6MPa 左右，并检查电磁阀。
② 水泵房开始送水。
③ 当三效蒸发器内真空度符合规定值（一般在 0.05MPa）时，开始向一效蒸发器进料。
④ 当一效蒸发器液面达到规定液面（一般控制在上视镜 1/2 处）时，向二效进少量料液。
⑤ 三效蒸发器一般先不进料，待蒸发出二次蒸汽后，逐渐向三效进料。
⑥ 打开各效冷凝水排放阀，然后缓慢开启蒸汽总阀门，待料液完全沸腾时，方可全开蒸汽总阀门。
⑦ 排放各效不凝性气体，当有蒸汽排出时（不含水），方可全部关闭各效排气阀。
⑧ 逐渐调整各控制指标到正常范围，转入正常运行。
当二、三效碱液液面达到上视镜上方 1/2 处时，启动各强制循环泵。

3. 蒸发装置的停车操作

(1) 正常停车操作步骤
① 锅炉停送蒸汽，停送蒸汽后 5～10min 排汽放空。
② 关进料泵，停止进料。
③ 将合格浓度的碱液，由蒸发室引到溢流槽，其他料液由加料泵转入电解液贮槽，二、

三效蒸发器转料,必须从强制循环泵出口弯头下阀门转出,然后再转出结晶器内碱液。

④ 倘若不继续生产,又不洗罐,应由帽罩冲洗各台蒸发器,并用水浸泡。

⑤ 泄油压,停油泵。

洗罐操作方法:各效蒸发器分别从帽罩和过料管加水至上视镜,然后送蒸汽,洗罐 3h 左右;洗罐完毕,停送蒸汽,排除剩余蒸汽后,取洗水样品进行分析,含碱若≤10g/L 时,洗罐水排入地沟。

(2) 紧急停车

① 当蒸发装置有下列情况之一时,需采取紧急停车操作:

a. 突然停电、汽、水;

b. 一、二、三效视镜破裂,并有大量碱液往外喷;

c. 蒸发器各密封点泄漏,并有大量碱液(或汽)往外喷;

d. 蒸汽管及蒸汽阀门破裂。

② 紧急停车操作步骤

a. 停送蒸汽,然后关闭蒸汽总阀门;

b. 立即打开各效排汽阀排汽;

c. 停车时间超过 4h,必须将料液转出。

二、工艺条件对蒸发操作的影响

1. 料液液面高度对蒸发过程的影响

蒸发器液面的正常与稳定对蒸发操作十分必要。液面过低,加热室的加热管上方易结盐,影响料液的正常循环,降低加热效率,甚至会引起加热管局部或全部堵塞,以致无法正常操作。对于强制循环蒸发器,过低的液面会使循环泵发生汽蚀和振动,危及泵的安全运行。液面过高,会导致较大的液面静压,使料液沸点上升,传热温差变小,生产能力下降,液面过高还会使气液分离空间过小,容易出现从二次蒸汽管中跑碱的事故。因而在各效蒸发器内液面高度应保持适宜。一般悬筐式、标准式一类自然循环蒸发器适宜液面定在加热室以上 0.5m 处,列文式蒸发器在沸腾区上方 0.3~0.5m 处。

2. 真空度对蒸发过程的影响

真空度也是蒸发操作中的一个重要工艺条件。真空度过低,不但蒸发装置的生产能力得不到充分发挥,而且还会增加蒸汽消耗量,因此蒸发系统采用较高的真空度,以增大末效及整个蒸发系统的传热温差,从而提高装置的生产能力。真空度增大,还可以降低蒸发系统的蒸汽消耗,同时,真空度增大,可使碱液沸点降低,碱液离开蒸发系统带走的热量减少,并可减少预热所用蒸汽量。实际生产中,应采用尽可能高的真空度,以达到高产低耗的目的。

影响真空度的因素有如下几方面。

(1) 不凝气 蒸发过程中的不凝气主要是空气。由于真空设备单位时间排除不凝气的能力有限,所以要尽量减少带入系统的不凝气量。不凝气来自以下三个部分:二次蒸汽夹带的不凝气;冷却水进入真空系统后释放出其中溶解的不凝气;真空系统管道和设备的各个连接部位漏入的不凝气。为提高蒸发装置的真空度,必须提高管道和设备的密闭性能。

(2) 真空系统的阻力 真空系统内的蒸汽和不凝气的流速很大,在流动过程中会有较大的阻力,引起真空度损失。

(3) 冷却水量和温度 末效蒸发器的真空度是通过冷凝蒸汽,并引除不凝气而形成的。理论上最大真空度应是大气压与冷凝器排出冷却水在此温度下的饱和蒸气压之差。由于水的饱和蒸气压是随水温升高而增大的。所以,水温越高,可达到的真空度越低。蒸发系统生产能力一定时，冷凝的蒸汽量基本不变。因此，冷却下水温度高低取决于冷却水的水温和水量。

3. 出碱浓度对蒸发操作的影响

严格控制蒸发系统的出碱浓度是稳定成品碱质量的主要保证。出碱浓度偏低，成品碱的质量指标不合格，浓碱带出的盐也多，碱含量达不到要求；若出碱浓度偏高，不但会增加蒸汽消耗，还会加剧设备腐蚀；因此在蒸发操作中必须严格控制出碱浓度。若出碱浓度增加 1%，一般每吨碱的汽耗增加 20～30kg，生产含量为 30% 碱时要求出碱浓度稳定在 410～430g/L 之间，生产含量为 42% 碱时出碱浓度要稳定在 610～630g/L 之间。

三、蒸发操作异常现象及处理

异常现象	产生的原因	处理方法
一效蒸发器二次蒸汽压力升高	①生蒸汽压力高 ②一效加热室结盐 ③加热室积水 ④二效脱料	①降低压力 ②洗罐 ③排除积水 ④迅速补充料液
二效二次蒸汽压力升高	①二效加热室积不凝气 ②二蒸发器加热室结盐 ③二效脱料 ④二效浓度过高 ⑤加热窜漏气,蒸气漏入加热管	①排除不凝气 ②洗罐,或加水单效小洗 ③迅速过料补充 ④出料调节浓度 ⑤出料,停车检查
蒸发浓度上升慢,生产能力下降	①预热温度低 ②加热室结盐 ③蒸发器加热室积水 ④加热室积不凝性气体 ⑤蒸发器液面过高	①检查调整预热器 ②小洗或大洗蒸发器 ③排除积水 ④排除不凝性气体 ⑤调节液面
冷凝下水含碱高	①末效液面高 ②循环上水含碱高 ③上水量小	①调节液面 ②补充新鲜水 ③调节水量
二、三效冷凝水含碱高	①一效液面高、跑料 ②二效加热室漏 ③二效预热器漏	①降低液面 ②停车检修 ③停车检修
真空度低	①真空系统漏气 ②真空管路或蒸发器帽罩堵塞不畅 ③上水流量过小或上水温度高 ④下水管结垢或堵塞 ⑤喷嘴堵塞 ⑥加热室漏	①检查补漏 ②检查后冲洗 ③加大水量、改善水质 ④换下水管 ⑤停车处理 ⑥停车维修
蒸发器振动	①液面高时仍在补充料液 ②开车时,蒸汽阀开度大	①降低液面 ②开车时缓慢开启阀门
蒸发器液面沸腾不均匀	①加热室内有空气 ②部分加热管堵塞 ③加热管漏	①排放不凝性气体 ②洗罐检查 ③停车检修

本章注意点

蒸发是用来提浓溶液的一种操作，主要用于处理挥发性溶剂与不挥发性溶质所构成的溶液。蒸发的实质是通过传热实现传质的操作，但又与传热不同。学习中应该注意比较如下概念。

1. 蒸发与传热；
2. 蒸发与蒸馏；
3. 单效蒸发与多效蒸发；
4. 生蒸气与二次蒸汽；
5. 真空蒸发与常温蒸发。

本章主要符号说明

英文字母

C——溶液的比热容，kJ/(kg·K)；
C_s——溶质的比热容，kJ/(kg·K)；
C_w——溶剂（水）的比热容，kJ/(kg·K)；
D——加热蒸汽消耗量，kg/h；
F——进料量，kg/h；
h——蒸发器中的溶液高度，m；
K——蒸发器加热室的传热（总）系数，W/(m²·K)；
Q——传热速率或热负荷，kW；
Q_L——热损失，kW；
R——加热蒸汽的汽化潜热，kJ/kg；
r——溶剂的汽化潜热，kJ/kg；

T——加热蒸汽的温度，K；
t——溶液的温度，K；
t_f——溶液的沸点，K；
W——蒸发的溶剂（二次蒸汽）量，kg/h；
x_w——溶质的质量分数。

希腊字母

ρ——密度，kg/m³。

下标

1——原料液的有关参数；
2——完成液的有关参数；
m——平均值。

思 考 题

1. 进行蒸发操作必备的条件是什么？何种溶液才能用蒸发操作进行提浓？
2. 单效蒸发与多效蒸发的主要区别在哪里？它们各适用于什么场合？
3. 蒸发器也是一种换热器，但它与一般的换热器在选用设备和热源方面有何差异？
4. 蒸发操作中应注意哪些问题？怎样强化蒸发器的传热速率？
5. 为什么说单位蒸汽消耗量是衡量蒸发操作经济性的重要指标？加料温度对它有何影响？
6. 在蒸发操作的流程中，一般在最后都配备有真空泵，其作用是什么？

习 题

7-1 在单效蒸发器中，将15%（质量分数）的 $CaCl_2$ 的水溶液浓缩到25%，原料液流率为20000 kg/h，温度为25℃。蒸发操作的平均压力为50kPa。加热蒸汽绝对压力为200kPa。若蒸发器的总传热系数为1000W/(m²·℃)，热损失为100000W，求蒸发器的传热面积和加热蒸汽消耗量。（$A=160m^2$，$D=2.37$kg/s）

7-2 在单效真空蒸发器中，将流速为10000kg/h的某水溶液从10%浓缩到50%，原料液温度为31℃。估计溶液沸点上升7℃。蒸发室的绝对压力为20kPa，加热蒸汽压力为200kPa（绝压），冷凝水出口温度为79℃。已知总传热系数为1000W/(m²·℃)，热损失忽略，计算加热蒸汽消耗量和蒸发器传热面积。（$D=8500$kg/h，$A=106m^2$）

7-3 在并流双效蒸发装置中，每小时处理1000kg浓度为8%的某水溶液。第一效完成液浓度为12%，蒸发操作的平均压力为100kPa，沸点为105℃。第二效的操作压力为30kPa，沸点为78℃。若第一效的二次蒸汽用作第二效的加热蒸汽，忽略热损失。求第二效完成液的浓度。（0.253）

7-4 在双效并流蒸发器中，将 10^4 kg/h 的 10%（质量分数）的 NaOH 水溶液浓缩至 50%（质量分数），加热蒸汽压力为 490kN/m²（绝压），末效操作压力为 14.7kN/m²（绝压）。已知两效的传热系数为 $K_1=1500$W/(m²·K)，$K_2=700$W/(m²·K)，两效溶液的密度可近似取为 1120kg/m³ 和 1460kg/m³，液面高度均为 1.2m，又料液在 100℃下加入，两蒸发器的传热面积相同，试求所需蒸汽消耗量和蒸发器的传热面积？（$D=4720$kg/h，$A=135$m²）

7-5 采用三效并流蒸发流程，将 10%（质量分数）的 NaOH 水溶液浓缩至 30%（质量分数），进料量为 2.4×10^4kg/h，进料温度为 80℃，已知加热蒸汽压力为 392kN/m²（表压），末效蒸发压力为 19.6kN/m²（绝压）。各效传热面积相同。其传热系数分别为 $K_1=2000$W/(m²·K)，$K_2=1500$W/(m²·K)，$K_3=1000$W/(m²·K)，若不计液柱静压力对溶液沸点的影响，试求所需加热蒸汽消耗量和所需蒸发器的传热面积。（$D=7200$kg/h，$A=123$m²）

7-6 设计一个热敏性化学物质的浓缩流程。

第八章 其他单元操作简介

学习目标

1. 了解：吸附、萃取、混合、乳化、破碎、筛分、膜分离技术、超临界流体萃取等单元操作在工业中的应用、基本方法及典型设备；

2. 掌握：常用吸附剂类型及其特点；对萃取剂的性能要求；膜分离技术的种类及其特点；混合程度的表示方法、乳化液的类型及乳化液稳定性的影响因素；固体颗粒大小及形状的表示方法、颗粒平均粒度的表示方法。

第一节 吸 附

吸附（adsorption）是利用某些多孔性固体具有能够从流体混合物中选择性地在其表面上凝聚一定组分的能力，使混合物中各组分分离的过程，是分离和纯化气体与液体混合物的重要单元操作之一。在化工、炼油、轻工、食品及环保等领域都有广泛的应用。

一、应用案例

1. 工业烟气中的 SO_2 的净化

吸附法对低浓度气体的净化能力很强，吸附分离不仅能脱除有害物质，并且可以回收有用物质使吸附剂得到再生，所以在环境污染治理工程中应用非常广泛。工业烟气中的 SO_2 是主要的大气污染物，低浓度 SO_2 除了用吸收法净化之外，也可采用吸附净化法，常用的吸附剂是活性炭。活性炭吸附 SO_2 在干燥无氧条件下主要是物理吸附，当有氧和水蒸气存在时会发生化学吸附。一般来说，活性炭吸附 SO_2 吸附容量为 40~140g/kg（活性炭）。

活性炭吸附 SO_2 工艺简单、运转方便、副反应少、可回收稀硫酸。但由于活性炭吸附容量有限，吸附设备较大，一次性设备投资高，吸附剂需要频繁再生。长期使用后，活性炭会有磨损，并因堵塞微孔丧失活性，因此，活性炭需定期更换。

2. 糖液脱色

在糖精钠、木糖醇等甜味剂生产中，结晶母液由于含有多种杂质而颜色较深，使结晶产品不纯而带色。解决方法是在结晶母液中加入活性炭，混合搅拌一定时间后，再将活性炭过滤分离除去。由于活性炭的吸附作用，结晶母液中的杂质被吸附除去，经过处理的母液几乎可以达到无色透明的程度。

二、吸附分离的基本原理

1. 吸附与解吸（desorption）

（1）吸附 固体表面上的原子或分子的力场和液体的表面一样，处于不平衡状态，表面存在着剩余吸引力,这是固体表面能产生吸附作用的根本原因。这种剩余的吸引力由于吸附了其他分子而得到一定程度的减少,从而降低了表面能,故固体表面可以自动地吸附那些能够降低其表面能的物质。当流体与多孔性固体接触时,固体的表面对流体分子会产生吸附作用,其中多孔性固体物质称为吸附剂,而被吸附的物质称为吸附质。根据吸附剂表面与吸附质之间作用力的不同,吸附可分为物理吸附与化学吸附。

① 物理吸附。物理吸附是由于吸附剂与吸附质之间的分子间力的作用所产生的吸附,也称范德华吸附。物理吸附时表面能降低,所以是一种放热过程。从分子运动论的观点来看,这些吸附于固体表面上的分子由于分子运动,也会从固体表面上脱离逸出,其本身并不发生任何化学变化。因此,物理吸附是可逆的,如当温度升高时,气体(或液体)分子的动能增加,吸附质分子将越来越多地从固体表面上逸出。物理吸附可以是单分子层吸附,也可以是多分子层吸附。物理吸附的特征可归纳为以下几点。

a. 吸附质和吸附剂间不发生化学反应,一般在较低的温度下进行。

b. 一般没有明显的选择性,对于各种物质来说,分子间力的大小有所不同,与吸附剂分子间力大的物质首先被吸附。

c. 物理吸附为放热过程,吸附过程所放出的热量,称为该物质在此吸附剂表面上的吸附热。

d. 吸附剂与吸附质间的吸附力不强,当系统温度升高或流体中吸附质浓度(或分压)降低时,吸附质能很容易地从固体表面逸出,而不改变吸附质原来性状。

e. 吸附速率快,几乎不要活化能。

② 化学吸附。吸附质在固体颗粒表面发生化学反应。吸附质与吸附剂分子间的作用力是化学键力,这种化学键力比物理吸附的分子间力要大得多,其热效应亦远大于物理吸附热,吸附质与吸附剂结合比较牢固,一般是不可逆的,而且总是单分子层吸附。化学吸附的特征可归纳为如下几点。

a. 有很强的选择性,仅能吸附参与化学反应的某些物质分子。

b. 吸附速率较慢,需要一定的活化能,达到吸附平衡需要的时间长。

c. 升高温度可以提高吸附速率,宜在较高温度下进行。

实际应用中物理吸附与化学吸附之间不易严格区分。同一种物质在低温时可能进行物理吸附,温度升高到一定程度时就发生化学吸附,有时两种吸附会同时发生。本节主要介绍物理吸附过程。

(2) 解吸 当系统温度升高或流体中吸附质浓度(或分压)降低时,被吸附物质将从固体表面逸出,这就是解吸(或称脱附),是吸附的逆过程。这种吸附-解吸的可逆现象在物理吸附中均存在。工业上利用这种现象,在处理混合物时,当吸附剂将吸附质吸附之后,改变操作条件,使吸附质解吸,同时吸附剂再生并回收吸附质,以达到分离混合物的目的。

再生方法有加热解吸再生、降压或真空解吸再生、溶剂萃取再生、置换再生、化学氧化再生等。

① 加热解吸再生。通过升高温度,使吸附质解吸,从而使吸附剂得到再生。几乎各种吸附剂都可用加热再生法恢复吸附能力。不同的吸附过程需要不同的温度,吸附作用越强,解吸时需加热的温度越高。

② 降压或真空解吸。气体吸附过程与压力有关,压力升高时,有利于吸附;压力降低时,解吸占优势。因此,通过降低操作压力可使吸附剂得到再生,若吸附在较高压力下进行,则降低压力可使被吸附的物质脱离吸附剂进行解吸;若吸附在常压下进行,可采用抽真空方法进行解吸。工业上利用这一特点采用变压吸附工艺,达到分离混合物及吸附剂再生的

目的。

③ 置换再生。在气体吸附过程中，某些热敏性物质，在较高温度下易聚合或分解，可以用一种吸附能力较强的气体（解吸剂）将吸附质从吸附剂中置换与吹脱出来。再生时解吸剂流动方向与吸附时流体流动方向相反，即采用逆流吹脱的方式。这种再生方法需加一道工序，即解吸剂的再解吸，一般可采用加热解吸再生的方法，使吸附剂恢复吸附能力。

④ 溶剂萃取。选择合适的溶剂，使吸附质在该溶剂中溶解性能远大于吸附剂对吸附质的吸附作用，从而将吸附质溶解下来。

⑤ 化学氧化再生。具体方法很多，可分为湿式氧化法、电解氧化法及臭氧氧化法等几种。

⑥ 生物再生法。利用微生物将被吸附的有机物氧化分解。此法简单易行，基建投资少，成本低。

生产实际中，上述几种再生方法可以单独使用，也可几种方法同时使用。如活性炭吸附有机蒸气后，可用通入高温水蒸气再生，也可用加热和抽真空的方法再生；沸石分子筛吸附水分后，可用加热吹氮气的办法再生。

2. 影响吸附的因素

影响吸附的因素有吸附剂的性质、吸附质的性质及操作条件等，只有了解影响吸附的因素，才能选择合适的吸附剂及适宜的操作条件，从而更好地完成吸附分离任务。

（1）操作条件　低温操作有利于物理吸附，适当升高温度有利于化学吸附。温度对气相吸附的影响比对液相吸附的影响大。对于气体吸附，压力增加有利于吸附，压力降低有利于解吸。

（2）吸附剂的性质　吸附剂的性质如孔隙率、孔径、粒度等影响比表面积，从而影响吸附效果。一般来说，吸附剂粒径越小或微孔越发达，其比表面积越大，吸附容量也越大。但在液相吸附过程中，对相对分子质量大的吸附质，微孔提供的表面积不起很大作用。

（3）吸附质的性质及其浓度　对于气相吸附，吸附质的临界直径、相对分子质量、沸点、饱和性等影响吸附量。若用同种活性炭做吸附剂，对于结构相似的有机物，相对分子质量和不饱和性越大，沸点越高，越易被吸附；对于液相吸附，吸附质的分子极性、相对分子质量、在溶剂中的溶解度等影响吸附量。相对分子质量越大，分子极性越强，溶解度越小，越易被吸附。吸附质浓度越高，吸附量越少。

（4）吸附剂的活性　吸附剂的活性是吸附剂吸附能力的标志，常以吸附剂上所吸附的吸附质量与所有吸附剂量之比的百分数来表示，其物理意义是单位吸附剂所能吸附的质量。

（5）接触时间　吸附操作时，应保证吸附质与吸附剂有一定的接触时间，使吸附接近平衡，充分利用吸附剂的吸附能力。但是延长接触时间需要靠增大吸附设备来实现，所以确定最佳接触时间，需要从经济方面综合考虑。

（6）吸附设备的性能　吸附器的性能也直接影响吸附效果。

三、吸附剂

1. 吸附剂（adsorbent）的基本特征

吸附剂是流体吸附分离过程得以实现的基础。如何选择合适的吸附剂是吸附操作中必须解决的首要问题。一切固体物质的表面，对于流体都具有吸附的作用。但合乎工业要求的吸附剂则应具备如下一些特征。

① 大的比表面积。流体在固体颗粒上的吸附多为物理吸附，由于这种吸附通常只发生在固体表面几个分子直径的厚度区域，单位面积固体表面所吸附的流体量非常小，因此要求

吸附剂必须有足够大的比表面积以弥补这一不足。吸附剂的有效表面积包括颗粒的外表面积和内表面积，而内表面积总是比外表面积大得多，只有具有高度疏松结构和巨大暴露表面的孔性物质，才能提供巨大的比表面积。微孔占的容积一般为 $0.15\sim0.9\text{mL/g}$，微孔表面积占总面积的 95% 以上。常用吸附剂的比表面积如下。

    硅胶： $300\sim800\text{m}^2/\text{g}$
    活性氧化铝： $100\sim400\text{m}^2/\text{g}$
    活性炭： $500\sim1500\text{m}^2/\text{g}$
    分子筛： $400\sim750\text{m}^2/\text{g}$

  ② 具有良好的选择性。在吸附过程中，要求吸附剂对吸附质有较大的吸附能力，而对于混合物中其他组分的吸附能力较小。例如活性炭吸附二氧化硫（或氨）的能力远大于吸附空气的能力，故活性炭能从空气与二氧化硫（或氨）的混合气体中优先吸附二氧化硫（或氨），达到分离净化废气的目的。

  ③ 吸附容量大。吸附容量是指在一定温度、吸附质浓度下，单位质量（或单位体积）吸附剂所能吸附的最大值。吸附容量除与吸附剂表面积有关外，还与吸附剂的孔隙大小、孔径分布、分子极性及吸附剂分子上官能团性质等有关。吸附容量大，可降低处理单位质量流体所需的吸附剂用量。

  ④ 具有良好的机械强度和均匀的颗粒尺寸。吸附剂的外形通常为球形和短柱形，也有无定形颗粒，工业用于固定床吸附的颗粒直径一般为 $1\sim10\text{mm}$；如果颗粒太大或不均匀，可使流体通过床层时分布不均，易造成短路及流体返混现象，降低分离效率；如果颗粒小，则床层阻力大，过小时甚至会被流体带出，因此吸附剂颗粒的大小应根据工艺的具体条件适当选择。同时吸附剂是在温度、湿度、压力等操作条件变化的情况下工作的，这就要求吸附剂有良好的机械强度和适应性，尤其是采用流化床吸附装置，吸附剂的磨损大，对机械强度的要求更高。

  ⑤ 有良好的热稳定性及化学稳定性。

  ⑥ 有良好的再生性能。吸附剂在吸附后需再生使用，再生效果的好坏往往是吸附分离技术能否使用的关键，要求吸附剂再生方法简单，再生活性稳定。

  此外，还要求吸附剂的来源广泛，价格低廉。实际吸附过程中，很难找到一种吸附剂能同时满足上述所有要求，因而在选择吸附剂时要权衡多方面的因素。

2. 常用的吸附剂

  (1) 活性炭 活性炭是最常用的吸附剂，由木炭、坚果壳、煤等含碳原料经碳化与活化制得的一种多孔性含碳物质，具有很强的吸附能力，其吸附性能取决于原始成碳物质以及碳化活化等的操作条件。活性炭有如下特点。

  ① 它是用于完成分离与净化过程中唯一不需要预先除去水蒸气的工业用吸附剂。

  ② 由于具有极大的内表面，活性炭比其他吸附剂能吸附更多的非极性、弱极性有机分子，例如在常压和室温条件下被活性炭吸附的甲烷量几乎是同等质量 5A 分子筛吸附量的 2 倍。

  ③ 活性炭的吸附热及键的强度通常比其他吸附剂低，因而被吸附分子解吸较为容易，吸附剂再生时的能耗也相对较低。市售活性炭根据其用途可分为适用于气相和适用于液相两种。适用于气相的活性炭，大部分孔径在 $1\sim2.5\text{nm}$ 之间，而适用于液相的活性炭，大部分孔径接近或大于 3nm。活性炭用途很广，可用于有机溶剂蒸气的回收、空气或其他气体的脱臭、污水及废气的净化处理、各种气体物料的纯化等。其缺点是它的热稳定性，使用温度不能超过 473K。

(2) 硅胶　硅胶是另一种常用吸附剂，它是一种坚硬的由无定形的 SiO_2 构成的具有多孔结构的固体颗粒，其分子式为 $SiO_2 \cdot nH_2O$。制备方法是：用硫酸处理硅酸钠水溶液生成凝胶，所得凝胶再经老化、水洗去盐后，干燥即得。依制造过程条件的不同，可以控制微孔尺寸、空隙率和比表面积的大小。硅胶主要用于气体干燥、烃类气体回收、废气净化（含有 SO_2、NO_x 等）、液体脱水等。它是一种较理想的干燥吸附剂，在温度 293K 和相对湿度 60％的空气流中，微孔硅胶吸附水的吸湿量为硅胶质量的 24％。硅胶吸附水分时，放出大量吸附热。硅胶难于吸附非极性物质的蒸气，易于吸附极性物质，它的再生温度为 423K 左右，也常用作特殊吸附剂或催化剂载体。

(3) 活性氧化铝　活性氧化铝又称活性矾土，为一种无定形的多孔结构物质，通常由含水氧化铝加热、脱水和活化而得，活性氧化铝对水有很强的吸附能力，主要用于液体与气体的干燥。在一定的操作条件下，它的干燥精度非常高。而它的再生温度又比分子筛低得多。可用活性氧化铝干燥的部分工业气体包括 Ar、He、H_2、氟里昂、氟氯烷等。它对有些无机物具有较好的吸附作用，故常用于碳氢化合物的脱硫以及含氟废气的净化等。另外，活性氧化铝还可用作催化剂载体。

(4) 分子筛　分子筛组成为 $Me_{x/n}[(Al_2O_3)_x \cdot (SiO_2)_y] \cdot mH_2O$（含水硅酸盐），$n$ 为金属离子的价数，Me 为金属阳离子，如 Na^+、K^+、Ca^{2+} 等。沸石有天然沸石和合成沸石两类。目前人们已采用人工合成方法，仿制出上百种合成分子筛。分子筛为结晶型且具有多孔结构，其晶格中有许多大小相同的空穴，可包藏被吸附的分子。空穴之间又有许多直径相同的孔道相连。因此，分子筛能使比其孔道直径小的分子通过孔道，吸附到空穴内部，而比孔径大的物质分子则被排斥在外面，从而使分子大小不同的混合物分离，起了筛分分子的作用。由于分子筛突出的吸附性能，使它在吸附分离中应用十分广泛，如各种气体和液体的干燥，烃类气体或液体混合物的分离；在环境保护的废气和污水的净化处理上也受到重视。与其他吸附剂相比，分子筛的优点有如下两点。

① 吸附选择性强。这是由于分子筛的孔径大小整齐均一，又是一种离子型吸附剂，因此它能根据分子的大小及极性的不同进行选择性吸附。

② 吸附能力强。即使气体的浓度很低和在较高的温度下仍然具有较强的吸附能力，在相同的温度条件下，分子筛的吸附容量较其他吸附剂大。

常用吸附剂的主要特性见表 8-1。

表 8-1　吸附剂的主要特性

主要特性	活性炭	活性氧化铝	硅胶	沸石分子筛		
				4A	5A	X
堆积密度/(kg/m³)	200～600	750～1000	800	800	800	800
比热容/[kJ/(kg·K)]	0.836～1.254	0.836～1.045	0.92	0.794	0.794	
操作温度上限/K	423	773	673	873	873	873
平均孔径/nm	1.5～2.5	1.8～4.5	2.2	0.4	0.5	1.3
再生温度/K	373～413	473～523	393～423	473～573	473～573	473～573
比表面积/(m²/g)	600～1600	210～360	600			

除了上述常用的四种吸附剂外，还有一些其他吸附剂，如吸附树脂、活性黏土及碳分子筛等。吸附树脂主要应用于处理水溶液，如污水处理、维生素分离等，吸附树脂的再生比较容易，但造价较高。碳分子筛是一种兼有活性炭和分子筛某些特性的碳基吸附剂。碳分子筛具有很小的微孔组成，孔径分布在 0.3～1nm 之间，它的最大用途是空气分离制取纯氮。

四、吸附分离工艺

吸附分离工艺过程通常由两个主要部分构成：首先使流体与吸附剂接触，吸附质被吸附剂吸附后，与流体中不被吸附的组分分离，此过程为吸附操作；然后将吸附质从吸附剂中解吸，并使吸附剂重新获得吸附能力，这一过程称为吸附剂的再生操作。若吸附剂不需再生，这一过程改为吸附剂的更新。本节介绍工业常用的吸附分离工艺。

1. 固定床吸附

固定床吸附采用的是固定床吸附器。固定床吸附器多为圆柱形立式设备，吸附剂颗粒均匀地堆放在多孔支撑板上，成为固定吸附剂床层。流体自上而下或自下而上通过吸附剂床层进行吸附分离。固定床吸附操作再生时可用产品的一部分作为再生用气体，根据过程的具体情况，也可以用其他介质再生。例如用活性炭去除空气中的有机溶剂蒸气时，常用水蒸气再生。再生气冷凝成液体再分离。

（1）工作原理

① 吸附过程。如图 8-1 所示，吸附质初始浓度为 c_0 的流体连续流经装有吸附剂床层。一段时间后，部分床层吸附剂达到吸附平衡，失去吸附能力，而部分床层则建立了浓度分布，即形成吸附波。随着时间的推移，吸附波向床层出口方向移动，并在某一时间 t_i，床层出口端的流出物中出现吸附质。当时间达到 t_b 时，流出物中吸附质的浓度达到允许的最大浓度 c_b，此点称为吸附质的破点，而达到破点的时间 t_b 称为透过时间，c_b 为破点浓度；当吸附过程继续进行时，吸附波逐渐移动到床层出口；当时间为 t_e 时，床层吸附剂全部达到吸附平衡，吸附剂失去吸附能力，必须再生或进行更换。从 t_i 到 t_e 的时间周期与床层中吸附区或传质区的长度相对应，它与吸附过程的机理有关。

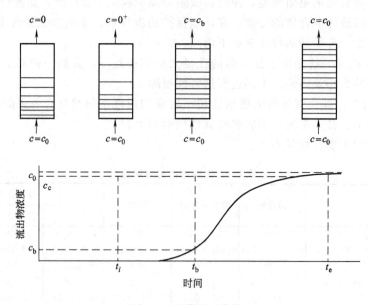

图 8-1 吸附透过曲线

② 透过曲线。图 8-1 中的曲线称为吸附透过曲线。该曲线易于测定，因此常用来反映床层内吸附负荷曲线的形状，而且可以较准确地求出破点。影响透过曲线的因素很多，有吸附剂与吸附质的性质，有温度、压力、浓度、pH 值、移动相流速、流速分布等参数，还有设备尺寸大小、吸附剂装填方法等。

(2) 固定床吸附流程

① 双器吸附流程。为使吸附操作连续进行，至少需要两个吸附器循环使用。如图 8-2 所示，A、B 两个吸附器，A 正进行吸附，B 进行再生。当 A 达到破点时，B 再生完毕，进入下一个周期，即 B 进行吸附，A 进行再生，如此循环进行连续操作。

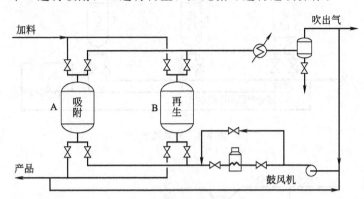

图 8-2　双器吸附流程

② 串联吸附流程。如果体系吸附速率较慢，采用上述的双器流程时，流体只在一个吸附器中进行吸附，达到破点时，很大一部分吸附剂未达到饱和，利用率较低。这种情况宜采用两个或两个以上吸附器串联使用，构成图 8-3 所示的串联流程。图示为两个吸附器串联使用的流程。流体先进入 A，再进入 B 进行吸附，C 进行再生。当从 B 流出的流体达到破点时，则 A 转入再生，C 转入吸附，此时流体先进入 B 再进入 C 进行吸附，如此循环往复。

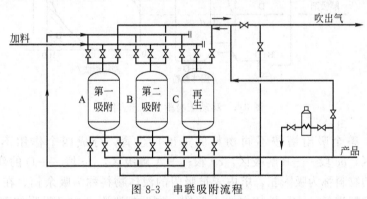

图 8-3　串联吸附流程

③ 并联流程。当处理的流体量很大时，往往需要很大的吸附器，此时可以采用几个吸附器并联使用的流程。如图 8-4 所示，图中 A、B 并联吸附，C 进行再生，下一个阶段是 A 再生，B、C 并联吸附，再下一个阶段是 A、C 并联吸附，B 再生，依此类推。

固定床吸附器最大的优点是结构简单、造价低、吸附剂磨损少，应用广泛。缺点是间歇操作，操作必须周期性变换，因而操作复杂，设备庞大。适用于小型、分散、间歇性的污染源治理。

2. 模拟移动床吸附

模拟移动床是目前液体吸附分离中广泛采用的工艺设备。模拟移动床吸附分离的基本原理与移动床相似。图 8-5 所示为液相移动床吸附塔的工作原理。设料液只含 A、B 两个组分，用固体吸附剂和液体解吸剂 D 来分离料液。固体吸附剂在塔内自上而下移动，至塔底出去后，经塔外提升器提升至塔顶循环入塔。液体用循环泵压送，自下而上流动，与固体吸

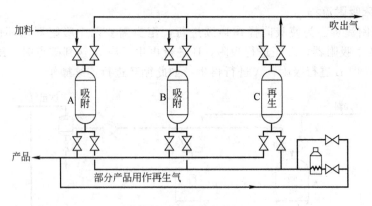

图 8-4 并联流程

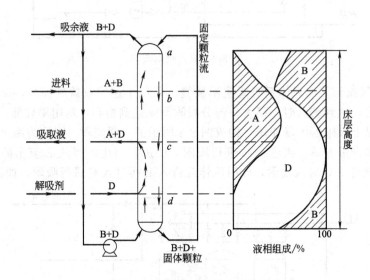

图 8-5 移动床吸附原理示意图

附剂逆流接触。整个吸附塔按不同物料的进出口位置，分成四个作用不同的区域：ab 段——A 吸附区，bc 段——B 解吸区，cd 段——A 解吸区，da 段——D 的部分解吸区。被吸附剂所吸附的物料称为吸附相，塔内未被吸附的液体物料称为吸余相。在 A 吸附区，向下移动的吸附剂把进料 A+B 液体中的 A 吸附，同时把吸附剂内已吸附的部分解吸剂 D 置换出来，在该区顶部将进料中的组分 B 和解吸剂 D 构成的吸余液 B+D 部分循环，部分排出。在 B 解吸区，从此区顶部下降的含 A+B+D 的吸附剂，与从此区底部上升的含有 A+D 的液体物料接触，因 A 比 B 有更强的吸附力，故 B 被解吸出来，下降的吸附剂中只含有 A+D。A 解吸区的作用是将 A 全部从吸附剂表面解吸出来。解吸剂 D 自此区底部进入塔内，与本区顶部下降的含 A+D 的吸附剂逆流接触，解吸剂 D 把 A 组分完全解吸出来，从该区顶部放出吸余液 A+D。

D 部分解吸区的目的在于回收部分解吸剂 D，从而减少解吸剂的循环量。从本区顶部下降的只含有 D 的吸附剂与从塔顶循环返回塔底的液体物料 B+D 逆流接触，按吸附平衡关系，B 组分被吸附剂吸附，而使吸附相中的 D 被部分地置换出来。此时吸附相只有 B+D，而从此区顶部出去的吸余相基本上是 D。

图 8-6 所示为用于吸附分离的模拟移动床操作示意，固体吸附剂在床层内固定不动，而

通过旋转阀的控制将各段相应的溶液进出口连续地向上移动，这种情况与进出口位置不动，保持固体吸附剂自上而下地移动的结果是一样的。在实际操作中，塔上一般开 24 个等距离的口，同接于一个 24 通旋转阀上，在同一时间旋转阀接通 4 个口，其余均封闭。如图中 6、12、18、24 四个口分别接通抽余液 B+D 出口、原料液 A+B 进口、抽取液 A+D 出口、解吸剂 D 进口，经一定时间后，旋转阀向前旋转，则出口又变为 5、11、17、23，依此类推，当进出口升到 1 后又转回到 24，循环操作。

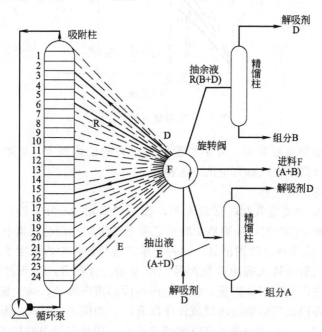

图 8-6　模拟移动床分离操作示意

模拟移动床的优点是处理量大、可连续操作，吸附剂用量少，仅为固定床的 4%。但要选择合适的解吸剂，对转换物流方向的旋转阀要求高。

3. 变压吸附

变压吸附是一种广泛应用于混合气体分离精制的吸附分离工艺。

（1）工作原理　在同一温度下，吸附质在吸附剂上的吸附量随吸附质的分压上升而增加；在同一吸附质分压下，吸附质在吸附剂上的吸附量随吸附温度上升而减小。也就是说，加压降温有利于吸附质的吸附，降压升温有利于吸附质的解吸或吸附剂的再生。于是按照吸附剂的再生方法将吸附分离循环过程分成两类。如图 8-7 所示，当吸附组分的分压为 p_E 并维持恒定，温度由 T_1 升高至 T_2 时，吸附容量沿垂线 AC 变化，A 点和 C 点的吸附量之差（$q_A - q_C$）为组分的解吸量，这种利用温度变化进行吸附和解吸的过程称为变温吸附；若吸附剂床层的温度为 T_1 且维持恒定，吸附组分的分压由 p_E 降至 p_B，则过程沿吸附等温线 T_1 进行，AB 线两端吸附量之差（$q_A - q_B$）为每经加压吸附和减压解吸循环的组分分离量。这种利用压力变化进行的分离操作称为变压吸附。如果要使吸附和解吸过程吸附剂吸附容量的差值增加，可以同时采用降压和加热的方法进行解吸再生，沿 AD 线两端的吸附容量差值变化，则为联合解吸再生。在实际的变压吸附分离操作中，组分的吸附热都很大，吸附过程是放热反应。随着组分的解吸，变压吸附的工作点从 E 移向 F 点，吸附时从 F 点返回 E 点，沿 EF 线进行，每经加压吸附和减压解吸循环的组分分离量为（$q_E - q_F$）。因此，要使吸附和解吸过程吸附剂的吸附量差值加大，对所选用的吸附剂除对各组分的选择性要大以外，其

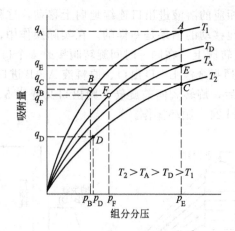

图 8-7　吸附量与组分分压

吸附等温线的斜率变化也要显著,并尽可能使其压力的变化加大,以增加其吸附量的变化值。为此,可采用升高压力或抽真空的方法操作。

(2) 变压吸附的工业流程

① 双塔流程。以分离空气制取富氧为例,吸附剂采用 5A 分子筛,在室温下操作,如图 8-8 所示。吸附塔 1 在吸附,吸附塔 2 在清洗并减压解吸。部分的富氧以逆流方向通入吸附塔 2,以除去上一次循环已吸附的氮,这种简单流程可制得中等浓度的富氧。

该循环的缺点是解吸转入吸附阶段产品流率波动,直到升压达到操作压力后才逐渐稳定。改善的办法是在产品出口加贮槽,使产物的纯度和流率平稳,减少波动,对低纯度气体产品也可加贮槽,并以此气体清洗床层或使床层升压。如图 8-9 所示,操作方法是:当吸附塔渐渐为吸附质饱和,尚未达到透过点以前停止操作。用死空间内的气体逆向降压,把已吸附在床层内的组分解吸清洗出去,然后进一步抽真空至解吸的真空度,解吸完毕后再升压至操作压力,再进行下一循环操作。升压、吸附、降压、解吸构成一个操作循环。

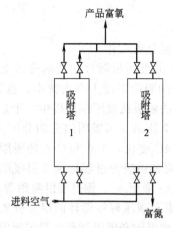

图 8-8　双塔变压吸附流程

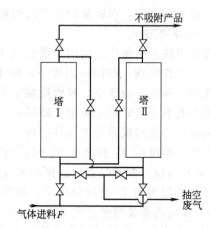

图 8-9　改进双塔变压吸附流程

② 四塔流程。四塔变压吸附流程是工业上常用的流程。四塔变压吸附循环有多种,一般,即每个床层都要依次经过吸附、均压、并流降压、逆流降压、清洗和升压等阶段。

除了四塔流程外,工业上根据装置规模增大和吸附压力上升,还相应采用了 5 塔、6 塔、8 塔、10 塔、12 塔流程等。

变压吸附操作不需要加热和冷却设备，只需要改变压力即可进行吸附-解吸过程，循环周期短，吸附剂利用率高，设备体积小，操作范围广，气体处理量大，分离纯度高。

4. 其他吸附分离方法

(1) 流化床吸附　流化床吸附器内的操作如图 8-10 所示，含有吸附质的流体以较高的速度通过床层，使吸附剂呈流态化。流体由吸附段下端进入，由下而上流动，净化后的流体由上部排出，吸附剂由上端进入，逐层下降，吸附了吸附质的吸附剂由下部排出进入再生段。在再生段，用加热吸附剂或用其他方法使吸附质解吸（图中使用的是气体置换与吹脱），再生后的吸附剂返回到吸附段循环使用。

流化床吸附的优点是能连续操作，处理能力大，设备紧凑。缺点是构造复杂，能耗高，吸附剂和容器磨损严重。图 8-11 所示为连续流化床吸附工艺流程。

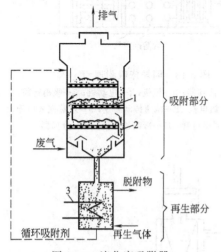

图 8-10　流化床吸附器
1—塔板；2—溢流堰；3—加热器

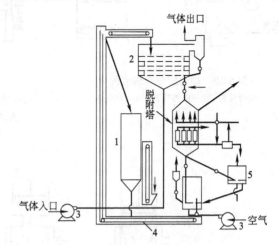

图 8-11　连续流化床吸附工艺流程
1—料斗；2—多层流化床吸附器；3—风机；
4—皮带传送机；5—再生塔

(2) 蜂窝转轮吸附　蜂窝转轮吸附器是利用纤维活性炭吸附、解吸速度快的特点，用一层波纹纸和一层平纸卷制成的。转轮以 0.05～0.1r/min 的速度缓慢转动，废气沿轴向通过。转轮的大部分供吸附用，一小部分供解吸用。吸附区内废气以 3m/s 的速度通过蜂窝通道，解吸区内反向通入热空气解吸，解吸出的是较高浓度的气体。通过这样的装置使废气得到了较大程度的浓缩，浓缩后的废气再进行催化燃烧，燃烧产生的热空气又去进行解吸，如图 8-12 所示。蜂窝转轮吸附器能连续操作，设备紧凑，节省能量。适于处理大气量、低浓度的有机废气。

(3) 回转床吸附　如图 8-13 所示，回转吸附器结构为回转床圆鼓上按径向以放射状分成若干吸附室，各室均装满吸附剂，吸附床层做成环状，通过回转连续进行吸附和解吸。吸附时，待净化废气从鼓外环室进入各吸附室，净化后的气体从鼓心引出。再生时，吹扫蒸汽自鼓心引入吸附室，将吸附质吹扫出去。回转床解决了吸附剂的磨损问题，且结构紧凑，使用方便，但各工作区之间的串气较难避免。

(4) 参数泵　参数泵是利用两组分在流体相与吸附剂相分配不同的性质，循环变更热力学参数（如温度、压力等），使组分交替地吸附、解吸，同时配合流体上下交替地同步运动，使两组分分别在吸附柱的两端浓集，从而实现两组分的分离。

如图 8-14 所示是以温度为变更参数的参数泵原理示意。吸附器内装有吸附剂，进料为含组分 A、B 的混合液，对于所选用的吸附剂，A 为易吸附组分，B 为难吸附组分。吸附器的顶端与底端各与一个泵（包括贮槽）相连，吸附器外夹套与温度调节系统相连接。

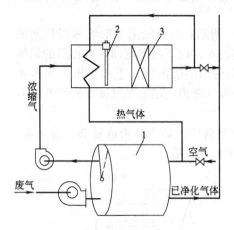

图 8-12　蜂窝转轮吸附流程
1—吸附转轮；2—电加热器；3—催化床层

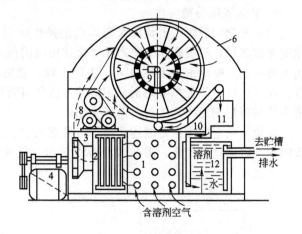

图 8-13　回转床吸附器
1—过滤器；2—冷却器；3—风机；4—电动机；5—吸附转筒；
6—外壳；7—转筒电机；8—减速传动装置；9—水蒸气入口管；
10—脱附器出口管；11—冷凝冷却器；12—分离器

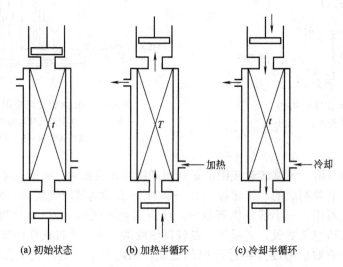

图 8-14　参数泵工作原理示意图

参数泵每一循环分前后两部分，即加热阶段和冷却阶段，吸附床温度分别为 T、t，流动方向分别向上和向下。当循环开始时，如图 8-14（a），床层内两相在较低的温度 t 下平衡，流动相中吸附质 A 的浓度与底部贮槽内溶液的浓度相同。第一个循环的加热阶段，如图 8-14（b），床层温度加热到 T，流体由底部泵输送自下而上流动，A 由吸附剂中向流体相转移，结果是从床层顶端流入到顶端贮槽内的溶液中 A 的浓度比原来提高，而床层底端的溶液浓度仍为原底部贮槽内的溶液浓度。

加热阶段终了，改变流体流动方向，同时改变床层温度为较低的温度 t，开始进入冷却阶段，如图 8-14（c），流体由顶部泵输送由上而下流动，由于吸附剂在低温下的吸附容量大于它在高温下的吸附容量，因此吸附质 A 由流体相向吸附剂中转移，吸附剂上 A 的浓度增加，相应地在流体相中 A 的浓度降低，这样从床层底端流入到底部贮槽内的溶液中 A 的浓度低于原来在此槽内的溶液浓度。

接着开始第二个循环，在加热阶段中，在较高床层温度的条件下，A 由吸附剂中向流体相转移，这样从床层顶端流入到顶端贮槽内的溶液 A 的浓度要高于在第一个循环加热阶段中收集到的溶液的浓度，在冷却阶段中，溶液中 A 的浓度进一步降低。如此循环往复，组分 A 在顶部贮槽内不断增浓，相应的组分 B 在底部贮槽内不断增浓。

由于温度和流体流向的交替同步变化，使组分 A 流向柱顶，组分 B 流向柱底，如同一个泵推动它们分别作定向流动。参数泵的优点是可以达到很高的分离程度。参数泵目前尚处于实验研究阶段，理论研究已比较成熟，但在实际应用中还有许多技术上的困难。它比较适用于处理量较小和难分离的混合物的分离。

(5) 搅拌槽接触吸附　如图 8-15 所示，将料液与吸附剂加入搅拌槽中，通过搅拌使固体吸附剂悬浮与液体均匀接触，液体中的吸附质被吸附。为使液体与吸附剂充分接触，增大接触面积，要求使用细颗粒的吸附剂，通常粒径应小于 1mm，同时要有良好的搅拌。这种操作主要应用于除去污水中的少量溶解性的大分子，如带色物质等。由于被吸附的吸附质多为大分子物质，解吸困难，故用过的吸附剂一般不再生而是弃去。搅拌槽接触吸附多为间歇操作，有时也可连续操作。

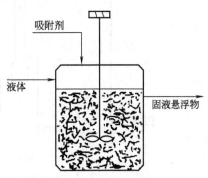

图 8-15　搅拌槽接触吸附操作

第二节　液-液萃取

工业上对液体混合物的分离，除了采用蒸馏的方法外，还广泛采用液-液萃取（exaction）。利用液体混合物中各组分在所选定的溶剂中溶解度的差异而使各组分分离的操作称为液-液萃取操作，它是分离均相液体混合物的一种单元操作，又称溶剂萃取，简称萃取或抽提。所选用的溶剂称为萃取剂或溶剂，以 S 表示。所处理的液体混合物称为原料液，其中较易溶于萃取剂的组分称为溶质，以 A 表示；较难溶的组分称为原溶剂或稀释剂，以 B 表示。如果萃取过程中，萃取剂与溶质不发生化学反应而仅为物理传递过程，称为物理萃取，反之称为化学萃取。本节主要介绍物理萃取。

一、应用案例

工业污水的脱酚处理——醋酸丁酯法：用醋酸丁酯从异丙苯法生产苯酚、丙酮过程中产生的含酚污水中回收酚，流程如图 8-16 所示。

含酚污水经预处理后由萃取塔顶加入，萃取剂醋酸丁酯从塔底加入，含酚污水和醋酸丁酯在塔内逆流操作，污水中酚从水相转移至醋酸丁酯中。离开塔顶的萃取相主要为醋酸丁酯和酚的混合物。为得到酚，并回收萃取剂，可将萃取相送入苯酚回收塔，在塔底可获得粗酚，从塔顶得到醋酸丁酯。离开萃取塔底的萃余相主要是脱酚后的污水，其中溶有少量萃取剂，将其送入溶剂回收汽提塔，回收其中的醋酸丁酯。初步净化后的污水从塔底排出，再送往生化处理系统，回收的醋酸丁酯可循环使用。

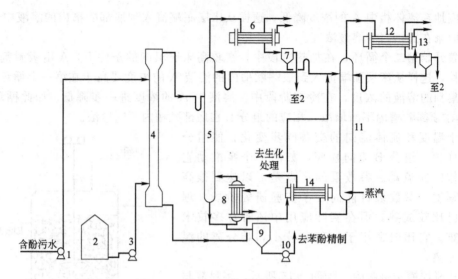

图 8-16　醋酸丁酯萃取脱酚工艺流程

1,3,10—泵；2—醋酸丁酯贮槽；4—萃取塔；5—苯酚回收塔；
6,12—冷凝冷却器；7,13—油水分离器；8—加热器；9—接收槽；
11—溶剂回收塔；14—换热器

二、液-液萃取的基本原理

1. 液-液萃取过程

设原料液由 A、B 两组分组成，欲将其分离，选用萃取剂 S。萃取剂 S 对溶质 A 有较大的溶解度，而对原溶剂 B 应是完全不互溶或部分互溶。

如图 8-17 所示的萃取操作中，将原料液和萃取剂 S 加入混合器中，则器内存在两个液相。然后进行搅拌，使一个液相以小液滴形式分散于另一液相中，造成很大的两相接触面积，使溶质 A 由原溶剂 B 中向萃取剂 S 中扩散。两相充分接触后，停止搅拌并送入澄清器，两液相因密度差分层。其中一相以萃取剂 S 为主，并溶有大量的溶质 A，称为萃取相，以 E 表示。另一相以原溶剂 B 为主，并含有少量未被萃取的溶质 A，称为萃余相，以 R 表示。若萃取剂 S 与原溶剂 B 部分互溶，则萃取相中还含有少量的 B，萃余相中还含有少量的 S。

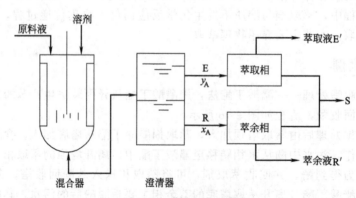

图 8-17　萃取操作示意

由于萃取相和萃余相均是三元混合物，萃取操作并未最后完成分离任务。为了得到 A，并回收萃取剂以供循环使用，还需脱除萃取相和萃余相中的萃取剂 S，此过程称为溶剂回收（或再生），得到的两相分别称为萃取液 E′和萃余液 R′。

若萃取剂 S 与原溶剂 B 完全不互溶，则萃取过程与吸收过程十分类似，所不同的是吸收处理的是气-液两相而萃取则是液-液两相，这一差别使萃取设备的构型有别于吸收。一般的液-液萃取，萃取剂多数与原溶剂部分互溶，两相中至少涉及三个组分。结合案例可以看出，完整的液-液萃取过程应由以下三部分组成：

① 原料液与萃取剂充分混合，使溶质由原溶剂中转溶到萃取剂中；
② 萃取相和萃余相的分离；
③ 回收萃取相和萃余相中的萃取剂，使之循环使用，同时得到产品。

2. 液-液萃取过程两相接触方式

萃取操作时要求原料液与萃取剂必须充分混合、密切接触。按原料液和萃取剂的接触方式可分为两类：即单级式接触萃取和连续接触萃取。

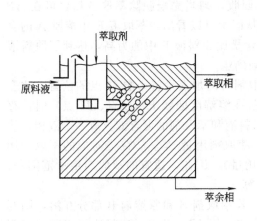

图 8-18 单级混合澄清器

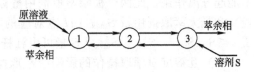

图 8-19 多级萃取

（1）单级式接触萃取　图 8-18 所示为单级混合澄清器。原料液和萃取剂加入混合器，在搅拌作用下两相发生密切接触进行相际传质，由混合器中流出的两相在澄清器内分层，得到萃取相和萃余相并分别排出。若单级萃取得到的萃余相中还有部分溶质需进一步提取，可以采用多个混合澄清器实现多级接触萃取。多级萃取按物流流动方式主要分为多级错流萃取和多级逆流萃取。图 8-19（a）所示为多级错流萃取，此时原料液依次通过各级，新鲜萃取剂则分别加入各级混合器。图 8-19（b）所示为多级逆流萃取，原料液和萃取剂依次按相反方向通过各级。

（2）连续接触萃取　连续接触萃取又称微分接触萃取。如图 8-20 所示的喷洒萃取塔，原料液和萃取剂中密度较大者（称为重相）自塔顶加入，密度较小者（称为轻相）自塔底加入。两相中有一相（图中所示为轻相）经分布器分散成液滴（称为分散相），另一相保持连续（称为连续相）。分散的液滴在上浮或沉降过程中与连续相呈逆流接触进行物质传递，最后轻、重两相分离，并分别从塔顶和塔底排出，得到萃取相和萃余相。

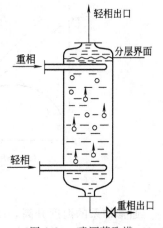

图 8-20　喷洒萃取塔

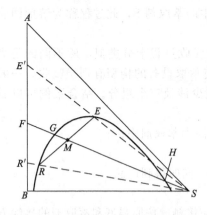

图 8-21 萃取过程在三角形相图上的表示

3. 液-液相平衡与萃取操作的关系

（1）萃取过程在相图中的表示　萃取过程可以在三角形相图上非常直观地表示出来，如图 8-21 所示。

① 原料液 F 含有 A、B 两组分，其组成由 F 点表示。现加入适量纯萃取剂 S，其量应足以使混合液 M 的总组成进入两相区。M 点必位于 FS 连线上，其位置可根据杠杆规则确定。

② 由于点 M 位于两相区内，故当原料液和萃取剂充分混合并静置分层后，分为互成平衡的萃取相 E 和萃余相 R。根据杠杆规则，M 点、E 点和 R 点在一条直线上。E 和 R 两点由过 M 点的连线 ER（可借助辅助曲线通过试差法作图获得）确定。

③ 若将萃取相和萃余相中的萃取剂分别加以回收，则当完全脱除萃取 S 后，可在 AB 边上分别得到含两组分的萃取液 E' 和萃余液 R'。从图中可以看出，萃取液 E' 中溶质 A 的含量比原料液 F 中的为高，萃余液 R' 中原溶剂 B 的含量比原料液 F 中的为高，达到了原料液部分分离的目的。E' 和 R' 的数量关系仍由杠杆规则确定。

④ 在单级萃取操作时，混合液量一定时，萃取剂 S 的加入量将影响 M 点的位置。改变 S 用量，M 点沿着 FS 线移动。当 M 点位置恰好落在溶解度曲线上（G 点、H 点）时，存在两个萃取剂极限用量，在此两个极限用量下，原料液和萃取剂的混合液只有一个液相，故不能起分离作用。此两个极限萃取剂用量称为最小萃取剂用量 S_{min}。（G 点对应的萃取剂用量）和最大萃取剂用量 S_{max}（H 点对应的萃取剂用量）。因此，适宜的萃取剂用量范围是：$S_{min} < S < S_{max}$，S_{min}、S_{max}、S 量可由杠杆规则计算。

（2）互溶度对萃取操作的影响　萃取操作中，若萃取剂 S 和原溶剂 B 部分互溶，则互溶度越小，两相区越大。如图 8-22 所示，在相同温度下，同一种二元原料液与不同萃取剂 S_1、S_2 构成的三角形相图。由图可见，萃取剂 S_1 与原溶剂 B 的互溶度较小。若从点 S 作溶解度曲线的切线，此切线与 AB 边交于点 E'_{max}，则此点即为在一定操作条件下可能获得的含溶质 A 的浓度最高的萃取液，称为最高萃取液，而互溶度越小，可能达到的最高萃取液浓度越大，越有利于萃取分离。可见，选择与原溶剂 B 互溶度小的萃取剂，分离效果好。

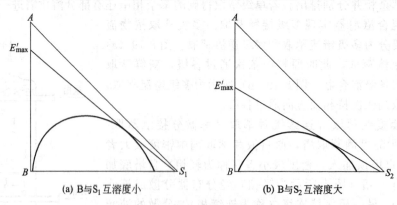

(a) B 与 S_1 互溶度小　　　(b) B 与 S_2 互溶度大

图 8-22　互溶度对萃取操作的影响

通常物系的温度升高，B 与 S 互溶度增加，反之减小。一般来说，温度降低对萃取过程有利。但是，温度的变化还将引起物系其他物理性质（如密度、黏度）的变化，故萃取操作温度应作适当的选择。

三、萃取剂的选择

萃取时溶剂的选择是萃取操作的关键,他直接影响到萃取操作能否进行,对萃取产品的产量、质量和过程的经济性也有重要的影响。因此,当准备采用萃取操作时,首要的问题,就是选择合适的萃取溶剂。萃取剂的选择应从以下几个方面考虑。

1. 萃取剂的选择性

萃取时所采用的萃取剂,必须对原溶液中欲萃取出来的溶质有显著的溶解能力,而对其他组分(稀释剂)应不溶或少溶,即萃取剂应有较好的选择性。

2. 萃取剂的物理性质

(1) 密度 萃取剂必须在操作条件下能使萃取相与萃余相之间保持一定的密度差,以利于两液相在萃取器中能以较快的相对速度逆流后分层,从而可以提高萃取设备的生产能力。

(2) 界面张力 萃取物系的界面张力较大时,细小的液滴比较容易聚结,有利于两相的分离,但界面张力过大,液体不易分散,难以使两相混合良好,需要较多的外加能量。界面张力小,液体易分散,但易产生乳化现象使两相难分离,因此应从界面张力对两液相混合与分层的影响综合考虑,选择适当的界面张力,一般来说不宜选用张力过小的萃取剂。常用体系界面张力数值可在文献中找到。有人建议,将溶剂和料液加入分液漏斗中,经充分剧烈摇动后,两液相最多在 5min 以内要能分层,以此作为溶剂界面张力 σ 适当与否的大致判别标准。

(3) 黏度 萃取剂的黏度低,有利于两相的混合与分层,也有利于流动与传质,因而黏度小对萃取有利。有的萃取剂黏度大,往往需加入其他溶剂来调节其黏度。

3. 萃取剂的化学性质

萃取剂需有良好的化学稳定性,不易分解、聚合,并应有足够的热稳定性和抗氧化稳定性。对设备的腐蚀性要小。

4. 萃取剂回收的难易

通常萃取相和萃余相中的萃取剂需回收后重复使用,以减少溶剂的消耗量。回收费用取决于回收萃取剂的难易程度。有的溶剂虽然具有以上很多良好的性能,但往往由于回收困难而不被采用。

最常用的回收方法是蒸馏,因而要求萃取剂与被分离组分 A 之间的相对挥发度 α 要大,如果 α 接近于 1,不宜用蒸馏,可以考虑用反萃取、结晶分离等方法。

5. 其他指标

如萃取剂的价格、来源、毒性以及是否易燃、易爆等,均为选择萃取剂时需要考虑的问题。

萃取剂的选择范围一般很宽,但若要求选用的溶剂具备以上各种期望的特性,往往也是难以达到的,应按经济效果进行综合考虑。

工业生产中常用的萃取剂可分为三大类:①有机酸或及盐,如脂肪族的一元羧酸、磺酸、苯酚等。②有机碱的盐,如伯胺盐、仲胺盐、叔胺盐、季铵盐等。③中性溶剂,如水、醇类、酯、醛、酮等。

四、液-液萃取设备

1. 塔式萃取设备

液-液萃取设备的种类很多,但目前尚不存在各种性能都比较完美的设备,萃取设备的研究还不够成熟,尚待于进一步开发与改善。

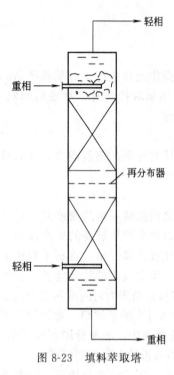

图 8-23 填料萃取塔

萃取设备应有的主要性能是要能为两液相提供充分混合与充分分离的条件,使两液体相之间具有很大的接触面积,这种界面通常是将一种液相分散在另一种液相中所形成。分散成滴状的液相称为分散相,另一个呈连续的液体相称为连续相。显然,分散的液滴越小,两相的接触面积越大,传质越快。为此,在萃取设备内装有喷嘴或筛孔板,或填料,或机械搅拌装置等。为使萃取过程获得较大的传质推动力,两相流体在萃取设备内以逆流流动方式进行操作。

在工业生产中由于塔式萃取设备有较大的生产能力,设备投资不大,萃取分离效果较好,两相可实现连续逆流操作,所以生产上大多采用各种类型的萃取塔进行萃取操作。

(1) 填料萃取塔 填料萃取塔的结构与吸收和精馏使用的填料塔基本相同。如图 8-23,在塔内装填充物,连续相充满整个塔中,分散相以滴状通过连续相。填料可以是拉西环、鲍尔环、鞍形填料、丝网填料等。填料的材料有陶瓷、金属或塑料。为了有利于液滴的形成和液滴的稳定性,所用的填料应被连续相优先润湿。一般瓷质填料易被水优先润湿,石墨和塑料填料则易被大部分有机液体优先润湿,对于金属填料易被水溶液优先润湿。填料塔结构简单,造价低廉,操作方便,故在工业中仍有一定的应用。虽然填料塔不宜处理含固体的流体,但适用于处理腐蚀性流体。对于标准的工业填料,在液-液萃取中有一个临界的填料尺寸。大多数液-液萃取系统,填料的临界直径约为 12mm 或更大些。工业上,一般可选 15mm 或 25mm 直径的填料,以保证适当的传质效率和两相的流通能力。

(2) 筛板萃取塔 如图 8-24 所示,筛板(多孔板)塔结构与筛板蒸馏塔的结构相似,

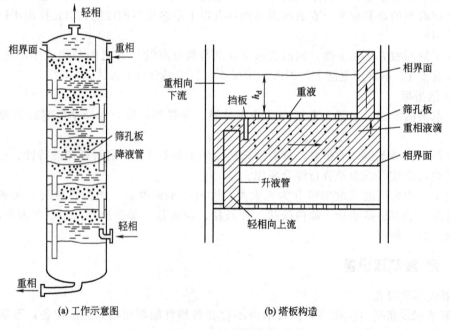

(a) 工作示意图　　　　　　　　(b) 塔板构造

图 8-24　筛板萃取塔

但是筛板的孔径要比蒸馏塔的小，筛板间距也与蒸馏塔稍有不同。如果轻液为分散相，轻液由底部进入，经筛孔板分散成液滴，在塔板上与连续相密切接触后，分层凝聚，并积聚在上一层筛板的下面，然后借助压力的推动，再经孔板分散，最后由塔顶排出。重液连续地由上部进入，经降液管至筛板后，经溢流堰流入降液管进入下面一块筛板。依次反复，最后由塔底排出。如果重液是分散相，则塔板上的降液管须改为升液管，连续相（轻液）通过升液管进入上一层塔板。

因为连续相的轴向混合被限制在板与板之间范围内，而没有扩展至整个塔内，同时分散相液滴在每一块塔板上进行凝聚和再分散，使液滴的表面得以更新，因此筛板塔的萃取效率比填料塔有所提高。由于筛板塔结构简单，价格低廉，尽管级效率较低，仍在许多工业萃取过程中得到应用。尤其是在萃取过程所需理论级数少，处理量较大以及物系具有腐蚀性的场合。为了提高板效率，使分散相在孔板上易于形成液滴，筛板材料必须优先为连续相所润湿，因此有时需应用塑料或将塔板涂以塑料，或者分散相由板上的喷嘴形成液滴。同时选择体积流量大的流体为分散相。

（3）转盘萃取塔　转盘塔是装有回旋搅拌圆盘的萃取设备，如图 8-25 所示。塔体呈圆筒形，其内壁上装有固定环，将塔分隔成许多小室，塔的中心从塔顶插入一根转轴，转盘即装在其上。转轴由塔顶的电机带动。

转盘塔结构简单，造价低廉，维修方便。由于塔的操作弹性大，流通量大，因而在石油化学工业中，转盘塔应用比较广泛。除此之外，也可作为化学反应器。由于它很少会发生堵塞，因此也适用于处理含有固体物料的场合。

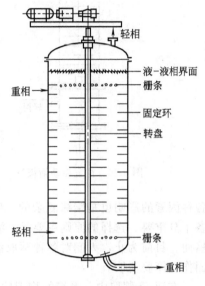

图 8-25　转盘萃取塔

（4）往复振动筛板塔　往复振动筛板塔如图 8-26 所示，塔是由一组开孔的筛板和挡板所组成，筛板安装在中轴上，由装在塔顶的传动机械驱动中心轴进行往复运动。该塔特点为：①通量高；②可以处理易乳化含有固体的物系；③结构简单，容易放大；④维修和运动费低。

往复振动筛板塔自开发以来，现已广泛地应用于石油化工、食品、制药和湿法冶金工业中，如提纯药物，废水脱酚，由水溶液中回收醋酸，从废水中提取有机物等。至今，正在运转的塔的最大塔直径为 1m，筛板组合件（即萃取区）长为 9.6m。塔材料除用不锈钢等金属材料外，也有采用衬玻璃外壳和各种耐腐蚀的高分子聚合材料，如聚四氟乙烯的内件。因而也可以用于处理腐蚀性强的物系。

（5）脉冲萃取塔　为改善两相接触状况，增强界面湍动程度，强化传质过程，可在普通的筛板塔或填料塔内提供外加机械能来造成脉动，这种塔称为脉冲萃取塔。如图 8-27，塔的主体部分是高径比很大的圆柱形筒体，中间装有若干带孔的不锈钢或其他材料制成的筛板。筛板可用支撑柱和固定环按一定板间距固定。塔的上、下两端分别设有上澄清段和下澄清段。脉冲筛板塔的缺点是允许通过能力较小，限制了其在化工生产中的应用。

除上面介绍的塔式萃取设备外，萃取设备还有许多类型，如混合-澄清萃取器、离心萃取机等，此处从略。

2. 萃取设备的选用

萃取设备的种类很多，由于各种萃取设备具有不同的特性，而且萃取过程及萃取物系中

第八章 其他单元操作简介

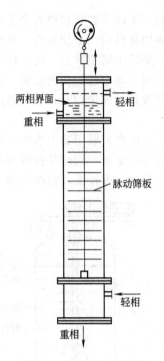
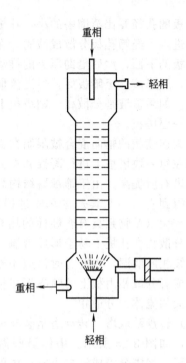

图 8-26　往复振动筛板塔　　　　　图 8-27　脉冲萃取塔

各种因素的影响也是错综复杂的。因此，对于某一新的液-液萃取过程，选择适当的萃取设备十分重要。选择的原则主要是：满足生产的工艺要求和条件；经济上确保生产成本最低。然而，目前为止，人们对各种萃取设备的性能研究还很不充分，在选择时往往要凭经验。下面作一简要说明。

在液-液萃取中，系统的物理性质对设备的选择比较重要。在无外能输入的萃取设备中，液滴的大小及其运动情况与界面张力 σ 和两相密度差 $\Delta\rho$ 的比值（$\sigma/\Delta\rho$）有关。若 $\sigma/\Delta\rho$ 大，液滴较大，两相接触界面减少，降低了传质系数。因此，无外能输入的设备仅宜用于 $\sigma/\Delta\rho$ 较小，即界面张力小，密度差较大的系统。当 $\sigma/\Delta\rho$ 较大时，应选用有外能输入的设备，使液滴尺寸变小，提高传质系数。对密度差较大的系统，离心萃取器比较适用。

对于腐蚀性强的物系，宜选取结构简单的填料塔，或采用由耐腐蚀金属或非金属材料，如塑料、玻璃钢内衬或内涂的萃取设备。如果物系有固体悬浮物存在，为避免设备堵塞，一般可选用转盘塔或混合澄清器。对某一液-液萃取过程，当所需的理论级数为 2～3 级，各种萃取设备均可选用。当所需的理论级数 4～5 级时，一般可选择转盘塔，往复振动筛板塔和脉冲塔。当需要的理论级数更多时，一般只能采用混合澄清器。根据生产任务和要求，如果所需设备的处理量较小时，可用填料塔、脉冲塔；处理量较大时，可选用筛板塔、转盘塔以及混合澄清器。

物系的稳定性与停留时间，在选择设备时也要考虑，例如在抗生素生产中，由于稳定性的要求，物料在萃取器中要求的停留时间短，这时离心萃取器是合适的。但若萃取物系中伴有慢的化学反应，要求有足够的停留时间，选用混合澄清器较为有利。

五、萃取塔的操作

对萃取塔能否实现正常操作，将直接影响产品的质量、原料的利用率和经济效益。尽管一个工艺过程及设备设计得很完善，但由于操作不当，还得不到合格产品。因此，萃取塔的正确操作是生产中的重要一环。

1. 萃取塔的开车

在萃取塔开车时,先将连续相注满塔中,若连续相为重相(即相对密度较大的一相),液面应在重相入口高度处为宜,关闭重相进口阀。然后开启分散相,使分散相不断在塔顶分层段凝聚,随着分散相不断进入塔内,在重相的液面上形成两液相界面并不断升高。当两相界面升高到重相入口与轻相出口处之间时,再开启分散相出口阀和重相的进出口阀,调节流量或重相升降管的高度使两相界面维持在原高度。

当重相作为分散相时,则分散相不断在塔底的分层段凝聚,两相界面应维持在塔底分层段的某一位置上,一般在轻相入口处附近。

2. 维持正常操作要注意的事项

(1) 两相界面高度要维持稳定　因参与萃取的两液相的相对密度相差不大,在萃取塔的分层段中两液相的相界面容易产生上下位移。造成相界面位移的因素有:①振动,往复或脉冲频率或幅度发生变化;②流量发生变化。若相界面不断上移到轻相出口,则分层段不起作用,重相就会从轻相出口处流出;若相界面不断下移至萃取段,就会降低萃取段的高度,使得萃取效率降低。

当相界面不断上移时,要降低升降管的高度或增加连续相的出口流量,使两相界面下降到规定的高度处。反之,当相界面不断下移时,要升高升降管的高度或减小连续相的出口流量。

(2) 防止液泛　液泛是萃取塔操作时容易发生的一种不正常的操作现象。所谓液泛是指逆流操作中,随着两相(或一相)流速的加大,流体流动的阻力也随之加大。当流速超过某一数值时,一相会因流体阻力加大而被另一相夹带由出口端流出塔外。有时在设备中表现为某段分散相,把连续相隔断。这种现象就称为液泛。

产生液泛的因素较多,它不仅与两相流体的物性有关,而且与塔的类型及内部结构有关。不同的萃取塔其泛点速度也随之不同。当对某种萃取塔操作时,所选的两相流体确定后,液泛的产生是由流量或振动,脉冲频率和幅度的变化而引起,因此流量过大或振动频率过快易造成液泛。

(3) 减小返混　萃取塔内部分液体的流动滞后于主体流动,或者产生不规则的旋涡运动,这些现象称为轴向混合或返混。

萃取塔中理想的流动情况是两液相均呈活塞流,即在整个塔截面上两液相的流速相等。这时传质推动力最大,萃取效率高,但是在实际塔内,流体的流动并不呈活塞流,因为流体与塔壁之间的摩擦阻力大,连续相靠近塔壁或其他构件处的流速比中心处慢,中心区的液体以较快速度通过塔内,停留时间短,而近壁区的液体速度较低,在塔内停留时间长,这种停留时间的不均匀是造成液体返混的主要原因之一。分散相的液滴大小不一,大液滴以较大的速度通过塔内,停留时间短。小液滴速度小,在塔内停留时间长。更小的液滴甚至还可被连续相夹带,产生反方向的运动。此外,塔内的液体还会产生旋涡而造成局部轴向混合。液相的返混使两液相各自沿轴向的浓度梯度减小。从而使塔内各截面上两相液体间的浓度差(传质推动力)降低。轴向混合不仅影响传质推动力和塔高,还影响塔的通过能力,因此,在萃取塔的设计和操作中,应该仔细考虑轴向返混。

在萃取塔的操作中,连续相和分散相都存在返混现象。连续相的轴向返混随塔的自由截面的增大而增大,也随连续相流速的增大而增大。对于振动筛板塔或脉冲塔,当振动、脉冲频率或幅度增强时都会造成连续相的轴向返混。

造成分散相轴向返混的原因有:由于分散相液滴大小是不均匀的,在连续相中上升或下降的速度也不一样,产生轴向返混,这在无搅拌机械振动的萃取塔,如填料塔、筛板塔或搅拌不激烈的萃取塔中起主要作用。对有搅拌、振动的萃取塔,液滴尺寸变小,湍流强度也高,液滴易被连续相涡流所夹带,造成轴向返混,在体系与塔结构已定的情况下,两相的流速及振动,脉冲频率或幅度的增大将会使轴向返混严重,导致萃取效率的下降。

3. 停车

对连续相为重相的,停车时首先关闭连续相的进出口阀,再关闭轻相的进口阀,让轻重两相在塔内静置分层。分层后慢慢打开连续相的进口阀,让轻相流出塔外,并注意两相的界面,当两相界面上升至轻相全部从塔顶排出时,关闭重相进口阀,让重相全部从塔底排出。

对于连续相为轻相,相界面在塔底,停车时首先关闭重相进出口阀,然后再关闭轻相进出口阀,让轻重两相在塔中静置分层。分层后打开塔顶旁路阀,塔内接通大气,然后慢慢打开重相出口阀,让重相排出塔外。当相界面下移至塔底旁路阀的高度处,关闭重相出口阀,打开旁路阀,让轻相流出塔外。

第三节 膜分离技术

膜分离技术是一种借助于膜的选择性透过作用,实现混合物分离的方法。

一、应用案例

1. 海水淡化及纯净水生产

海水淡化及纯净水生产主要是除去水中所含的无机盐,常用的方法有离子交换法、蒸馏法和膜法(反渗透、电渗析)等。膜法淡化技术有投资费用少、能耗低、占地面积少、建造周期短、易于自动控制、运行简单等优点,已成为水淡化的主要方法。图 8-28 为 800m³/d 二级反渗透海水淡化系统。

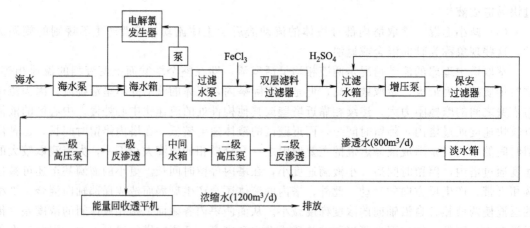

图 8-28 二级反渗透海水淡化工艺流程

2. 乳清加工

乳清中的乳清蛋质、大豆低聚糖和盐类,排放到自然水体会造成污染,回收利用则变废为宝。在乳清蛋白的回收中,最为普遍采用的工艺是利用超滤对乳清进行浓缩分离,通过超滤分离可以获得蛋白质含量在 35%~85%的乳清蛋白粉。此外,引入超滤和反渗透组合技术,可以在浓缩乳清蛋白的同时，从膜的透过液中除掉乳糖和灰分等，乳清蛋白的质量明显提高。

二、膜分离技术概述

1. 膜分离技术的种类

滤膜是膜技术和设备的核心元件，膜可以是固相、液相或气相。工业中使用最多的是固相膜，按固相膜的不同，膜分离技术主要可分为电渗析（ED）、反渗透（RO）、纳米过滤（NF）、超滤（UF）、微滤（MF）等。

（1）微滤　微滤膜过滤技术使过滤从一般比较粗糙的相对性质，过渡到精密的绝对性质。同一般过滤一样，微滤可以分为表面型和深层型两类。鉴于微孔滤膜的分离特征，微孔滤膜的应用范围主要是从气相和液相中截留微粒、细菌以及其他污染物，以达到净化、分离、浓缩的目的。具体涉及领域主要有医药工业、食品工业（明胶、葡萄酒、白酒、果汁、牛奶等）、高纯水、城市污水、工业废水、饮用水、生物技术、生物发酵等。

（2）超滤　超滤膜技术的原理就是利用一个只能留下大分子物质而只允许水分子和其他一些小分子物质通过的膜，根据各类分子的大小来进行分子分离的过程。超滤膜是介于微滤和纳滤之间的一种膜过程，它利用的是筛分原理分离，对有机物截留分子量从10000～100000可选，适用于大分子物质与小分子物质分离、浓缩和纯化过程。早期的工业超滤应用于废水和污水处理。30多年来，随着超滤技术的发展，如今超滤技术已经涉及食品加工、饮料工业、医药工业、生物制剂、中药制剂、临床医学、印染废水、食品工业废水处理、资源回收、环境工程等众多领域。

（3）纳米过滤　顾名思义，是指具有"纳米级孔"的膜，它介于超滤和反渗透之间，对有机物截留分子量从200～1000可选。

（4）反渗透　渗透是水从稀溶液一侧通过半透膜向浓溶液一侧自发流动的过程。半透膜只允许水通过，而阻止溶解固形物（盐）的通过，见图8-29（a）。浓溶液随着水的不断流入而被不断稀释，当水向浓溶液流动而产生的压力足够用来阻止水继续净流入时，渗透处于平衡状态。此时，半透膜两侧的压力差即为渗透压，见图8-29（b）。当在浓溶液上外加压力，且该压力大于渗透压时，则浓溶液中的水就会克服渗透压而通过半透膜流向稀溶液，使得浓溶液的浓度更大，这一过程就是渗透的相反过程，称为反渗透，见图8-29（c）。

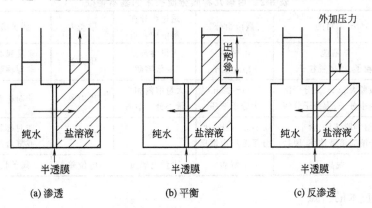

图8-29　渗透与反渗透示意图

反向渗透膜分离技术是一种类似于超滤的膜分离操作技术，只是其所利用的膜更加致密，且在膜的一方施加一个超过渗透压的压力，水就会通过膜而被压向另一方，从而达到浓缩的目的。由于反渗透分离技术的先进、高效和节能的特点，在国民经济各个部门都得到了广泛的应用,主要应用于水处理和热敏感性物质的浓缩。

(5) 电渗析 电渗析的主要部分也是膜,但其驱动靠的不是压力而是电位差,就是在电场中依靠电位差迫使离子通过膜,从而除去溶液中的离子。如图 8-30 所示,利用离子交换膜对离子的选择性透过的特性,在电场作用下使离子作定向移动,达到分离的目的。由于电荷有正、负两种,离子交换膜也有两种。只允许阳离子通过的膜称为阳膜,只允许阴离子通过的膜称为阴膜。

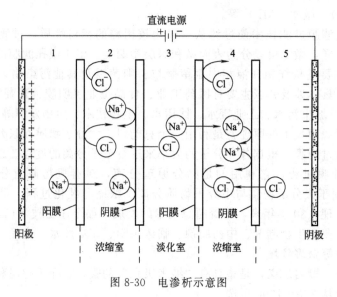

图 8-30 电渗析示意图

2. 膜分离过程的基本特征

膜分离技术以其节能效果显著、设备简单、操作方便、容易控制而受到广大用户的普遍欢迎。选择适当的膜分离过程,可替代鼓式真空过滤、板框压滤、离子交换、离心分离、溶媒抽提、静电除尘、袋式过滤、吸附/再生、絮凝/共聚、倾析/沉淀、蒸发、结晶等多种传统的分离与过滤方法。目前几种膜分离技术的基本特征见表 8-2。

表 8-2 目前几种膜分离技术的基本特征

过程	分离目的	截留组分	透过组分在料液中含量	推动力	膜类型	进料和透过物的物态
微滤	溶液脱粒子、气体脱粒子	0.02~10μm 粒子	大量溶剂及少量溶质	压力差	多孔膜和非对称膜	液体或气体
超滤或纳滤	溶液脱大分子、大分子溶液脱小分子、大分子分级	1μm~20nm 大分子溶质	大量溶剂和少量小分子溶质	压力差	非对称膜	液体
反渗透	溶剂脱溶质、含小分子溶质溶液浓缩、脱盐	0.1μm~1nm 小分子溶质电解质	溶剂	压力差	非对称膜或复合膜	液体
电渗析	脱盐	电解质	少量电解质	电位差	离子膜	液体

3. 膜分离技术的特点

膜分离过程是一个高效、环保的分离过程,它是多学科交叉的高新技术,它在物理、化学和生物性质上可呈现出各种各样的特性,具有较多的优势。与传统的分离技术,如蒸馏、吸附、吸收、萃取、深冷分离等相比,膜分离技术具有以下特点。

(1) 高效的分离过程 它可以做到将相对分子质量为几千甚至几百的物质进行分离(相应的颗粒大小为纳米级)。

（2）低能耗　因为大多数膜分离过程都不发生相的变化，相变化的潜热是很大的。传统的冷冻、萃取和闪蒸等分离过程是发生相的变化，通常能耗比较高。

（3）接近室温的工作温度　多数膜分离过程的工作温度在室温附近，因而膜本身对热过敏物质的处理就具有独特的优势。目前，尤其是在食品加工、医药工业、生物技术等领域有其独特的推广应用价值。

（4）品质稳定性好　膜设备本身没有运动的部件，工作温度又在室温附近，所以很少需要维护，可靠度很高。它的操作十分简便，而且从设备开启到得到产品的时间很短，可以在频繁的启、停下工作。相比传统工艺可显著缩短生产周期。

（5）连续化操作　膜分离过程容易实现连续化操作过程，符合工业化大生产的实际需要。

（6）灵活性强　膜设备的规模和处理能力可变，易于工业逐级放大推广应用。膜分离装置可以直接插入已有的生产工艺中，易与其他分离过程结合，方便进行原有工艺改建和上下工艺整合。

（7）环保　膜分离是纯物理过程，不会发生任何的化学变化，更不需要外加任何物质，如助滤剂、化学试剂等。另外，膜分离设备制作材质清洁、环保，工作现场清洁卫生，符合国家产业政策。

三、分离用膜

1. 膜材料

膜材料需要有良好的成膜性和物化稳定性，要耐化学腐蚀和微生物侵蚀。对于反渗透、超滤、微滤用膜应有良好的亲水性，已得到高水通量和抗污染能力。电渗析用膜应有较强的耐酸、耐碱能力和热稳定性。目前膜材料主要有以下类型。

（1）有机材料　一般是高分子聚合物，如醋酸纤维素、芳香族酰胺、聚四氟乙烯、聚砜、聚丙烯等材料制成的膜。

（2）无机材料　包括金属、金属氧化物、陶瓷等材料制成的膜。由于它们的耐高压、耐酸碱、热稳定性高等优点，近年来新型的高性能无机膜材料的研制已经成为重点关注的热点。

2. 膜的种类

按膜的结构与作用特点可将分离用膜分为以下几类。

（1）均匀膜　也称致密膜，它是一层均匀的致密薄膜，物质依靠分子扩散通过薄膜，由于膜较厚，扩散阻力大，透过速率低，目前已经很少在工业上应用。

（2）微孔膜　平均孔径 $0.05\sim20\mu m$。有两种类型，即多孔膜和核孔膜。多孔膜呈海绵状，孔径范围宽，孔道曲折，目前应用较多。核孔膜是用均匀膜经过特殊处理制得，孔径均匀且为圆柱形直孔，开孔率低，应用较少。

（3）非对称膜　由致密的表皮层和疏松多孔的支撑层组成，表皮层厚度为 $0.1\sim0.5\mu m$，支撑层厚度为 $50\sim150\mu m$。表皮层起分离作用，而支撑层无分离作用，它决定膜的机械强度，是目前广泛应用的一种膜。

（4）复合膜　是一种非对称膜，但不同的是表皮层和支撑层的材料不同，其优点是表皮层可选择的材料种类多，因此是应用范围最广的膜。

（5）离子交换膜　是一种由高分子材料制成，具有对离子选择透过性能的薄膜。适用于电渗析、渗析、膜电解等过程，有阴离子交换膜和阳离子交换膜两类。

四、膜分离设备的类型

膜分离设备的核心部分是膜组件，目前，工业上应用的膜组件主要有板框式、管式、螺旋卷式和中空纤维式四种。

1. 板框式膜组件

图 8-31 是板框式膜组件的结构示意图。其结构类似于板框过滤机，膜组件内装有多孔支撑板，板的表面覆以固体膜。料液进入容器后沿膜表面逐层横向流过，穿过膜的渗透液在多孔板中流动并在板端部流出。浓缩液流经许多平板膜后流出容器。图 8-32 是紧螺栓式板框式反渗透膜组件。

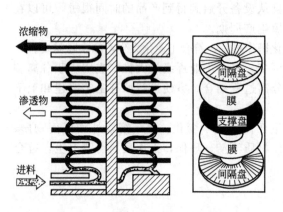

图 8-31　板框式膜组件构造示意
（DDS 公司，RO 型）

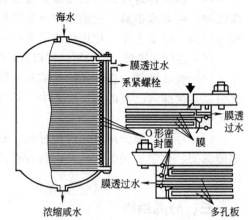

图 8-32　紧螺栓式板框式
反渗透膜组件

2. 管式膜组件

管式膜组件的结构类似管壳式换热器，其结构主要是把膜和多孔支撑体均制成管状，使两者装在一起，管状膜可以在管内侧，也可在管外侧。再将一定数量的这种膜管以一定方式联成一体而组成。管式膜组件的优点是原料液流动状态好，流速易控制；膜容易清洗和更换；能够处理含有悬浮物的、黏度高的，或者能够析出固体等易堵塞液体通道的料液。缺点是设备投资和操作费用高，单位体积的过滤面积较小。

管式膜组件有内压式和外压式两种，内压式管式膜组件的结构原理如图 8-33 所示。膜

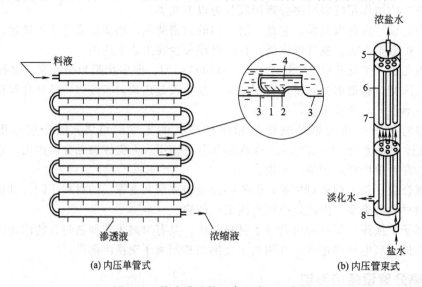

(a) 内压单管式　　　　　　　　　　　　(b) 内压管束式

图 8-33　管式膜组件（内压式）示意图
1—多孔管；2—浇铸膜；3—孔；4—料液；5,8—管端帽；6—管束；7—管壳

直接浇铸在多孔的不锈钢管或用玻璃钢纤维增强的塑料管内。加压料液从管内流过，透过膜的渗透液在管外侧被收集。对外压式膜组件，膜被浇铸在管外侧面，流体的流向与内压式相反。

3. 螺旋卷式膜组件

螺旋卷式膜组件是目前应用最广的膜组件，其结构原理类似于螺旋板式换热器，如图8-34所示。在两张平板膜中间用支撑材料或间隔材料隔开，密封其中三个边，使之成为信封状的膜袋，膜袋口与一根多孔的渗透液收集管（中心管）连接，在膜袋外再叠合一层间隔材料，然后将膜袋和间隔材料一起缠绕在收集管上成为一卷，装入圆筒形压力容器内，就成了一个螺旋卷式膜组件。

螺旋卷式膜组件的优点是结构紧凑、单位体积内的有效膜面积大，透液量大，设备费用低。缺点是易堵塞，不易清洗，换膜困难，膜组件的制作工艺和技术复杂，不宜在高压下操作。

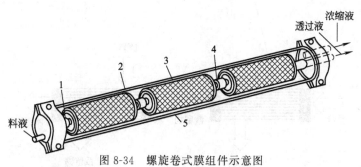

图8-34　螺旋卷式膜组件示意图

1—端盖；2—密封圈；3—卷式膜组件；4—连接器；5—耐压容器

4. 中空纤维式膜组件

中空纤维式膜是一种极细的厚管壁空心管，其外径为 $50\sim200\mu m$，内径为 $25\sim45\mu m$。其特点是具有较高的强度，不需要支撑材料就可以承受很高的压力。中空纤维式膜组件的结构原理与管式膜组件类似，也分为内压式和外压式两种。一般外压式所能承受的压力更大一些，如图8-35所示，将大量的中空纤维式膜安装在一个管状容器内，两端头的密封采用环

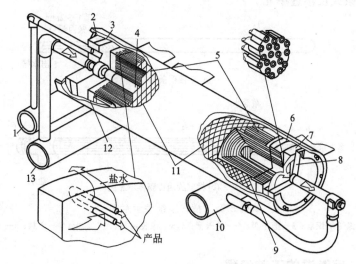

图8-35　杜邦公司中空纤维式反渗透膜组件示意

1—盐水收集管；2,6—O形圈；3—盖板（料液端）；4—进料管；5—中空纤维；7—多孔支撑板；
8—盖板（产品端）；9—环氧树脂管板；10—产品收集器；11—网筛；12—环氧树脂封关；13—料液总管

氧树脂固封。中空纤维式膜组件的最大特点是单位体积的膜组件所装填的膜面积大,最多可达 30000m²/m³。

中空纤维式膜组件的优点是设备单位体积内的膜面积大,不需要支撑材料,寿命可长达 5 年,设备投资低。缺点是膜组件的制作技术复杂,管板制造也较困难,易堵塞,不易清洗。

5. 毛细管式

毛细管式膜组件由许多直径为 0.5~1.5mm 的毛细管组成,其结构如图 8-36 所示,料液从每根毛细管的中心通过,透过液从毛细管壁渗出,毛细管由纺丝法制得,无支撑。

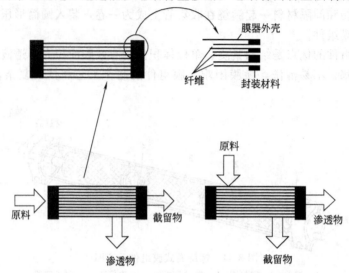

图 8-36 毛细管式膜组件示意图

6. 槽式

槽式是一种新型的反渗透组件,如图 8-37 所示,由聚丙烯或其他塑料挤压而成的槽条,直径为 3mm 左右,上有 3~4 个槽沟,槽条表面织编上涤纶长丝或其他材料,再涂刮上铸膜液,形成膜层,并将槽条一端密封,然后将几十根至几百根槽条组装成一束装入耐压管中,形成一个槽条式反渗透单元。

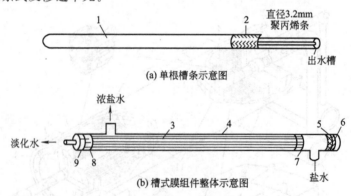

图 8-37 槽式膜组件示意图

1—膜;2—涤纶纺织层;3—槽条膜;4—耐压管;5,8—橡胶密封;6—端板;7—套封;9—多孔支撑板

五、超滤、反渗透的工艺流程

在工业中超滤、反渗透的工艺流程相似,大都为连续式流程。在膜分离工艺流程中存在

级和段的概念：段是指浓缩液经过膜处理的次数，两段间不需泵加压；级是指透过液进一步经过膜处理的次数，两级之间需要泵再次加压。为了得到较高浓度的浓缩液，或为了提高透过液的回收率，有时将浓缩液进行循环或部分循环。在实际生产中，根据不同的条件和要求，可以采用不同的工艺流程。以下是几种流程举例。

1. 一级一段循环式流程

如图 8-38 所示，将部分浓缩液返回进料槽与原料液混合，此流程可以提高透过液的回收率。但是由于进料浓度提高，透过液质量有所下降。

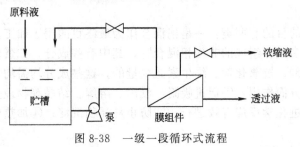

图 8-38　一级一段循环式流程

2. 一级多段循环式流程

如图 8-39 所示，将第一段的浓缩液作为第二段的进料，第二段的浓缩液作为第二段的进料，以此类推。这种流程透过液回收率高，浓缩液减少。由于料液量逐段减少，所以各段膜的面积也要依次减小。

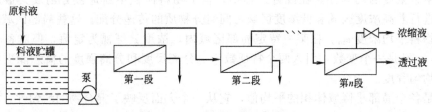

图 8-39　一级多段循环式流程

3. 多级多段循环式流程

如图 8-40 所示，将第一级的透过液作为第二级的进料再次进行分离，如此延续，将最后一级的透过液作为产品。浓缩液从后一级向前一级返回循环分离。这种流程既提高了透过液的收率，又提高了透过液的质量，而且还降低了操作压力和对膜截留率的要求。但是，能耗和投资都较大。

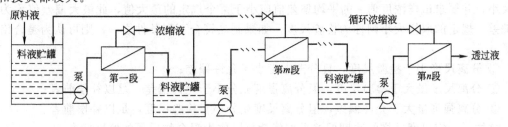

图 8-40　多级多段循环式流程

第四节　混合、乳化

混合是工业中一项重要的单元操作，是指将两种或两种以上的不同物料相互混合，使各组分粒子均匀分布的过程。混合的对象,可以是固体、液体,也可以是气体。工业上大多数情况是固体与固体、固体与液体、液体与液体之间的混合,混合后的混合物可以是均相的,也可以是非均相的。在组分互不相溶的液-液混合的情形下,必须使一种液体在另一种液体中成为很小的液滴而分散,并要求有一定的分散度和均匀度,有时还要求有一定的悬浮稳定性,这时的操作包含了乳化和均质等操作。

一、混合

1. 混合操作的应用

工业上混合操作的目的有两类:一是把混合作为最终目的用于加工。精细化工、食品工业的许多产品是由许多成分组成的非均相混合物,其中有些成分,如蛋白质、糖、脂肪等是大量的,有些如防腐剂、抗氧化剂、维生素是少量的,这些成分均需均匀混合。二是作为辅助操作主要有如下几方面作用:①促进吸附、浸出、溶解、结晶等物理操作过程进行;②改善物料间的接触,促进化学反应有效进行;③防止悬浮物沉淀;④加热或冷却过程中作为强化传热的辅助操作。

2. 混合操作的基本原理

混合操作的理论包括混合均匀度、混合机理、混合速率和混合动力消耗、混合物的稳定性等。

(1) 混合均匀度　均匀度是一种或几种组分的浓度或其他物理性质的均匀性,例如混合食品中维生素浓度的均匀性。在混合过程中,整个物料体积不断地被分割成大量局部小区域,同时进行着高浓度区域和低浓度区域之间组分物质的传递分配。这些局部区域的浓度高于或低于物料平均浓度 c_m。在某一特定局部区域内,浓度 c 可视为定值,但对各个不同的局部区域,c 又是一个变数,引入两个特征数——分离尺度和分离强度的概念能更好地反映混合物的均匀程度。

首先是各个局部小区域体积的平均值,它从一个方面反映了混合物的均匀性,称为分离尺度,混合的分离尺度愈大,表示混合均匀性愈差。其次是各局部区域内的浓度与整个混合物平均浓度之间的偏差,偏差的平均值又反映混合均匀性的另一个方面,称为分离强度,混合的分离强度愈大,也表示混合的均匀性愈差。

上述局部区域的大小是一个随机变量,要完全描述分离尺度,必须知道这些局部区域体积的概率分布函数。局部区域浓度的偏差也是具有一定分布的随机变量。所以用纯数学方法处理是有困难的,在实际应用上,一般采用抽样检查的统计方法。因此,必须规定一定的试样大小,并要求试样浓度值 c 的平均偏差值应小于某个规定的最大值,此最大偏差值称为允许偏差,规定的取样大小则称为检验尺度。如果制品符合下列条件之一,则可认为是合格的制品:

① 分离尺度小于检验尺度,且分离强度小于允许偏差;
② 分离尺度虽大于检验尺度,但分离强度充分小于允许偏差,足以补偿前者;
③ 分离强度虽大于允许偏差,但分离尺度充分小于检验尺度,足以补偿前者。

这样,一定尺度试样的浓度偏差平均值就可以作为混合物质量的鉴别标准。

取 n 个大小符合检验尺度的试样,分析结果得其浓度值为 $c_i (i=1, 2, 3, \cdots, n)$,若混合物平均浓度的真值已知(设为 c_m),则混合物的分离强度可以用如下偏差的大小来量度:

$$\delta^2 = \frac{1}{n} \sum_{i=1}^{n} (c_i - c_m)^2$$

若平均浓度真值未知，则必须先从分析所得的 n 个浓度值找出浓度最可能的平均值 $\bar{c}$（算术平均值），然后用下式表示混合物的分离强度。

$$S^2 = \frac{1}{n-1} \sum_{i=1}^{n} (c_i - \bar{c})^2$$

式中，S^2 和 δ^2 称为均方差，均方差的平方根值（即 δ 和 S）称为标准差，均方差和标准差都是偏差的量度。如果对一定数目有一定大小的试样，规定 c 值的均方差或标准差的最大值，则对合格的制品，应要求其均方差或标准差小于此最大值。

混合的质量标准还可用混合指数 I_m 来表示。当混合开始进行时，混合器内物料分成两层，例如一层全为痕量物质（如维生素），另一层完全不含痕量物质，所以对痕量物质的含量来说，从一层取样，其浓度为 1，另一层为零。在这种条件下，标准差 δ_0 可表示为：

$$\delta_0 = \sqrt{c_m(1 - c_m)}$$

当混合进行到一定的时间后，混合指数可用下式定义：

$$I_m = \frac{\delta}{\delta_0} = \sqrt{\frac{\sum (c - c_m)^2}{n c_m (1 - c_m)}}$$

当混合物平均浓度未知时，也有定义 $I_m = S/S_0$。

还可有用混合度 D_m 来表示混合的质量，即

$$D_m = \frac{\delta_0^2 - \delta^2}{\delta_0^2 - \delta_\infty^2}$$

式中，δ_∞ 表示混合到最终组分完全随机分配时的均方差。显然，在混合开始阶段 $D_m = 0$，当组分完全随机分配时，$D_m = 1$。故混合度是一个数值在 0～1 范围内的无量纲数。

（2）混合机理 混合过程有三种机理：即对流混合机理、（分子）扩散混合机理和剪力混合机理。对于互不相溶组分的混合，由于混合器运动部件表面对物料的相对运动，混合的分离尺度即逐渐降低，但因物料内部不存在分子扩散现象，故分离强度则不可能降低，这种混合称为对流混合，对流混合的制品质量应以前述第三条为合格标准。

对于互溶组分的混合，除对流混合机理外，一般还存在扩散混合机理。随着混合过程的进行，当混合物分离尺度小至某一值之后，由于两组分之间的接触面积的增加以及扩散平均自由程的缩短，大大增加了溶解扩散的速率，从而混合物的分离强度不断下降，混合过程就变为以扩散为主的过程，称为扩散混合。扩散混合的质量应以前述第二项为合格标准。

实际上，安全不互溶是不存在的，所以在混合过程中，有一个由对流混合到扩散混合的逐渐过渡，主要取决于分离尺度的大小。事实证明，在分离尺度大时多为对流混合，在分离尺度小时多为扩散混合。

对于高黏度液体的混合，情况与上述有别。此时既无明显的分子扩散现象，又难以造成良好的湍流以分割组分元素。在这种情况下，混合的主要机理是剪力。剪力的作用使组分被拉成愈来愈薄的料层，其结果使一种组分所独占的区域尺寸减小，如图 8-41 所示，平行板间的两种黏性流体，开始时主成分以离散的小方块存在，随机分布于混合物中。然后在剪力作用下，小方块被拉长，整个系统的外观表现为由两种不同颜色的条纹构成。如果所加的剪力充分大，每一对料层结合起来的厚度就变得小于能分清的界限，肉眼看到的只是一片均匀的混合色。这个平均厚度即是组分分离尺度的一种量度。层流流动系统造成混合物的这种特性称为"辉纹厚度"。

3. 液体介质中的搅拌混合

（1）搅拌混合的混合器 最常用的混合器为带机械搅拌器的圆柱形容器，顶部为开放式或密闭式，底部大多数成蝶形或半球形，平底的少见，主要是消除搅拌时造成液流的死角。

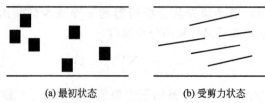

(a) 最初状态　　　　(b) 受剪力状态

图 8-41　流体剪力的混合作用

容器中央装有搅拌轴，由容器上方支撑，并由电机带动。传动可以是齿轮、涡轮、摩擦或直接由电机带动。轴的下部安装一对或几对不同形状的桨叶。典型设备还有进口、出口管线、蛇管、温度计插套以及挡板等。

由搅拌桨叶造成的液体速度有三个分速度：径向速度、轴向速度和切线速度。通常径向速度对混合起着主要作用，形成切线速度是所有不同形式桨叶的必然结果。桨叶的形式根据分速度的差异可分为两大类，即产生轴向流动的轴流式桨叶和产生径向流动的径流式桨叶。从结构来看，桨叶有桨式、涡轮式、旋桨式、特种形式四种。

（2）混合器简介　混合器主要有以下三类。

① 桨叶搅拌器。桨叶搅拌器是一种最简单搅拌器，用以处理低黏度或中等黏度的物料。桨叶以平桨式最简单，在搅拌轴上安装一对到几对桨叶，通常以双桨和四桨最普通，桨叶的长度一般为容器直径的 1/2~3/4，其宽度一般为长度的 1/10~1/6。有时平桨做成倾斜式，大多场合则为垂直式。桨式搅拌器的转速较慢，所产生的液流除桨外主要为径向及切线速度。液流离开桨叶后，从外流向器壁，然后向上或向下折流。在平桨上加装垂直桨叶，就成为框式搅拌器，能更好地搅拌黏度稍大的液体。若要从容器壁上除去结晶或沉淀物时，可将桨叶外缘做成与容器内壁形状相一致、其间隙甚小的就锚式搅拌器。桨式搅拌器的形式如图 8-42。

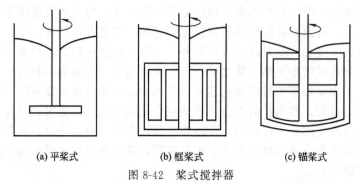

(a) 平桨式　　　　(b) 框桨式　　　　(c) 锚桨式

图 8-42　桨式搅拌器

桨式搅拌器的转速较慢，一般 20~150r/min，液流径向速度较大，而轴向速度甚低。为了强化轴向混合，并减小因切线速度所产生的表面旋涡，通常加装挡板。桨式搅拌器的主要特征是：混合效率较差；局部剪力效应有限，不易发生乳化作用；桨叶易于制造和更换，适宜于对触液材料有特殊要求的料液（主要是金属污染和腐蚀问题）。

② 涡轮式搅拌器。涡轮式搅拌器类似桨式搅拌器，但叶片多而短，安装在中央的旋转轴上，并以较高的速度旋转。一般转速范围为 30~500r/min。叶片有平直的、弯曲的、垂直的和倾斜的。搅拌器可做成开式、半封闭式或外周套以扩散环，见图 8-43。平直叶片产生强烈的径向和切线流动，通常加挡板以减小中央旋涡，同时增加因湍流而引起的轴向流动。由于液速高，故流动遍及整个容器内部。为了增强轴向流动，叶片装成倾斜式。

涡轮式搅拌器适宜处理多种物料，对中等黏度的物料特别有效。主要特性是：混合生产能力较强；按一定的设计形式，有较高的局部剪力效应，有一定的均质乳化作用；易清洗，价格较高。

③ 旋桨式搅拌器。是由 2～3 片螺旋桨所组成，如图 8-44。它是一种适用于低黏度液体的轴流式高速搅拌器。其直径为容器直径的 1/3～1/4。转速甚高，通常在 400r/min 以上，小型的为 1000r/min 以上，大型的为 400～800r/min。旋桨高速转动所造成的液体速度主要为轴向的切线速度，所以液体作螺旋状运动，旋桨使液体受到强烈的切割或剪切。由于流动非常强烈，因此适于大容器低黏度液的搅拌。又因轴向速度占优势，如果转轴位于容器中央，则效果不能充分发挥，故常将转轴偏心安装，或将其与垂直方面成一偏角，旋桨式搅拌器的形状最好为蝶形或半球形，器底的圆柱形容器，以适应旋桨所产生的流动。当液层深度与直径之比颇大时，可于桨外加装导流筒，加强轴向流动。

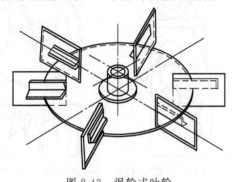

图 8-43 涡轮式叶轮

图 8-44 螺旋桨式叶轮

主要特性是：混合生产能力较高，但对不互溶液体，生产细液滴乳化液而液滴直径范围不大的情况下，生产能力受限制；结构简单者易形成旋涡，但结构特殊者不受限制；限于黏度不大的液体的混合。

4. 高黏度浆体、塑性固体的混合

当固体和液体按一定的比例混合，形成黏度极高的浆体或塑性固体时，混合机理和所用设备与前述不相同。在特定的情形下，混合物的黏度变得很大，可达 2000Pa·s 以上，流动极为困难，局部区域被激发而引起的流动，不能遍及全部。此时，混合变为一个严格的机械问题，所用的混合器也必须是重型的设备，称为捏和机，如图 8-45。捏和机的捏和作用是由机器的运动件在局部区域内的动作所形成，物料被压向器壁，折叠后包以新物料，同时，物料必须被带往造成主体移动动作的区域，而局部动作又使物料的新鲜部分再次出现。如此反复进行，达到均匀捏和的目的，捏和机的原理如图 8-46。

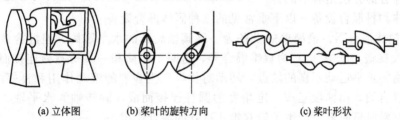

(a) 立体图　　　(b) 桨叶的旋转方向　　　(c) 桨叶形状

图 8-45 捏和机

用于高黏度浆体和塑性固体的混合器，其基本原理是其性能依赖混合元件与物料之间的接触，即元件的移动必须遍及混合容器的各部分，或者物料被带起到元件上。如前述，元件起混合作用的局部动件称为捏和，物料被压至相邻的物料或器壁上，并折叠而使新物料为已混合的物料所包围。由于混合元件的作用,物料受到剪力,因而被拉伸和撕裂。一般混合物稠度愈高,则桨叶直径就愈大,而转速也就愈慢。常用的设备有混合锅(图 8-47)、辊磨混合机(图 8-48)、研磨混合机(图 8-49)等。

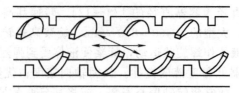

图 8-46　螺旋式捏和机的原理

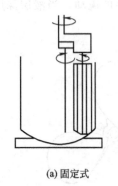

图 8-47　混合锅

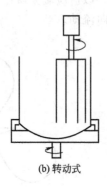

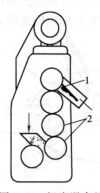

图 8-48　辊磨混合机
1—刮刀；2—磨辊

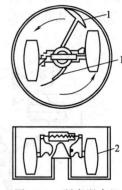

图 8-49　研磨混合机
1—刮刀；2—研磨轮

5. 固体的混合

颗粒状或粉状固体的混合主要靠流动性,固体颗粒的流动性是有限的,主要与颗粒的大小、形状、密度和附着力有关。大小均匀的颗粒混合时,重的颗粒易趋向器底,而相对密度差不多的颗粒混合时,最小的和形状最圆的易趋向器底。颗粒的黏附性愈大,就愈易聚集在一起,不易均匀分散。

(1) **固体物料混合的方法**　固体混合的方法主要有两种,均为间歇式。一种方法是利用一只容器和一个或一个以上的旋转混合元件,混合元件要能够把物料从器底移送到上部来,而后形成的空缺被因重力作用而运动的物料所填补,并产生侧向运动。另一种方法是容器本身旋转,引起垂直方向的运动,而侧向运动则来自器壁或器内的固定挡板上物料的折流。但上述方法只适用于颗粒能自由流动时。颗粒容易黏结的场合,混合时必须提供局部剪力或有时采用结合筛分的方法是有效的。

(2) **固体物料混合设备**　以下是常见的三种固体混合设备

① 旋转筒式混合器。最简单的设备为一绕其轴旋转的水平圆筒,但混合效率不高,图 8-50 为几种改良型,图中 (a) 为双锥混合器,由两个锥筒和一段短圆筒连接而成,克服了水平转筒中物料水平运动不良的缺点,转动时物料产生强烈的滚动作用和良好的横向运动。(b) 为双联混合筒,由两段互成一定角度的圆柱连接而成,旋转轴为水平轴。由于设备的不对称性,物料时聚时散,产生了较双锥式更好的混合作用。

② 螺旋带式混合槽。如图 8-51,在水平槽的同一轴上装有方向相反的螺旋带,使物料向二相反方向运动,同时兼有横向运动。如果二相反螺旋带使物料移动的速度有差别,物料之间就有净位移,设备就可以做成连续式,否则设备就只能为间歇式。这种混合器对稀浆体和流动性较差的粉体混合效果较好,功率消耗属中等。

③ 螺旋式混合器。这种设备(见图 8-52)是在立式容器内将易流动的物料用螺旋输送

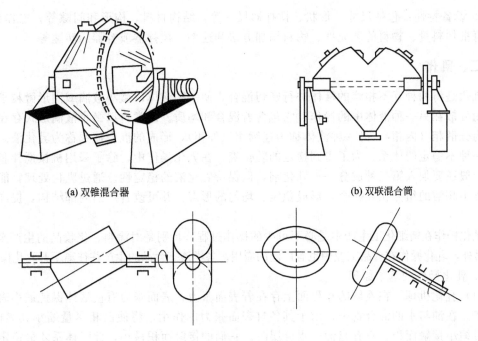

(a) 双锥混合器　　　　　(b) 双联混合筒

(c) 其他形式

图 8-50　旋转筒式混合器

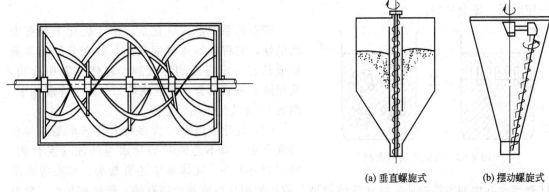

图 8-51　螺旋带式混合槽的原理图

(a) 垂直螺旋式　　(b) 摆动螺旋式

图 8-52　螺旋式混合器

器从器底提升到上部进行循环如图（a），图（b）将螺旋输送器沿近壁安装，并使它绕容器轴线旋转，有助于消除近壁处物料得不到混合的现象。与螺旋带式相比，螺旋式具有投资低、功耗少、占地面积小的优点，缺点是混合时间长，产量低、较难处理潮湿或泥浆状物料。

（3）影响固体混合的因素　混合机理与捏和一样，也是对流、扩散和剪切同时发生的过程。固体混合时，重要的是防止发生分离现象。一般两种粒子有显著密度差和粒度差者易发生分离，混合器内存在速度梯度时，因粒子群的移动也易发生分离，对干燥的颗粒因长时间混合带电时，也易发生分离。

影响固体物料混合的因素可归纳为二类，一类与被混合的物料有关，另一类与混合设备有关。

① 固体颗粒的性质：包括形状、表面状态、粒度分布、密度、装载密度、含水量、休止角、流动性等。

② 设备特性：包括尺寸、形状、搅拌器尺寸等，结构材料、构形和间隙等；操作参数，包括每批加料量、物料的填充率、物料添加方法和速率、搅拌器或容器的转速等。

二、乳化

乳化是将两种互不相溶的液体进行密切混合，使一种液体以微小液滴或固形微粒子的形式均匀分散在另一种液体中的操作，它包含着混合和均质。通常将以微小液滴形式存在的液体称为分散相（内相），另一种液体称为连续相（外相），形成的混合体系称为乳化液。乳化液是一种不稳定的体系，为了得到稳定的乳化液，在乳化操作中，除了采用机械搅拌和均质外，一般还要加入第三种成分——乳化剂，以保持乳化液的稳定性。通过乳化处理，能使产品中互不相溶的组分相互融合，形成稳定、均匀的形态，并可改善产品内部结构，提高产品质量。

乳化操作在精细化工生产中是必不可少的操作过程，特别是对涂料、化妆品的生产至关重要。另外，乳化操作在食品工业中也有广泛的应用，各类液态食品的生产往往离不开乳化操作。

1. 乳化操作的基本原理

（1）乳化机理　在液体的相界面上存在着表面张力，表面张力有使液体保持最小表面积的趋势。在油与水的混合物中，由于其各自表面张力的作用，将使两相尽量缩小其表面积，即尽量缩小接触面积。只有当油、水分层时，它们的接触面积最小，此时体系才最稳定。若对油与水的混合物进行搅拌，将使两相界面不断破裂，界面面积急剧增大，最后，一相以微粒状（或液滴）分散于另一相中，形成乳化液。但此时的体系在热力学上是不稳定的，静置一定时间，还会分层。

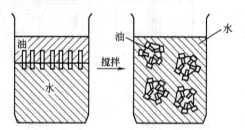

图 8-53　乳化作用示意图

若在体系中加入乳化剂，由于乳化剂具有表面活性，它将向油水界面吸附，并在分散相表面形成具有一定强度的界面膜，包住分散相液滴，从而防止液滴聚合，使液滴均匀分散于连续相中。图 8-53 为乳化作用示意图。

（2）乳化液类型　大多数乳化液都是油与水的混合物，但不是绝对的纯水与纯油的混合物。除了油与水外，在体系中还有盐类、糖类等水溶性物质及其他油溶性物质。乳化液的类型与两相的相互组成和比例有关。连续相是水，分散相为油的乳化液为 O/W 型，其基本特性由水决定；反之，连续相是油，分散相为水的乳化液则是 W/O 型，其基本特性由油决定。

（3）乳化液的稳定性　只利用机械搅拌制备的乳化液体系很不稳定，加入乳化剂后形成的乳化液，也多少具有了稳定的特性，但最终会受重力或其他力的作用而发生分层，所以乳化液的稳定性是相对的。通常用乳化液中分散相的分层和聚合速度来衡量其稳定性。

两相存在密度差导致分散液滴发生沉降或上浮，是影响稳定性的直接原因，而分散液滴的聚合更是加速了这种运动。因此，分散液滴界面上保护膜的质量也是影响稳定性的关键因素。影响乳化液稳定性的因素概括如下。

① 液滴的大小。液滴的沉降或上浮速度与其直径的平方成正比，液滴直径大小，是影响稳定性的重要因素，例如油滴的半径是 $0.1\mu m$ 时，它在水中的上浮速度约为 $1.8 \times 10^{-3} cm/h$，若其半径增加到 $1\mu m$ 时，速度将增至 $0.2 cm/h$。因此，乳化操作中液滴的微粒化是很重要的，有必要采取均质操作。

② 两相的相对密度。沉降或上浮速度与两相的密度差成正比，因此乳化操作中，应尽

量减小两相的密度差。

③ 两相的黏度。在乳化液中，分散相液滴的黏度高时，可减慢液滴的聚合速度；连续相的黏度高时，可以阻碍分散液滴的聚合并使乳化液流动性变差，从而保持体系稳定。采用向溶液中添加增稠剂的方法可提高乳化液稳定性。

④ 界面保护膜的影响。由于乳化剂的表面活性，乳化剂分子吸附于分散液滴表面，形成界面膜，防止液滴聚合，增加乳化液的稳定性。因此，选择合适的乳化剂，形成良好的界面膜，在乳化操作中是非常重要的。

2. 乳化剂

乳化剂是表面活性剂，其结构一部分与油脂中的烃类结构相似，易溶于油，称亲油基；另一部分是易溶于水的基团，称亲水基。这两种基团存在于同一个结构中，使乳化剂能与油相和水相同时发生作用，在两相界面上定向排列。因此，乳化剂分子具有两亲性，既有亲油性（易溶于油），又有亲水性（易溶于水）。

(1) 乳化剂的作用　使用乳化剂的作用有以下三个方面。

① 在分散相表面形成有一定强度的稳定的保护膜。由于乳化剂分子的两亲性，使其分子在分散相表面形成一定的组织结构——界面吸附膜，这层膜具有一定的强度，使液滴在碰撞时不易聚合。

② 降低界面张力。由于界面吸附膜的存在，降低了两相界面的表面张力，可以使液滴均匀分散在连续相中。

③ 在分散液滴表面形成双电层。对于离子型乳化剂，被吸附于分散液滴表面后，其亲水基团经电离后带有电荷，形成双电层，使液滴之间相互排斥，阻止液滴的聚合。

(2) 乳化剂的基本要求　乳化剂应具备下列性质：

① 无毒、无味、无色；

② 可以降低表面张力；

③ 可以很快地吸附在界面上形成稳固的膜；

④ 不易发生化学变化；

⑤ 亲水基和憎水基之间有适当的平衡。

此外，要求在浓度低时也可以发挥作用，还要价格便宜。

(3) 乳化剂的类型与性能

① 小分子表面活性剂。小分子表面活性剂是制备乳化液时最有意义的一类乳化剂。多数乳状液的类型是由这类小分子的表面活性剂型乳化剂所确定的。从化学结构上看，小分子表面活性剂型乳化剂可以分为离子型、非离子型及两性型（图 8-54），离子型的表面活性剂又可分为阴离子型和阳离子型两类。

可用作乳化剂的物质甚多，如甘油脂肪酸酯、磷脂、固醇等，人工合成丙二醇、藻朊酸酯、山梨糖醇脂肪酸酯、纤维素醚等都具有乳化剂功能。最常用的乳化剂是甘油单酸酯，如图 8-55，甘油单脂酸酯同时包含了亲脂性的脂肪酸碳氢链和甘油上余下的两个亲水性羟基。

② 固体粉末类乳化剂。固体粉末是很有意义的一类乳状液稳定剂，如芥末、氢氧化镁粒子等均可吸附在油水界面，防止液滴的聚结。以固体粉末为乳化剂时，稳定性主要取决于界面膜的机械强度。固体粉末能形成 O/W 型乳状液者，其条件是它较易为水所润湿，同样形成 W/O 型乳状液者是较易为油所润湿。根据润湿理论，固体粉末在界面上所表现的性质，决定于它被水和油所润湿的情况，即决定于三个界面张力：固-水之间界面张力、固-油界面张力和油-水界面张力。只有当油-水界面张力大于另两个界面张力之和或三个界面张力中没有一个大于其他二者之和时，固体粉末才可能处于油-水界面上，起乳化作用。

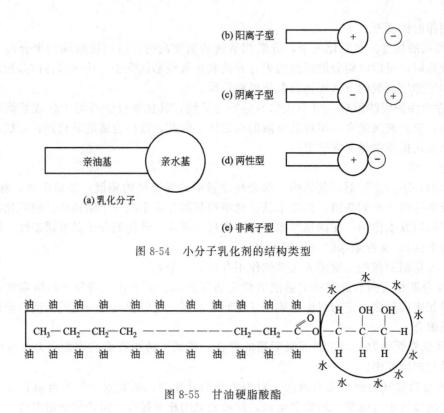

图 8-54　小分子乳化剂的结构类型

图 8-55　甘油硬脂酸酯

③ 大分子型乳化剂。主要包括蛋白质和多糖类物质两类。

a. 蛋白质。蛋白质一般由疏水性氨基酸基团和亲水性氨基酸基团构成,由于疏水基和亲水基的平衡,使蛋白质显示出表面活性。酪蛋白、大豆蛋白和菜籽蛋白等都具有良好的乳化性。

b. 多糖类物质。亲水胶质或植物胶质的多糖类,因可以增加连续相的黏度,有时还可以在油滴表面生成强固的界面膜,所以可作为 O/W 型乳状液的稳定剂。

3. 乳化方法

乳化液是热力学上的不稳定体系,必须提供一定量的机械能使一相分散于另一相之中,所用的机械力一般为剪切力,机械力可以在一定的条件下使乳化物的内相液滴变小并分散于外相之中,而在另一条件下也可以使已经分相了的内相物聚集变大。因此,关键是要控制操作条件,这些条件包括温度、时间、两相的组成比例、乳化剂及其他助剂的正确选择和适当的添加量等,甚至投料次序也是一个重要的影响因素。

乳化的方法基本上可以分为凝聚法和分散法两种。

(1) 凝聚法　凝聚法是将成分子状态分散的液体凝聚成适当大小的液滴的方法。例如,把油酸在酒精中溶解成分子状态,然后加到大量的水中并不断搅拌,则油酸分子将凝聚析出而成乳化分散物。此外,将液体 A 先在另一液体 B 中溶解成过饱和溶液,然后此过饱和溶液在一定条件下被破坏,就可获得乳化分散物。

(2) 分散法　分散法是将一种液体加到另一种液体中同时进行强烈搅拌而生成乳化分散物的方法,这是以机械力强制作用使之分散的方法,主要有如下几种。

① 机械强制分散法。简单地将两种不互溶液体混合起来,一般不会自动形成乳化液,借助于机械作用(如搅拌等)可以形成分散的乳化液,但一般的搅拌作用得到的乳化液的稳定性不会很好,普通机械搅拌的微粒化程度有限。因此只有通过进一步的均质化作用,才可

以改善乳化液的稳定性。机械强制分散法是制取乳化液制品的主要方法之一，均质机、胶体磨都有很大的剪切力，很适合于用来制取流动性较好的乳化体系。流动性不良的乳化体系的形成，也可以通过机械强制分散法制取。

② 同时乳化法。它是由混合两次乳化的方法。例如，先将脂肪酸和碱分别溶解于油相和水相，然后将其混合并搅拌，从而在界面上形成乳化剂进行乳化。由于组成乳化剂的成分事先完全溶解，故所得的为较均匀的乳化液。

③ 转相法。要制取 O/W 型乳化液时，应先将乳化剂溶解于油相，以后每次加少量水，最初成为均匀的 W/O 型乳化液。加水到接近转相点时，进行充分搅拌，乃至完全转变成转相物之后，加余下的水稀释到所要求的乳化液。如果制取的是 W/O 型，则过程相反，人造奶油的制造也有采用此法。

④ 浆体法。制取 O/W 型乳化物时，在少量的水中加全部乳化剂，然后每次加少量油，制成非常黏稠的浆体。经充分搅拌，使油相成微滴分散后，将其加到全部的水相中进行稀释，此法操作要点与转相法相似。

⑤ 自然乳化法。以乳化时不要求强烈搅拌为特点的方法。将乳化剂全部溶解于欲乳化的油相中，将其加入水中，不经搅拌而发生乳化作用。此法必须在所选择的乳化剂极易溶于油相，而水相和油相之间的界面张力非常小的场合下方为有效。

以上基本方法，实际应用时根据不同要求可将几种方法加以组合或作一定的改变。

4. 乳化设备与系统

乳化设备可以分为基本型和多功能的两类，基本型乳化设备多是一些在其他单元操作中也可使用的设备，而多功能型乳化设备则主要用于乳化操作。

(1) 基本型乳化设备　常见的用于流动性较好的乳化液制备的乳化机械有均质机、超声波乳化器（见图 8-56）、胶体磨（见图 8-57、图 8-58）等；用于高黏度或半固体性物料乳化操作的设备可有各种类型的捏和机、斩拌机、刮板式热交换器等。这些设备的结构或作用方式有差别，但用于乳化时的功能是一样的。

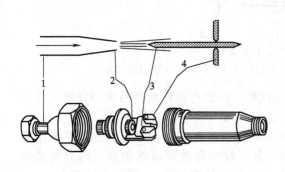

图 8-56　流体动力式超声波乳化器结构
1—底座；2—可调喷嘴；
3—簧片；4—夹紧装置

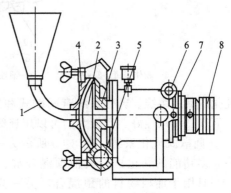

图 8-57　卧式胶体磨
1—进料口；2—转动件；3—固定件；4—工作面；
5—出料口；6—锁紧装置；7—调节环；8—皮带轮

(2) 多功能乳化设备　基本乳化设备只起到一种单一的分散乳化作用，要成功地制备乳化产品，还需专用于生产乳化液制品的设备。图 8-59 所示为一种典型的多功能乳化设备。这种设备是考虑到多种因素设计而成的，总体上看是一种夹层式搅拌缸，夹层可以通蒸汽或冷水对缸内物料进行加热或冷却，以适应不同产品乳化温度的需要。

(3) 乳化系统　乳化系统是由乳化设备、辅助设备、管路及控制器件构成的专门用于制

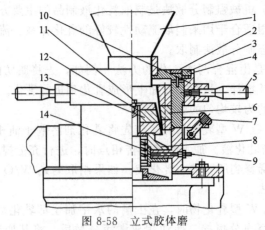

图 8-58 立式胶体磨

1—料斗；2—刻度环；3—固定环；4—紧固螺丝；5—调节手柄；6—定盘；7—压紧螺丝；
8—离心盘；9—溢水嘴；10—调节环；11—中心螺丝；12—对称轴；13—动盘；14—机械密封

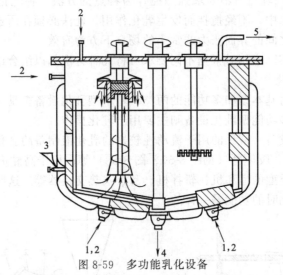

图 8-59 多功能乳化设备

1—粉体进口；2—液体出口；3—活性物质、香料进口；4—产品出口；5—至真空泵

造乳化产品的系统。乳化系统有间歇式和连续式两种，一般产量低的产品多用间歇式的生产，而产品流动性好、产量大的可以用连续式的生产。

① 间歇式乳化系统。图 8-60 所示为一典型的间歇式乳化液制备系统。这种系统主要由一台多功能的乳化缸与其他预混合缸、粉料容器、管路和控制系统组成。两只预混合缸，一只用于油相物料的预混合，另一只用于水相物料的预混合。预先分别混合好油、水相物料按一定比例，从多功能缸的下部进入而受到混合和均质化处理，形成有理想稳定性的乳化液。

② 连续乳化系统。图 8-61 所示为连续化生产是一种乳化系统，系统将两种以上的物流结合成一股进行乳化、均质，如果有必要，再进行冷却处理。连续化生产的主要优点是：可以得到质量稳定的产品，如黏度、内相液滴的大小、密度和外观等；可同时从时间和体积两个方面对罐装和包装单位进行精确地调节，操作方便，省工；一次性投资少；容易实现自动化，适用于产量较大的情形。与间歇乳化系统相比，连续乳化也需要对油相物、水相物及其他物料进行预混合，而后再经泵送入后面预混合—均质—冷却—均质连续流水线，此外多了

一个回流循环，这种循环起双重作用，一是不合格物料再回头进行处理成为合格品，二是如果后面的包装暂时不配套，可以起到缓冲暂存的作用。

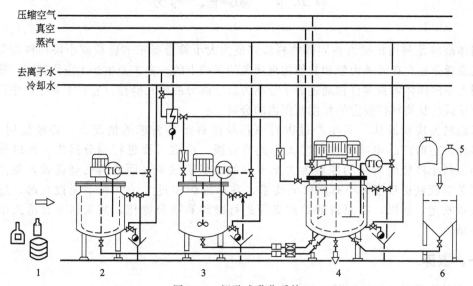

图 8-60 间歇式乳化系统
1—油脂原料；2—油相预混合罐；3—水相预混合灌；
4—多功能乳化罐；5—粉状原料；6—粉末容器

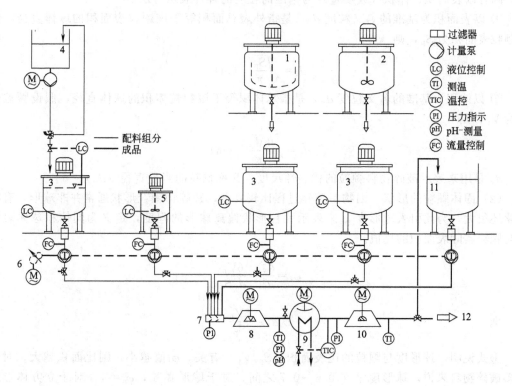

图 8-61 连续乳化系统
1—油相预混合；2—水相预混合；3—中间贮罐；4—其他配料；5—香料及活性物质；
6—可变速计量泵；7—预混合器；8—Ⅰ号均质机；9—刮板式换热器；
10—Ⅱ号均质机；11—回流；12—成品

第五节 破碎、筛分

固体破碎是利用机械力使固体物料破碎成为大小符合要求的颗粒或小块物料的单元操作，其原理是建立在固体力学和其他物理现象的基础上的，在工业生产上应用甚广。筛分是将不同大小的固体颗粒混合物通过筛子分离为若干部分的单元操作，它在工业生产中广泛地用于粒状或粉状物料按规定的粒度范围内的分离。

当原料为块状固体，而生产过程对原料粒度有严格要求的情况下，必须使用破碎、筛分操作。有时产品也需要按颗粒大小进行分级，这也需要进行筛分操作。如以普通硫铁矿为原料生产硫酸所用的原料为大小不一的块状硫铁矿，而沸腾焙烧硫铁矿制造 SO_2 炉气工艺对硫铁矿粒度大小有严格的要求，在沸腾炉中过大的颗粒不能被吹起，过小的颗粒将被吹走，所以，在原料入炉前必须进行破碎和筛分操作，使原料符合沸腾焙烧的工艺要求。

一、破碎

1. 固体颗粒的大小与形状的表示方法

(1) 固体颗粒的大小　通常用粒度表示，对球形颗粒，其粒度即为直径；对非球形颗粒，则有以表面积、体积（或质量）为基准的粒度的各种表示方法。

① 以表面积为基准的名义粒度 d_s，是指外表总面积等于该颗粒表面积的球体直径，假设颗粒表面积为 S_p，则

$$d_s = \sqrt{\frac{S_p}{\pi}} \quad (m)$$

② 以体积为基准的名义粒度 d_v，是指总体积等于该颗粒体积的球体直径，假设颗粒体积为 V_p，则

$$d_v = \sqrt[3]{\frac{6V_p}{\pi}} \quad (m)$$

d_v 是用来表示破碎物料颗粒的代表性尺度，又称颗粒的当量直径（d_p）。

(2) 固体颗粒的形状　因物料破碎过程比较复杂，破碎物颗粒形状通常并非球形，有时变化还很大，为此引入球形度 φ_s 来表示颗粒形状偏离球形的程度，定义为同体积球体表面积与颗粒实际表面积的比值。

$$\varphi_s = \frac{d_v^2}{d_s^2} = \frac{6V_p}{d_v S_p}$$

即

$$\varphi_s d_v = \frac{6V_p}{S_p}$$

上式说明，球形度与颗粒的比表面积（S_p/V_p）有关，φ_s 值越小，则比面积越大。对于很多破碎物料来说，球形度常在 0.6~0.7 之间，对于球形颗粒，$\varphi_s=1$；对于立方体形颗粒，$\varphi_s=0.806$。

2. 粉状物料平均粒度的表示方法

固体颗粒的平均大小称平均粒度，其表示方法随所用的基准不同有多种。最常用的基准是粒度、表面积、体积三种；所表示的方法有算术平均、几何平均和调和平均等多种。算术

平均粒度用 d_{am} 表示，几何平均粒度用 d_{gm} 表示，调和平均粒度用 d_{hm} 表示。这三种平均粒度都是按粒度大小平均的，其大小顺序为 $d_{am} > d_{gm} > d_{hm}$。

以上三种平均粒度都是直接按粒度本身进行平均的。如果先用算术平均的方法求取颗粒的平均表面积，再按此表面积来计算粒度，即为面积平均粒度（$d_{S,m}$），它是反映颗粒平均表面积的一种粒度。另外还有体积平均粒度（$d_{V,m}$），计算方法相同，只是基准取体积而已，这是反映颗粒平均体积的一种粒度表示法。

调和平均粒度是反映颗粒比表面积平均值的粒度。如果以颗粒总体的平均表面积和平均体积为依据，即得体面平均粒度或沙得（Sauter）平均粒度，其定义是：

$$d_{V,S} = \frac{d_{V,m}^3}{d_{S,m}^2}$$

沙得平均粒度是从另一方面反映颗粒比表面积，在颗粒产品粒度分析上已得到广泛的应用。

表 8-3 为几种常用平均粒度的计算法。

表 8-3　几种常用的平均粒度的计算法

平均粒度	基准	平均方法	数学表达式	
算术平均（d_{am}）	粒径	算术	$d_{am} = \dfrac{\sum d \cdot f_N(d) \cdot \Delta d}{100}$	(8-1)
几何平均（d_{gm}）	粒径	几何	$d_{gm} = \sqrt[100]{d_1^{f_N(d_1)\Delta d_1} d_2^{f_N(d_2)\Delta d_2} \cdots d_n^{f_N(d_n)\Delta d_2}}$	(8-2)
调和平均（d_{hm}）	粒径	调和	$d_{hm} = \dfrac{100}{\sum \dfrac{1}{d} f_N(d) \cdot \Delta d}$	(8-3)
面积平均（$d_{S,m}$）	面积	算术	$d_{S,m} = \sqrt{\dfrac{\sum d^2 f_N(d) \cdot \Delta d}{100}}$	(8-4)
体积平均（$d_{V,m}$）	体积	体积	$d_{V,m} = \sqrt[3]{\dfrac{\sum d^3 f_N(d) \cdot \Delta d}{100}}$	(8-5)
沙得平均（$d_{V,S}$）	体积面积	算术	$d_{V,S} = \dfrac{\sum d^3 f_N(d) \cdot \Delta d}{\sum d^2 f_N(d) \cdot \Delta d}\left(或 \dfrac{d_{V,m}^3}{d_{S,m}^2}\right)$	(8-6)

表中，$f_N(d)$ 为粒径范围，为 $d \sim d + \Delta d$ 的颗粒所占的质量分数。

3. 破碎方法

（1）按破碎物料和成品的粒度大小分　可分为粗碎、中碎和细碎、研磨（或磨碎）及胶体磨破碎四种。

① 粗碎　原料粒度范围为 40～150mm，成品粒度为 5～50mm；

② 中、细碎　原料粒度范围为 5～50mm，成品粒度为 0.1～5mm；

③ 研碎（磨碎）　原料粒度为 2～5mm，成品粒度为 0.1mm 左右。

④ 胶体磨破碎　原料粒度远小于磨碎的范围（如 0.2mm），而成品减小到 0.01μm。

物料破碎前后的粒度之比称破碎比或破碎度，以符号 X 表示，即

$$X = \frac{d_1}{d_2}$$

式中 d_1，d_2——破碎前后的物料粒的粒度，m。

由上式可知破碎比是表示破碎操作中物料粒度变化的比例。对一次破碎后的破碎度的要求，一般破碎为 2～6；中细碎为 5～50；磨碎为 50 以上。总的破碎比是表示经过几道破碎后的总结果。

(2) 按破碎时所受到作用力与方式分 可分为以下四种。

① 开路磨碎。此法是物料加入破碎机中，经破碎作业区后，便成为制品卸出，其粗粒不再循环。它是研磨设备操作的一种不用振动筛等附属分粒设备的最简单的方法。特点是设备投资费用低，制品中粒度分布不均匀，只适宜对制品粒度要求不高的场合。

② 自由压碎。这种操作方法可保持物料在作业区的停留时间很短。在破碎过程中，它若与开路磨碎结合，可减少过细粉末的形成。其优点是动力消耗较低，缺点是也会产生粒度大小不均匀现象。

③ 滞塞进料。它是利用机器出口插入筛网以限制制品的卸出，调节进料速度，使制品直至破碎成能通过筛孔大小的一种操作方法。其特点是物料停留时间长，功率消耗大，能获得很大的破碎比，适用于制定细碎制品的场合，但生产能力小。

④ 闭路磨碎。此种操作方法是从破碎机出来的物料先流经分粒系统分出过粗的料粒后，再重新回入破碎机中。其特点是物料停留时间短，动力消耗低，适于大颗粒的破碎。采用的分粒方法因送料形式不同而异，常用分粒设备有振动筛、旋风分离器等。

破碎操作除了上述干法之外，还有湿法。后者是将原料悬浮于载体液流（常用水）中进行破碎，此法可克服粉尘飞扬问题，并可采用渗析、沉降或离心分离等水力分级方法分离出所需的产品。实践证明，湿法操作一般消耗能量较干法操作大，同时设备磨损也较严重，但湿法比干法易获得更微细的破碎物，故在超微破碎中应用较广。

4. 破碎设备

(1) 磨介式破碎 是借助于运动的研磨介质（磨介）所产生的冲击、摩擦、剪切、研磨等作用力，达到对物料颗粒破碎的目的。磨介式破碎的典型设备有球（棒）磨机、振动磨和搅拌磨三类，以振动磨为例加以说明。振动磨是利用球形或棒形研磨介质作高频振动时产生的冲击、摩擦和剪切等作用力，来实现对物料颗粒的超微破碎（粒度可达 2～3μm 以下），同时还能起到混合分散的作用。振动磨在干法或湿法状态下均可作用。研磨介质有钢球、钢棒、氧化铝球和不锈钢珠等，可根据物料性质和成品粒度要求选择磨介材料与形状。

(2) 转辊式破碎 转辊式破碎技术是利用转动的辊子产生摩擦、挤压或剪切等作用力，达到破碎物料的目的。根据物料与转辊的相对位置，有盘磨机和辊磨机等专用设备。

(3) 切割碎解设备 具有纤维结构且含有相当数量液体的物料，直接采用挤压力时不能使其有效碎解，需要利用上述的破碎机配上特殊的切割刀刃或更换成特殊的碎解结构及辅助设备来达到切割碎解的目的。

5. 破碎机的选用

首先应考虑原料的硬度、强度、脆性、韧性、水分含量、吸湿性等与物料破碎性有关的因素，否则达不到破碎效果，对热敏性物料还要考虑发热升温问题。一般而言，对坚硬的物料破碎应采用以挤压力和冲击力为主的破碎机，对韧性物料的破碎应采用以剪切力为主的破碎机，对含纤维质多的物料，可采用以冲击、剪切力为主的锤式分破碎机或旋转切割刀式破碎机；若为微破碎时，还可采用盘式破碎机；对柔软性的物料，采用以剪切力为主的破碎机较为有效。此外，对水分含量高的物料，可在破碎过程中采用吸入热风使物料干燥的办法，以免造成破碎机的堵塞或因颗粒凝集而降低生产能力；对热敏性物料，可在破碎前或破碎时使用冷却的方法或采用湿法破碎。

二、筛分

1. 筛分的概念

筛分是将不同大小的固体颗粒混合物通过筛子，分离为若干部分的单元操作。物料过筛时，有小于筛孔的颗粒，也有大于筛孔的颗粒。凡大于筛孔的颗粒无法通过筛孔，称不可筛过物；凡小于筛孔的颗粒称可筛过物。然而实际上，并非所有小于筛孔的颗粒都能筛过，而是有一小部分仍与不可筛过物一起留在筛上。实际通过筛孔的颗粒称为筛过物（或筛下物）。筛过物数量 G_1 与可筛过物数量 GX 之比称为过筛效率 η。即

$$\eta = \frac{G_1}{GX}$$

式中　G——料数量，kg；

　　　G_1——筛过物数量，kg；

　　　X——物料中可筛过物的质量分数。

2. 筛析的概念

利用筛分器测定粉碎后物料或成品的颗粒粗细度的过程称为筛析。进行筛析时，将一套筛子按筛号顺序由上而下层叠放置，并将试样放在最上面孔数量少的筛子上。然后分批地用手工或机械方法摇动，使物料过筛而按颗粒大小分离为不同的部分。过筛后，将停留在每一号筛上的颗粒取出，称其质量。停留在每一号筛上的颗粒平均直径可取该号筛孔净宽和上面一号筛孔净宽的算术平均值。至于底部通过最细筛号的颗粒直径可取最细筛孔净宽的 1/2。这样就可以用上述各组的质量和颗粒直径求得整个试样的粒度分布，从而求取总的平均直径。

过筛分析法所用的标准筛是由网眼大小一定的筛网所构成。网眼一般为正方形，其大小划分按各种筛制而不同。泰勒标准筛制是广泛使用的一种筛制。它是以每英寸长筛丝上的网眼数来表示筛号（目）。例如 200 号筛，即为每英寸 200 个筛孔，其筛丝直径为 0.0021in，故每孔净宽 0.0029in，相当于 0.074mm。因筛孔的大小不仅与筛号有关，也与织成筛网的筛丝直径有关，故在标准筛制中也规定筛丝直径。在泰勒筛制中，两相邻筛号净宽度的比例为 1：$\sqrt{2}$，而隔一筛号的两筛净宽比为 1：2，即其筛孔净面积之比约为 1：2。我国的标准筛制是以每厘米长度内的孔数（网眼数）来表示的。规定筛网型号以缩写的汉语拼音字母表示，型号中第一个字母表示纤维类别，第二个字母表示筛网织物组织，如 CQ 表示蚕丝全绞纱组织、CB 表示蚕丝半绞纱组织、JCQ 表示锦蚕丝全绞纱组织。CQ30 表示蚕丝全绞纱组织，其每厘米长内有 30 个孔数。泰勒筛和其他筛制（如日本、德国）的对应筛号可参见表 8-4。

表 8-4　几种标准筛目

筛目数 （每英寸）	泰勒标准筛		日本标准筛		德国标准筛		
	孔目大小 /mm	网线径 /mm	孔目大小 /mm	网线径 /mm	目数 （每 cm）	孔目大小 /mm	网线径 /mm
$2\frac{1}{2}$	7.925	2.235	7.93	2.0			
3	6.680	1.778	6.73	1.8			
$3\frac{1}{2}$	5.613	1.651	5.66	1.6			
4	4.699	1.651	4.76	1.29			
5	3.962	1.118	4.00	1.08			
6	3.327	0.914	3.36	0.87			

续表

筛目数（每英寸）	泰勒标准筛		日本标准筛		德国标准筛		
	孔目大小/mm	网线径/mm	孔目大小/mm	网线径/mm	目数（每cm）	孔目大小/mm	网线径/mm
7	2.794	0.833	2.83	0.80			
8	2.362	0.831	2.38	0.80			
9	1.981	0.738	2.00	0.76			
10	1.651	0.889	1.68	0.74			
12	1.397	0.711	1.41	0.71	4	1.50	1.00
14	1.168	0.635	1.19	0.62	5	1.20	0.80
16	0.991	0.597	1.00	0.59	6	1.02	0.65
20	0.833	0.437	0.84	0.43	—	—	—
24	0.701	0.358	0.71	0.35	8	0.75	0.50
28	0.589	0.318	0.59	0.32	10	0.60	0.40
32	0.495	0.300	0.50	0.29	11	0.60	0.40
35	0.417	0.310	0.42	0.29	12	0.54	0.37
42	0.351	0.254	0.35	0.26	12	0.49	0.34
48	0.295	0.234	0.297	0.232	16	0.385	0.24
60	0.246	0.178	0.250	0.212	20	0.300	0.20
65	0.246	0.178	0.250	0.212	20	0.300	0.20
80	0.175	0.142	0.177	0.141	30	0.200	0.13
100	0.147	0.107	0.149	0.105	—	—	—
115	0.124	0.097	0.125	0.087	40	0.150	0.10
150	0.104	0.066	0.105	0.070	50	0.120	0.08
170	0.088	0.061	0.088	0.061	60	0.102	0.065
200	0.074	0.053	0.074	0.053	70	0.088	0.055
250	0.061	0.041	0.062	0.048	80	0.075	0.050
270	0.053	0.041	0.053	0.038	100	0.060	0.040
325	0.043	0.036	0.044	0.034			
400	0.038	0.025					

3. 筛分设备

筛分设备按结构的不同可分为旋转筛和平筛，平筛按其运动方式又可分为水平运动、摆动和水平旋转等形式。

(1) 旋转筛　旋转筛又称转筒筛，主要用于粗筛和易流动的物料。一般用的是略带倾斜的圆筒或六角形筒。物料的停留时间与斜度及转速有关，转速不能过高，应小于最大转速值，此为旋转筛筛分的条件。

(2) 摆动筛和振动筛　两者均属平筛类，区别在于摆动筛的摆动幅度较大，数量级为厘米，其频率为每秒几次；而振动筛的振幅的数量级为毫米，其频率为每秒几十次。它们都可用机械（偏心轮或曲轴）或电磁方法传动，其中摆动筛常用前者，振动筛常用后者。

两种筛的运动形式主要有以下几种。

① 摆动筛常装在木制弹簧上或装在铰接的金属支架上，当其被偏心轮或曲轴驱动时，水平或略带倾斜的筛面即作近似直线的往复运动，如图 8-62 中（a）和（b）。

② 筛子也可用弹簧或绳索悬挂，并由不平衡振动的电机驱动，如图 8-62（c）所示。此

时，筛面即做圆周运动，同样筛面也可以是水平的或倾斜的。

③ 电磁驱动常产生直线往复运动。筛子以弹簧悬吊或安放在弹簧上。颗粒在筛面上的运动取决于筛面的斜度和电磁振动的方向，所以有许多不同的运动形式，如图 8-63 所示。电磁振动筛的频率通常为 30~120Hz，最普通的为 50Hz，其振幅常可连续调节。

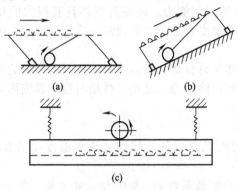

图 8-62　摆动筛和振动筛的运动形式

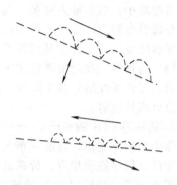

图 8-63　电磁振动筛面上颗粒的运动

第六节　超临界流体萃取简介

超临界流体技术被誉为孕育百年的发明，但是，超临界流体技术作为一种新型的工业技术，却是近 30 年的事情。利用超临界流体为萃取剂的萃取操作称为超临界流体萃取，它是目前超临界流体技术在工业上的主要应用，而且发展十分迅速，已成功地用于生物、医药、食品、绿色化工、环保、能源等诸多领域，尤其在生物资源有效成分无污染提取方面，更是具有其他工艺无法实现的功能。超临界流体技术的研究历史较短，基础数据积累较少，在其他方面的应用还很少。

超临界流体，是指温度及压力处于临界温度及临界压力以上的流体，它兼有液体和气体的优点，超临界流体的黏度小、扩散系数大、密度大，具有良好的溶解性和传质特性，分离速率远比液体萃取剂快，可以实现高效的分离过程。目前国内外普遍采用的是超临界二氧化碳萃取技术。

一、超临界流体的性质

1. 流体的临界特征

稳定的纯物质及由其组成的混合物具有固有的临界状态点，临界状态点是气液不分的状态，混合物既有气体的性质，又有液体的性质。此状态点的温度 t_c、压力 p_c、密度 ρ_c 称为临界参数。在纯物质中，当操作温度超过它的临界温度，无论施加多大的压力，也不可能使其液化。所以 t_c 是气体可以液化的最高温度，临界温度下气体液化所需的最小压力 p_c 就是临界压力。

2. 超临界流体的特点

当温度、压力都高于临界值，流体进入超临界状态时，称为超临界流体。超临界流体的密度接近于液体的密度，对液体、固体的溶解度与液体溶剂的溶解度接近，而黏度却接近于普通气体，自扩散能力比液体大 100 倍，渗透性更好。利用超临界流体的这种特性，在高密度（低温、高压）条件下，萃取分离物质，然后稍微提高温度或降低压力，即可将萃取剂与待分离物质分离。流体处于超临界状态下具有以下特点。

（1）传递性　超临界流体具有与气体及液体不同的传递性，它兼有气液两相的双重特性：既具有与液体接近的密度，使其具有与液体相当的溶解能力；又具有与气体接近的黏度和扩散系数，使其具有良好的传质传热性能。

（2）溶解性　超临界流体的溶解能力与其密度有很大的关系，密度增加，溶解能力增强；密度减小，溶解能力降低，甚至丧失对溶质的溶解能力。超临界流体具有很大的压缩性，在临界点附近，温度或压力的微小变化可引起密度发生几个数量级的变化。因此，可通过改变温度或压力来改变其溶解性。

（3）选择性　在超临界状态下，将超临界流体与待分离的物质接触，控制好体系的温度和压力，可选择性溶解其中的某一组分。根据相似相溶原理，结构、性质与超临界流体相近的组分更容易溶解。

3. 超临界 CO_2 的性质

作为超临界流体，目前一般使用 CO_2，它的临界点较低，特别是临界温度接近常温，并且无毒，化学性质稳定，价格低廉。

图 8-64 为 313K 时 CO_2 的密度 ρ、黏度 μ 及自扩散系数 D_ρ 与压力 p 的关系。在 8MPa 以下的压力范围内 μ 和 D_ρ 基本保持不变，在 8MPa 以上，随压力升高，μ 增大、D_ρ 减小。在 30MPa 的超临界状态下，μ 仅为气体的 6 倍，D_ρ 则远大于液体的自扩散系数。另外，由于超临界流体黏度小，自扩散系数大，可以迅速渗透到物体内部溶解目标物质。

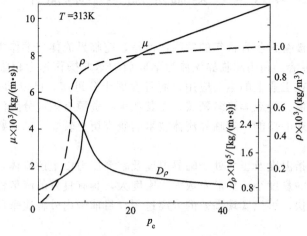

图 8-64　超临界 CO_2 的物性与压力的关系

二、超临界流体萃取过程的特点

① 选用超临界流体与被萃取物质的化学性质越相似，对它的溶解能力就越大。

② 超临界流体萃取剂，一般选用化学性质稳定、无腐蚀性，其临界温度不过高或过低。适用于提取或精制热敏性、易氧化性物质。常见的超临界流体有 CO_2、NH_3、C_2H_4、C_3H_8、H_2O 等，CO_2 的临界温度为 304K，临界压力为 7.4MPa，萃取条件较为温和，其化学性质稳定，无毒，萃取后可以回收，不会造成溶剂残留，被称为"绿色溶剂"，成为目前使用最为广泛的超临界流体。

③ 超临界流体萃取剂，具有良好的溶解能力和选择性，且溶解能力随压力增加而增大。只要降低超临界相的密度，即可以将溶解的溶质分离出来。萃取剂和溶质分离简单、效率高。

④ 由于超临界流体兼有液体和气体的特性，萃取效率高。

⑤ 超临界流体萃取属于高压技术范畴,需要有与此相适应的设备。

三、超临界流体萃取的工艺流程

1. 超临界流体萃取工艺过程

超临界流体萃取的过程是由萃取阶段和分离阶段组合而成的。在萃取阶段,超临界流体将所需组分从原料中提取出来。在分离阶段,通过变化温度或压力等参数,或其他方法,使萃取组分从超临界流体中分离出来,并使萃取剂循环使用。一般地,超临界流体萃取的工艺过程应由以下部分构成。

(1) CO_2 气源及其预处理系统 为系统补充 CO_2,并对其净化和加热、加压。

(2) 超临界 CO_2 萃取系统 在萃取槽中制备 SiO_2 的超临界 CO_2 溶液。

(3) 产品分离系统 气态 CO_2 与产品分离。

(4) CO_2 回收及循环压缩系统 回收 CO_2,并净化、加压、冷却,以循环利用。其工艺流程图如图 8-65 所示。

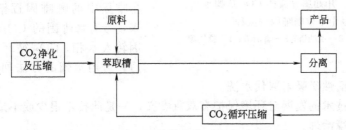

图 8-65 超临界流体萃取的工艺流程示意图

2. 超临界流体萃取的典型流程

超临界萃取流程根据分离方法分为等温法、等压法和吸附法,如图 8-66 所示。

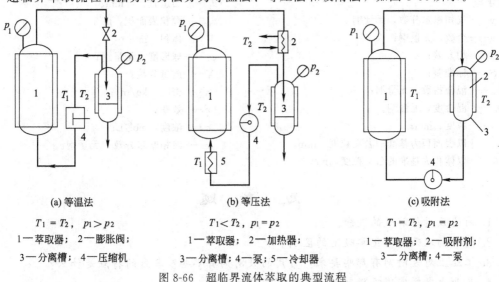

(a) 等温法
$T_1 = T_2$, $p_1 > p_2$
1—萃取器;2—膨胀阀;
3—分离槽;4—压缩机

(b) 等压法
$T_1 < T_2$, $p_1 = p_2$
1—萃取器;2—加热器;
3—分离槽;4—泵;5—冷却器

(c) 吸附法
$T_1 = T_2$, $p_1 = p_2$
1—萃取器;2—吸附剂;
3—分离槽;4—泵

图 8-66 超临界流体萃取的典型流程

(1) 等温法 是通过变化压力使萃取组分从超临界流体中分离出来的方法。如图 8-65 (a) 所示,含有溶质的超临界流体经过膨胀阀后压力下降,其溶质的溶解度下降,溶质析出,由分离槽底部取出,萃取剂的气体则经压缩机送回萃取槽循环使用。

(2) 等压法 是利用温度的变化来实现溶质与萃取剂的分离的方法。如图 8-65 (b) 所示,含溶质的超临界流体经加热升温使萃取剂与溶质分离,由分离槽下方取出溶质。作为萃取剂的气体经降温升压后送回萃取槽使用。

（3）吸附法 是采用可吸附溶质而不吸附超临界流体的吸附剂使萃取物分离。

3. 超临界流体萃取技术的应用

超临界流体萃取已应用到炼油、食品、医药、环保等工业中。如石油残渣中油品的回收，咖啡豆中脱除咖啡因，啤酒花中有效成分的提取等。从咖啡豆中脱除咖啡因是超临界萃取的典型实例。咖啡因存在于咖啡、茶叶等天然物中。将浸泡过的咖啡豆置于压力容器中，如图 8-67 所示。其间不断有 CO_2 循环通过，操作温度为 70～90℃，压力为 16～20MPa，密度为 0.4～0.659kg/m³。咖啡豆中的咖啡因逐渐被 CO_2 提取出来，带有咖啡因的 CO_2 用水洗涤，咖啡因转入水相，CO_2 循环使用。水经脱气后，可用蒸馏的方法回收其咖啡因。在

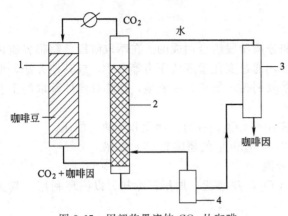

图 8-67 用超临界流体 CO_2 从咖啡豆中萃取咖啡因的流程
1—萃取塔；2—水洗塔；3—蒸馏塔；4—脱气罐

分离阶段也可用活性炭吸附取代水洗。

超临界流体技术的发展对环境保护有双重意义，一是此技术很少或不造成污染；二是此技术可以用于环境治理。

本章主要符号说明

英文字母

- y——气相摩尔分数，无量纲；
- n——个数，无量纲；
- S^2、δ^2——均方差；
- δ、S——标准差；
- I_m——混合指数，无量纲；
- D_m——混合度，无量纲；
- d——粒度，mm；
- d_s——以表面积为基准的名义粒度，mm；
- d_v——以体积为基准的名义粒度，mm；
- d_p——当量直径，mm；
- S_p——颗粒表面积，m²；
- V——体积，m³；
- φ_s——球形度，无量纲；
- X——质量分数；
- ρ——密度，kg/m³；
- η——效率；
- c——浓度，mol/L；
- x——液相摩尔分数，无量纲。

思 考 题

1. 简述吸附与解吸的概念。
2. 简述物理吸附与化学吸附的区别。
3. 工业上对吸附剂有哪些要求？常用的吸附剂有哪些？各自的特点是什么？
4. 工业上怎样实现吸附剂的再生？有哪些方法？
5. 简述温度和压力对吸附操作的影响？
6. 什么是透过时间？什么是破点浓度？
7. 固定床吸附流程有哪些？各自的特点是什么？
8. 简述变温吸附和变压吸附的区别并说明变压吸附流程。
9. 简述模拟移动床吸附的原理及操作。

10. 萃取操作的分离依据是什么？萃取操作在环境工程中有哪些应用？
11. 如何保证萃取操作的经济性？
12. 试讨论温度、两相密度差对萃取操作的影响。
13. 何谓萃取相、萃余相、萃取液、萃余液？
14. 萃取剂应如何选择？
15. 什么是多级逆流萃取？多次错流萃取？各有什么特点？
16. 什么是物理萃取？什么是化学萃取？它们的区别是什么？
17. 常用的萃取设备有哪些？各自特点是什么？萃取设备选择的原则是什么？
18. 萃取塔的液泛是指什么？简述萃取塔开车、停车步骤。
19. 膜分离技术有哪些方面的优点？
20. 比较电渗析、反渗透、超滤、微滤的区别。
21. 简单说明膜分离用膜的种类、膜组件的种类。
22. 简述膜分离工艺流程的类型。
23. 什么是均匀度、分离尺度、分离强度、混合指数、混合度？
24. 混合的机理是什么？分析影响混合的因素。
25. 影响乳化液稳定性的因素有哪些？怎样提高乳化液的稳定性？
26. 什么是乳化剂？简述乳化剂的分类。
27. 生产中形成乳化液的方法有哪些？举例说明。
28. 什么是粒度、平均粒度？算术平均粒度、几何平均粒度、调和平均粒度之间有何关系？
29. 物料破碎的方法有哪些？怎样选择适宜的破碎设备？
30. 筛分与筛析有何异同？
31. 目前使用的标准筛制有哪些？简述我国筛制的表示方法。
32. 什么是超临界流体？超临界流体有哪些特性？
33. 超临界萃取工艺过程包括哪几个步骤？
34. 超临界萃取流程有哪几种？

附　录

一、单位换算系数

单位名称与符号	换算系数	单位名称与符号	换算系数
1. 长度		毫米汞柱 mmHg	133.322Pa
英寸 in	2.54×10^{-2}m	毫米水柱 mmH_2O	9.80665Pa
英尺 ft (=12in)	0.3048m	托　Torr	133.322Pa
英里 mile	1.609344km	6. 表面张力	
埃　Å	10^{-10}m	达因每厘米 dyn/cm	10^{-3}N/m(mN/m)
码 yd(=3ft)	0.9144m	7. 动力黏度	
2. 体积		泊 P[=1g/(cm·s)]	10^{-1}Pa·s
英加仑 UKgal	4.54609dm^3	厘泊 cP	10^{-3}Pa·s(mPa·s)
美加仑 USgal	3.78541dm^3	8. 运动黏度	
3. 质量		斯托克斯 St(=1cm^2/s)	$10^{-4}$$m^2$/s
磅　lb	0.45359237kg	厘斯 cSt	$10^{-6}$$m^2$/s
短吨 (=2000lb)	907.185kg	9. 功、能、热	
长吨 (=2240lb)	1016.05kg	尔格 erg(=1dyn·cm)	10^{-7}J
4. 力		千克力米 kgf·m	9.80665J
达因 dyn(g·cm/s^2)	10^{-5}N	国际蒸汽表卡 cal	4.1868J
千克力 kgf	9.80665N	英热单位 Btu	1.05506kJ
磅力 lbf	4.44822N	10. 功率	
5. 压力		尔格每秒 erg/s	10^{-7}W
巴 bar(10^6dyn/cm^2)	10^5Pa	千克力米每秒 kgf·m/s	9.80665W
千克力每平方厘米 kgf/cm^2（又称工程大气压 at）	98066.5Pa	英马力 hp	745.700W
磅力每平方寸 lbf/in^2(psi)	6.89476kPa	千卡每小时 kcal/h	1.163W
标准大气压 atm(760mmHg)	101.325kPa	米制马力(=75kgf·m/s)	735.499W
		11. 温度	
		华氏度 °F	5/9(t_F-32)℃

二、常用化学元素的相对原子质量

元素符号	元素名称	相对原子质量	元素符号	元素名称	相对原子质量	元素符号	元素名称	相对原子质量
Ag	银	107.9	Co	钴	58.93	N	氮	14.01
Al	铝	26.98	Cr	铬	52	Na	钠	22.99
Ar	氩	39.94	Cu	铜	63.54	Ne	氖	20.17
As	砷	74.92	F	氟	19	Ni	镍	58.7
Au	金	196.97	Fe	铁	55.84	O	氧	16
B	硼	10.81	H	氢	1.008	P	磷	30.97
Ba	钡	137.3	Hg	汞	200.5	Pb	铅	207.2
Br	溴	79.9	I	碘	126.9	S	硫	32.06
C	碳	12.01	K	钾	39.1	Se	硒	78.9
Ca	钙	40.08	Mg	镁	24.3	Si	硅	28.09
Cl	氯	35.45	Mn	锰	54.94	Zn	锌	65.38

三、饱和水的物理性质

温度 (t) /℃	饱和 蒸气压 (p)/kPa	密度 (ρ) /(kg/m³)	比热焓 (H) /(kJ/kg)	比热容 ($C_p \times 10^{-3}$) /[J/(kg·K)]	热导率 ($\lambda \times 10^2$) /[W/(m·K)]	黏度 ($\mu \times 10^6$) /Pa·s	体胀系数 ($\beta \times 10^4$) /K^{-1}	表面张力 ($\sigma \times 10^4$) /(N/m)	普朗 特数 Pr
0	0.611	999.9	0	4.212	55.1	1788	−0.81	756.4	13.67
10	1.227	999.7	42.04	4.191	57.4	1306	+0.87	741.6	9.52
20	2.338	998.2	83.91	4.183	59.9	1004	2.09	726.9	7.02
30	4.241	995.7	125.7	4.174	61.8	801.5	3.05	712.2	5.42
40	7.375	992.2	167.5	4.174	63.5	653.3	3.86	696.5	4.31
50	12.335	988.1	209.3	4.174	64.8	549.4	4.57	676.9	3.54
60	19.92	983.1	251.1	4.179	65.9	469.9	5.22	662.2	2.99
70	31.16	977.8	293.0	4.187	66.8	406.1	5.83	643.5	2.55
80	47.36	971.8	355.0	4.195	67.4	355.1	6.40	625.9	2.21
90	70.11	965.3	377.0	4.208	68.0	314.9	6.96	607.2	1.95
100	101.3	958.4	419.1	4.220	68.3	282.5	7.50	588.6	1.75
110	143	951.0	461.4	4.233	68.5	259.0	8.04	566.0	1.60
120	198	943.1	503.7	4.250	68.6	237.4	8.58	548.4	1.47
130	270	934.8	546.4	4.266	68.6	217.8	9.12	528.8	1.36
140	361	926.1	589.1	4.287	68.5	201.1	9.68	507.2	1.26
150	476	917.0	632.2	4.313	68.4	186.4	10.26	486.6	1.17
160	618	907.0	675.4	4.346	68.3	173.6	10.87	466.0	1.10
170	792	897.3	719.3	4.380	67.9	162.8	11.52	443.4	1.05
180	1003	886.9	763.3	4.417	67.4	153.0	12.21	422.8	1.00
190	1255	876.0	807.8	4.459	67.0	144.2	12.96	400.2	0.96
200	1555	863.0	852.8	4.505	66.3	136.4	13.77	376.7	0.93
210	1908	852.3	897.7	4.555	65.5	130.5	14.67	354.1	0.91
220	2320	840.3	943.7	4.614	64.5	124.6	15.67	331.6	0.89
230	2798	827.3	990.2	4.681	63.7	119.7	16.80	310.0	0.88
240	3348	813.6	1037.5	4.756	62.8	114.8	18.08	285.5	0.87
250	3978	799.0	1085.7	4.844	61.8	109.9	19.55	261.9	0.86
260	4694	784.0	1135.7	4.949	60.5	105.9	21.27	237.4	0.87
270	5505	767.9	1185.7	5.070	59.0	102.0	23.31	214.8	0.88
280	6419	750.7	1236.8	5.230	57.4	98.1	25.79	191.3	0.90
290	7445	732.3	1290.0	5.485	55.8	94.2	28.84	168.7	0.93
300	8592	712.5	1344.9	5.736	54.0	91.2	32.73	144.2	0.97
310	9870	691.1	1402.2	6.071	52.3	88.3	37.85	120.7	1.03
320	11290	667.1	1462.1	6.574	50.6	85.3	44.91	98.10	1.11
330	12965	640.2	1526.2	7.244	48.4	81.4	55.31	76.71	1.22
340	14608	610.1	1594.8	8.165	45.7	77.5	72.10	56.70	1.39
350	16537	574.4	1671.4	9.504	43.0	72.6	103.7	38.16	1.60
360	18674	528.0	1761.5	13.984	39.5	66.7	182.9	20.21	2.35
370	210538	450.5	1892.5	40.321	33.7	56.9	676.7	4.709	6.79

四、饱和水蒸气表（按温度排列）

温度/℃	绝对压力/kPa	蒸汽密度/(kg/m³)	比热焓/(kJ/kg) 液体	比热焓/(kJ/kg) 蒸汽	比汽化焓/(kJ/kg)
0	0.6082	0.00484	0	2491	2491
5	0.8730	0.00680	20.9	2500.8	2480
10	1.226	0.00940	41.9	2510.4	2469
15	1.707	0.01283	62.8	2520.5	2458
20	2.335	0.01719	83.7	2530.1	2446
25	3.168	0.02304	104.7	2539.7	2435
30	4.247	0.03036	125.6	2549.3	2424
35	5.621	0.03960	146.5	2559.0	2412
40	7.377	0.05114	167.5	2568.6	2401
45	9.584	0.06543	188.4	2577.8	2389
50	12.34	0.0830	209.3	2587.4	2378
55	15.74	0.1043	230.3	2596.7	2366
60	19.92	0.1301	251.2	2606.3	2355
65	25.01	0.1611	272.1	2615.5	2343
70	31.16	0.1979	293.1	2624.3	2331
75	38.55	0.2416	314.0	2633.5	2320
80	47.38	0.2929	334.9	2642.3	2307
85	57.88	0.3531	355.9	2651.1	2295
90	70.14	0.4229	376.8	2659.9	2283
95	84.56	0.5039	397.8	2668.7	2271
100	101.33	0.5970	418.7	2677	2258
105	1208.85	0.7036	440	2685	2245
110	143.31	0.8254	461	2693.4	2232
115	169.11	0.9635	482.3	2701.3	2219
120	198.64	1.1199	503.7	2708.9	2205
125	232.19	1.296	525.0	2716.4	2191
130	270.25	1.494	546.4	2723.9	2178
135	313.11	1.715	567.7	2731.0	2163
140	361.47	1.962	589.1	2737.7	2149
145	415.72	2.238	610.9	2744.4	2134
150	476.24	2.543	632.2	2750.7	2119
160	618.28	3.252	675.8	2762.9	2087
170	792.59	4.113	719.3	2773.3	2054
180	1003.5	5.145	763.3	2782.5	2019
190	1255.6	6.378	807.6	2796.1	1982
200	1554.8	7.840	852.0	2795.5	1944
210	1917.7	9.567	897.2	2799.3	1902
220	2320.9	11.60	942.4	2801	1859
230	2798.6	13.98	988.5	2800.1	1812
240	3347.9	16.76	1034.6	2796.8	1762
250	3977.7	20.01	1081.4	2790.1	1709
260	4693.8	23.82	1128.8	2780.9	1652
270	5504.0	28.27	1176.9	2768.3	1501
280	6417.2	33.47	1125.5	2752.0	1526
290	7443.3	39.00	1274.5	2732.3	1457
300	8592.9	46.93	1325.5	2708.0	1382

五、饱和水蒸气表（按压力排列）

绝对压力 /kPa	温度/℃	蒸汽密度 /(kg/m³)	比热焓/(kJ/kg)		比汽化焓 /(kJ/kg)
			液体	蒸汽	
1.0	6.3	0.00773	26.5	2503.1	2477
1.5	12.5	0.01133	52.3	2515.3	2463
2.0	17	0.01486	71.2	2524.2	2453
2.5	20.9	0.01836	87.5	2531.8	2444
3.0	23.5	0.02179	98.4	2536.8	2438
3.5	26.1	0.02523	109.3	2541.8	2433
4.0	28.7	0.02867	120.2	2546.8	2427
4.5	30.8	0.03205	129.0	2550.9	2422
5.0	32.4	0.03537	135.7	2554.0	2418
6.0	35.6	0.04200	149.1	2560.1	2411
7.0	38.8	0.04864	162.4	2566.3	2404
8.0	41.3	0.05514	172.7	2571	2398
9.0	43.3	0.0656	181.2	2574.8	2394
10.0	45.3	0.06798	189.6	2578.5	2389
15.0	53.5	0.09956	224	2594	2370
20.0	60.1	0.1307	251.5	2606.4	2355
30.0	66.5	0.1905	288.4	2622.4	2334
40.0	75.0	0.2498	315.9	2634.1	2312
50.0	81.2	0.3086	339.8	2644.3	2304
60.0	85.6	0.3651	358.2	2652.1	2394
70.0	89.9	0.4225	376.6	2659.8	2283
80.0	93.2	0.4781	39.01	2665.3	2275
90.0	96.4	0.5338	403.5	2670.8	2267
100.0	99.6	0.5896	416.9	2676.3	2259
120.0	104.5	0.6987	437.5	2684.3	2247
140.0	109.2	0.8576	457.7	2692.1	2234
160.0	113.3	0.8298	473.9	2698.1	2224
180.0	116.6	1.021	489.3	2703.7	2214
200.0	120.2	1.127	493.7	2709.2	2205
250.0	127.2	1.390	534.4	2719.7	2185
300.0	133.3	1.650	560.4	2728.5	2168
350.0	138.8	1.907	583.8	2736.1	2152
400.0	143.4	2.162	603.6	2742.1	2133
450.0	147.7	2.415	622.4	2747.8	2125
500.0	151.7	2.667	639.6	2752.8	2113
600.0	158.7	3.159	676.2	2761.4	2091
700.0	164.7	3.666	696.3	2767.8	2072
800.0	170.4	4.161	721.0	2773.7	2053
900.0	175.1	4.652	741.8	2778.1	2036
1000	176.9	5.143	762.7	2782.5	2020
1100	186.2	5.633	780.3	2785.5	2005
1200	187.8	6.124	797.9	2788.5	1991
1300	191.5	6.614	814.2	2790.9	1977
1400	194.8	7.103	829.1	2792.4	1964
1500	198.2	7.554	843.9	2794.5	1951
1600	201.3	8.681	857.8	2766	1938
1700	204.1	8.567	870.6	2797.7	1926
1800	206.9	9.013	883.4	2798.1	1915
1900	209.8	9.539	896.2	2799.2	1903
2000	212.2	10.03	907.3	2799.7	1892
3000	233.7	15.01	1005.4	2798.9	1794
4000	250.3	20.10	1082.9	2789.8	1707
5000	263.8	25.37	1146.9	2776.5	1629
6000	275.4	30.85	1203.2	2759.5	1556
7000	285.7	36.57	1253.2	2740.8	1452
8000	294.8	42.58	1299.2	2720.5	1404
9000	303.2	48.89	1343.5	2699.1	1357

六、干空气的热物理性质 ($p = 1.01325 \times 10^5 \text{Pa}$)

温度/℃	密度 /(kg/m³)	比热容 /[kJ/(kg·℃)]	热导率×10² /[W/(m·℃)]	黏度×10⁶ /Pa·s	运动黏度×10⁶ /(m²/s)	普朗特数 Pr
−50	1.0584	1.013	2.04	14.6	9.23	0.728
−40	1.515	1.013	2.12	15.2	10.04	0.728
−30	1.453	1.013	2.20	15.7	10.80	0.723
−20	1.395	1.009	2.28	16.2	11.61	0.716
−10	1.342	1.009	2.36	16.7	12.43	0.712
0	1.293	1.005	2.44	17.2	13.28	0.707
10	1.247	1.005	2.51	17.6	14.16	0.705
20	1.205	1.005	2.59	18.1	15.65	0.703
30	1.165	1.005	2.67	18.6	16.00	0.701
40	1.128	1.005	2.76	19.1	16.96	0.699
50	1.093	1.005	2.83	19.6	17.95	0.698
60	1.060	1.005	2.90	20.1	18.97	0.696
70	1.029	1.005	2.96	20.6	20.02	0.694
80	1.000	1.005	3.05	21.1	21.09	0.692
90	0.972	1.005	3.13	21.5	22.10	0.690
100	0.946	1.005	3.21	21.9	23.13	0.688
120	0.898	1.009	3.34	22.8	25.45	0.686
140	0.854	1.009	3.49	23.7	27.80	0.684
150	0.779	1.009	3.78	25.3	32.49	0.681
160	0.815	1.009	3.64	24.5	30.09	0.682
200	0.746	1.009	3.93	26.0	34.85	0.680
250	0.674	1.013	4.27	27.4	40.61	0.677
300	0.615	1.017	4.60	29.7	48.33	0.674
350	0.566	1.059	4.91	31.4	55.46	0.676
400	0.524	1.068	5.21	33.0	63.09	0.678
500	0.456	1.093	5.74	36.2	79.38	0.687
600	0.404	1.114	6.22	39.1	96.89	0.699
700	0.362	1.135	6.71	41.8	115.4	0.706
800	0.329	1.156	7.18	44.3	134.8	0.713
900	0.301	1.172	7.63	46.7	155.1	0.717
1000	0.277	1.185	8.07	49	177.1	0.719
1100	0.257	1.197	8.50	51.2	199.3	0.722
1200	0.239	1.210	9.15	53.5	233.7	0.724

七、液体饱和蒸汽压 $p°$ 的 Antoine（安托因）常数

液 体	A	B	C	温度范围/℃
甲烷	5.82051	405.42	267.78	−181～−152
乙烷	5.95942	663.7	256.47	−143～−75
丙烷	5.92888	803.81	246.99	−108～−25
丁烷	5.93886	935.86	238.73	−78～19
戊烷	5.97711	1064.63	232.00	−50～58
己烷	6.10266	1171.530	224.366	−25～92
庚烷	6.02730	1268.115	216.900	−2～120
辛烷	6.04867	1355.126	209.517	19～152
乙烯	5.87246	585.0	255.00	−153～91
丙烯	5.9445	785.85	247.00	−112～−28
甲醇	7.19736	1574.99	238.86	−16～91
乙醇	7.33827	1652.05	231.48	−3～96
丙醇	6.74414	1375.14	193.0	12～127
醋酸	6.42452	1479.02	216.82	15～157
丙酮	6.35647	1277.03	237.23	−32～77
四氯化碳	6.01896	1219.58	227.16	−20～101
苯	6.03055	1211.033	220.79	−16～104
甲苯	6.07954	1344.8	219.482	6～137
水	7.07406	1657.46	227.02	10～168

注：$\lg p° = A - B/(t+C)$，式中，$p°$ 的单位为 kPa，t 为 ℃。

八、水在不同温度下的黏度

温度/℃	黏度/mPa·s	温度/℃	黏度/mPa·s	温度/℃	黏度/mPa·s
0	1.7921	34	0.7371		
1	1.7313	35	0.7225	69	0.4117
2	1.6728	36	0.7085	70	0.4061
3	1.6191	37	0.6947	71	0.4006
4	1.5674	38	0.6814	72	0.3952
				73	0.3900
5	1.5188	39	0.6685		
6	1.4728	40	0.6560	74	0.3849
7	1.4284	41	0.6439	75	0.3799
8	1.3860	42	0.6321	76	0.3750
9	1.3462	43	0.6207	77	0.3702
				78	0.3655
10	1.3077	44	0.6097		
11	1.2713	45	0.5988	79	0.3610
12	1.2363	46	0.5883	80	0.3565
13	1.2028	47	0.5783	81	0.3521
14	1.1709	48	0.5683	82	0.3478
				83	0.3436
15	1.1404	49	0.5588		
16	1.1111	50	0.5494	84	0.3395
17	1.0828	51	0.5404	85	0.3355
18	1.0559	52	0.5315	86	0.3315
19	1.0299	53	0.5229	87	0.3276
				88	0.3239
20	1.0050	54	0.5146		
20.2	1.0000	55	0.5064	89	0.3202
21	0.9810	56	0.4985	90	0.3165
22	0.9579	57	0.4907	91	0.3130
23	0.9359	58	0.4832	92	0.3095
				93	0.3060
24	0.9142	59	0.4759		
25	0.8937	60	0.4688	94	0.3027
26	0.8737	61	0.4618	95	0.2994
27	0.8737	62	0.4550	96	0.2962
28	0.8545	63	0.4483	97	0.2930
29	0.8180	64	0.4418	98	0.2899
30	0.8007	65	0.4355		
31	0.7840	66	0.4293	99	0.2868
32	0.7679	67	0.4233	100	0.2838
33	0.7523	68	0.4174		

九、固体材料的热导率

(1) 常用金属材料的热导率/[W/(m·℃)]

温度/℃	0	100	200	300	400
铝	228	228	228	228	228
铜	384	379	372	367	363
铁	73.3	67.5	61.6	54.7	48.9
铅	35.1	33.4	31.4	29.8	—
镍	93.0	82.6	73.3	63.97	59.3
银	414	409	373	362	359
碳钢	52.3	48.9	44.2	41.9	34.9
不锈钢	16.3	17.5	17.5	18.5	—

(2) 常用非金属材料的热导率/[W/(m·℃)]

名称	温度/℃	热导率	名称	温度/℃	热导率
石棉绳	—	0.10~0.21	云母	50	0.430
石棉板	30	0.10~0.14	泥土	20	0.698~0.930
软木	30	0.0430	冰	0	2.33
玻璃棉	—	0.0349~0.0698	膨胀珍珠岩散粉	25	0.021~0.062
保温灰	—	0.0698	软橡胶	—	0.129~0.159
锯屑	20	0.0645~0.0582	硬橡胶	0	0.150
棉花	100	0.0698	聚四氟乙烯	—	0.242
厚纸	20	0.14~0.349	泡沫塑料	—	0.0465
玻璃	30	1.09	泡沫玻璃	−15	0.00489
	−20	0.76		−80	0.00349
搪瓷	—	0.87~1.16	木材（横向）	—	0.14~0.175

十、某些液体的热导率

液体名称	热导率(λ)/[W/(m·℃)]						
	0℃	25℃	50℃	75℃	100℃	125℃	150℃
甲醇	0.214	0.2107	0.2070	0.205			
乙醇	0.189	0.1832	0.1774	0.1715			
异丙醇	0.154	0.150	0.1460	0.142			
丁醇	0.156	0.152	0.1483	0.144			
丙酮	0.1745	0.169	0.163	0.1576	0.151		
甲酸	0.2605	0.256	0.2518	0.2471			
乙酸	0.177	0.1715	0.1663	0.162			
苯	0.151	0.1448	0.138	0.132	0.126	0.1204	
甲苯	0.1413	0.136	0.129	0.123	0.119	0.112	
二甲苯	0.1367	0.131	0.127	0.1215	0.117	0.111	
硝基苯	0.1541	0.150	0.147	0.143	0.140	0.136	
苯胺	0.186	0.181	0.177	0.172	0.1681	0.1634	0.159
甘油	0.277	0.2797	0.2832	0.286	0.289	0.292	0.295

十一、某些无机物水溶液的表面张力/(dyn/cm)

溶质	温度/℃	浓度/%（质量分数）			
		5	10	20	50
H_2SO_4	18		74.1	75.2	77.3
HNO_3	20		72.7	71.1	65.4
NaOH	20	74.6	77.3	85.8	
NaCl	18	74.0	75.5		
Na_2SO_4	18	73.8	75.2		
$NaNO_3$	30	72.1	72.8	74.4	79.8
KCl	18	73.6	74.8	77.3	
KNO_3	18	73.0	73.6	75.0	
K_2CO_3	10	75.8	77.0	79.2	106.4
$NH_3 \cdot H_2O$	18	66.5	63.5	59.3	
NH_4Cl	18	73.3	74.5		
NH_4NO_3	100	59.2	60.1	61.6	67.5
$MgCl_2$	18	73.8			
$CaCl_2$	18	73.7			

注：1dyn/cm=1mN/m。

十二、某些有机液体的相对密度（液体密度与4℃水的密度之比）

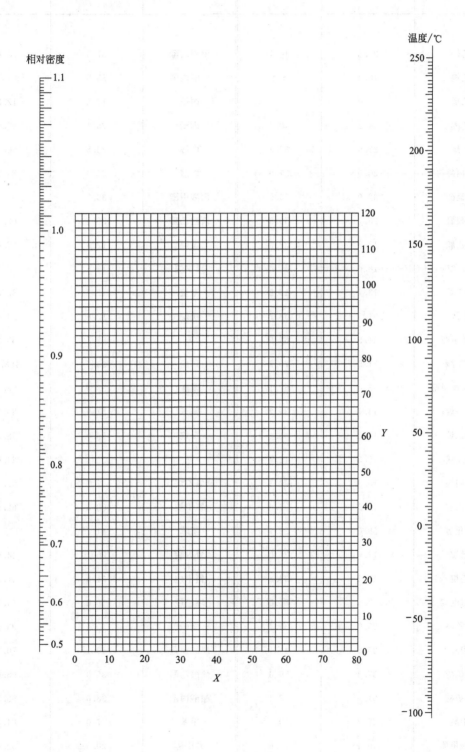

有机液体相对密度共线图的坐标值

有机液体	X	Y	有机液体	X	Y
乙炔	20.8	10.1	甲酸乙酯	37.6	68.4
乙烷	10.3	4.4	甲酸丙酯	33.8	66.7
乙烯	17.0	3.5	丙烷	14.2	12.2
乙醇	24.2	48.6	丙酮	26.1	47.8
乙醚	22.6	35.8	丙醇	23.8	50.8
乙丙醚	20.0	37.0	丙酸	35.0	83.5
乙硫醇	32.0	55.5	丙酸甲酯	36.5	68.3
乙硫醚	25.7	55.3	丙酸乙醇	32.1	63.9
二乙胺	17.8	33.5	戊烷	12.6	22.6
二硫化碳	18.6	45.4	异戊烷	13.5	22.5
异丁烷	13.7	16.5	辛烷	12.7	32.5
丁酸	31.3	78.7	庚烷	12.6	29.8
丁酸甲酯	31.5	65.5	苯	32.7	63.0
异丁酸	31.5	75.9	苯酚	35.7	103.8
（异）丁酸甲酯	33.0	64.1	苯胺	33.5	92.5
十一烷	14.4	39.2	氟苯	41.9	86.7
十二烷	14.3	41.4	癸烷	16.0	38.2
十三烷	15.3	42.4	氨	22.4	24.6
十四烷	15.8	43.3	氯乙烷	42.7	62.4
三乙胺	17.9	37.0	氯甲烷	52.3	62.9
磷化氢	28.0	22.1	氯苯	41.7	105.0
己烷	13.5	27.0	氰丙烷	20.1	44.6
壬烷	16.2	36.5	氰甲烷	21.8	44.9
六氢吡啶	27.5	60.0	环己烷	19.6	44.0
甲乙醚	25.0	34.4	醋酸	40.6	93.5
甲醇	25.8	49.1	醋酸甲酯	40.1	70.3
甲硫醇	37.3	59.6	醋酸乙酯	35.0	65.0
甲硫醚	31.9	57.4	醋酸丙酯	33.0	65.5
甲醚	27.2	30.1	甲苯	27.0	61.0
甲酸甲酯	46.4	74.6	异戊醇	20.5	52.0

十三、有机液体的表面张力共线图

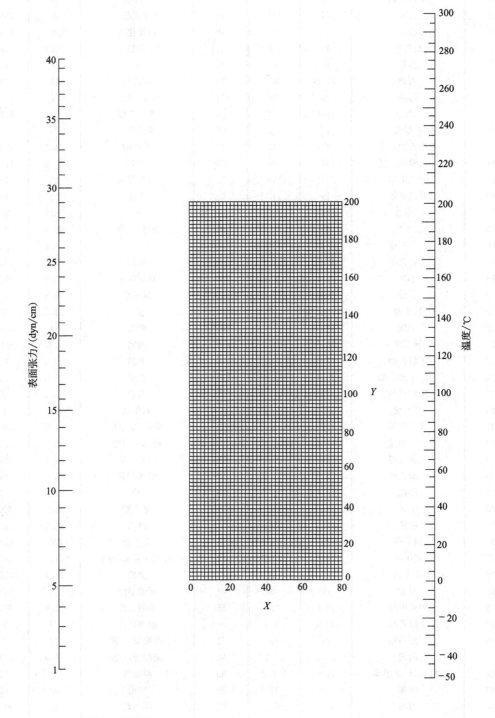

（1dyn＝10^{-5}N）

有机液体的表面张力共线图坐标值

序号	名称	X	Y	序号	名称	X	Y
1	环氧乙烷	42	83	48	3-戊酮	20	101
2	乙苯	22	118	49	异戊醇	6	106.8
3	乙胺	11.2	83	50	四氯化碳	26	104.5
4	乙硫醇	35	81	51	辛烷	17.7	90
5	乙醇	10	97	52	苯	30	110
6	乙醚	27.5	64	53	苯乙酮	18	168
7	乙醛	33	78	54	苯乙醚	20	134.2
8	乙醛肟	23.5	127	55	苯二乙胺	17	142.6
9	乙酰胺	17	192.5	56	苯二甲胺	20	149
10	乙酰乙酸乙酯	21	132	57	苯甲醚	24.4	138.9
11	二乙醇缩乙醛	19	88	58	苯胺	22.9	171.8
12	间二甲苯	20.5	118	59	苯基甲胺	25	156
13	对二甲苯	19	117	60	苯酚	20	168
14	二甲胺	16	66	61	氨	56.2	63.5
15	二甲醚	44	37	62	氧化亚氮	62.5	0.5
16	二氯乙烷	32	120	63	氯	45.5	59.2
17	二硫化碳	35.8	117.2	64	氯仿	32	101.3
18	丁酮	23.6	97	65	对氯甲苯	18.7	134
19	丁醇	9.6	107.4	66	氯甲烷	45.8	53.2
20	异丁醇	5	103	67	氯苯	23.5	132.5
21	丁酸	14.5	115	68	吡啶	34	138.2
22	异丁酸	14.8	107.4	69	丙腈	23	108.6
23	丁酸乙酯	17.5	102	70	丁腈	20.3	113
24	（异）丁酸乙酯	20.9	93.7	71	乙腈	33.5	111
25	丁酸甲酯	25	88	72	苯腈	19.5	159
26	三乙胺	20.1	83.9	73	氰化氢	30.6	66
27	间三甲苯	17	119.8	74	硫酸二乙酯	19.5	139.5
28	三苯甲烷	12.5	182.7	75	硫酸二甲酯	23.5	158
29	三氯乙醛	30	113	76	硝基乙烷	25.4	126.1
30	三聚乙醛	22.3	103.8	77	硝基甲烷	30	139
31	己烷	22.7	72.2	78	萘	22.5	165
32	甲苯	24	113	79	溴乙烷	31.6	90.2
33	甲胺	42	58	80	溴苯	23.5	145.5
34	间甲酚	13	161.2	81	碘乙烷	28	113.2
35	对甲酚	11.5	160.5	82	对甲氧基苯丙烯	13	158.1
36	邻甲酚	20	161	83	醋酸	17.1	116.5
37	甲醇	17	93	84	醋酸甲酯	34	90
38	甲酸甲酯	38.5	88	85	醋酸乙酯	27.5	92.4
39	甲酸乙酯	30.5	88.8	86	醋酸丙酯	23	97
40	甲酸丙酯	24	97	87	醋酸异丁酯	16	97.2
41	丙胺	25.5	87.2	88	醋酸异戊酯	16.4	103.1
42	对丙（异）基甲苯	12.8	121.2	89	醋酸酐	25	129
43	丙酮	28	91	90	噻吩	35	121
44	丙醇	8.2	105.2	91	环己烷	42	86.7
45	丙酸	17	112	92	硝基苯	23	173
46	丙酸乙酯	22.6	97	93	水(查出之数乘2)	12	162
47	丙酸甲酯	29	95				

十四、液体黏度共线图

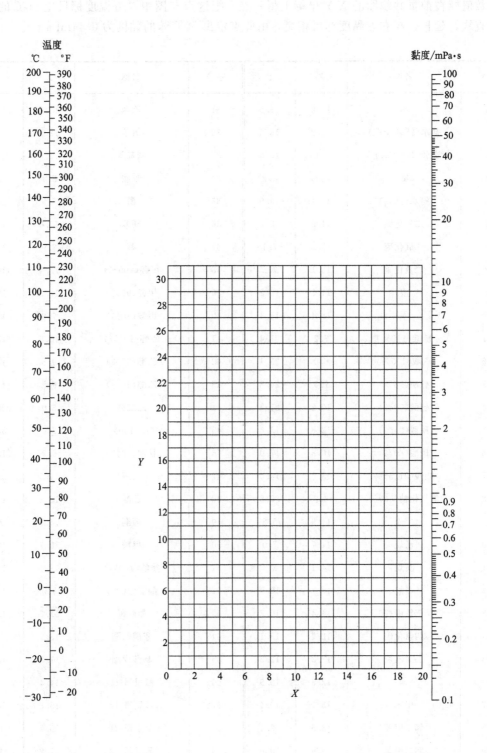

液体黏度共线图坐标值

用法举例：求苯在50℃时的黏度，从本表序号26查得苯的 $X=12.5$，$Y=10.9$，把这两个数值标在前页共线图的 X-Y 坐标上得一点，把这点与图中左方温度标尺上50℃的点连成一直线，延长，与右方黏度标尺相交，由此点定出50℃苯的黏度为0.44mPa·s。

序号	名称	X	Y	序号	名称	X	Y
1	水	10.2	13.0	31	乙苯	13.2	11.5
2	盐水(25%NaCl)	10.2	16.6	32	氯苯	12.3	12.4
3	盐水(25%CaCl$_2$)	6.6	15.9	33	硝基苯	10.6	16.2
4	氨	12.6	2.2	34	苯胺	8.1	18.7
5	氨水(26%)	10.1	13.9	35	酚	6.9	20.8
6	二氧化碳	11.6	0.3	36	联苯	12.0	18.3
7	二氧化硫	15.2	7.1	37	萘	7.9	18.1
8	二硫化碳	16.1	7.5	38	甲醇(100%)	12.4	10.5
9	溴	14.2	18.2	39	甲醇(90%)	12.3	11.8
10	汞	18.4	16.4	40	甲醇(40%)	7.8	15.5
11	硫酸(110%)	7.2	27.4	41	乙醇(100%)	10.5	13.8
12	硫酸(100%)	8.0	25.1	42	乙醇(95%)	9.8	14.3
13	硫酸(98%)	7.0	24.8	43	乙醇(40%)	6.5	16.6
14	硫酸(60%)	10.0	21.3	44	乙二醇	6.0	23.6
15	硝酸(95%)	12.8	13.8	45	甘油(100%)	2.0	30.0
16	硝酸(60%)	10.8	17.0	46	甘油(50%)	6.9	19.6
17	盐酸(31.5%)	13.0	16.6	47	乙醚	14.5	5.3
18	氢氧化钠(50%)	3.2	25.8	48	乙醛	15.2	14.8
19	戊烷	14.9	5.2	49	丙酮	14.5	7.2
20	己烷	14.7	7.0	50	甲酸	10.7	15.8
21	庚烷	14.1	8.4	51	醋酸(100%)	12.1	14.2
22	辛烷	13.7	10.0	52	醋酸(70%)	9.5	17.0
23	三氯甲烷	14.4	10.2	53	醋酸酐	12.7	12.8
24	四氯化碳	12.7	13.1	54	醋酸乙酯	13.7	9.1
25	二氯乙烷	13.2	12.2	55	醋酸戊酯	11.8	12.5
26	苯	12.5	10.9	56	氟里昂-11	14.4	9.0
27	甲苯	13.7	10.4	57	氟里昂-12	16.8	5.6
28	邻二甲苯	13.5	12.1	58	氟里昂-21	15.7	7.5
29	间二甲苯	13.9	10.6	59	氟里昂-22	17.2	4.7
30	对二甲苯	13.9	10.9	60	煤油	10.2	16.9

十五、液体的比热容

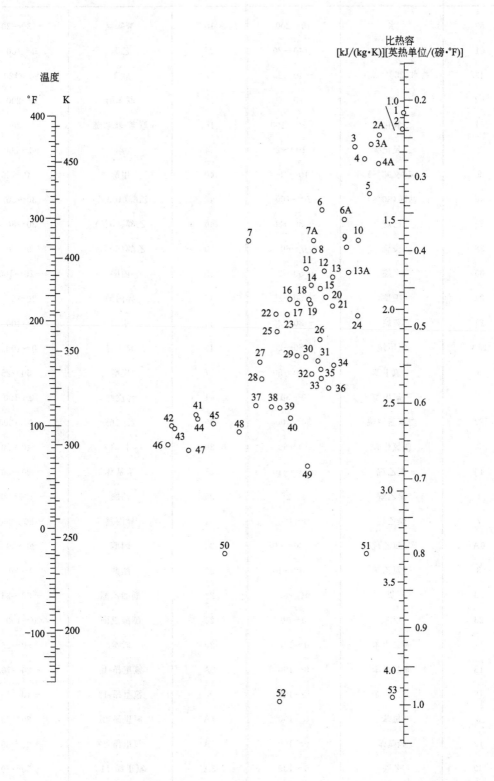

液体比热容共线图中的编号

编号	名称	温度范围/℃	编号	名称	温度范围/℃
53	水	10～200	10	苄基氯	−30～30
51	盐水(25％NaCl)	−40～20	25	乙苯	0～100
49	盐水(25％$CaCl_2$)	−40～20	15	联苯	80～120
52	氨	−70～50	16	联苯醚	0～200
11	二氧化硫	−20～100	16	联苯-联苯醚	0～200
2	二氧化碳	−100～25	14	萘	90～200
9	硫酸(98％)	10～45	40	甲醇	−40～20
48	盐酸(30％)	20～100	42	乙醇(100％)	30～80
35	己烷	−80～20	46	乙醇(95％)	20～80
28	庚烷	0～60	50	乙醇(50％)	20～80
33	辛烷	−50～25	45	丙醇	−20～100
34	壬烷	−50～25	47	异丙醇	20～50
21	癸烷	−80～25	44	丁醇	0～100
13A	氯甲烷	−80～20	43	异丁醇	0～100
5	二氯甲苯	−40～50	37	戊醇	−50～25
4	三氯甲烷	0～50	41	异戊醇	10～100
22	二苯基甲烷	30～100	39	乙二醇	−40～200
3	四氯化碳	10～60	38	甘油	−40～20
13	氯乙烷	−30～40	27	苄基醇	−20～30
1	溴乙烷	5～25	36	乙醚	−100～25
7	碘乙烷	0～100	31	异丙醚	−80～200
6A	二氯乙烷	−30～60	32	丙酮	20～50
3	过氯乙烯	−30～40	29	醋酸	0～80
23	苯	10～80	24	醋酸乙酯	−50～25
23	甲苯	0～60	26	醋酸戊酯	0～100
17	对二甲苯	0～100	20	吡啶	−50～25
18	间二甲苯	0～100	2A	氟里昂-11	−20～70
19	邻二甲苯	0～100	6	氟里昂-12	−40～15
8	氯苯	0～100	4A	氟里昂-21	−20～70
12	硝基苯	0～100	7A	氟里昂-22	−20～60
30	苯胺	0～130	3A	氟里昂-113	−20～70

十六、蒸发潜热（汽化热）

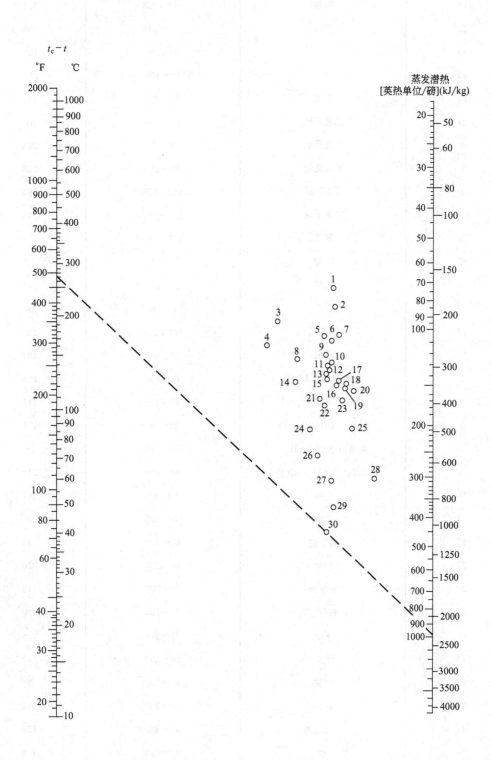

蒸发潜热共线图坐标值

编 号	化 合 物	范围(t_c-t)/℃	临界温度 t_c/℃
18	醋酸	100～225	321
22	丙酮	120～210	235
29	氨	50～200	133
13	苯	10～400	289
16	丁烷	90～200	153
21	二氧化碳	10～100	31
4	二硫化碳	140～275	273
2	四氯化碳	30～250	283
7	三氯甲烷	140～275	263
8	二氯甲烷	150～250	216
3	联苯	175～400	5
25	乙烷	25～150	32
26	乙醇	20～140	243
28	乙醇	140～300	243
17	氯乙烷	100～250	187
13	乙醚	10～400	194
2	氟里昂-11(CCl_3F)	70～250	198
2	氟里昂-12(CCl_2F_2)	40～200	111
5	氟里昂-21($CHCl_2F$)	70～250	178
6	氟里昂-22($CHClF_2$)	50～170	96
1	氟里昂-113(CCl_2F-$CClF_2$)	90～250	214
10	庚烷	20～300	267
11	己烷	50～225	235
15	异丁烷	80～200	134
27	甲醇	40～250	240
20	氯甲烷	0～250	143
19	一氧化二氮	25～150	36
9	辛烷	30～300	296
12	戊烷	20～200	197
23	丙烷	40～200	96
24	丙醇	20～200	264
14	二氧化硫	90～160	157
30	水	100～500	374

十七、气体黏度共线图（常压下用）

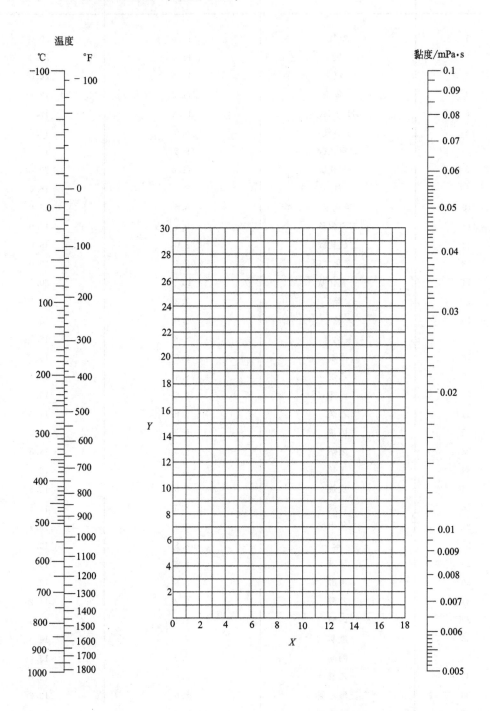

气体黏度共线图坐标值

序 号	名 称	X	Y
1	空气	11.0	20.0
2	氧	11.0	21.3
3	氮	10.6	20.0
4	氢	11.2	12.4
5	$3H_2+1N_2$	11.2	17.2
6	水蒸气	8.0	16.0
7	二氧化碳	9.5	18.7
8	一氧化碳	11.0	20.0
9	氨	8.4	16.0
10	硫化氢	8.6	18.0
11	二氧化硫	9.6	17.0
12	二硫化碳	8.0	16.0
13	一氧化二碳	8.8	19.0
14	一氧化氮	10.9	20.5
15	氟	7.3	23.8
16	氯	9.0	18.4
17	氯化氢	8.8	18.7
18	甲烷	9.9	15.5
19	乙烷	9.1	14.5
20	乙烯	9.5	15.1
21	乙炔	9.8	14.9
22	丙烷	9.7	12.9
23	丙烯	9.0	13.8
24	丁烯	9.2	13.7
25	戊烷	7.0	12.8
26	己烷	8.6	11.8
27	三氯甲烷	8.9	15.7
28	苯	8.5	13.2
29	甲苯	8.6	12.4
30	甲醇	8.5	15.6
31	乙醇	9.2	14.2
32	丙醇	8.4	13.4
33	醋酸	7.7	14.3
34	丙酮	8.9	13.0
35	乙醚	8.9	13.0
36	醋酸乙酯	8.5	13.2
37	氟里昂-11	10.6	15.1
38	氟里昂-12	11.1	16.0
39	氟里昂-21	10.8	15.3
40	氟里昂-22	10.1	17.0

十八、101.3kPa 压力下气体的比热容

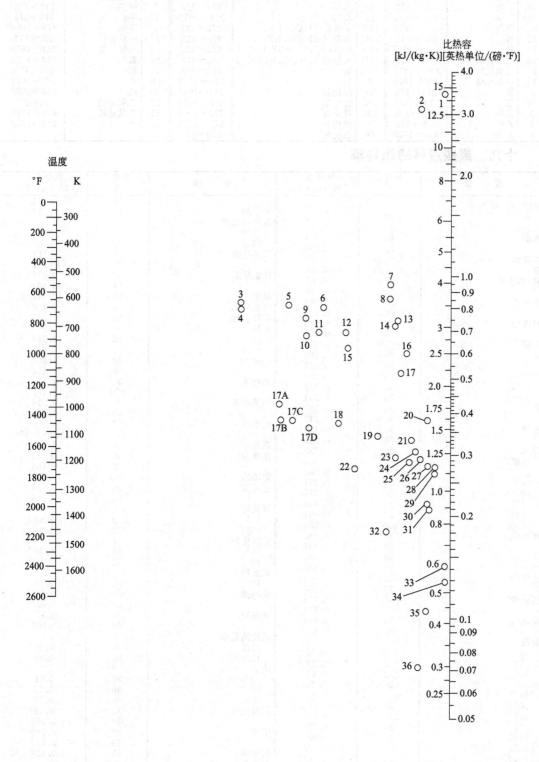

气体比热容共线图的坐标值

编号	气体	范围/K	编号	气体	范围/K	编号	气体	范围/K
10	乙炔	273～473	4	乙烯	273～473	21	硫化氢	973～1673
15	乙炔	473～673	11	乙烯	473～873	5	甲烷	273～573
16	乙炔	673～1673	13	乙烯	873～1673	6	甲烷	573～973
27	空气	273～1673	17B	氟里昂-11(CCl$_3$F)	273～423	7	甲烷	973～1673
12	氨	273～873	17C	氟里昂-21(CHCl$_2$F)	273～423	25	一氧化氮	273～973
14	氨	873～1673	17A	氟里昂-22(CHClF$_2$)	273～423	28	一氧化氮	973～1673
18	二氧化碳	273～673	17D	氟里昂-113(CCl$_2$F-CClF$_2$)	273～423	26	氮	273～1673
24	二氧化碳	673～1673	1	氢	273～873	23	氧	273～773
26	一氧化碳	273～1673	2	氢	873～1673	29	氧	773～1673
32	氯	273～473	35	溴化氢	273～1673	33	硫	573～1673
34	氯	473～1673	30	氯化氢	273～1673	22	二氧化硫	273～673
3	乙烷	273～473	20	氟化氢	273～1673	31	二氧化硫	673～1673
9	乙烷	473～1673	36	碘化氢	273～1673	17	水	273～1673
8	乙烷	873～1673	19	硫化氢	273～973			

十九、某些液体的热导率

液体	温度 t /℃	热导率 λ /[W/(m·℃)]	液体	温度 t /℃	热导率 λ /[W/(m·℃)]
醋酸			异丁醇	75	0.164
100%	20	0.171		10	0.157
50%	20	0.35	氯化钙盐水		
丙酮	30	0.177	30%	30	0.55
	75	0.164	15%	30	0.59
丙烯醇	25～30	0.180	二硫化碳	30	0.161
氨	25～30	0.50		75	0.152
氨(水溶液)	20	0.45	四氯化碳	0	0.185
	60	0.50		68	0.163
正戊醇	30	0.163	氯苯	10	0.144
	100	0.154	三氯甲烷	30	0.138
异戊醇		0.152	乙醇乙酯	20	0.175
	75	0.151	乙醇		
苯胺	0～20	0.173	100%	20	0.182
苯	30	0.159	80%	20	0.237
	60	0.151	60%	20	0.305
40%	20	0.388		30	0.154
20%	20	0.486	硝基苯	30	0.164
100%	50	0.151		100	0.152
乙苯	30	0.149	硝基甲苯	30	0.216
	60	0.142		60	0.208
乙醚	30	0.138	正辛烷	60	0.14
	75	0.135		0	0.138～0.156
汽油	30	0.135	石油	20	0.180
三元醇			蓖麻油	0	0.173
100%	20	0.284		20	0.168
80%	20	0.327	橄榄油	100	0.164
60%	20	0.381	正戊烷	30	0.135
40%	20	0.448		75	0.128
20%	20	0.481	氯化钾		
100%	100	0.284	15%	32	0.58
正庚烷	30	0.140	30%	32	0.56
	60	0.137	氢氧化钾		
正己烷	30	0.138	21%	32	0.58
	60	0.135	42%	32	0.55
正庚醇	30	0.163	硫酸钾		
	75	0.157	10%	32	0.60
正己醇	30	0.164	正丙醇	30	0.171
	75	0.156		75	0.164
煤油	20	0.149	异丙醇	30	0.157
	75	0.140		60	0.155
盐酸			氯化钠盐水		
12.5%	32	0.52	25%	30	0.57
25%	32	0.48	12.5%	30	0.59
38%	32	0.44	硫酸		
汞	28	0.36	90%	30	0.36
甲醇			60%	30	0.43
100%	20	0.215	30%	30	0.52
80%	20	0.267	二氧化硫	15	0.22
60%	20	0.329		30	0.192
40%	20	0.405	甲苯	30	0.149
20%	20	0.492		75	0.145
100%	50	0.197	松节油	15	0.128
氯甲烷	−15	0.192	二甲苯		
正丁醇	30	0.168	邻位	20	0.155
			对位	20	0.155

二十、管子规格

1. 低压流体输送用焊接钢管规格（GB 3091—93，GB 3092—93）

公称直径		外径/mm	壁 厚/mm	
mm	in		普通管	加厚管
6	1/8	10.0	2.00	2.50
8	1/4	13.5	2.25	2.75
10	3/8	17	2.25	2.75
15	1/2	21.3	2.75	3.25
20	3/4	26.8	2.75	3.50
25	1	33.5	3.25	4.00
32	1¼	42.3	3.25	4.00
40	1½	48.0	3.50	4.25
50	2	60.0	3.50	4.50
65	2½	75.5	3.75	4.50
80	3	88.5	4.00	4.75
100	4	114.0	4.00	5.00
125	5	114.0	4.50	5.50
150	6	165.0	4.50	5.50

2. 普通无缝钢管（GB 8163—87）

(1) 热轧无缝钢管

外径/mm	壁厚/mm		外径/mm	壁厚/mm		外径/mm	壁厚/mm	
	从	到		从	到		从	到
32	2.5	8	76	3.0	19	219	6.0	50
38	2.5	8	89	3.5	24	273	6.5	50
42	2.5	10	108	4.0	28	325	7.5	75
45	2.5	10	114	4.0	28	377	9.0	75
50	2.5	10	127	4.0	30	426	9.0	75
57	3.0	13	133	4.0	32	450	9.0	75
60	3.0	14	140	4.5	36	530	9.0	75
63.5	3.0	14	159	4.5	36	630	9.0	(24)
68	3.0	16	168	5.0	(45)			

注：壁厚系列有 2.5mm、3mm、3.5mm、4mm、4.5mm、5mm、5.5mm、6mm、6.5mm、7mm、7.5mm、8mm、8.5mm、9mm、9.5mm、10mm、11mm、12mm、13mm、14mm、15mm、16mm、17mm、18mm、19mm、20mm 等，括号内尺寸不推荐使用。

(2) 冷拔无缝钢管　冷拔无缝钢管质量好，可以得到小直径管，其外径可为 6～200mm，壁厚为 0.25～14mm，其中最小壁厚及最大壁厚均随外径增大而增加，系列标准可参阅有关手册。

(3) 热交换器用普通无缝钢管（摘自 GB 9948—88）

外径/mm	壁厚/mm	外径/mm	壁厚/mm
19	2,2.5	57	4,5,6
25	2,2.5,3	89	6,8,10,12
38	3,3.5,4		

二十一、IS 型单级单吸离心泵规格（摘录）

泵型号	流量 /(m³/h)	扬程 /m	转速 /(r/min)	汽蚀余量 /m	泵效率 /%	功率/kW 轴功率	功率/kW 配带功率
IS50-32-125	7.5	22	2900		47	0.96	2.2
	12.5	20	2900	2.0	60	1.13	2.2
	15	18.5	2900		60	1.26	2.2
	3.75		1450				0.55
	6.3	5	1450	2.0	54	0.16	0.55
	7.5		1450				0.55
IS50-32-160	7.5	34.3	2900		44	1.59	3
	12.5	32	2900	2.0	54	2.02	3
	15	49.6	2900		56	2.16	3
	3.75		1450				0.55
	6.3	8	1450	2.0	48	0.28	0.55
	7.5		1450				0.55
IS-50-32-200	7.5	525	2900	2.0	38	2.82	5.5
	12.5	50	2900	2.0	48	3.54	5.5
	15	48	2900	2.5	51	3.84	5.5
	3.75	13.1	1450	2.0	33	0.41	0.75
	6.3	12.5	1450	2.0	42	0.51	0.75
	7.5	12	1450	2.5	44	0.56	0.75
IS50-32-250	7.5	82	2900	2.0	28.5	5.67	11
	12.5	80	2900	2.0	38	7.16	11
	15	78.5	2900	2.5	41	7.83	11
	3.75	20.5	1450	2.0	23	0.91	15
	6.3	20	1450	2.0	32	1.07	15
	7.5	19.5	1450	2.5	35	1.14	15
IS65-50-125	15	21.8	2900		58	1.54	3
	25	20	2900	2.0	69	1.97	3
	30	18.5	2900		68	2.22	3
	7.5		1450				0.55
	12.5	5	1450	2.0	64	0.27	0.55
	15		1450				0.55
IS65-50-160	15	35	2900	2.0	54	2.65	5.5
	25	32	2900	2.0	65	3.35	5.5
	30	30	2900	2.5	66	3.71	5.5
	7.5	8.8	1450	2.0	50	0.36	0.75
	12.5	8.0	1450	2.0	60	0.45	0.75
	15	7.2	1450	2.5	60	0.49	0.75
IS65-50-200	15	63	2900	2.0	40	4.42	7.5
	25	50	2900	2.0	60	5.67	7.5
	30	47	2900	2.5	61	6.29	7.5
	7.5	13.2	1450	2.0	43	0.63	1.1
	12.5	12.5	1450	2.0	66	0.77	1.1
	15	11.8	1450	2.5	57	0.85	1.1

续表

泵型号	流量 /(m³/h)	扬程 /m	转速 /(r/min)	汽蚀余量 /m	泵效率 /%	功率/kW 轴功率	功率/kW 配带功率
IS65-40-250	15	80	2900	2.0	63	10.3	15
	25		2900				15
	30		2900				15
IS65-40-315	15	127	2900	2.5	28	18.5	30
	25	125	2900	2.5	40	21.3	30
	30	123	2900	3.0	44	22.8	30
IS80-65-125	30	22.5	2900	3.0	64	2.87	5.5
	50	20	2900	3.0	75	3.63	5.5
	60	18	2900	3.5	74	3.93	5.5
	15	5.6	1450	2.5	55	0.42	0.75
	25	5	1450	2.5	71	0.48	0.75
	30	4.5	1450	3.0	72	0.51	0.75
IS80-65-160	30	36	2900	3.0	61	4.82	7.5
	50	32	2900	3.0	73	5.97	7.6
	60	29	2900	3.5	72	6.59	7.5
	15	9	1450	2.5	66	0.67	1.5
	25	8	1450	2.5	69	0.75	1.5
	30	7.26	1450	3.0	68	0.86	1.5
IS80-50-200	30	53	2900	2.5	55	7.87	15
	50	50	2900	2.5	69	9.87	15
	60	47	2900	3.0	71	10.8	15
	15	13.2	1450	2.5	51	1.06	2.2
	25	12.5	1450	2.5	65	1.31	2.2
	30	11.8	1450	3.0	67	1.44	2.2
IS80-50-160	30	84	2900	2.5	52	13.2	22
	50	80	2900	2.5	63	17.3	22
	60	75	2900	3.0	64	19.2	22
IS80-50-250	30	84	2900	2.5	52	13.2	22
	50	80	2900	2.5	63	17.3	22
	60	75	2900	3.0	64	19.2	22
IS80-50-315	30	128	2900	2.5	41	25.5	37
	50	125	2900	2.5	54	31.5	37
	60	123	2900	3.0	57	35.3	37
IS100-80-125	60	24	2900	4.0	67	5.86	11
	100	20	2900	4.5	78	7.00	11
	120	16.5	2900	5.0	74	7.28	11

二十二、某些二元物系在 101.3kPa（绝压）下的汽液平衡组成

(1) 苯-甲苯

苯(摩尔分数)/%		温度/℃	苯(摩尔分数)/%		温度/℃
液相中	汽相中		液相中	汽相中	
0.0	0.0	110.6	59.2	78.9	89.4
8.8	21.2	106.1	70.2	85.3	86.8
20.0	37.0	102.2	80.3	91.4	84.4
30.0	50.0	98.6	90.3	95.7	82.3
39.7	61.8	95.2	95.0	97.9	81.2
48.9	71.0	92.1	100.0	100.0	80.2

(2) 乙醇-水

乙醇(摩尔分数)/%		温度/℃	乙醇(摩尔分数)/%		温度/℃
液相中	汽相中		液相中	汽相中	
0.00	0.00	100	32.73	58.26	81.5
1.90	17.00	95.5	39.65	61.22	80.7
7.21	38.91	89.0	50.79	65.64	79.8
9.66	43.75	86.7	51.98	65.99	79.7
12.38	47.04	85.3	57.32	68.41	79.3
16.61	50.89	84.1	67.63	73.85	78.74
23.37	54.45	82.7	74.72	78.15	78.41
26.08	55.80	82.3	89.43	89.43	78.15

(3) 硝酸-水

硝酸(摩尔分数)/%		温度/℃	硝酸(摩尔分数)/%		温度/℃
液相中	汽相中		液相中	汽相中	
0	0	100.0	45	64.6	119.5
5	0.3	103.0	50	83.6	115.6
10	1.0	109.0	55	92.0	109.0
15	2.5	114.3	60	95.2	101.0
20	5.2	117.4	70	98.0	98.0
25	9.2	120.1	80	99.3	81.8
30	16.5	121.4	90	99.8	85.6
38.4	38.4	121.9	100	100	85.4
40	46.0	121.6			

(4) 氯仿-苯

氯仿(质量分数)/%		温度/℃	氯仿(质量分数)/%		温度/℃
液相中	汽相中		液相中	汽相中	
10	13.6	79.9	60	75.0	74.6
20	27.2	79.0	70	83.0	72.8
30	40.6	78.1	80	90.0	70.5
40	53.0	77.2	90	96.1	67.0
50	65.0	76.0			

(5) 甲醇-水

甲醇(摩尔分数)/%		温度/℃	甲醇(摩尔分数)/%		温度/℃
液相中	汽相中		液相中	汽相中	
5.31	28.34	92.9	29.09	68.01	77.8
7.67	40.01	90.3	33.33	69.18	76.7
9.26	43.53	88.9	35.13	73.47	76.2
12.57	48.31	86.6	46.20	77.56	73.8
13.15	54.55	85.0	52.92	79.71	72.7
16.74	55.85	83.2	59.37	81.83	71.3
18.18	57.75	82.3	68.49	84.92	70.0
20.83	62.73	81.6	77.01	89.62	68.0
23.19	64.85	80.2	87.41	91.94	66.9
28.18	67.75	78.0			

(6) 丙酮-水

丙酮(摩尔分数)/%		温度/℃	丙酮(摩尔分数)/%		温度/℃
液相中	汽相中		液相中	汽相中	
0.0	0.0	100	0.40	0.839	60.4
0.01	0.253	92.7	0.50	0.849	60.0
0.02	0.425	86.5	0.60	0.859	59.7
0.05	0.624	75.8	0.70	0.874	59.0
0.10	0.755	66.5	0.80	0.898	58.2
0.15	0.793	63.4	0.90	0.935	57.5
0.20	0.815	62.1	0.95	0.963	57.0
0.30	0.830	61.0	1.0	1.0	56.13

参考文献

[1] 张宏丽等. 化工单元操作. 北京：化学工业出版社, 2010.
[2] 和德涛等. 化工单元操作. 北京：化学工业出版社, 2010.
[3] 姚玉英等. 化工原理. 天津：天津大学出版社, 2010.
[4] 夏清等. 化工原理. 天津：天津大学出版社, 2012.
[5] 童孟良. 化工操作岗位培训教程. 北京：化学工业出版社, 2012.
[6] 陈敏恒等. 化工原理. 北京：化学工业出版社, 2010.
[7] 沈晨阳. 化工单元操作. 北京：化学工业出版社, 2013.
[8] 潘永康等. 现代干燥技术. 第二版. 北京：化学工业出版社, 2007.